普通高等教育"十二五"系列教材

电气工程及其自动化专业系列教材

U0655584

电网监控技术

（主站端）

主编　鞠　阳

编写　李千林　赵　艳

主审　丁晓群

中国电力出版社

CHINA ELECTRIC POWER PRESS

内 容 提 要

本书主要介绍了电力系统电网监控（主站端）及其相关知识，主要内容包括电力系统运行控制及其自动化概论、电网调度自动化系统基本原理、电网调度自动化主站系统软件结构、IEC 61970 标准简介、电网调度自动化主站系统硬件结构、数据库技术、人机交互系统、计算机网络通信技术、调度模拟屏、视频监控技术、电力二次系统安全防护、电网调度自动化系统高级应用软件和电网调度自动化典型系统介绍和发展趋势。每章最后附有思考题，可供复习、巩固选用。

本书内容理论联系实际，系统性强，可作为普通高等院校电气工程及其自动化专业相关课程的教学用书，也可作为高职高专及函授教材和工程技术人员的参考用书。

图书在版编目（CIP）数据

电网监控技术：主站端/鞠阳主编 .—北京：中国电力出版社，2013.2（2024.7 重印）

普通高等教育"十二五"规划教材

ISBN 978 - 7 - 5123 - 3994 - 1

Ⅰ.①电…　Ⅱ.①鞠…　Ⅲ.①电力系统－监视控制－高等学校－教材　Ⅳ.①TM734

中国版本图书馆 CIP 数据核字（2013）第 014027 号

中国电力出版社出版、发行

（北京市东城区北京站西街 19 号　100005　http：//www. cepp. sgcc. com. cn）

北京天泽润科贸有限公司印刷

各地新华书店经售

*

2013 年 3 月第一版　2024 年 7 月北京第六次印刷

787 毫米×1092 毫米　16 开本　18 印张　436 千字

定价 **48.00** 元

前　言

　　本书是根据培养应用型本科人才的需要，针对我国电力工业发展的实际，在总结教学经验、吸取以往教材长处及有关工程技术人员意见的基础上编写的。全书在章节编排上较为细致，主讲教师可根据教学大纲和实际需要选择相应的章节进行讲解，每章最后附有若干思考题，供学生复习、讨论之用。

　　电网监控技术应用计算机技术、通信技术、检测技术和控制技术等，将测量系统、控制系统、调节系统、信号系统和远动自动化系统等多个独立的功能系统优化、组合为一套智能化的综合系统。这一技术的应用，提高了电力系统的监视、控制和保护的自动化、智能化水平和安全运行水平，社会经济效益十分显著。

　　由于电网监控技术涉及计算机硬件、软件、通信、计算机网络、信号处理和自动控制等各个方面，而这些方面自身技术的发展也十分迅速，现有的教材部分内容多已跟不上新技术的发展。因此在高等院校的电气工程及其自动化、自动化等专业需要一本介绍电网监控技术内容新颖、定位适中的教材，本教材就是在这种背景下编写的。

　　本书由南京工程学院鞠阳、李干林、赵艳编写。鞠阳编写了第二、三、四、五、六、七、九、十一、十三章；李干林编写了第一、八、十二章；赵艳编写了第十章。鞠阳负责全书的统稿，并担任本书的主编。

　　本书由河海大学丁晓群教授主审，他对本书提出了许多宝贵的意见与建议，在此表示深深的感谢。

　　国家电网公司南京自动化研究院国电南瑞公司的叶锋高级工程师和河南省许昌市供电公司的贾战岭高级工程师为本书提供了技术资料，在此向他们表示衷心的感谢。

　　在编写本书的过程中，曾参考和使用了部分文献和技术资料，在此向有关作者表示感谢。

　　由于新技术的不断发展，加之作者水平有限，书中错误和不足之处在所难免，恳请专家和读者批评指正。

编　者

2013 年 2 月

目　　录

第一章　电力系统运行控制及其自动化概论

电力系统是指进行电能生产、变换、输送、分配和消费的各种设备按照一定的技术和经济要求有机组成的统一整体，它由发电厂、变电站、输配电线路及各种用电设备组成。为了确保电力系统安全、优质、稳定、经济地运行，必须提高电力系统的自动化水平。电力系统自动化包括继电保护与自动装置、电力通信、电网监控与调度自动化系统等部分。

第一节　电力系统运行及监控与调度自动化

一、电力系统运行控制的特点和控制目标

1. 电力系统运行控制的特点

电力系统同其他的工业系统相比有着明显的特点。

（1）电能不能大量储存。电能的生产、变换、输送、分配和消费等都是在同一时间内进行的，不能大量储存。任何时候电力系统中发电厂生产的电能都取决于同一时刻用电设备消耗的能量与输送、分配中消耗的电能之和，这是电能生产的最大特点。

（2）电能供应具有重要性。电能是国民经济各部门和人们物质文化生活中使用的主要能源，其供应的中断或不足将会直接影响国民经济各部门的正常运转和人们的生活质量。

（3）暂态过渡过程十分迅速。电力系统中任何一处发生的电磁变化过程，都会以光速传播影响整个电力系统，所以电力系统运行中发生突变所引起的电磁方面的变化过程是极其迅速的。电力系统的正常操作，如发电机、变压器的退出和投入都是在极短时间内完成的；电力系统出现故障，如雷击引起线路故障、三相接地短路等都是在一瞬间完成的。因此在电力系统中要求进行快速控制和快速排除故障，否则将危及整个电力系统的安全、稳定运行。

（4）电力系统结构复杂。由于现代电力系统装机容量越来越大（可多达几亿千瓦），供电距离几千千米，其中所包含的发电厂、变电站及线路的数量很大（可达数百个），而且纵横联线，分布辽阔，在控制系统的分类中，它属于复杂系统。

（5）电力系统具有较强的区域性。我国地域辽阔，自然资源分布很广，电源结构有很强的地域性特色。有的地区以火电为主，有的地区以水电为主。各地域的经济发展情况不一样，工业布局、城市规划、电气化水平也不尽相同。常说的"西电东送"、"北煤南运"、"南水北调"等就是这种地区特色的具体写照。在我国的总发电量中，火电占 70%，水电占 22%，核电占 6%，其他占 2%，且火电与水电的比例随季节不同而变化。

2. 电力系统运行控制的目标

（1）保证电力系统运行的安全可靠性，即保证安全可靠地发电供电。

（2）要有合格的电能质量，即频率、电压和波形，三项电能质量指标要合格。

（3）保证电力系统运行的经济性。

由于电力负荷始终是变动的，加上出现系统故障的不可预见性，电力系统有多种运行状态，要求电力系统的运行监视及调度自动化系统能进行快速、有效地判别和处理，以实现电

力系统的运行控制目标。

　　电力系统各种运行状态及其相互间的转换关系如图 1-1 所示。

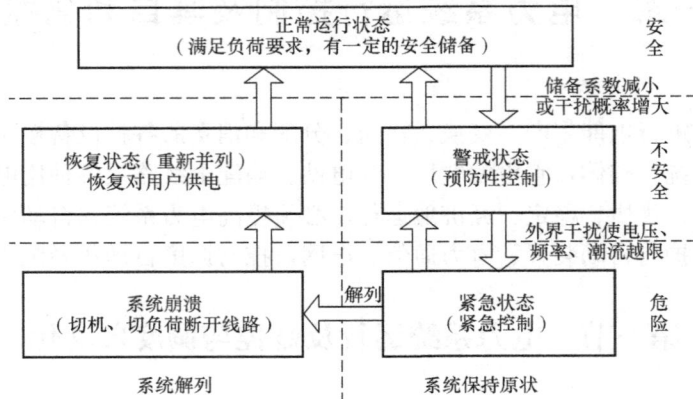

图 1-1　电力系统运行状态及其相互转换框图

　　（1）正常运行状态。在正常运行状态下，电力系统发出的总有功功率和无功功率在任一时间与总有功负荷和无功负荷（包括网损）相等，电气设备的运行参数处于运行允许值范围内。发电和负荷平衡，没有设备过载，有足够的备用储备使系统能承受一定的干扰而保持适当的安全水平。

　　（2）警戒状态。由于负荷或系统运行结构的变动以及一系列非大干扰的积累造成某段时间内的单向自动调节，使系统中发电机发出的功率虽然与用户相等，电压、频率仍在允许范围内，但安全储备系数大为减小，某些运动参数处于临界状态，对外界的抗干扰能力下降了，系统由正常运行状态进入警戒状态。此时，如果再有一个新的干扰，就有可能使某些条件越限，如设备过载等，从而使系统的安全运行受到威胁或遭到破坏。

　　电网调度中心时刻监测系统的运行情况，并通过静态安全分析、动态安全分析对系统的安全作出评价。当发现系统处于警戒状态时，调度人员及时采用预防性控制措施（如增加发电机发出的功率、调整负荷、改变运行方式等），使系统尽快恢复到正常状态。

　　（3）紧急状态。当系统处于警戒状态且当再发生一个相当严重的干扰（如发生短路故障或一台大容量发电机组退出运行等）时，使得电力系统的某些参数越限，如变压器过负荷、系统的电压或频率超过或低于允许值。这时电网监控与调度自动化系统就担负着特别重要的任务，它向调度人员发出一系列的告警信号，调度人员根据监视器屏幕或调度模拟屏的显示，掌握系统的全局运行情况，及时采取正确而且有效的紧急控制措施，就有可能使系统恢复到警戒状态，进而再恢复到正常状态。

　　（4）系统崩溃。在紧急状态下，如果不及时采取措施或采取措施不当或不够有力，或者采取了错误的措施，那么整个系统就会失去稳定运行，造成系统瓦解，形成几个子系统。此时，由于发电机与负荷之间功率不平衡，因而不得不大量切除负荷及发电机，从而导致整个电力系统的崩溃，系统的平衡条件及参数的约束条件均遭到破坏。电力系统监控与调度自动化系统的目的之一就是要尽可能避免这种状态的出现，万一出现了紧急状态，应尽可能采取正确的有力措施，不使系统瓦解。一旦系统瓦解，控制系统就应尽量维持各子系统的功率供求平衡，维持部分供电，以避免整个系统崩溃。

（5）恢复状态。在紧急状态或者系统崩溃之后，待电力系统大体上稳定下来，系统转入恢复状态。这时运行人员应采取各种措施，按照预先制定的系统"黑启动"预案，迅速而平稳地使停运的机组投入运行，恢复对用户的供电，使解列的小系统逐步并列运行，并使系统恢复到正常状态。在这个过程中，监控与调度自动化系统也是调度人员恢复电力系统运行的重要手段。

二、电网监控与调度自动化系统的作用

随着电网规模的不断扩大，电网接线的日益复杂，对供电可靠性的要求不断提高，任何一处故障都会导致停电，任何局部故障都有可能导致大面积停电。近年来，国际上著名的大停电都是从一处故障发展成大面积停电。由于现代化的生产和人民生活对供电可靠性的依赖已越来越高，有些企业的生产不允许停电，停电将造成灾难性后果。电已与人们的生活息息相关。在现代化复杂电网的运行中，除改善一次系统和一次设备、提高继电保护装置和其他自动化装置的性能外，还要不断地发展电网调度自动化系统。电网调度自动化系统自诞生至今，一直在发展着，在电力系统中的作用也越来越大，已成为电网调度运行分析必不可少的工具和手段，其重要作用主要可归纳为以下几个方面：

（1）使调度和运行人员对电网中的设备状况进行监视、控制、统计、分析，制订科学合理的运行方式和检修计划，保证电网的安全运行和高质量供电。

（2）可以根据某区域用电负荷情况，合理控制系统负荷潮流，降低网络损耗，不断降低电能传输费用。

（3）可以对用电负荷进行正确预测，合理安排机组的发电计划，降低电能生产费用，实现电网的经济调度。

（4）提高电网整体效益，使电网尽可能运行在其物理极限而又不发生冒险的状态下，从而推迟新投资和降低造价。

（5）利用系统的综合无功、电压控制功能，改善整个系统的无功分布，从而为用户提供良好的电压质量。

（6）当电网发生事故时，能够确定事故原因及事故地点，及时快速地切除故障点，保证电网的安全，防止事故扩大。

（7）适应电力市场运营中不断出现的新要求。

三、电网监控与调度自动化系统的特点

电力系统是一个庞大的产、供、销电能的统一整体。根据电力生产的特点，电网中的每一个环节都必须在调度机构的统一领导下，随用电负荷的变化而协调运行。就目前国内几大电网中所属的各类机组来看，如果没有统一的组织、指挥和协调管理，电网就难于维持正常的运行。我国电力体制实行厂网分开，已成立国家电网公司和南方电网公司。国家电网公司管辖五大电网（华北电网、东北电网、华东电网、华中电网、西北电网）以及一些省网，并且在大网之间通过联络线进行能量交换（例如三峡电厂和葛洲坝电厂的500kV直流输电线将华东和华中两大电网联系起来）。南方电网目前直接管辖广东、广西、云南、贵州、海南省网。另外按照各省、市行政体制的划分，电网的运行管理本身也是分层次的，各大区电网公司，各省（区）电网公司，各市县、分公司均有其管辖范围，其运行方式和出力、负荷受到其母公司的管理，同时又要管理其子公司。

在实行厂网分开后的电力体制下，发电厂与电网公司实现了产权分离，发电企业不再由

电网（电力）公司管理，而分属于新成立的大唐、华能、华电、中电等发电公司管理。但发电厂仍必须遵守统一调度的原则，所有并网发电厂必须与相应的电网调度中心签订并网调度协议，以保证整个电网的安全、优质、经济地运行。总之，电网必须实行统一调度、分层管理的原则。电网统一调度一般包括如下内容：

（1）由电网调度机构统一组织全网调度计划（或称电网运行方式）的编排执行，其中包括统一平衡和实施全网发电、供电调度计划，统一平衡和安排全网主要发电、供电设备的检修进度，统一安排全网的主要接线方式，统一布置和落实全网安全稳定措施等。

（2）统一指挥全网的运行操作和事故处理。

（3）统一布置和指挥全网的调峰、调频和调压。

（4）统一协调和规定全网继电保护、安全自动装置、调度自动化系统和调度通信系统的运行。

（5）统一协调水电厂、水库的合理运用。

（6）按照规章制度统一协调有关电网运行的各种关系。

四、电网调度的分级管理

我国电网调度管理实行"统一调度、分级管理、分层控制"的原则。所谓分级管理，是指根据电网分层的特点，为了明确各级调度机构的责任和权限，有效地实施统一调度，由各级电网调度机构在其调度管辖范围内具体实施电网管理的分工。

受现行电网运行、管理体制的制约，我国实行电网运行管理体制是五级分级调度管理。五级调度分别是：国家电网调度中心（简称国调）、大区电网调度中心（简称网调）、省级电网调度中心（简称省调）、地区（市）电网调度中心（简称区调）和县级电网调度中心（简称县调）。电网分级调度体系示意图如图1-2所示。

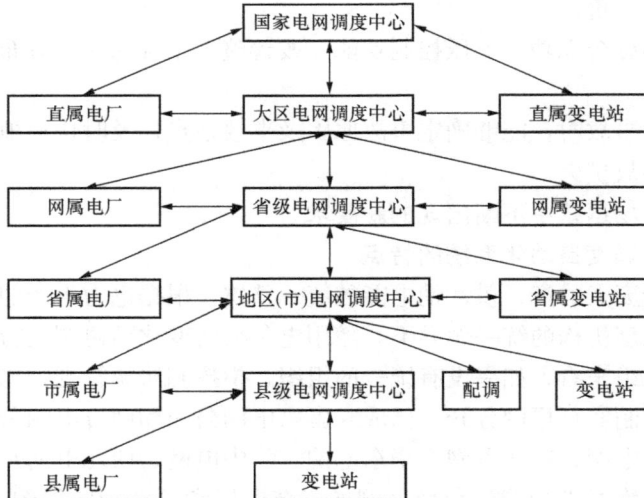

图1-2　电网分级调度体系示意图

电网调度管理实行分级管理的体系，奠定了电网分层控制的模式，各级调度中心就是各级电网控制中心，调度自动化系统的配置也必须与之相适应，信息分层采集，逐级传达，命令也按层次逐级下达。为了保证电力系统的安全、优质、经济运行，对各级调度都规定了一定的职责。

1. 国家电网调度

国家电网调度通过计算机数据通信网与各大区电网控制中心相连，协调、确定大区电网间的联络线潮流和运行方式，监视、统计和分析国家电网运行情况，根据系统运行情况，对所辖枢纽变电站、换流站和特大型电厂进行监视和控制。其主要任务包括：

（1）在线收集各大区电网和有关省网的信息，监视大区电网的重要监测点工况以及国家电网运行概况，并作统计分析和生产报表。

（2）进行大区互联系统的潮流、稳定、短路电流及经济运行计算，通过计算机数据通信校核计算结果的正确性，并向下传达。

（3）处理有关信息，参与电网规划及各种技术经济指标的制定和审查，作中期、长期安全经济运行分析。

2. 大区电网调度

大区电网调度负责跨省大电网超高压线路的安全运行并按规定的发/用电计划及监控原则进行管理，提高电能质量和运行水平。具体任务包括：

（1）实现电网的数据采集和监控、经济调度以及有实用效益的安全分析。

（2）进行负荷预测，制订开/停机计划和水、火电经济调度的日分配计划，开环或者闭环地指导自动发电控制及自动电压控制。

（3）省（市）间和有关大区电网的供/受电量计划编制和分析。

（4）进行潮流、稳定、短路电流及离线或在线的经济运行分析计算，通过计算机数据通信校核各种分析计算的正确性并上报、下传。

（5）进行大区电网继电保护定值计算及其调整试验。

（6）大区电网中系统性事故的处理。

（7）大区电网中系统性的检修计划安排。

（8）统计、报表及其他业务。

3. 省级电网调度

省级电网调度负责省内电网的安全运行监控、操作、事故处理和无功/电压调整，并按照规定的发电计划及监控原则进行管理，提高电量质量和运行水平。具体任务包括：

（1）进行负荷预测，负责省网的安全运行，编制省网的运行方式，制订开/停机计划、水、火电经济调度的日分配计划和设备检修计划并下发，开环或者闭环地指导自动发电控制及自动电压控制。

（2）地区间和有关省网的供/受电量计划的编制和分析。

（3）进行潮流、稳定、短路电流及离线或在线的经济运行分析计算，通过计算机数据通信校核各种分析计算的正确性并上报、下传。

4. 地区（市）电网调度

地区（市）电网调度负责区内运行监视，遥控、遥调操作，事故处理和无功/电压调整，与省调和县调交换实时信息；负责所辖地区的用电负荷管理及负荷控制。具体任务包括：

（1）实现所辖地区的安全监控。

（2）对所辖有关站点（直接站点和集控站点）开关的远方操作，变压器分接头的调节和电力电容器的投切。

（3）用电负荷管理和自动投切。

5．县级电网调度

县级电网调度主要监控 110kV 以下城镇、农村电网的运行。主要任务包括：

（1）指挥系统的运行和倒闸操作。

（2）充分发挥本系统的发供电设备能力，保证系统的安全运行和对用户的连续供电。

（3）合理安排运行方式，在保证电量质量的前提下，使本系统在最佳方式下运行。

五、电网监控及调度自动化系统与电力市场

随着我国电力系统市场化改革的深入，需要建立相应的电力市场技术支持系统，同时对调度自动化系统又提出了新的要求。电力市场技术支持系统是支持电力市场运营的计算机、数据网络与通信设备、各种技术标准和应用软件的有机组合。

电力市场技术支持系统也称为电力市场运营系统（Power Market Operation System，PMOS），是一套计算机数据处理系统，它根据电力市场的模式实现电力市场的规则，基于计算机信息技术，融入电力系统和电力市场计算分析理论，以技术手段为电力市场的公平、公正、公开竞争和电网的安全、稳定、优质、经济的运行提供技术保证。2000 年初，国家电力监管委员会在《电力市场技术支持系统功能要求（试行）》的基础上，重新编写了《电力市场技术支持系统功能要求》，详细描述了各组成子系统的结构、定义、功能要求、功能实现、技术要求，细化了各子系统的功能要求和技术参数，同时增加了关于电力市场技术支持系统实现的内容，包括数据接口的设计、数据流的定义、系统管理等。

电力市场技术支持系统的逻辑结构示意如图 1-3 所示。

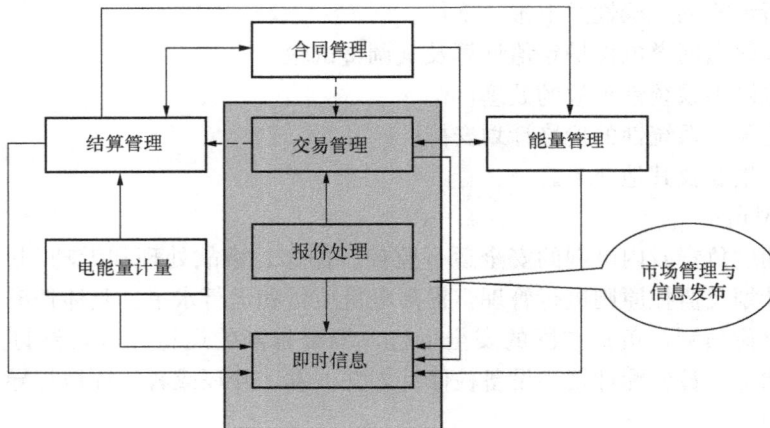

图 1-3　电力市场技术支持系统的逻辑结构示意图

（1）能量管理系统（Energy Management System，EMS）用于保障电网的安全、稳定运行，主要由数据采集和监控（Supervisory Control and Data Acquisition，SCADA）、自动发电控制（Automatic Generation Control，AGC）及高级应用软件等功能模块组成。在电力市场环境中，要充分利用现有的 EMS 功能和数据资源，实现信息资源的共享。

（2）交易管理系统（Trade Management System，TMS）依据市场主体的申报数据，根据负荷预测和系统约束条件，编制交易计划，通过安全校核后将计划结果传送给市场主体和相关系统。

（3）电能量计量系统（Tele Meter Reading System，TMRS）对电能量数据进行自动采集、远传和储存、预处理、统计分析，以支持电力市场的运营、电费结算、辅助服务费用结算和经济补偿计算等。

（4）结算系统（Settlement & Billing System，SBS）根据电能量计量系统提供的有效电能数据、交易管理系统的交易计划和交易价格数据、调度指令、EMS 的相关运行数据、合同管理系统的相关数据，依据市场规则，对市场主体进行结算。

（5）合同管理系统（Contract Management System，CMS）对市场主体之间的中期合同和长期合同进行管理，以长期负荷预测的结果和市场未来供需状况及市场价格的预测为依据，进行未来合同的辅助决策。

（6）报价处理系统（Bidding Process System，BPS）接收注册和申报数据，并对申报数据进行预处理。

六、电网监控及调度自动化系统与数据网络的安全防护

随着通信技术和网络技术的发展，接入国家电力调度数据网的电力控制系统越来越多，在调度中心、电厂、变电站、用户等之间进行的数据交换也越来越频繁，这对电力控制系统和数据网络的安全性、可靠性、实时性提出了新的严峻挑战。

电力调度数据网是国家电力数据网的重要组成部分。随着全国电力一次系统"西电东送，南北互供，全国联网"战略的实施，电网互连的规模不断扩大，电网的发展推动信息技术迅速发展，导致各种电力调度业务对网络从安全性、可靠性、实时性方面提出了更高的要求，而电力调度数据网的建设正是符合了电网发展的需要。目前，就全国的形式来看，电力调度数据网已成为各级电网各应用系统标准的数据通信技术平台，是电力调度生产、管理的重要基础设施。随着信息与网络技术的发展，计算机违法犯罪行为在不断增加，信息安全问题已经引起了政府部门和企业的高度重视。因此根据调度自动化系统中各种应用的不同特点，优化电力调度数据网，建立调度系统的安全防护体系，具有十分重要的意义。

电网二次系统可分为三种类型：第一为实时系统，第二为生产管理系统，第三为电力信息系统。这三类系统的安全等级根据排名依次递减。电力二次系统安全防护方案根据电力系统的特点及各相关业务系统的重要程度、数据流程、目前状况和安全要求，将整个电力二次系统分为四个安全区：Ⅰ实时控制区、Ⅱ非控制生产区、Ⅲ生产管理区、Ⅳ管理信息区。其中安全区Ⅰ的安全等级最高，安全区Ⅱ次之，其余依此类推。不同的安全区要求具备不同的安全防护，需要实现不同的安全等级和防护水平、隔离强度。

电力二次系统网络隔离目标是确保电力实时闭环监控系统及调度数据网络的安全，抵御黑客、病毒、恶意代码等通过各种形式对系统发起的恶意破坏和攻击，防止由此导致一次系统事故或大面积停电事故及二次系统的崩溃或瘫痪。

第二节　电网监控与调度自动化系统的结构及功能

一、电网监控与调度自动化系统的结构

电网监控与调度自动化系统的基本结构包括调度中心、厂站端和信息传输通道三大部分。根据所完成功能的不同，可以将此系统划分为信息采集和命令执行子系统、信息传输子系统、信息收集处理和控制子系统、人机联系子系统，其结构如图 1-4 所示。

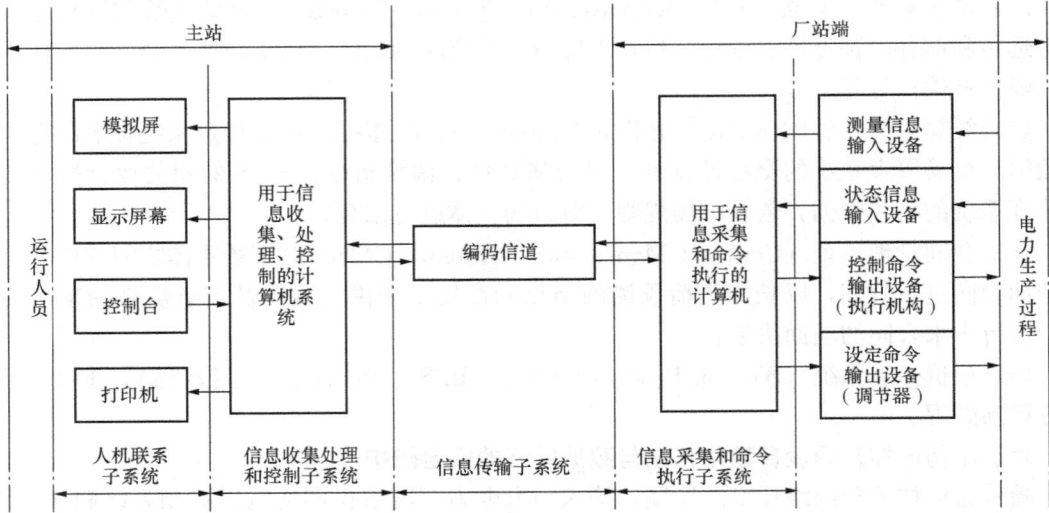

图 1-4 电网监控与调度自动化系统基本结构

1. 信息采集和命令执行子系统

信息采集和命令执行子系统为设置在发电厂或变电站中的远动终端，其作用是采集各发电厂、变电站中各种表征电力系统运行状态的实时信息，并根据运行需要将有关信息通过远动终端传送到调度中心，同时也接收调度端发来的控制命令，并执行相应的操作。

远动终端与调度中心主站配合可以实现遥测、遥信、遥控和遥调"四遥"功能。遥测是采集并传送电力系统运行模拟量的实时信息，这些信息既包括反映系统运行状态的各种电气量（如发电机出力、母线电压、系统潮流、有功负荷与无功负荷、线路电流、电能量和频率等），也包括某些与系统运行有关的非电气量（如反映变压器的温度、周围环境的温度和湿度等）；遥信是采集并传送电力系统中数字量的实时信息，如继电保护和自动装置的动作信息、断路器的状态信息、发电机开、停状态信息等；遥控是指接收调度中心主站发送的命令信息，执行对断路器的分、合闸，发电机的开、停，并联电容器的投、切等操作；遥调是指接收并执行调度中心主站计算机发送的遥调命令，如调整发电机的有功出力或无功出力以及发电机组的电压、变压器的分接头等。

信息的采集和命令执行子系统，除了完成上述"四遥"的基本的功能外，还有一些其他功能，如事件顺序记录（SOE）、事故追忆（PDR）、故障录波和当地监控等功能。

2. 信息传输子系统

信息传输子系统是调度中心和厂站端信息沟通的桥梁，将远动终端的各种实时信息上传给主站，把主站发出的各种调度命令下达到各有关厂站，即完成主站与远动终端之间信息与命令可靠、准确的传输。由于电力调度自动化系统中的调度中心与远动终端相距较远，这就需要信息传输子系统把远动终端所采集的信息，经过信息传输通道传送至调度中心，并接收调度中心发出的控制命令。信息传输子系统按其信道的制式不同，可分为模拟传输系统和数字传输系统两类。

模拟传输系统的传输通道为电力线载波通道、微波通道和特高频道等。发送端发出的数字信号必须经过调制，变成模拟信号后，才能在信道中传输；在接收端，模拟信号必须经过调解成数字信号，才能被接收。由于模拟信号在传输的过程中，容易受到各种噪声的干扰，影响数据传输的精度；同时，模拟信号传输效率低，不利于信息及时、可靠地传输。随着电力系统的发展，要求采集和监控的参数越来越多，精度、通信速率与可靠性越来越高，模拟传输系统逐渐被数字传输系统所取代。

数字传输系统的传输通道为电缆、光缆等。在数字传输系统中，数字信号必须经过信道编码，成为适合信道传输的信息；而在接收端，需经解码成计算机能接受的二进制信息。由于数字传输系统具有速率高、不易受干扰等优点，在电力系统通信中，得到广泛应用。

3. 信息收集处理和控制子系统

信息收集处理和控制子系统，是整个电网调度自动化系统的核心。由于现代电力系统往往跨区域，由许多发电厂和变电站所组成，为了实现对整个电网的监视和控制，调度中心需要收集分散在各个发电厂和变电站的实时信息。由于传输到调度中心的实时信息不可避免地包含各种误差，如测量误差、传输误差等，同时还由于设备条件的限制，有些电力系统运行所需的参数无法收集到，为了减小误差，信息处理子系统可以利用收集到的冗余信息，采用状态估计技术，对无法收集到的参数进行估计，从而得到精确而完整的运行参数。运行人员根据分析计算的结果，通过分析、综合、判断，从而决定控制策略，并通过控制子系统予以执行。

该子系统是以计算机为主要组成部分，包含大量的直接面向电网调度、运行人员的计算机应用软件，对采集到的信息进行各种处理及分析计算，从而实现对电力设备的自动控制与操作。信息收集与控制子系统由前置机和后台处理机两部分组成，前置机完成数字信号的接收及预处理等功能，后台处理机完成数据的进一步处理、存储、系统监视与分析等高级功能。

4. 人机联系子系统

电力系统采用调度自动化系统后，要求调度人员不断监视调度自动化系统本身的工作，全面、深入并及时地掌握电力系统的运行状况。另外根据系统运行的不同情况，作出相应的决策或发出各种控制命令，以保证电力系统的安全和经济运行。为了能够完成上述各项任务，调度自动化系统必须能够实现人机对话。对调度自动化中的各类信息进行加工处理，通过各种显示设备、打印设备和其他输出设备，为调度人员提供完整实用的电力系统实时信息。调度人员发出的遥控、遥调指令也可通过此系统输入、传送给执行机构。人机联系子系统中的输出设备主要包括模拟屏、图形显示器、声光报警装置、记录仪、制表或图形打印设备，输入设备主要由键盘、鼠标和声控设备等。

在整个调度自动化系统中，各子系统是相互联系、密不可分的，只有各个子系统密切配合、互相协调，调度自动化系统才能真正发挥作用；反之，任何一个子系统出现问题，都将会影响整个系统的可靠性，进而影响到供电的质量。

二、电网监控与调度自动化系统的功能

电网监控与调度自动化系统由电力系统中的各个监控与调度自动化装置的硬件和软件组成，按其分布特点与实现的功能又可以分成一定的层次，而其高一级的功能往往建立在低一级的基础功能之上。

1. 变电站综合自动化系统

变电站综合自动化系统是利用先进的计算机技术、现代电子技术、通信技术和信息处理

技术等实现对变电站二次设备（包括继电保护、控制、测量、信号、故障录波、自动装置及远动装置等）的功能进行重新组合、优化设计，对变电站全部设备的运行情况执行监视、测量、控制和协调的一种综合性的自动化系统。通过变电站综合自动化系统内各设备间相互交换信息、数据共享，完成变电站运行监视和控制任务。变电站综合自动化替代了变电站常规二次设备，简化了变电站二次接线。变电站综合自动化是提高变电站安全、稳定运行水平、降低运行维护成本、提高经济效益、向用户提供高质量电能的一项重要技术措施。变电站是电力系统中的一个重要组成部分，其实现综合自动化是电网监控与调度自动化得以完善的重要方面。变电站综合自动化采用分布式系统结构进行分层控制，其基本功能通过分布于各电气设备的远动终端对一次设备的运行参数与设备状态进行数字化采集及处理、监控计算机与各远动终端和继电保护装置的通信，完成变电站运行的综合控制，实现遥测和遥信数据的远传和控制中心对变电站电气设备的遥控及遥调，实现变电站的无人值守。

2. 配电网管理系统

配电管理系统（Distribution Management System，DMS）是一种对变电、配电到用电过程进行监视、控制、管理的综合自动化系统，包括配电自动化（Distribution Automation，DA）、地理信息系统（GIS）、配电网络重构、配电信息管理系统（Management Information System，MIS）、需方管理（Demand Side Management，DSM）等部分。

配电自动化是配电管理系统中最主要的部分，包括配电站的综合自动化和馈线自动化，其中的数据采集和监控（SCADA）系统通过安装在变电站、开关站的远方终端单元（Remote Terminal Unit，RTU）、线路分段开关的馈线终端（Feeder Terminal Unit，FTU）和配电变压器的数据终端（TTU）采集配电网的运行数据和故障数据，经过数据的变换与处理，由通信通道传至控制中心，中心对收集到的数据进行综合分析，对当前配电网的运行状态进行判断，相应发出维护配电网安全运行的控制操作。

地理信息系统（GIS）或生产管理系统（PMS）是一种人机交互系统，通过基于地理信息的配电网运行状态的拓扑网络着色显示，为调度人员提供实时、直观的运行信息内容。同时，GIS（或PMS）还能实现配电网的电气设备的管理、寻找和排除设备故障、统计与维修计划等服务。

配电网重构、电压/无功优化等计算机软件通过分析与计算为调度人员提供配电网运行控制建议，可以提高供电可靠性、安全性、经济性得以提高，优化配电网运行结构，降低网损，改善电压质量。

配电信息管理系统（DIS）不同于日常所称的部门、人员信息管理系统，配电信息管理系统的管理对象、为配电网运行数据历年数据库、用户设备及负荷变动以及供电方式与路径、统计分析等数据。

需求侧管理（DSM）提供电力供需双方对用电市场进行共同管理的手段，内容包括供电合同下的负荷监控、削峰和降压减载、远方抄表、用户自发电管理等，以达到提高供电质量与可靠性，减少能源消耗及供需双方的公用电费支出的目的。

3. 能量管理系统

能量管理系统（EMS）是以计算机技术和电力系统应用软件技术为支撑的现代电力系统综合自动化系统，也是能量系统和信息系统的一体化或集成，能量管理系统是电力系统监视与控制的硬件和软件的总称，主要包括数据采集与监控 SCADA、自动发电控制与经济调度控制（AGC/EDC）、电力系统状态估计与安全分析（SE/SA）、调度员模拟培训（DTS）、自动电压控制（Automatic Voltage Control，AVC）等。

思　考　题

1. 试述电力系统运行的特点和电力系统运行控制的目标。
2. 电力系统运行状态共有几种？各种运行状态的特征是什么？相互如何转换？
3. 电网监控与调度自动化系统的作用是什么？
4. 试述我国的电网分级调度体系。电网调度员的日常基本工作有哪些？
5. 电力市场技术支持系统主要由哪些子系统组成？
6. 电网监控和调度自动化系统由哪几个子系统组成？各个子系统的作用是什么？
7. 按照三个层次简介电网监控与调度自动化系统的功能。

第二章 电网调度自动化系统基本原理

第一节 电网调度自动化系统的功能

一、基本概念

电力系统的运行控制，与其他各种工业生产系统相比，更为统一，也更复杂。电力系统是一种最典型的具有多输入、多输出的大系统，电能的生产、输送及分配是在一个辽阔的地域内进行的，加上电磁过程本身的快速性，所以对电力系统运行控制的自动化系统提出了非常高的要求。电力系统运行控制的目标可以概括为八个字：安全、优质、经济、环保。而要实现这八个字目标，没有各级高新技术的自动化系统的使用是不可能的。

在电力系统发生故障等大干扰的情况下，需要依靠继电保护等装置的快速反应，及时切除故障电路或元件。但以现代电力系统的运行要求来看，依靠这些手段还不能保证电力系统的安全、优质、经济运行，因为这些装置往往都是根据局部的、事后的信息来处理电力系统的故障，而不能以全局的、事先的信息来预测、分析系统的运行情况和处理系统中出现的各种情况。

信息集中处理的自动化系统（即电网调度自动化系统）可以通过设置在各发电厂和变电站的设备采集到电网运行的实时信息，通过数据传输设置在调度中心的主站，主站根据收集到的全网信息，对电网的运行状态进行安全分析、负荷预测、自动发电控制和经济调度控制等。电网调度自动化系统可以对电力系统进行全局的、事先的运行与控制。如果说火电厂自动化、水电厂自动化、变电站自动化、馈线自动化是电力系统某一局部的自动化工程，那么电网调度自动化系统则是针对全网而言的。

电网调度自动化系统又称为能量管理系统（EMS），是基于计算机、通信、控制技术的自动化系统的总称。它以数据采集和监控（SCADA）系统为基础，包括自动发电控制（AGC）和经济调度运行（Economic Dispatch Control，EDC）、电网静态安全分析（SA）、调度员仿真培训（DTS）以及配电自动化（DA）等几部分在内的能量管理系统（EMS）。调度自动化系统主要功能是收集、处理电网运行实时信息，通过人机联系界面对电网运行状况集中而有选择地显示出来进行监控，并完成经济调度和安全分析等功能。SCADA系统在电网调度自动化系统中应用最为广泛，技术发展也最为成熟，现已经成为电力调度不可缺少的工具。它对提高电网运行的可靠性、安全性与经济效益，减轻调度员的负担，实现电力调度自动化与现代化，提高调度的效率和水平等各方面有着不可替代的作用。在电力系统自动化领域，SCADA系统之上增加自动发电控制（AGC）、经济调度运行（EDC）和电力系统高级应用软件（PAS）功能，即构成EMS。SCADA系统又称远动系统。远动系统的概念，强调了厂站（现场）自动化装置（RTU和变电站综合自动化装置）和远动通信通道的重要作用，完整的SCADA系统应该是厂站（现场）自动化装置（RTU和变电站综合自动化装置）、远动通信通道和位于电网调度中心（主站端）的计算机系统三大部分的总和。

二、电网调度自动化系统（EMS）的功能和分类

电网调度自动化系统是一个总称，由于各个电网的具体情况不同，可以采用不同规格、

不同档次、不同功能的电网调度自动化系统。电网调度自动化系统功能分低、中、高三档：

(1) 低档：SCADA。

(2) 中档：SCADA＋AGC/EDC。

(3) 高档：SCADA＋AGC/EDC＋PAS。

可以看出，最基本的功能为监视控制与数据采集系统（SCADA），功能最完善的为能量管理系统（EMS）。下面对各种档次的功能进行简单介绍。

1. 监视控制与数据采集系统（SCADA）

SCADA 是指信息收集、处理和控制的自动化系统，通过人机系统的屏幕和调度模拟屏的显示，对电网运行进行在线安全监视，并具有越限告警、记录、打印制表、事故追忆、系统自检和远动通道状态的监测等功能。对电网中重要断路器进行遥控，对变压器分接头、调相机及电容器等无功功率补偿设备进行自动调节或投切，实现电压监控。

SCADA 是地区、县级调度的主要功能，是网调、省级调度的基础功能。SCADA 系统主要具有以下功能：

(1) 数据采集（遥测、遥信）。

(2) 信息显示（屏幕或调度模拟屏）。

(3) 远方控制（遥控、遥调）。

(4) 监视及越限报警。

(5) 信息的存储及报告。

(6) 事件顺序记录（Sequence of Events，SOE）。

(7) 数据计算。

(8) 事故追忆（Post Disturbance Review，PDR）。

2. 自动发电控制和经济调度控制（AGC/EDC）

自动发电控制和经济调度控制（AGC/EDC）是在线闭环控制功能，在考虑电网频率调整的同时、进行经济调度控制，直接控制到各个调频电厂。其他非调频电厂按日负荷曲线进行控制，并考虑线损修正，对互联电网实现联络线净功率偏移控制，对有条件的电厂实现自动电压和无功功率控制。

(1) 自动发电控制。自动发电控制（AGC）功能是以 SCADA 功能为基础而实现的功能。对于独立运行的省网或大区统一电网，AGC 功能的目标是自动控制网内各发电机组的出力，以保持电网频率为额定值。对跨省的互联任务，既要共同保持电网频率为额定值，又要保持其联络线交换功率为规定值，即采用联络线偏移控制的方式（在这种情况下，网调、省调都要承担 AGC 任务）。

(2) 经济调度控制（EDC）。在线经济调度控制 EDC 通常都同 AGC 相配合进行。当系统在 AGC 下运行较长时间后，就可能会偏离最佳运行状态，这就需要按一定的周期（通常可设定为 5～10min）、启动 EDC 程序重新分配机组功率，以维持电网运行的经济性，并恢复调频机组的调节范围。

(3) SCADA/AGC/EDC 三者结合可实现下列目标：

1) 使全系统的发电出力紧紧跟踪系统负荷。

2) 将电力系统的频率误差调整到零。

3) 在所控制的区域内分配系统发电出力，保持与其他系统的联络线潮流为合同预定值。

4）在所控制的区域内向各发电机组分配出力，使本区域运行成本为最小。

AGC/EDC 是对电力系统进行实时闭环控制的程序。AGC 程序几秒钟执行一次。经济调度最初仅是利用计算机进行离线计算，而现在也成为几分钟就运算一次的在线程序。

3. 能量管理系统（EMS）

能量管理系统是以计算机技术为基础的现代电力综合自动化系统，主要用于大区级电网和省、市级电网调度中心，主要为电网调度管理人员提供电网各种实时的信息（包括频率、发电机功率、线路功率、母线电压等），并对电网进行调度决策管理和控制，保证电网安全运行，提高电网质量，改善电网运行的经济性。

能量管理系统主要包括 SCADA、AGC/EDC、电力系统状态估计、网络拓扑、网络化简、偶然事故分析、静态和动态安全分析、在线潮流、最佳潮流以及调度员仿真培训等一系列功能。一般把电力系统状态估计及其后面的一些功能称为电网调度自动化系统的高级应用功能，相应的这些程序称为高级应用软件（Power Application Software，PAS）。

下面简要介绍 PAS 中的几个重要的模块。

（1）电力系统状态估计（State Estimator，SE）。电力系统状态估计根据有冗余的测量值对实际网络的状态进行估计，得出电力系统状态的准确信息，并产生"可靠的数据集"。其主要功能为：

1）网络接线分析，又称网络拓扑（Network Topology，NT）。

2）调度员潮流计算，包括三相潮流。

3）状态估计，包括三相状态估计。

4）负荷预报，包括系统负荷预报和母线负荷预报。

5）短路电流计算。

6）自动电压控制等。

（2）静态和动态安全分析（Security Analysis，SA）。安全分析可以分为静态安全分析和动态安全分析两类。

1）静态安全分析。一个正常运行着的电网常常存在着许多潜在危险因素，静态安全分析的方法就是对电网的一组可能发生的事故进行假想的在线计算机分析，校核假设事故后电力系统稳定运行方式的安全性，从而判断当前的运行状态是否有足够的安全储备。当发现当前的运行方式安全储备不够时，就要改变运行方式，使系统在足够安全储备的方式下运行。

2）动态安全分析。动态安全分析就是校核电力系统是否会因为一个突然发生的事故而失去稳定，校核因假想事故后电力系统能保持稳定运行的稳定计算。由于精确计算的工作量大，难以满足实施预防性控制的实时性要求，因此人们一直在探索一种快速而可靠的稳定判别方法。

（3）调度员仿真培训系统（Dispatcher Training System，DTS）。调度员仿真培训系统是一套计算机系统，通过对电网的模拟仿真，为调度员提供一个逼真的培训环境，可使调度员得到离线的运行操作训练，培训了调度员在正常状态下的操作能力和事故状态下的快速反应能力和处理紧急事件的能力。

EMS 在电力系统中的关系如图 2-1 所示。从图中可以看出，配电管理系统（DMS）和能量管理系统（EMS）处于同一层次，EMS 管理发电、输电和变电，DMS 管理供用电。

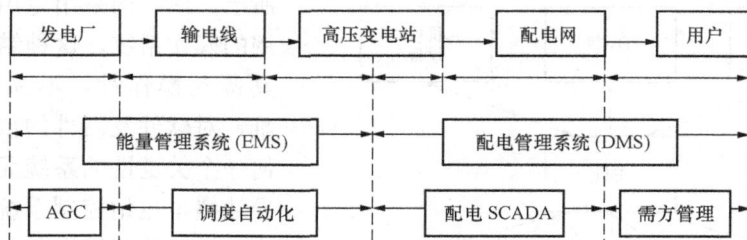

图 2 - 1　EMS 在电力系统中的关系

第二节　电网调度自动化主站系统的体系结构

一、电网调度自动化系统的发展

电网调度自动化系统的发展历史可以归纳为两个阶段：经验型调度阶段和分析型调度阶段。在电力系统发展的初期，由于受到自动化、通信等技术的制约，调度人员往往通过打电话询问现场情况，以掌握系统的当前运行状态。当系统发生故障时，主要依靠调度员的经验作出判断，处理故障。

在 20 世纪 70 年代，随着自动化技术和通信技术的进步，电力工业界逐渐出现了数据采集与监控（SCADA）系统，它可以将广域分布的电力系统信息采集并上传至调度中心，实现对系统的安全监控。随着计算机技术、通信技术、数据库技术和电力系统分析理论的不断发展和完善，同时为了满足电网调度的需要，逐渐在 SCADA 系统的基础上增加了自动发电控制（AGC）、经济调度（EDC）、调度员仿真培训（DTS）以及安全分析、状态估计、负荷预测等高级应用软件（PAS），调度自动化系统从最初的 SCADA 升级为能量管理系统（EMS），调度工作从经验型阶段上升为分析型调度阶段，提高了电力系统运行的可靠性、稳定性和经济性。

我国电网调度自动化系统发展已经经历了四代。第一代为 20 世纪 70 年代基于专用计算机和专用操作系统的 SCADA 系统，它只有实时数据采集和处理的功能，不具备应用分析的功能；第二代为 20 世纪 80 年代基于通用计算机和集中式的 SCADA/EMS 系统，系统能实现完整的 SCADA 功能，而且有一定的应用分析能力；第三代为 20 世纪 90 年代基于 RISC/UNIX 的开放式分布式 EMS，采用的是大型的关系型数据库和先进的图形用户界面技术，高级应用分析软件更加丰富和完善，第三代系统的主要特征是基于 RISC 图形工作站的统一支持平台的功能分布式系统；第四代调度自动化集成系统是一套支持 EMS、DMS、WAMS和公共信息平台的集成系统，为调度自动化提供了全面的集成方案，以遵循 IEC 61970 为主要特征，采用了大量的先进技术，包括 CORBA 中间件技术、CIM/CIS 技术、SVG 技术等。

二、电网调度自动化主站系统体系结构的发展

调度端主站系统结构的发展，经过了单机系统、功能纵向分布双机系统和分布式系统三个阶段。

1. 单机系统

在早期，由于计算机价格昂贵，为减少计算机用量，有必要采用这种集中控制的方式。在这种结构中设置一台计算机构成系统来对整个变电站进行监控。单机系统结构如图 2 - 2

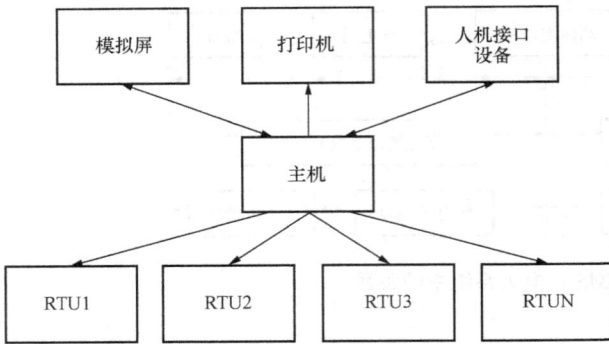

图 2-2　单机系统结构图

所示。该结构采用专用的计算机和专用的操作系统，这种结构的缺点是不具备互操作性，不易维护，扩展困难，对软件及硬件的依赖性很强，任何一个关键性的系统元件损坏，都会导致整个主站控制系统的停机。随着变电站监控系统设备的增多、复杂性的增大以及计算机价格的降低，该种方式逐渐被淘汰。

2. 功能纵向分布双机系统

随着计算机在调度自动化中地位的提高和功能的增强，单机系统的可靠性已不能满足要求，功能纵向分布双机系统越来越普遍地用于电力系统调度中。

该结构中把原来由单机完成的全部主站功能改由通信前置机和后台主机两台计算机完成，通信前置机负责处理周期快而计算简单的实时任务，如远动信息的采集与处理、计算机通信的控制等工作，后台主机负责数据计算和人机接口等工作。有了前置机，可以减轻主机的负载而使它能够完成更多更复杂的任务，这样整个系统的实时性和可靠性有所提高。功能纵向分布双机系统结构如图 2-3 所示。

双机系统通常由一台计算机承担在线功能，另一台处于热备用状态。当在线机故障时，自动进行切换，由备用机承担任务。备用机除了热备用方式外，还有离线工作方式，以便进行系统维护或程序开发等工作。双机系统还可以是两台计算机各承担一部分在线任务。其中一台承担较重要的基本任务，称为"主计算机"，另一台承担较次要的，如较复杂且费时较长的在线或离线计

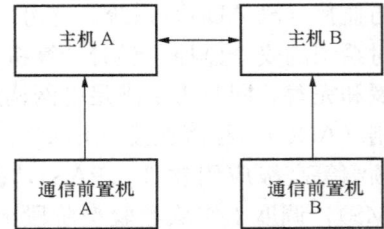

图 2-3　功能纵向分布双机系统结构图

算任务，称为"副计算机"。两台计算机之间有紧密的联系通道，当主机故障时，所有的重要的基本功能都将由副计算机自动接替。此时副计算机变为新的主机，暂时停止次要的功能，直到故障修复为止。

该结构的主要缺点是配置不够灵活，当机器的容量不足时，不宜扩展。

3. 分布式系统

随着计算机技术的飞速发展，电力调度自动化系统开始由封闭式、专用型逐步向分布式系统发展。分布式系统是把系统各项功能分散到多台计算机中，各计算机之间使用局域网相联并通过局域网高速交换数据；人机联系的处理机也以工作站方式接在局域网上；每台计算机承担特定的任务，如通信站、维护站、调度员站等；对某些重要的实时功能，设置双重化的计算机、通信站、服务器等。

分布式系统结构的优点在于资源共享和并行计算、局域网通信灵活、数据传输方便。在系统扩充功能时，只需要增加新的处理器，无需改造整个系统。分布式系统采用标准的接口和介质，把整个系统按功能分解分布在各个网络节点上，形成异种机兼容、能相互连接和移植、数据实现冗余分布的开放式的分布式系统。分布式调度自动化系统主站系统结构如图

2-4所示。

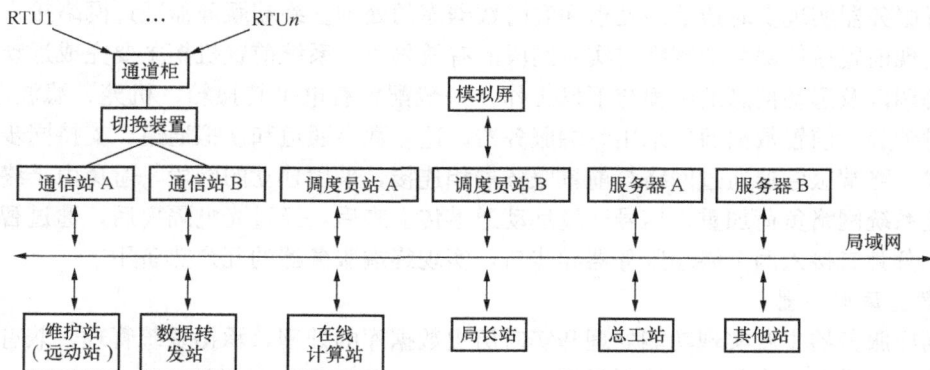

图 2-4 分布式调度自动化系统主站系统结构图

第三节 主站系统典型配置

电网调度自动化主站系统目前均采用分布式结构，主要由前置服务器、数据库服务器、调度员工作站、维护工作站、报表工作站、双网络等部分组成，各台计算机之间的通信通过双网络来实现。主站系统典型配置如图 2-5 所示。

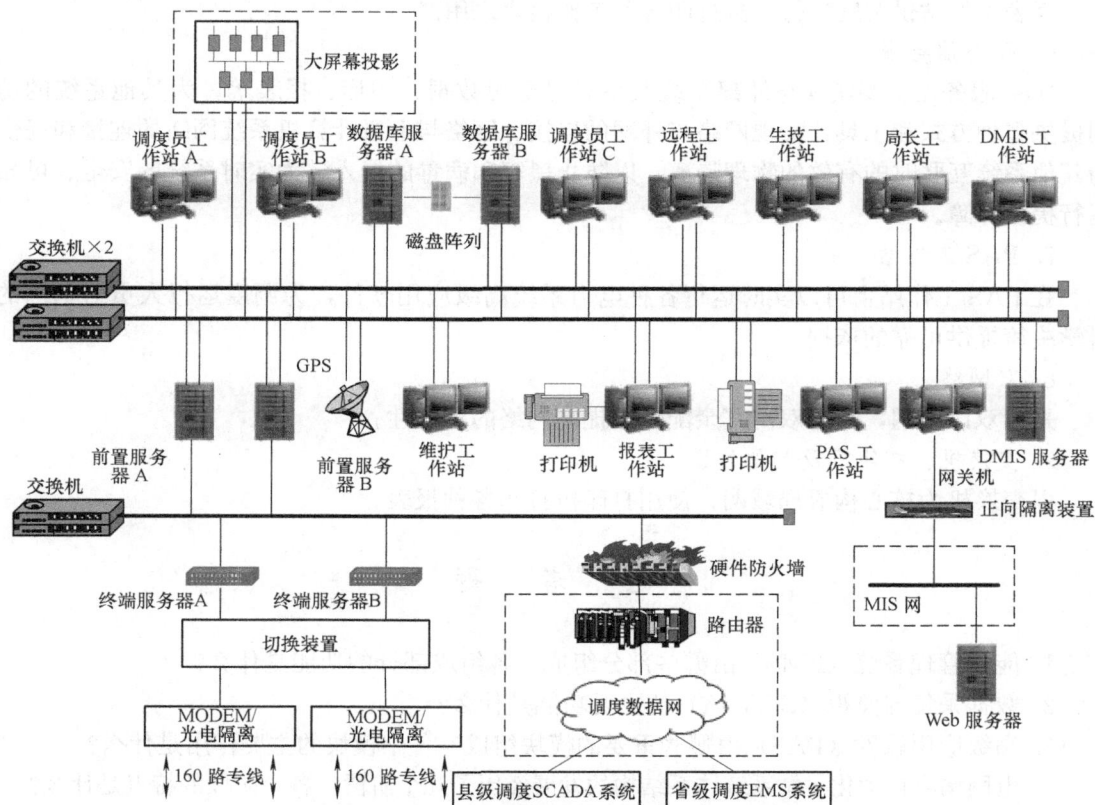

图 2-5 主站系统典型配置图

1. 前置服务器

前置服务器实现实时通信的处理和实时数据库的处理。终端服务器通过网络接入该服务器，以实现前置通信部分的网络与实时网段的有效隔离。系统前置机柜主要完成远动信号的调制、解调以及远动信息的解帧与下发工作。一般配置有电平转换箱、机笼、滤波电源盒、风扇、时钟等。前置数据通信采用终端服务器，适合数字通道和模拟通道，支持同步和异步两种方式。终端服务器通过网络与前置服务器相连接，采用独立的网段，避免由于终端服务器而引起系统网络负荷加重。信号通过远动通道传上来后，经过光电隔离后，通过智能转换控制箱一分为二接入两个终端服务器异步口，实现终端服务器的冗余热备用。

2. 数据库服务器

数据库服务器主要实现功能处理和实时历史数据库的处理，承担系统管理，兼有人机接口界面功能，采用冗余热备用的配置模式。

3. 调度员工作站

调度员工作站主要承担电网运行的监视与控制，供调度员处理电网事故等，是一种全图形操作的工作站。

4. 维护工作站

维护工作站主要供远动自动化人员维护系统，提供程序员编程接口，并可运行服务器和调度人机接口界面。

5. 报表工作站

报表工作站供调度运行人员打印各种工作报表之用。

6. Web 服务器

Web 服务器主要实现与外部系统共享实时历史数据、图形、报表等，为其他系统的访问提供多种方式和工具，实现网络与外网的连接、网络与上级计算机系统网络的连接和提供与其他系统互联时的有效的物理隔离，以防止黑客和病毒的侵入，为实时系统的安全、可靠运行提供保障。

7. PAS 工作站

在 PAS 工作站上可以实时运行各种电力系统高级应用软件，为调度运行人员对电网的科学决策提供可靠的依据。

8. 双网络

采用双以太网，支持双网冗余配置以提高网络的可靠性。

9. 交换机、打印机及其他外设

以交换机为核心构成局域网，使用打印机打印各种报表。

思　考　题

1. 能量管理系统（EMS）由哪些部分组成？各组成部分的功能是什么？
2. 数据采集与监视（SCADA）的主要功能是什么？
3. 高级应用软件（PAS）由哪些重要的模块组成？各个模块的主要作用是什么？
4. 电网调度自动化主站系统体系结构的发展经历了几个阶段？各个阶段的特点是什么？
5. 试画出电网调度自动化主站系统典型配置图，并说明各台服务器和工作站的作用。

第三章　电网调度自动化主站系统软件结构

第一节　系统层次结构

调度自动化主站系统涉及计算机硬、软件的各个方面，底层是包括计算机、网络、通信、远动在内的硬件基础设施，之上是支撑计算机运行的系统软件，再之上是实时监控系统的数据库、人机界面等，最上层是应用软件层，最终通过 EMS 应用软件来实现对电力系统的监视、控制和管理。

系统的总体结构分为五个层次，如图 3-1 所示。

第一层：分布式系统运行和开发中间件平台，也称通用平台层。它可以看做是系统和底层不同硬件体系、不同操作系统之间的一个中间件软件包，该软件包有效地将上层应用和底层系统隔离开，同时建立在不同的计算机体系结构和操作系统之上。该分布式系统运行平台为上层应用的设计和运行提供一种开发平台和运行的环境，为系统稳定、高效运行提供可靠保障，奠定坚实基础。

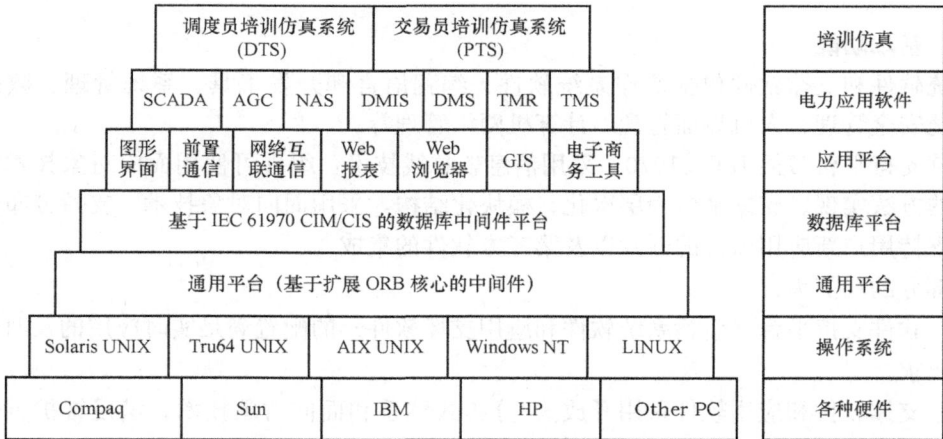

调度员培训仿真系统（DTS）		交易员培训仿真系统（PTS）				培训仿真
SCADA	AGC	NAS	DMIS	DMS	TMR	TMS	电力应用软件
图形界面	前置通信	网络互联通信	Web报表	Web浏览器	GIS	电子商务工具	应用平台
基于 IEC 61970 CIM/CIS 的数据库中间件平台							数据库平台
通用平台（基于扩展 ORB 核心的中间件）							通用平台
Solaris UNIX	Tru64 UNIX	AIX UNIX	Windows NT	LINUX			操作系统
Compaq	Sun	IBM	HP	Other PC			各种硬件

图 3-1　主站系统软件结构

第二层：基于 IEC 61970 CIM/CIS 的面向对象关系数据库中间件平台层。它采用国际电工委员会（IEC）制定的能量管理系统应用程序接口标准（EMSAPI）和面向对象的电力设备模型定义，是面向电力系统应用的完备的数据库管理系统，可以为数据采集与监控（SCADA）、电网分析软件（NAS）、自动发电控制（AGC）、配电管理系统（DMS）、调度管理和智能操作票系统（DMIS）、交易管理系统（TMS）、电能计量系统（TMR）、地理信息系统（GIS）和调度员培训仿真系统（DTS）等监控、电力市场系统提供充分的支持。专用平台层的建立，使得电力企业的 EMS、TMR 系统、电力市场技术支持系统、配电自动化系统在 IEC 61970 CIM/CIS 的基础上，建立了应用级的开放，使得调度自动化系统、配电自动化系统、电能量计量系统、电力市场技术支持系统等的开放性，从编译级、虚拟指令级的开放上升到了应用级的开放，使得应用软件的"即插即用"成为可以实现的目标。

第三层：应用平台层。它是为 EMS 和其他系统（配电自动化系统、电能量计量系统、水调自动化系统、企业管理信息系统）提供通用的应用接口和功能的总称。它包括图形界面系统、前置通信子系统、Web 报表处理子系统、Web 浏览器子系统、GIS 子系统、电子商务工具子系统等。应用平台层的建立使得电力企业的自动化系统不再是一个个"孤岛"，使企业内部的信息和数据交流具有了可靠的、安全的、高效的统一平台，使系统的移植、升级和维护的费用大大减少，为电力企业网集成总线（UIB）的建立奠定了坚实的基础。

第四层：电力应用软件层。该层包括丰富的能量管理系统应用软件（自动发电控制/自动电压控制/电网分析软件/调度管理和智能操作票软件/调度员培训仿真系统）、配电管理系统应用软件（配电自动化/配电网分析软件）、电能量计量应用软件和电力市场交易管理系统软件。

第五层：培训仿真层，该层为 EMS 和 TMS 系统的镜像层，包括调度员培训仿真系统和交易员仿真培训系统，通过 SCADA、AGC、AVC、NAS、TMS 等应用软件提供的研究态机制，可以建立灵活的一对一和一对多的培训仿真环境。

第二节　系统软件和开发工具

一、基本功能

系统软件和支撑软件包括操作系统软件、编程语言和开发工具、系统管理、数据库管理、系统安全管理、人机界面管理、计算机网络管理等。

系统支持平台遵循 IEC 61970，采用信息软总线技术，组件可使用面向对象技术或通过加封套的方法实现。支撑平台为层次化、模块化结构，采用面向对象技术，支持分布式应用环境。支持用户新应用软件的开发以及第三方软件的集成。

该部分的功能为：

（1）软件支持平台（包括系统软件和应用支撑软件）的配置满足实时应用的及时性和高可靠性要求。

（2）支撑软件和应用软件采用开放式/分布式体系和面向对象技术，满足维护方便性要求，符合国际工业标准。

（3）应用程序达到各功能模块和系统的性能指标要求。

二、系统软件

操作系统专门用于计算机资源的控制和管理，使整个计算机系统向用户提供各种服务。操作系统的实时性和稳定性是调度自动化系统的基本要求之一。目前主流的操作系统有 UNIX、LINUX 和 Windows。考虑到系统的可靠性要求，大型地区调度以上的系统一般采用 UNIX 或混合系统（关键服务运行在 UNIX 上，而人机界面采用 Windows）。

1. UNIX 操作系统

根据调度自动化系统的发展趋势，操作系统采用当今流行的标准的 UNIX 操作系统。该操作系统能支持实时、多任务运行环境并能有效地利用 CPU 及外设资源，包括海量存储器和其他硬件设备。该操作系统能提供强有力的安全保障特性，至少是 C1 标准（按照美国国防部测试系统评估标准）。

UNIX 操作系统具有以下主要特征：

（1）支持实时、多任务、多用户交互操作。

（2）操作系统具有强大的任务调度和中断处理能力。

（3）提供 X Windows System 和 OSF/Motif 及 CDE 图形用户标准接口，用户可自定制其环境。

（4）支持中文字符的编辑、显示和打印。

（5）提供国标一级和二级汉字库。

（6）提供拼音、区位、五笔等多种汉字输入方式。

（7）中文的输入、输出不仅支持字符型终端，且支持图形终端。

（8）中英文可同时存在于系统。

2．Windows、LINUX 操作系统

由于价格原因，一般县级调度自动化系统采用的是 Windows 或 LINUX 操作系统。Windows 操作系统使用简单，即使是非专业人士也能轻松使用。但是系统的安全性和可靠性比起 UNIX 系统来逊色一些，容易受到病毒的攻击而导致系统的崩溃，但随着 Windows 系统的发展，这些也得到了很大的改善。

LINUX 不仅继承发扬了 UNIX 的优点，并且可以在各种平台上应用。这些优点使 LINUX 发展很快，市场份额已经超越了 UNIX 操作系统。另外，由于其属于开源系统，所有源代码公开，使用者可以轻松获得必要的资料，因而 LINUX 的志愿者也很多，结果不仅大大降低了其技术门槛，而且使系统越来越易于使用，这个系统的应用也因此迅速推广开来。

Windows、LINUX 操作系统具有以下特征：

（1）操作系统具有支持 SCADA/EMS 系统应用所要求必备的文件和程序管理功能。

（2）操作系统包括强有力的文件编辑系统，允许用户在屏幕上以中文方式进行全屏幕交互式编辑。

（3）操作系统包括一个高分辨率的实时时钟用于定时器和日历时间（TOD）调度。

（4）操作系统具有基于虚拟存储、存储器保护、存储器检错纠错等的主存管理机制。

（5）操作系统具有磁盘空间管理、增强的通信和网络支持功能。

（6）支持 TCP/IP 通信协议。

（7）具有独立的网络协议和网络应用编程接口。

（8）操作系统具有保护和监视能力，以防止数据文件的丢失或破坏。

1）提供后备保护措施，在故障恢复后，能保证在故障条件下的数据迅速恢复。

2）磁盘与主存有保护措施，防止关键程序被冲掉。

3）操作系统只允许特权程序对指定的区域执行改写操作。

三、开发工具

由于电力系统中存在着多种作业系统或不同硬件架构的计算机，所以应选择具有跨平台特性的计算机语言作为客户端应用程序的开发平台。常见的跨平台程序设计工具主要有 Java、ANSI C、wxWindows 类库（C++）、Qt 类库（C++）等。

1. Java

Java 语言是一种优秀的目标代码级可移植、跨平台的计算机语言，为不同的机器编写

不同的装载程序，而在装载程序之上的从源代码到虚拟机目标代码都是与操作系统无关的。该语言具有以下特性：

（1）简单。Java 略去了宏定义、运算符重载、多重继承等概念，它的自动内存收集简化了程序设计者的内存管理工作。

（2）安全。Java 不支持指针，不能直接访问内存，杜绝了程序员使用强制类型转换访问类的私有成员的企图，同时避免了指针操作错误。Java 在编译和运行时能自动地、严格地校验，容易跟踪和查找错误。

（3）字节码可移植。程序发布者不需要为不同的机器分别编写源程序和编译程序，甚至不需要特别地为浏览器编写网络浏览程序。

（4）运行速度。Java 程序，尤其是图形用户界面程序执行速度远慢于 C/C++，测试的结果慢 5～20 倍，这在目前的工业控制系统中是无法接受的。速度问题在未来计算机速度提高后可能渐渐不明显并进而可以忽略。

（5）接口。Java 不能直接访问内存，大大提高了语言的稳定性和安全性，同时也极大地削弱了 Java 访问和控制硬件的能力。为了访问底层的硬件接口，需要使用 C/C++ 语言编写通信模块，以实现接口通信功能。

2. ANSI C

1978 年，AT&T 贝尔实验室正式发表了 C 语言。1983 年，美国国家标准协会制定了一个 C 语言标准，称为 ANSI C。早期的 C 语言主要用于 UNIX 系统。到了 20 世纪 80 年代，C 开始进入其他操作系统，并很快在各类大、中、小和微型计算机上得到了广泛使用，成为当代最优秀的程序设计语言之一。

ANSI C 除了定义语言的基本语法规范，还包括一个标准函数库。这是 C 语言最基本、最重要、最可靠和可移植性最好的函数库。它包括以下部分：

（1）内存操作函数：malloc/free/memset/memmove 等。

（2）目录和文件函数：chdir/mkdir/rmdir/getcwd 等。

（3）字符串操作函数：springtf/strcmp/isascii 等。

（4）基本文件读写函数：fopen/fpringtf/fseek/tmpfile 等。

（5）命令行交互函数：printf/gets 等。

（6）数据转换函数：atoi/atof/atoll 等。

（7）科学计算函数：sin/cos/pow 等。

（8）时间和日期函数：mktime/time 等。

（9）其他函数和宏：errno/assert/system 等。

3. wxWindows 类库（C++）

Julian Smart 于 1992 年在爱丁堡大学人工智能应用学院开始了 wxWindows 的研究。1995 年 Markus Holzem，发布了其到 Xt（X 工具箱）的移植。1997 年 5 月，Windows 和 GTK+ 移植被合并，并放入 CVS 资源库，所有对 wxWindows 作出贡献的人都可以使用它。到 1997 年底，Julian Smart 开始分发 wxWindows 的 CD-ROM，包括完整的源码、编译器材料等。与 MFC 类似，wxWindows 是由 C++ 编写的对 Windows API 和 Xlib/Xt/Motif 的浅层包装。

它的主要特点是：

（1）具有自由开放的代码，wxWindows 在 GPL 下发布。

（2）包装的层次很浅，直接使用了 Windows 标准控件和 Modif 标准控件，形成的执行程序较小且速度很快。

（3）由于包装的层次较浅，仍然在平台相关性上有许多需要注意的地方。

（4）缺少资源编辑器。

（5）有一定的稳定性和可靠性问题。

4. Qt 类库（C++）

Qt 是一个跨平台的 C++图形用户界面库，由挪威 TrollTech 公司出品，目前包括 Qt、基于 Framebuffer 的 Qt Embedded、快速开发工具 Qt Designer、国际化工具 Qt Linguist 等部分。Qt 支持所有主流 UNIX 系统，当然也包括 LINUX，还支持 Windows XP、Windows 7等平台。

基本上 Qt 同 X-Windows 上的 Modif、xview、GTK 等图形界面库和 Windows 平台上的 MFC、OWL 是同类型的。使用 Qt 开发的重量级软件 KDE 让 Qt 在众多 Unix 图形界面库中脱颖而出。

Qt 具有下列特点：

（1）优良的跨平台特性。Qt 支持下列操作系统：Microsoft Windows 95/98、Windows NT/2000/2003、Windows XP、Windows 7，Mac OS X，Linux，Sun Solaris，HP-UX，Digital UNIX（OSF/1，Tru64），Irix，FreeBSD，BSD/OS，SCO，AIX，OS390，QNX 等。

（2）面向对象。Qt 的良好封装机制使得模块化程度非常高，可重用性较好，对于用户开发来说是非常方便的。Qt 提供了一种称为 signals/slots 的安全类型来替代 callback，这使得各个元件之间的协同工作变得十分简单。

（3）丰富的 API。Qt 包括多达 250 个以上的 C++类，还提供基于模板的 collections、serialization、file、I/O device、directory management、date/time 类，还包括表达式的处理功能。

（4）支持 2D/3D 的图形渲染，支持 OpenGL。

（5）作为一个深层封装的 C++类库，类库本身比较庞大。

（6）支持 XML。

第三节　支　撑　软　件

SCADA/EMS 是集多种复杂功能于一体的大系统。要实现多种应用功能的集成，必须要有强大的支撑软件。支撑软件的好坏是衡量一套系统性能优劣的主要因素。对一套系统来说，多一个或少一个具体功能并不是评价它的主要指标，重要的是系统的开放性的好坏，功能增减是否方便，与其他系统进行网络互联是否容易，能否使用现有的商用软件来实现用户要求的一些特殊功能等。所有这一切，都依赖于底层支撑软件的设计。

支撑软件由五大部分组成，即数据库管理子系统、网络管理子系统、图形管理子系统、报表管理子系统和安全管理子系统。图 3-2 为支撑软件与上层应用之间关系的示意图。

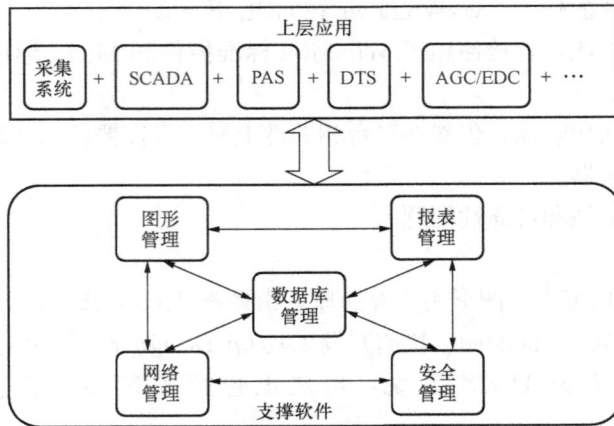

图 3-2 支撑软件与上层应用关系示意图

一、数据库管理子系统

SCADA/EMS 系统对实时性要求很高，必须有一套快速、完善的数据库管理系统提供服务。数据库管理子系统应实现以下功能：

（1）数据的快速存取。

（2）数据的合理组织。

（3）建立数据之间的关系。

（4）建立电网的数据模型。

（5）提供标准的访问接口。

为满足实时性的要求，要有一套实时数据库管理系统以实现实时数据的快速存取，同时还要有联网功能，以管理全网分布式的数据，保证全网数据的一致性。一般实时数据库管理系统是研发厂家自行开发的，速度虽然可以保证快速实时的需要，但接口标准化程度低，不能完全符合各种通用的数据库接口国际标准，这样的系统是比较封闭的。

为了能与其他系统通过网络互联，方便实现数据共享，使系统成为真正的开放式的系统，必须引入商用数据库，利用标准的数据库访问接口为用户提供更大的开放性。商用数据库功能强大，要把实时数据库管理系统与商用数据功能系统有机地结合起来，充分发挥商用数据库的各种功能，例如数据库创建、数据模型的建立、表与表之间关系的建立、历史数据的存取、安全性的检查等，均可以使用商用数据库来完成。使用户在使用时根本感觉不到有两套数据库管理系统的存在，做到了完全透明。

系统中既有商用数据库管理系统，又有实时数据库管理系统。但两者是完全统一的，有一个全网统一的数据库管理系统，对实时数据库和商用数据库进行统一的管理。用户使用数据库时，只需要指明哪个应用项目中的哪个数据，而无需知道该数据在哪台机的哪个数据库中。数据库管理系统会自动地在全网中搜索到。对于用户来说，他所看到的只有一个综合的数据库及其管理系统，数据的存取是完全透明的。

二、网络管理子系统

网络技术的发展使通信速度越来越快，通信范围越来越广，通信可靠性越来越高。可靠的通信是 SCADA/EMS 系统实现各种功能的重要条件，网络管理子系统应当具有硬件和软件"隔离"的作用，即当网络硬件升级换代后，系统软件不受影响，整个软件系统不需要做任何修改，就能在新的网络环境中运行。

网络管理子系统还必须能方便地与其他系统进行联网，例如与电力公司管理信息系统（MIS）交换信息，做到信息资源共享，为办公自动化提供各种数据。网络管理子系统还应监视网络运行的工况，对流量进行平衡和控制，同时对各种网络设备进行管理。

网络管理子系统是分布式网络管理软件，它驻留在每一台计算机中，负责管理网络信息的发送和接收。该软件具有一定的智能和较强的适应性可与流行的各种网络设备相匹配。

网络管理子系统工作时，首先在每台机器上构筑好信息高速公路，保证数据安全可靠地传输。上层软件之间的通信均要通过网络管理子系统进行，由网络管理子系统选择路由、控制流量、进行数据完整性判断。

网络管理子系统还提供标准的应用程序接口。上层应用软件通过此接口进行进程之间的网络通信。上层应用软件不必判断网络是否正常，只需指明需要通信的进程名，把信息发送给网络管理子系统即可。下面的工作由网络管理子系统去完成，进行路由判断和收发控制。上层应用软件编程时无需访问底层的硬件设备，只要关心如何实现自己的功能即可。这样做不仅分工清晰，而且程序具有良好的模块化结构，便于整个程序的调试、维护和升级。

网络管理子系统采用双高速以太网结构，互为备用，保证了信息的快速安全传输。它有以下特点：

（1）单网（每台机器插一块网卡）、双网（每台机器插二网卡）、高速网（每台机器插1000M 及以上网卡）、低速网（每台机器插 100M 网卡）可以任意组合，十分灵活。

（2）网络形式多样化。可以提供 TCP/IP、FDDI、ATM 等多种网络协议。

（3）共享式双网。在两个网都正常时，双网可以分流和平衡负荷，以保证两个网的流量均衡，充分利用网络资源。当其中一个网工作不正常时，双网则起到备份作用，工作正常的网络将自动接管全部的网络体系工作，使通信仍能正常工作。

（4）标准的网络接口，可方便地与 MIS 等其他系统互联。

（5）可与上、下级调度中心组成广域网，进行远程网络数据交换。

（6）网络管理子系统有进程监视功能，可以对任何一个在网络子系统中注册的进程进行监视，如发现异常，可采取相应措施，具体有网间报文监视、节点状态监视、进程状态监视等。

三、图形管理子系统

图形管理子系统应能满足所有的应用要求，方便灵活地切换各种应用图形，显示各种应用数据。图形管理子系统应具有图形交互式用户自定义功能，使图形更加丰富多彩，方便用户制作图形。图形管理子系统应能方便地与地理信息系统（GIS）共享数据。

1. 图形管理子系统的特点

图形管理子系统是按照面向对象的方法开发的全图形、全汉化系统，方便、实用、快捷，可以显示多种标准格式的图形，并提供浏览器方式，使用户可在 MIS 网上或互联网上浏览到所有的实时画面。

（1）图形全汉化，可无级放大、缩小、旋转滚动、漫游，并提供导航图，可以制作各种复杂的图形。

（2）图形有分层与分平面功能。最多可分 16 层，每层最多可有 256 个平面，可以方便地制作各种地理图。对 DMS，可以接收标准的电子地图，支持地理信息系统（GIS）图形的显示，具有 AM/FM 功能。同时还具有动态着色功能，可根据电网拓扑结构，自动判断和推理，直观地用颜色区分停电范围。

（3）制作图形时有回退功能。最多可回退 100 步。如果不慎把图画错了，可以方便地退回到修改前状态，重新制作。

（4）全部操作功能都通过鼠标和菜单来实现，减少键盘和命令的输入，可视化程度高，不需要用户记忆许多操作命令，以交互对话方式引导用户完成图形的制作。

（5）系统自动保持所有图形的全网的一致性。用户在任何一台机上制作的图形，均由系统统一管理并存入系统服务器中，无需用户手工复制画面。在任何一台机上修改的图形，均可实时地被其他机共享。

（6）图形和数据库的录入实现了一体化，作图的同时在图形上进行数据库的录入，使作图、录入数据和建立电网模型一次完成，自动建立图形上的设备与数据库中的相关数据的对应关系，真正实现了"所见即所得"，能够快速生成系统数据库。极大地减轻了维护人员的工作量，最大限度地避免了人为的差错。

（7）图形具有多种集成工具，可方便地制作电网一次接线图、潮流图、地理图、工况图、曲线图、电压棒图、饼图等各种图形，多个窗口之间可互相复制画面。图形可以放大后制作，加强细节的表达。制作大图形时还可以分割制作或者多机联合制作。

（8）用户可以利用可视化的图形工具，把图形和自己开发的程序结合起来融为一体，实现自己需要的新功能。

2. 图形管理子系统的组成及各部分功能

（1）图元编辑器。图元编辑器的作用是制作电力系统中各种常用设备的图元库，以便在制图时方便地调用。用户可任意定义断路器、隔离开关、变压器、电机、电容器、电抗器等设备的图符状态和颜色。根据设备在运行中的状态情况，可分为一态图元、二态图元和三态图元。

例如断路器有分、合两种状态，就属于二态图元，每个图元都可与一个实时量相关联，以图元不同的状态表示不同的量测值范围，从而把实测值用图形直观地表达出来。还可以通过人工置数，改变图元的状态。

（2）图形编辑器。利用图形编辑器可以方便地生成电力系统的所有图形，包括电网一次接线图、潮流图、地理图、工况图、曲线图、电压棒图、饼图等。不同类型的图形可以做在一幅图中，也可以分开制作。图形具有分层、分平面的功能，字符和图形都可以组合、复制、旋转。对电力系统中一些常见的图形工具，如列表、饼图等，提供集成的生成工具，用户只要输入一些参数，就可以自动生成需要的图形。

（3）图形显示工具。实时系统运行时所有功能调用和操作均可在图形上完成。用户通过对菜单的操作可进行各种图形的切换，还可以进行断路器合闸、分闸及人工置数等操作。

对于不同的应用，例如 SCADA、PAS、DTS、AGC/EDC 等，都完全采用统一的图形显示工具，所有图形只需要制作一次就可以被所有的应用模块共享。在图形上通过菜单来选择和切换各种图形。图形上不仅可以显示实时的 SCADA 数据，还可以显示历史数据库中的历史数据和统计数据，可以显示任意时刻的历史潮流，还可以进行事故反演，如同放录像一样，把历史的事故断面一帧一帧地重播出来，供调度员事故分析之用。

四、报表管理子系统

电力调度系统有一套自己特有的报表格式。要求该子系统能仿造 Excel 电子报表制表工具，使用方便、快捷、直观。例如对日报表，用户只要定义一个小时的值，其他小时的值就可以通过循环快速生成。

该子系统具有图形和表格混合制作功能，并具有预览功能，可在打印前仔细核对数据，并可人工置数，存于数据库中永久有效。报表可在各种类型的打印机上输出，并能自动根据纸张的大小进行调整。报表全网一致，在任何一台机上制作的报表，在其他机上均能看到，实时而统一。报表可召唤打印，也可定时自动打印。

报表子系统由报表编辑、报表的调用和预览、报表数据的修改和报表的打印四个模块构成。

五、安全管理子系统

由于网络技术的普及和市场化的需要，开放、互联、标准化已成为电力行业业务系统发展的必然趋势。信息化和市场化大大增加了电力系统对信息系统的依赖性，信息系统的安全被破坏有可能影响电力系统的安全稳定运行。因此根据调度自动化系统中各种应用的不同特点，建立调度系统的安全防护体系即为系统安全管理子系统的功能。

SCADA/EMS 系统是一个大型的计算机网络，并能与上、下级的 SCADA/EMS 系统、电力调度数据网（DMIS）以及管理信息系统网（MIS）联网，因此网络安全十分重要。系统中采用了多级安全管理策略，各网络互联时采用了正/反向物理隔离装置、防火墙、纵向加密认证装置进行数据过滤和隔离，以防止黑客的非法入侵，保证整个网络的安全。

在用户一级采用权限管理和口令机制，给每个用户分配一个用户名和专用密码，并且每一用户按其身份被赋予一定的权限，有的用户只有图形的读取权而没有修改权，有的用户有遥控操作权，有的用户有人工置数权等。当用户进行操作时，系统首先询问用户名和密码，据此可对其权限进行检索，若用户操作超出了其权限，系统会自动地拒绝该操作的执行。用户输入密码时还可以定义出该密码的有效时间，当定义的时间到期时，密码自动失效。这样做是为了防止用户操作完成后忘记退出而被其他人误用。

第四节　SCADA 软件功能

SCADA 主要用来完成电力系统运行状态的监视（包括信息的收集、处理和显示）、远距离开关操作以及制表记录和统计等功能。主要功能包括数据采集、数据处理、数据计算、挂牌操作、电网控制和调节、事件/事故记忆、报警、人机界面、制表打印、模拟屏/大屏幕接入、网络管理和安全管理等。

SCADA 是实现电力系统 EMS/DMS 系统的重要基础，是电力系统自动化的实时数据源，为 EMS 系统提供大量的实时数据。为整个电力自动化系统提供电力系统的运行状态和操作监控的手段。如果没有这个电网实时数据信息，所有其他系统都成为"无源之水"，所以它的基础地位和重要性要求其具备强大的数据采集和处理能力以及高安全性和可靠性。

一、数据采集功能

电力系统基本信息由变电站和发电厂的现场设备收集起来，SCADA 系统具有实时采集各厂站 RTU 或者变电站综合自动化装置的遥测、遥信、电能、数字量等数据，同时向各厂站 RTU 或者变电站综合自动化装置发送各种数据信息及控制命令的功能。

1. 模拟量采集功能（遥测）

电压值、电流值、有功功率、无功功率、变压器油温和变压器抽头位置等均用遥测值表示，又称为模拟量。一般这些量随时间而变化，遥测值反映的是量测对象的瞬间状态。从数据来源来看，量测值分为模拟值和数码值两种类型，电压和功率等均属于前者，需要经过模/数转换才能化为二进制码。量测值在显示或送给其他应用程序之前需要进行刻度变换，一般是线性变化，偶尔也有非线性变化，因此每个量测值的标尺也要保持在数据库中。

（1）模拟量采集内容。

1）主变压器及输电线有功功率、无功功率。

2）主变压器及输电线电流。

3）各种母线电压。

4）主变压器油温。

5）系统频率。

6）其他测量值。

（2）模拟量的采集方式。

1）扫描方式。将系统所有模拟量每一个扫描周期采集更新一次，并存入数据库。扫描周期为 3～8s。

2）越死区方式。由于厂站端的一些参数，如母线电压，平时变化不大，甚至无变化，所以在这种情况下厂站端设备采集数据后也要向调度中心传送是不必要的，反而增加了装置处理数据的负担。为了提高装置效率和信道利用率，在处理这类模拟量时采用越死区方式，只有变化量超过死区时才传送，小于或等于死区时就不传送，这个死区称为阈值。

阈值是在上一次遥测数据传送后产生的，在数值的上下均划出一个小区域阈值，越阈的概念是向上或向下穿过阈值时，均会产生一个遥测值传送。在本次遥测值传送后，当前值就成为中间值，而在其上下再划出一个小区域阈值，作为下次遥测值传送的门限。这样处理后，可以大大减少信息传送量，提高传输效率。越死区传送示意图如图 3-3 所示。

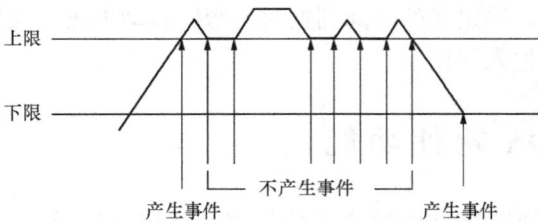

图 3-3　越死区传送示意图

2. 状态量采集功能（遥信）

断路器状态、隔离开关状态、报警和其他信号等均用状态量表示，一般状态量用 1 位或 2 位二进制的位表示，1 位可以表示分与合两种状态；2 位可分别表示分与合，还可以检测状态量出错；甚至用 3 位可以表示合—分—合的重合闸过程。

（1）状态量采集内容。

1）断路器位置信号。

2）继电保护事故跳闸总信号。

3）预告信号。

4）隔离开关位置信号。

5）有载调压变压器分接头位置信号。

6）自动装置动作信号。

7）发电机组运行状态信号。

8）事件顺序记录（时标量，即同时标注发生时间）。

（2）状态量采集方式。

1）状态变化。系统实时状态变化事件驱动，有变化立即输出响应，读入系统并存数据库。

2）扫描方式。将所有厂站全部遥信状态按一定周期逐个扫描，读入系统并更新数据库。

3. 脉冲量采集（遥脉）

电量值由脉冲计数方式得到。脉冲计数正常包括两项内容，一个连续计数器和一个时间间隔记录。到指定的时间周期，要冻结其值，过后再继续计数或清零后计数，全系统冻结时间的一致性有助于功率平衡。

（1）采集内容为各厂站 RTU 送来的脉冲电能量等。

（2）采集方式为按设定的扫描周期进行采集。

4. 继电保护及变电站综合自动化信息的采集

系统对 RTU 除完成远动四遥功能之外，对已安装变电站微机保护及综合自动化系统的厂站也可完成相应的保护数据采集及控制功能，包括：

（1）接收并处理保护开关状态量。

（2）接收并处理保护测量信息。

（3）接收保护定值信息。

（4）接收保护故障动作信息。

（5）接收保护装置自检信息。

（6）保护信号复归信息。

（7）远方传送、设定、修改保护定值。

5. 时间信息

SCADA 系统在后台接入标准天文时钟信息，向全网广播以统一全网时间，并定时与各厂站 RTU 进行对时。对于 RTU 未带时标的信息，如果需要，可由系统后台时钟为其加入时标。

6. 前置机系统的数据采集

（1）可接收不同传输速率的 RTU 信息（模拟：300～1200bit/s，数字：300～9600bit/s）。

（2）可接收不同类型、不同通信规约的 RTU 信息（CDT 规约、Polling 规约及其他规约）。

（3）可接收不同通信方式的 RTU 信息（同步方式或异步方式）。

（4）可接收不同信道的信息（微波、电力线载波、光纤、无线电等）。

（5）前置机人机界面友好，可通过软件设置各厂站 RTU 的参数。

（6）无论 RTU 是以双信道还是以单信道与调度中心通信，系统双前置机以热备用方式接收信息，主、备机实现自动切换，切换过程中数据不会丢失。

二、数据处理功能

SCADA 系统采集数据后，要立即进行某些数据处理，包括模拟量处理（YC）、状态量处理（YX）、脉冲量处理（YM）以及各种标志牌的设置。

1. 模拟量的数据处理

（1）标度变换。电力系统中的各种参数有不同的量纲和数值变换范围，如电压测量值单位是 V 或 kV，电流测量值单位是 A 或 kA 等。一次量测设备的变化范围也不同，如电压互感器输出为交流 0～120V，电流互感器输出为交流 0～5A 等。所有这些信号都需要经过各种形式的变换转化为 A/D 转换器所能接受的信号范围，如 $-5V$～$+5V$，经 A/D 转换成数字量，然后由计算机进行数据处理和运算。经 A/D 转换成的数字量已成为一种标幺值形式，无法表明该遥测值的物理大小。为了显示和打印，就必须把这些数字量转换回原来的数值量纲，以便操作人员进行监视和管理，这就是标度变换。

现场的遥测量经电压（电流）互感器和中间变换器转换为幅值为 0～$\pm5V$ 的电压。以 12 位 A/D 转换器为例，转换结果是 12 位，其中最高位 D_{11} 是符号位，其余 D_{10}～$D_0$11 位为数值位。若约定将小数点定在最低位的后面，则数值部分为整数。当被测值与满量程相等时，转换结果为全 1 码，即量程为 111111111111B～011111111111B，即 -2047～$+2047$。

例如，被测电流的满量程为 1500A，当电流在 0～1500A 范围内变化时，A/D 转换的输出在 0～$+2047$ 之间变化，两者呈线性关系。设遥测量的实际值为 S，A/D 转换后的值为 D，因为 S 和 D 呈线性关系，所以可以以满量程的对应关系求出标度变换系数 K，即

$$K = \frac{S}{D} = \frac{1500}{2047} = 0.732\ 779\ 677$$

若此时测得 A/D 转换后的值为 $D = 1000$，则可以通过 K 计算出此时的 S 为

$$S = K \times D = 0.732\ 779\ 677 \times 1000 \approx 733(\text{A})$$

每路遥测量都有对应的标度变换系数 K，事先计算好后以确定的形式储存在系统参数库中，待需要时读取。

（2）数据的合理性检查。一次接线图中的某部分如图 3-4 所示。

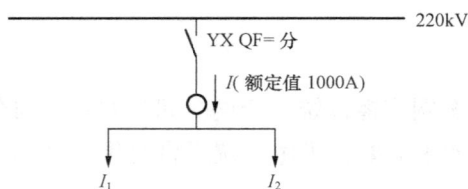

图 3-4 数据的合理性检查示意图

1）YX 与 YC 之间的合理性检查。图中，若 QF=分，则应该无 I、I_1、I_2。如果存在非零的数值，则说明数据不合理，产生的原因可能是装置发生故障或者是外界干扰造成的。

2）YC 值与额定值之间的对比检查。如额定值为电流 1000A、电压 220kV，则在正常情况下该 YC 值不会超出额定值的 $\pm15\%$，若超出，则表示该值不合理。

3）YC 值之间的关系检查。检查三个 YC 值之间的关系，看 I 是否等于 $I_1 + I_2$，若不等，则表示该值不合理。

（3）将近似为零的值置为 0，可设定每个值的归零范围，用以消除零漂（如停电线路的电流值）。

（4）越限检查。通过数据库为每个遥测值（也包括计算值）规定上限和下限，以检查数据合理性。

（5）积分值计算和平均值计算，如对实时功率进行积分及求平均值等。

（6）最大值及最小值计算。将遥测量在某一时间段内出现的最大值（及时间）、最小值（及时间）一同存入数据库。

（7）按一定的格式存入数据库。存入数据库的遥测量由时标、工程值、状态及量纲单位组成。所谓状态，是指正常、越上限、越下限、人工数据、坏数据等。

2. 状态量的处理

状态量包括开关量和多状态的数字量。系统对状态量的处理采用"遥信变位＋周期刷新"的信息传送机制，以保证相关信息能快速准确地传送至后台。

（1）状态量的极性处理。状态量的极性统一规定为"1"表示合闸状态，"0"表示分闸状态，并可进行反极性修改和处理。

（2）状态量根据不同的性质发出不同的报警，并进入不同的分类栏。

（3）状态量的事故判别。根据事故总信号或保护信号与开关变位，并结合相关遥测量（归零，时延由用户设定）判断事故跳闸。

（4）状态量操作。对状态量的操作分为：

1）封锁（人工设置）指定遥信的合/分状态，封锁后可有颜色变化。

2）解除/封锁指定遥信的合/分状态。

3）抑制/恢复告警。

（5）多态数据处理。为了表示电网中有关设备的运行状态，一个状态量应具有多个状态，系统能对同一状态量的多个状态进行不同的处理。

（6）其他处理。

1）对于可疑信号在数据库中应标明身份，并在人机界面上显示。

2）正确区分事故跳闸和人工分闸，并给出不同的报警。

3）自动统计开关事故跳闸次数，超过设定次数给出报警。

4）提供遥信变位信号延时（可调）处理功能，如某一遥信变位并保持额定时间后，才作告警。

3. 脉冲量的处理

脉冲量主要是指电能值。

（1）实时保存上一周期的脉冲值，计算出本周期内的电量。

（2）对无脉冲量的测点，可采用积分电能的方法计算电量。

（3）系统可设定高峰时段、低谷时段及腰荷时段，计算出各时段电量。

（4）计算结果存入实时数据库和历史数据库。

4. 计划值

计划值的数据来源既可以是人工输入，也可从其他应用软件中生成的文本文件中自动获取，包括从管理信息大区经反向隔离装置传送来的计划值（文本文件或其他方式）。

计划值的时段应支持每天 24、48、96、288 点等不同粗细程度，可由用户选择。

实时值与计划值按照要求，采用图形、曲线、表格等方式进行实时比较，并可参与统计和计算。

5. 数据质量标志

对所有遥测量和计算量配置数据质量码，以反映数据的可靠程度。数据质量码的数据质量标志如下：

（1）正常：在最后一次应答中成功采集到的数据。

（2）工况退出：RTU 退出而导致数据不再刷新。

（3）未初始化的数据：该数据点值尚未采集、被计算或是被人工输入。

（4）计算数据：由其他数据点经公式计算得到的数据。

（5）可疑数据：量测与电气拓扑不符。

（6）不变化：该数据长时间不变化。

（7）坏数据：旁路异常。

（8）越限：量测超过给定的限值范围，包括越上限、越下限等。

（9）人工置数：该数据显示的数据值为人工设置数值。

（10）被旁路代：该数据被旁路代。

（11）被对端代：该数据被对端代。

（12）用户可定义的标志：来源于用户公式计算结果所代表的状态。

三、数据计算功能

在 SCADA/EMS 系统中，除布置了大量的实测点之外，还有大量的计算点。计算功能需在线方式下完成所有这些计算任务。计算功能在系统启动时随之启动，按照数据变化及规定的周期、时段，不停地处理各种计算点。对模拟量、数字量及状态量均可进行计算。

系统提供强大的脚本及编译器功能，用于实现计算、统计、检索以及考核等功能。计算功能支持多态、多应用，同一公式中可支持任何应用的数据计算。采样记录的计算结果应与公式分量完全吻合，对于有分公式的公式计算应考虑先后优先级。

1. 派生计算量

对所采集的所有量（包括计算量）能进行综合计算，以派生出新的模拟量、状态量、计算量，计算量能像采集量一样进行数据库定义、处理、存档和计算等。

2. 计算公式定义

支持加、减、乘、除、三角、对数、绝对值、日期时间等常用算术和函数运算，无限制的逻辑和条件判断运算，时序运算，触发运算，时段运算以及引用对象状态运算等。系统提供方便、友好的界面供用户离线和在线定义计算量和计算公式。公式定义完毕能以自动/手动两种方式校验公式正确性和优先级，并给出相关告警。

3. 常用的标准计算

为免去用户输入大批量相同类型的公式，系统应提供常用的标准计算公式供用户选择使用。包括：

（1）电压。

（2）频率及电压合格率计算。

（3）最大值、最小值、最大值出现时间、最小值出现时间、平均值统计。

（4）负荷率计算。

（5）总加计算。

（6）有载调压变压器挡位计算（包括 BCD 码或其他方式挡位计算）。

（7）负荷超欠值计算。

（8）功率因数计算。

（9）平衡率计算。

（10）电流有效值计算。

4. 旁路代计算

系统应能根据一次接线图自动生成旁路代信息（特殊接线方式用户也可以自定义旁路代信息），旁路代计算时根据旁路代信息和相关断路器、隔离开关的位置自动生成旁路代结果，不需依赖系统高级应用计算结果来生成旁路代结果。用户可以人工定义旁路代结果。

系统在进行其他计算和统计时，能自动考虑旁路代结果。

被代量测值在存储历史数据时，也考虑旁路代结果，用户在调用历史曲线或报表时数据应是连续的。

5. 统计计算及考核功能

可根据电网目前的频率、电压考核要求，对电压、频率等用户指定的各类分量进行考核统计计算并提供灵活、方便的界面。

6. 修改功能

可在线修改某计算量的分量及计算公式，并能在线增加计算点。

7. 检索功能

可针对实时数据或一段时间内（时、日、月、年）的历史数据和资料性数据进行检索，用户可定义检索条件，检索结果可以显示、存储或供图表调用。

四、挂牌操作功能

系统对所有设备均可进行挂牌操作，即加上某些标志，在图形上有明确的图符及相应的颜色，警示人们注意。挂牌状态存入数据库。

1. 挂牌操作的具体要求

（1）挂牌操作具备逻辑判断功能，单一设备不能挂多个性质相斥的标志牌。

（2）挂牌关联闭锁可自定义（如根据标志牌的性质禁止遥控、报警抑制、计算统计抑制等）。

（3）接地牌应作为设备接地的依据，参与网络拓扑。

（4）标志牌只能在相应设备的间隔区内移动，不能在接线图范围内随意移动。

（5）挂牌和摘牌操作对于不同类的标志牌有相应的权限控制，无权限非责任区辖内不得进行操作。

（6）具备间隔和厂站挂牌功能。

（7）设备挂牌后，该设备所在的所有图形画面均应关联挂牌；线路对端挂牌后，本侧遥控增加对侧挂牌提示。

2. 标牌种类

标牌种类很多，并可根据用户需要增加。标牌设置以后，执行各种功能时，就要先检查标牌，根据其内容再确定是否执行该项功能。常用的标牌有以下几种：

（1）"检修"标志：表示该设备正在进行检修，对所有变位不予处理。

（2）"接地"标志：表示该设备已接地。

（3）"故障"标志：表示该设备发生故障。

（4）"危险"标志：表示该设备处于危险状态。

（5）"并车"标志：表示该发电机并车运行。

在调度自动化主站中，进入标志牌管理一栏，可以看到所显示厂站中所挂的标志牌情况，双击某个标志牌，浏览器右边的主画面显示区内即自动定位到该标志牌所属设备，并以红色大箭头指示，如图 3-5 所示。

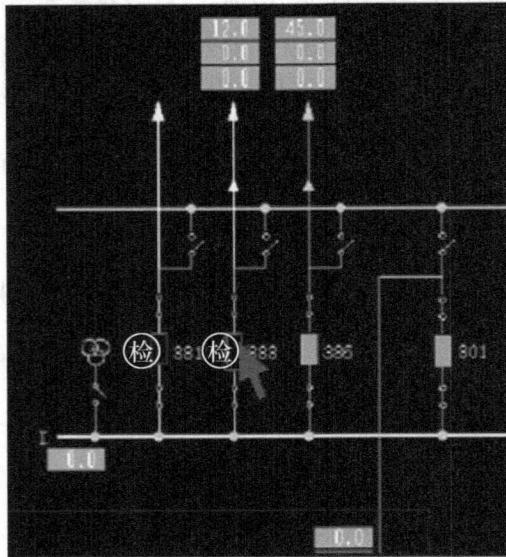

图 3-5 "检修"标志设置

　　进行挂牌操作时，选择一个图元（变压器、断路器、隔离开关或母线），右击，选择右键菜单中的"挂牌"选项，弹出"挂牌窗口"对话框。对话框中有多少类标志牌，该图元就可以挂多少个牌。图 3-6（a）表示 1 号主变压器最多可以挂 6 个牌，而图 3-6（b）表示编号为 052 的隔离开关最多只能挂 2 个牌。

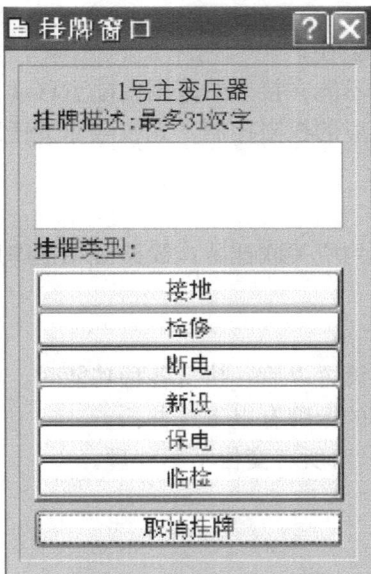

(a)

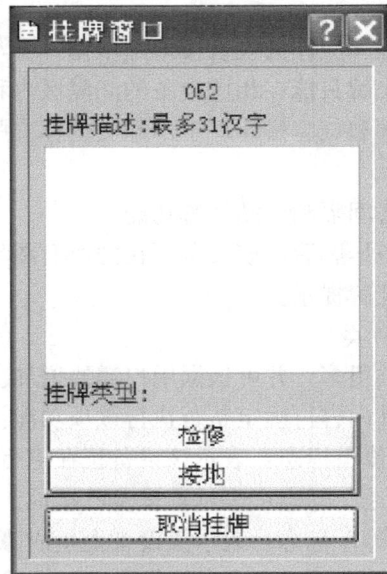

(b)

图 3-6 "挂牌窗口"对话框

(a) 主变压器挂牌；(b) 隔离开关挂牌

五、电网控制和调节功能

SCADA 的电网控制功能，主要是指遥控和遥调功能。遥控是调度中心发出命令去控制远方发电厂或变电站的断路器，进行合闸或分闸操作。遥控命令还可以控制厂站其他设备。遥调是调度中心远方调整或设置厂、站设备的各种参数，包括远方直接调整发电厂的有功或无功出力、励磁，以及调节变电站变压器的挡位。遥调对象一般有变压器或补偿器的分接头、机组有功功率或无功功率成组调节器等。通过对遥调信息的执行，可以达到增减机组出力和调节系统运行电压的目的。

遥控命令是调度中心向厂站端下达操作命令，直接干预电网的运行，所以遥控操作要求有很高的可靠性。在遥控过程中，采用"返送校核"的方法实现遥控命令的传送。所谓返送校核，是指厂站端 RTU 或综合自动化装置接收到调度中心的命令后，为了保证接收到的命令能正确执行，要对命令进行校核，并返送给调度中心的过程。

1. 遥控控制和调节对象

（1）断路器及隔离开关分/合。

（2）调节变压器分接头。

（3）负荷开关分/合。

（4）软压板投/退。

（5）设定值控制。

（6）序列控制。

2. 控制种类

（1）手动控制。由操作员选取要操作的设备，并通过操作界面单步发出控制命令及确认控制结果。执行过程中，有明确的提示，执行结果作为事件记录。

（2）序列控制：序列控制是指由操作员预先定义和生成的一组控制命令，提交后，按照定义的序列依次执行，也可选择分步执行。执行过程中，有明确的提示信息，执行结果作为事件记录。提供人机界面定义、生成、存储或修改序列控制。可根据事先定义的顺序与错峰值选定错峰线路，可由用户进行筛选，形成序列控制组，用户确认后进行实际的控制。

（3）群控：对不存在相互影响的一组设备群发控制命令并自动执行，对每个设备的执行结果作为事件记录。提供人机界面定义、生成、存储或修改群控组。

（4）条件控制：系统可人工设置控制启动的条件，如状态量变位、模拟量越限、事件驱动等，当条件满足时，自动发出命令。提供人机界面定义、生成、存储或修改条件控制。

3. 控制方式

遥控具备返校等安全校核措施，遥调分为返校方式和非返校方式。遥控对配电终端的序列控制能够单步执行或自动按序执行，并可人工干预执行过程。执行失败时停止执行后续序列并告警，等候人工选择重试或终止执行，记录保存序列执行每一步骤的详细信息。遥控还可显示返校及控制结果，并以事件记录。

遥控返送校核执行过程如下：

（1）选择对象。可通过图形选择某厂站某断路器。

（2）发出命令。发出遥控命令。

（3）内部校对。先由数据库中调出该断路器的相关信息，确认该断路器是否正常和允许操作。

（4）向 RTU 发出命令，由 RTU 再次进行校对。

（5）RTU 将校对结果返送回调度中心，反映在人机界面上。

（6）确认执行。根据返回结果，如正常即发出"遥控执行"命令；如不正常，则发出"遥控撤销"命令。"遥控撤销"的原因为：

1）遥控返校有误。

2）遥控选择之后，执行遥控之前，发送新的遥信变位。

3）遥控返校超时未收到。

（7）执行结果返回。RTU 执行了遥控命令后，引起开关变位及事件顺序记录数据，返回到调度中心自动推出画面显示出执行的结果，并自动打印记录。

（8）操作登录。将调度员进行遥控的操作内容、时间及结果，连同人员姓名登录在案备查，保存一年。

遥控命令的执行过程可以用图 3-7 来描述。

图 3-7 遥控命令执行过程

4. 控制过程

控制过程符合调度规程的要求，可选择具备被控对象信息及状态提示、操作员和监护员登录、被控对象的所属厂站及编号确认、控制执行等一系列过程。过程应进行记录，内容包括操作人员姓名、控制对象、控制内容、控制时间、操作者所用的工作站、控制结果等。

遥控操作时，选择菜单项后，将弹出遥控对话框，如图 3-8 所示。

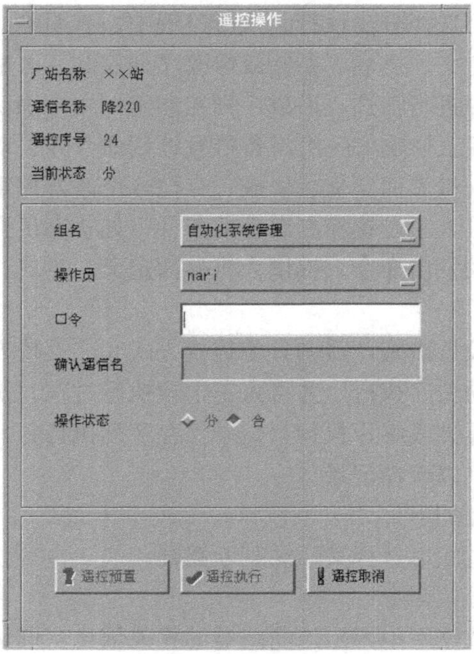

图 3-8 遥控对话框

该对话窗口分为三个部分，最上面的部分是遥控的设备名称说明，中间的部分是遥控操作交互，下面的部分是确认按钮。

调度员的操作主要在中间的交互区，操作步骤如下：

确认操作员一栏无误后，输入口令，并按回车键确认。"确认遥信名"一栏被激活：输入确认遥信名，一般为开关号，按回车键确认。选择操作状态，单击"遥控预置"按钮，进入遥控预置阶段，系统弹出如图3-9所示提示窗口。

若返校未成功，则提示预置失败，弹出如图3-10所示提示窗口。

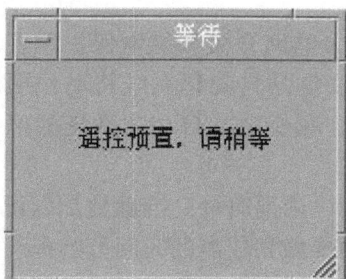

图3-9　遥控预置阶段界面　　　　　图3-10　预置失败界面

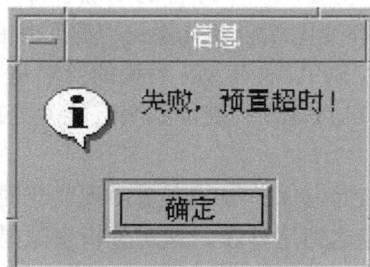

若返校成功，则提示预置成功。单击"遥控执行"按钮，执行遥控。

5. 安全措施

（1）操作必须在具有控制权限的工作站进行。

（2）操作员必须具有相应的操作权限。

（3）禁止同时对同一厂站内的一个或多个设备进行操作。

6. 防误操作

所有操作均进行全面的防误检查，可把防误检查的结果反馈给操作人员。

7. 遥调操作

遥调既可以以数字量方式输出，也可以以模拟量方式输出。遥调的操作步骤如下：

（1）通过人机界面由操作人员召唤显示被控对象的现有遥测值。

（2）操作人员修改遥测值并发送。

（3）厂站RTU校验遥调值并返送校检结果。

（4）操作人员收到返回信息后确认执行。

（5）厂站RTU执行遥调并将相关的遥测量回送调度中心。

六、事件/事故记录功能

电力系统控制的主要目标是防止系统事故，而一旦出现事故，当时的记录将是分析事故和预防事故的宝贵资料。因此，事故数据的收集与记录是SCADA重要功能之一。它分为事件顺序记录（Sequence Of Event，SOE）和事故追忆（Post Disturbance Review，PDR）两部分。

1. 事件顺序记录

随着电网日趋规模化和复杂化，生产过程信息瞬间千变万化，当电网发生故障时，需要查找出真正的原因，并采取相应措施，这时就需要对事件进行精确分析。

电力系统发生事故后，运行人员要能从遥信中及时了解断路器、隔离开关和继电保护的状态变化情况。为了分析系统事故，不仅要知道各种开关和保护的状态，还应掌握其动作的先后顺序及确切的时间。遥信信号本身并不附带时间标记。把发生的事件（开关和保护动作就是一种事件）按照先后顺序内容记录下来，这就是事件顺序记录。事件顺序记录用来提供时间标记，表明什么事件在何时发生，因而记录的内容除开关号及其状态外，还包括确切的动作时间。

电网发生故障时，包括事故总信号、开关动作信号、保护装置动作信号等全部开关量信号，将被 SCADA/EMS 系统收到，SCADA/EMS 系统收到不同 RTU 和变电站自动化系统以及其他 SCADA/EMS 系统发送的按时间序列排序的顺序事件后，可以生成、计录、打印以及在屏幕上显示一个综合的系统事件顺序记录表。

RTU 和变电站自动化系统以毫秒级的时间精度记录电网开关和继电保护装置动作的事件顺序。对 SCADA/EMS 系统的要求是一旦 RTU 和变电站自动化系统将动作顺序信息传送到 SCADA/EMS 系统，系统有能力处理来自于 RTU 和变电站自动化系统的事件顺序记录信息。

开关和继电保护等状态量出现变化时通常要按时间（内部时钟）准确地加以记录，其时间分辨率应达到毫秒级，这对分析事故是很重要的。而要做到较高的时间分辨率，电力系统各地远程终端的时间必须达到良好的同步。顺序事件记录正常状态下以较长的周期较低的优先级作为正常扫描的一部分。一旦出现状态量变化，立即提高其优先级顺序记录事件信息，用于事后追查和分析事故。事件顺序记录通常采用事件表的形式滚动存放，它能存放一次最复杂事故过程中的全部信息，顺序事件记录应能以系统和厂站的形式显示和打印出来。

SOE 数据信息能够在屏幕上显示、在打印机上打印和作为历史信息保存在历史数据库中。

事件顺序记录的主要技术指标是厂站内的分辨率，即能区分各个开关的时间间隔，一般要求不大于 2ms。

电力系统发生的事故往往是系统性的，可能涉及多个发电厂、变电站同时动作，为了分析事故，要求各个远方站的时间统一，全系统实现统一对时，对时的精确度应以毫秒计。因此，事件顺序记录的另一个技术指标是厂站间的分辨率。厂站间的分辨率一般要求不大于 10～20ms。

系统对 SOE 要求如下：

（1）系统以毫秒级精度记录主要断路器和保护信号的状态、动作顺序及动作时间，形成动作顺序表。遥信变位应记录数据来源。

（2）能按照厂站、间隔、设备等对 SOE 进行检索和查询。

（3）至少包括日期、时间、厂站名、事件内容和设备名，主站系统按照设备动作的时间顺序，将 SOE 记录保存到历史数据库中。

（4）可以显示和根据选择打印输出。

SOE 显示窗口如图 3-11 所示。

2. 事故追忆

（1）作用和功能。事故追忆功能用于记录电力系统事故背后的量测数据和状态数据，它存放引起事故的事件及相关的数据，为以后使用画面研究事故成为可能。事故追忆循环采集规定的数据集合成全部量测值，循环周期由数秒到数分，也有的设计在当地记录的循环周期达到毫秒级。一旦出现规定的事件，连续记录的数据就送到专门存储的事故追忆区，状态量的变化和量测值越限均可引起事故追忆动作。事故追忆区能保存几次事故，典型的记录长度

日期	时间	遥信编号	变位方式	对象描述
2008/5/21	10:39:40	701	分-->合	断路器
2008/5/21	12:24:12	701	分-->合	断路器
2008/5/21	12:24:14	705	合-->分	断路器
2008/5/21	12:24:30	301	分-->合	断路器
2008/5/21	12:24:54	3012	分-->合	隔离开关
2008/5/21	12:24:56	3011	合-->分	隔离开关
2008/5/21	12:25:21	705	分-->合	断路器
2008/5/21	12:25:23	705	合-->分	断路器
2008/5/21	12:25:31	201	分-->合	断路器
2008/5/21	12:25:32	202	合-->分	断路器
2008/5/21	12:25:38	202	分-->合	断路器
2008/5/21	12:26:24	705	分-->合	断路器
2008/5/21	12:26:26	705	合-->分	断路器
2008/5/21	12:26:50	202	合-->分	断路器
2008/5/21	12:27:11	705	分-->合	断路器
2008/5/21	12:27:17	3072	分-->合	隔离开关
2008/5/21	12:27:22	307	合-->分	断路器
2008/5/21	12:28:02	705	合-->分	断路器
2008/5/21	12:30:49	702	合-->分	断路器
2008/5/21	12:30:59	702	分-->合	断路器
2008/5/21	12:31:02	705	合-->分	断路器
2008/5/21	12:31:20	702	分-->合	断路器
2008/5/21	12:31:35	702	分-->合	断路器
2008/5/21	12:31:53	705	分-->合	断路器
2008/5/21	13:01:07	201	分-->合	断路器
2008/5/21	13:01:11	701	分-->合	断路器
2008/5/21	13:01:15	705	合-->分	断路器
2008/5/21	13:28:17	201	分-->合	断路器
2008/5/21	13:28:21	701	分-->合	断路器
2008/5/21	13:28:27	705	合-->分	断路器
2008/5/21	13:28:32	705	分-->合	断路器
2008/5/21	13:30:30	705	分-->合	断路器
2008/5/21	13:43:29	705	合-->分	断路器
2008/5/21	13:44:02	201	分-->合	断路器
2008/5/21	13:44:05	701	分-->合	断路器
2008/5/21	13:49:15	201	分-->合	断路器
2008/5/21	13:49:19	701	分-->合	断路器
2008/5/21	13:49:22	705	合-->分	断路器
2008/5/21	13:49:46	701	分-->合	断路器
2008/5/21	13:49:48	705	合-->分	断路器

图 3-11　SOE 显示窗口

是事故前 10min、事故后 5min 的事先指定的量测数据和状态数据。

正常情况下，系统将在磁盘文件系统和数据库中循环记录 PDR 所需的数据和 EMS 的断面，存储区域满足 24h 循环记录数据的容量需求。每个 PDR 记录包括触发事件发生前后预定义时间（区间可调，最大不超过 2h，即前 1h，后 1h）的全部数据和当时的场景。

系统具备全部采集数据（模拟量、开关量、保护信息等）的追忆能力，完整、准确地记录和保存电网的事故状态，并且能够真实、完整地反演电网的事故过程，即使电网模型已经发生了很大的变化也能够真实地反映当时的情况。为了正确反映事故发生时的电网模型、接线方式，系统具有对于电网模型及图形的内容进行保存和管理的功能，并且系统支持自定义存储条件和方式。

具体功能如下：

1）系统自动保存至少 24h 以内的动态数据变化信息，以备人工触发 PDR 记录时所需，超过 24h 的动态数据变化信息自动删除。

2）系统采用大容量的商用数据库存储管理 PDR 数据，每个 PDR 记录包括触发事件发生前后一段时间的全部数据动态变化过程，时间段可调。

3）PDR 由定义的事故源启动，也可在事故发生后 24h 内，由人工触发 PDR 记录，人工触发 PDR 记录必须输入起始时间和结束时间。

4）事故源可由用户定义，其类型可以为：

a）开关量的变位加事故总信号动作。

b）开关量的变位加相关保护信号动作。

c）开关量的变位。

d）频率、电压及其他数据越限。

e）用户指定的其他事故源定义方式。

5）PDR 能将所有相关数据集按正常扫描周期存储，数据全部存在数据库中。

6）PDR 具备激发多重事故记录功能（即允许记录时间部分重叠），记录多重事故时存储周期顺延。

7）提供 PDR 事故记录管理功能，提供记录删除、导出、导入等功能。

8）制定起始、终止时间，可以自动播放 24h 内断面信息。

（2）数据存储工作原理。要进行事故追忆，必须给需要追忆的遥测量安排内存单元。如果对需要追忆的遥测量要求保留事故前 600 个遥测数据（按照事故前 10min 计算，每秒记录一次数据，即 600 个数据），事故后 300 个遥测数据（按照事故后 5min 计算，每秒记录一次数据，即 300 个数据），由于每个遥测量占 2 个字节，因而总共需要 1800 个字节。如需追忆的遥测量共有 N 个，则需要 $1800 \times N$ 个单元。

用有限的存储单元来保留遥测量的历史数据，采用堆栈方式，即后进前出方式保留数据。事故追忆内存安排如图 3 - 12 所示。图 3 - 12（a）中，0 号位置的 2 个单元存放本次的遥测数据。－1 号位置的 2 个单元存放上一次的数据，以此类推。

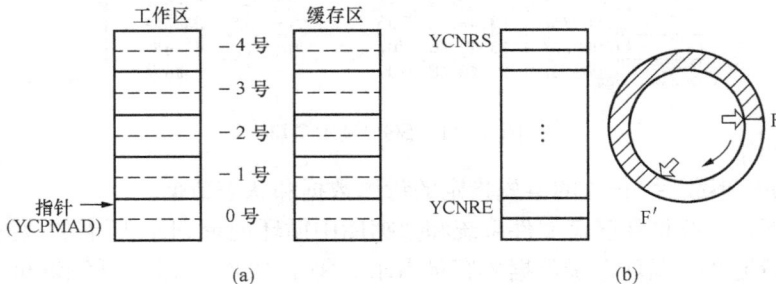

图 3 - 12　事故追忆内存安排
（a）移动内存单元的内容；（b）移动指针

第 n 路的遥测量经采集处理后在存入遥测数据区的同时，存入由指针 YCPMAD 确定的该遥测量的事故追忆记录区。在存入本次数据的同时，将该区中的原有的数据顺序向上移动两个单元，即原－3 号位置的数据移至－4 号位置，原－2 号位置的数据移至－3 号位置，…，原 0 号位置的数据移至－1 号位置，使追忆记录区始终保留本次及前 599 次的数据。

发生事故后遥测量的采集处理及储存工作仍然继续进行，但要对事故后存入追忆记录区的数据个数进行计数。本例中在事故后再存入 300 个数据，则追忆记录区中保留的数据即是事故前的 600 个数据和事故后的 300 个数据。将该批数据复制到另一事故追忆缓冲区保存，原来的追忆记录区又可继续工作。

也可采用不移动数据而移动地址指针的方法来记录数据。每次采样所得的数据按指针所指的地址存放，指针从存储区的首地址处开始，每存放一个数据指针就自动向前调整，故数据将依次存放在存储区。指针指向存储区的末尾时再调整，重新又指向存储区的首地址，如此周而复始。可以把存储区看成一个首尾相接的圆环，如图 3 - 12 (b) 所示。

当指针指向 F 时存储区中依次存放着在此以前的历史数据。如在 F 点时发生事故，继续记录至 F′点，则图中环形按逆时针方向 F 至 F′（图中有斜线部分），依次存放着事故前的历史数据；按顺时针方向 F 至 F′（图中无斜线部分），则依次存放着事故后的历史数据。

（3）PDR 的启动。用户可按照常规的 PDR 方式触发记录 PDR 数据，即扰动数据记录通过检测到一些预定义的扰动触发条件或调度员请求自动触发。也可在事件/事故发生后 24h 内，由人工触发 PDR 记录（人工触发 PDR 记录必须输入事故发生时间）。一组触发点能被调度员定义和修改，它启动扰动数据的保存。这些触发点可以是布尔表达式、越限系统参数的计算结果和用户定义的条件。触发事件之一是人工请求。

（4）事故反演功能。调度员可以通过专门的分析控制画面，选择进行分析的对象（多个模拟量和状态量）；可以通过专门的分析控制面板，选择已经记录的各个时段中的任何一个小的时段的电力系统的状态进行分析；还可以设定已选定的小的时段中的任意一个时刻作为分析的起始时间进行分析，分析结果可输出到文件中，也可打印。事故反演示意图如图 3 - 13 所示。

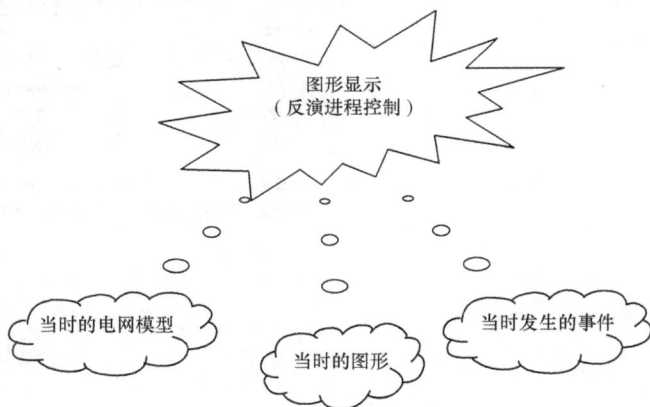

图 3 - 13　事故反演示意图

具体功能为：

1）在调入匹配的电网模型并装入起始数据断面后，根据进度控制重演当时的动态数据变化过程。

2）可以单线图、网络图、方框图、图表等方式重演 PDR 数据。重演时具有事故发生时的所有特征如报警、静态图等。

3）可以通过任意一台工作站启动事故重演，允许其他多台工作站观看该重演过程，具有同时进行多个事故重演功能。

4）在观看重演画面时，系统自动按 PDR 发生时间调出相匹配的图形以正确反映当时的电网情况。

5）工作站在观看重演画面时，不影响其他功能的执行。

6）系统提供专门的播放器，实现重演控制画面功能，可以随时正常、快进、单步（时间间隔可调）、暂停、截屏正在进行的事故重演，可以再继续进行，并提供回退功能。

PDR 数据能重放整个事件过程，并能以单线图/表等多种方式重新显示扰动数据的变化。PDR 能够以设定的刷新周期在图形上一步一步重新显示，并能由操作员任意控制。

PDR 重演不仅逼真再现当时的电网模型与运行方式，而且具有实时运行时的全部特征，包括告警信息的显示、语音、推画面等，并可在此基础上进行网络分析（如状态估计、调度员潮流等），所以称为全景 PDR。

实现 PDR 功能的一些人机界面如图 3-14～图 3-17 所示。

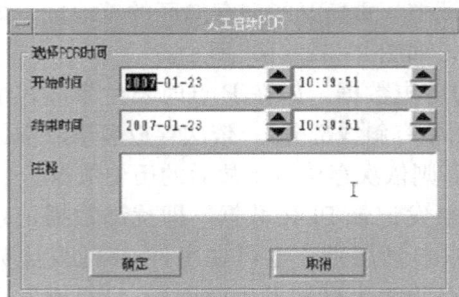

图 3-14 输入事故发生时间

图 3-15 选择事故

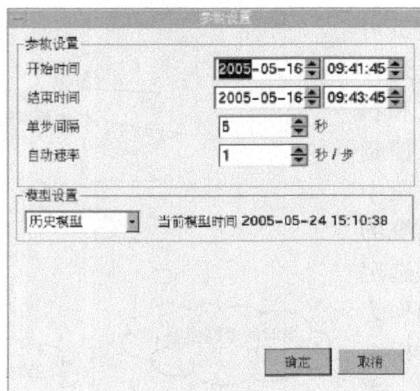

图 3-16 反演参数设置界面

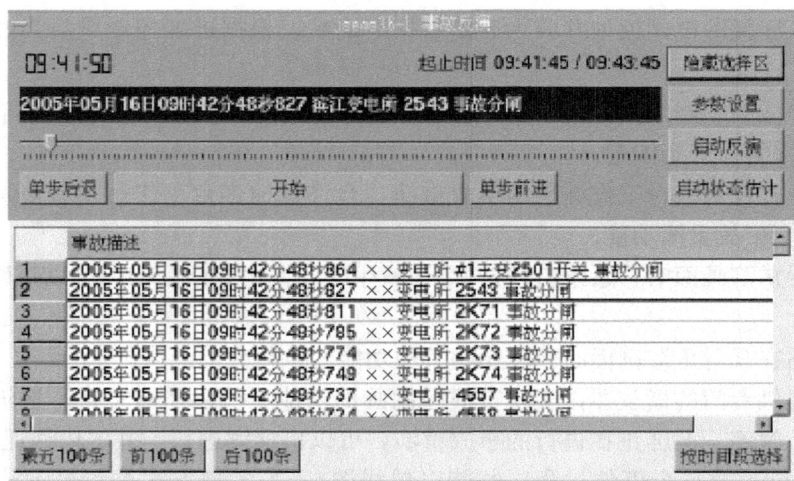

图 3-17 事故反演界面

七、事件报警功能

1. 事件及报警处理

报警是用于引起调度员、运行人员和系统维护人员注意的一种重要的提醒方式，电网运行状态发生变化、未来系统的预测、设备监视与控制、调度员的操作记录等均会引起报警。根据不同的需要，报警分为不同的类型，并提供画面、音响、语音等多种报警方式。报警处理接收各类报警，并把报警信息存入在历史数据库中，供报警检索查询工具或其他系统访问使用。

用户对报警方式、限值等随时可以在线修改。系统提供灵活、方便的手段定义报警的发生和报警引发的后续时间，并能控制报警的流向与时段，支持报警分类定义，如系统级、电网运行级、进程管理级等分类定义。

2. 事件定义

事件由数据库中的某些量的特征变化、应用程序的某些过程、系统设备状况变化或是用户操作引起，包括：

（1）状态量的状态变化。

（2）模拟量越限及恢复。对需要报警的值设定上、下限，越限时即报警。

（3）与厂站 RTU 或综合自动化装置及省调系统之间的通信故障或误码率高。

（4）自动化系统自身运行过程中的故障、异常及资源使用超限等，如网络中断、进程退出、CPU 负荷过高、硬盘容量不足等。

（5）工况变化报警。当各厂站 RTU 通信中断或主站故障时，系统发出明显告警信息。

（6）由某应用程序产生的报警信息。

（7）用户的操作信息。

3. 报警方式

报警动作是告警服务中最基本的要素，是指一些最具体的引起调度员和运行人员注意的报警动作，例如语音报警、音响报警、推画面报警、打印报警、中文短消息报警、上告警窗、登录告警库等。系统中有一张告警动作表，记录所有的告警动作。

当在系统范围内发生需要引起调度员注意的情况时，就会产生一系列报警信息，如闪动、变色、推出厂站图表、文字报警和语音报警等。

（1）图形报警。

1）告警点闪动，变位对象图符强烈闪烁及变色。

2）推出相关事故厂站画面。

（2）文字报警。以文字、表格显示出报警信息的类型及内容。推出文字信息，说明事故时间、地点及性质，通过屏幕窗口显示报警文字，同时越限数据变色，并根据需要打印记录。

（3）语音报警。

1）产生语音呼叫。系统能记录一组语音信息，并为指定点的指定报警状态播放语音信息，系统支持录制的至少 1000 条不同的语音信息，同时能支持根据文字信息自动播放语音的功能。在赋予了包含某个报警点的职责范围的工作站上，当检测出该报警点的报警状态符合语音报警要求时，则与该报警状态有关的语音报警信息在该工作站上播放。调度员能请求播放语音测试信息，并能调整在其工作站上播放语音信息的音量。

2）由机器发出鸣叫声。

（4）打印报警。打印机及时打印出告警信息的类型及内容。

4．报警处理

（1）当检测出一个报警后，产生下列动作：

1）产生报警的点所在的工作站上产生一个音响报警同时，厂站接线图、事件报警表等上的对应报警点（状态图符或数据值）强烈闪烁。

2）在相应的报警一览画面中产生一个条目，在报警和事件文件中产生一个条目。

3）报警时能按照事先设的要求自动推出事故画面（可定义）。

4）提供报警总表，用它记录未被确认和已经确认的报警信息，这些报警信息包括报警点名称、报警内容、报警时间及确认状态，并按照时间顺序排列。用户可以按照时间、厂站、元件、级别等进行分类查询。

5）可通过厂站的报警，访问相应的单线图。

（2）报警屏蔽及解除。调度员能屏蔽对任何设备的报警处理。当一个设备处于报警屏蔽状态，该设备将按常规处理，模拟量将继续按相应的极限范围显示颜色或其他特性，但不再进行报警处理。报警的屏蔽与屏蔽解除能在任何显示报警量的画面上通过人机会话方式进行操作。

5．报警确认

调度员能在其职责范围内对报警进行人工确认。能在厂站单线图画面、报警一览画面及厂站报警消息列表上用鼠标或键盘选择单个、一组或全部报警，并对其进行确认。

6．报警历史记录

告警信息能自动保存到历史数据库，按年、月、日、时、分、秒的时间顺序排列，事故信息时间需精确到毫秒。

提供告警信息的检索工具，可按照时间、厂站、对象等进行检索、显示、打印和保存报警信息。该检索工具提供模板定制功能，可按实际使用时的需求定制多种查询模板，以简化查询操作步骤。图3-18显示的为告警信息框窗口。

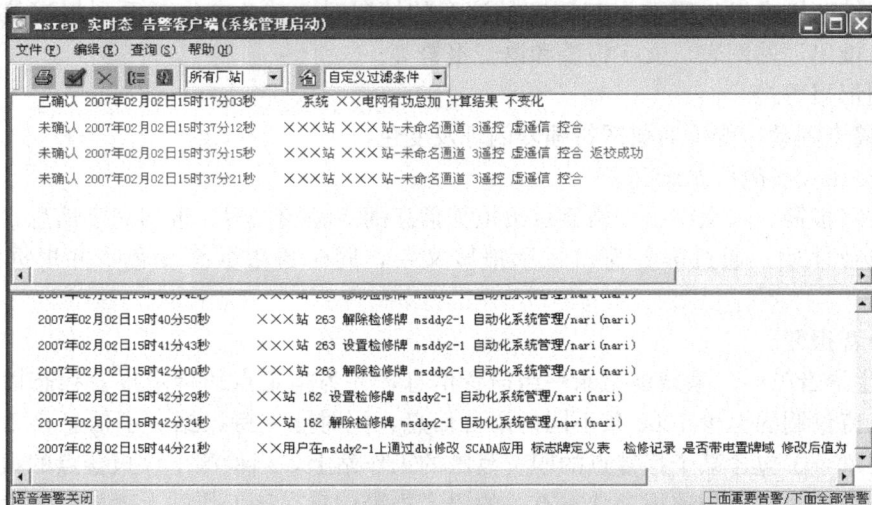

图3-18　告警信息框

7. 调试工作站解除告警屏蔽

对于调试工作站的问题，其实现方式是在相关界面上提供按钮以切换正常工作模式与调试模式，可由用户在必要时将某工作站切到调试状态，此时能够看到在别的工作站上被屏蔽的告警信息。

8. 时段报警

系统具备时段报警功能。

八、人机界面功能

系统采用中文全图形人机会话界面，界面友好直观，操作简单方便，以关系型数据库和多媒体技术为基础，采用复合文档将多种形式的信息集成在同一文件中。实现丰富的图文，语音并茂，图形采用世界图形式，可记录图形层次间的逻辑对应关系和地理对应关系。

模块可显示多种类型的画面世界图、导航图、结构图、曲线图、棒形图、饼形图、混合图、工况图、表格、目录表等。系统分辨率为多种方式可选，色彩选择不少于 65 536 种。可由键盘、鼠标调出画面，常用画面可一键调出。可实现多层调图。事件发生时，可自动推出报警画面，并伴有声音或语音报警，对进行追忆的事故可进行事故重演等。

（1）具有多种类型图表，如地理接线图、电网结构图、厂站接线图、潮流分布图、工况图报警一览表、常用数据表、厂站设备参数表、目录表、备忘录等。画面形式可为多种曲线图、棒形图、饼形图、混合图、模拟表图等，常用画面一键调出。

（2）可在一幅画面上同时显示实时数据和分析数据。

（3）可以不同颜色显示不带电线路，即具有动态着色功能。

（4）采用多窗口技术，允许操作员在工作时操作多个画面。可实现分层画面，具有画面漫游、缩放和动画功能。可用活动箭头或流水线表示潮流方向，可以用动态着色的方式反映电网的运行状况。

（5）采用多屏技术，可支持一台全图形显示器，每台显示器可独立实时处理各种图形和多窗口信息。可直接驱动大屏幕投影系统，软件不需做任何改动，支持图形窗口拼接使用。屏幕个数可根据用户需要继续扩充。

（6）可显示实时或人工置入的遥测量、遥信状态量开关、隔离开关状态，保护信号、变压器挡位信号等、计算处理量功率总加、功率因数等、电能量、时间、频率、设备信息、统计信息、事项记录和多媒体信息等。

（7）实时数据在一次图上可根据条件选择显示，如全显示、仅有功、仅无功、仅电流、全消隐等。

（8）支持图形分层显示，可使图形显示既有全境又有细节，根据不同的比例因子选择合适的层次，可从地理图上分层逐级显示电网的细节，分层了解电网的运行情况。

（9）可以在接线图上直接查询设备台账信息、运行参数信息、运行统计信息等。

（10）可以调用历史接线图，在接线图显示实时数据的同一位置上，可显示存储在历史数据库上任一天任一整点时刻的数据。历史接线图不必另外设置参数，只需把接线图设为可历史调用，即可调用历史某一整点接线图状态。

（11）具有拼音调图功能，即可通过组合键调出所需图形。

（12）能以棒图方式显示实时母线电压、功率等量，能以饼图形式显示全区的负荷分配。

（13）具有接地开关接地统计功能，可对厂站的接地开关进行接地统计。

（14）可人工设置或修改断路器、隔离开关状态，接地、检修、停电等标志可进行遥控、遥调操作以及自定义的其他操作，并生成操作过程的全部记录，包括操作人员、操作时间、操作内容等。

（15）具有权限的调度员可在一次接线图上挂检修牌、拉电牌、限电牌、挂接地线等操作，在一台机器上操作之后自动将操作传送其他节点机。

（16）可打印显示的任何图形、表格和记录文档，图形打印比例可以调节，表格内容可在线编辑。

（17）具有保护动作一览表，可显示全网的保护动作情况。

（18）事项浏览器既可以观察实时事项，又可以观察历史事项。所有的事项归类显示，并且可以浏览某一时段的事项，可对历史事项按多种方式进行分类索引查阅。

（19）方便的绘图软件提供给用户多种绘图手段。包括常用的图元符号、图元或图元块的搬移、删除和复制，使用户绘图得心应手。

通过系统提供的功能强大的绘图包实现图形的在线编辑。在一个有权限的机器上编辑图形可实时地更新到全系统。该绘图包支持所有图符并且与实时数据库连接，实现图符的动态显示，包括动态连接、离散连接、模拟连接、可见连接、闪烁连接、热点连接、节点属性连接、位置连接、变色连接、图形调用连接和旋转连接等。图上任意的实时数据的测点属性点可以任意字体、方向、颜色和格式显示。具有方便、灵活、丰富的图元编辑功能，支持图元的块定义、复制、移动、删除和块读入、存盘功能。图形的编辑还具有块图元的对齐、等分、等大小和图元的旋转。支持 OLE 对象的插入与编辑。在绘制网络图形过程中自动实现网络拓扑。

（20）历史曲线和历史报表源于同一个数据源，保证曲线和报表的一致性。

九、制表打印功能

报表的数据来自实时数据库和历史数据库。数据库中数据的修改自动反映在报表中，生成新的报表，每次生成的报表在历史数据库中分别保存。报表功能是 SCADA 系统的一项基本功能，包括对报表的调用、打印和管理。

报表系统具有全图形的人机界面、所见即所得的电子制表功能，能方便地生成各种表格，能够加入曲线、棒图、饼图和与电力系统运行相关的说明和注释，提供调度员备忘录功能，格式与 Microsoft Excel 格式兼容。

十、模拟屏/大屏幕接入功能

系统具备与调度模拟屏接口的能力，模拟屏上的指示灯表示的状态量、模拟量，与调度员监视画面上显示的实时状态一一对应。

系统具备以网络和视频信号方式与大屏幕拼接墙接入能力，可在指定的一台或多台工作站上实现对大屏幕的设置和操作。

1. 模拟屏

（1）EMS 主站系统能与调度模拟屏接口。

（2）能在人机界面上人工修改模拟屏上的量，实现不下位操作。

（3）可用模拟屏灯光及音响作为告警。

2. 大屏幕投影

系统具备与大屏幕投影系统接口能力。

（1）可采用 UNIX 系统下的 TCP/IP 网络方式，连接大屏幕投影系统。

（2）支持 X 协议，并将 RGB 方式作为备用接入方案。

（3）可在系统中任一台调度员工作站、演示工作站上，完成对大屏幕投影系统画面的显示控制。

（4）提供的 SCADA/EMS 系统支持画面在大屏幕投影上的无缝拼接，开多层窗口，并做到所有图形、画面满屏显示和多鼠标控制。

（5）支持大屏幕投影系统故障检测，检测到的错误信息能传送到 SCADA 系统，并能在显示器上显示和在打印机上打印。

十一、网络管理功能

计算机网络管理软件维护和协调整个计算机网络系统，同时提供一个观察和控制计算机网络系统的用户接口。该功能具有以下特性：

（1）支持双以太网结构，并以双网分流方式同时使用两条以太网，当一条以太网发生故障时，系统可以自动地对它隔离。

（2）可提供标准的应用程序接口，应用软件和用户自己开发的软件可通过此接口进行进程之间的网络通信。

（3）提供热备用和备份冗余等手段来保证网络及重要服务器/工作站资源的安全。

（4）支持用 TCP/IP 等通信协议，通过电力调度数据网与远方计算机系统（上、下级 EMS/SCADA）交换信息。

（5）提供观察网络上所有节点的状态和运行模式的工具，可观察到网络上所有的报文。

（6）支持远程调用、终端服务、打印服务、网络打印机、窗口服务、网络文件共享、远方用户访问系统。

十二、安全管理功能

在任何情况下，系统的误操作和死机都不能威胁电网的安全性和可靠性，也不能对工作人员的人身安全产生威胁。系统必须采取严格的措施来确保数据存储、数据恢复、系统结构和其他操作的安全性。所有的操作都要有记录。一般在线维护，包括图形编辑、应用数据库建立、对实时数据库记录增加、删减和修改等，都不应当对系统的正常操作产生任何影响。

1. 权限管理

（1）只有系统管理员有权进入和操作授权密码，其他操作员的权限将由系统管理员授权。

（2）系统具有完善的网络登录机制，确保系统网络安全。

（3）能设置各类操作人员的操作权限和使用范围，责任权限可精确到每个电气间隔元件，保证系统安全运行。

（4）各类操作均有记录，所有的用户登录和操作信息等自动记录，并能方便查询。

（5）外部人员访问调度自动化系统的资源必须进行强行认证。

2. 防病毒检测

系统具有一定的病毒检测功能。

3. 系统运行日志

各类操作人员在系统上的所有操作都予以记录，并记入历史库中。所有对数据库中的系统配置、参数和图形的修改，必须记录修改时间、人员，如对数据库中的数据修改，应记录修改后的值。系统运行日志应能按时间段（月、年）分类检索，其中包括以下几方面：

（1）运行记录：包括遥控记录、厂站停运记录、事故跳闸记录、系统可用记录、遥测合格率、硬件设备运行记录等。

（2）维护人员的操作记录：包括图形、数据修改、手动切换等。

（3）调度和集控值班员的操作记录。

（4）系统运行事件记录：系统运行告警、自动切机。

思　考　题

1. 调度自动化主站系统软件结构分为哪几个层次？

2. 调度自动化主站系统中的系统软件采用哪些操作系统？

3. 调度自动化主站系统中的支撑软件由哪几个子系统组成？试叙述各个子系统的主要功能。

4. SCADA 功能由哪些部分组成？试叙述各个组成部分的主要功能。

5. 在主站中怎样把生数据转换成对应的工程值？标度变换系数 K 是怎样计算的？

6. 电网控制和调节的对象是什么？

7. 试说明遥控操作的基本步骤。

8. 试说明遥调操作的基本步骤。

9. 什么是事件顺序记录（SOE）？SOE 中包含哪些信息？

10. 什么是事故追忆（PRD）？说明事故前后 PDR 数据存储的工作原理。

11. 出现事故时 SCADA 的报警方式有哪几种？

第四章　IEC 61970 标准简介

第一节　IEC 61970 标准的推出

电网调度中心应用系统互联、数据共享、软件互操作是开放性系统发展和建设的趋势。随着计算机软硬件技术的飞速发展和电力企业自动化需求的不断提高，电力企业自动化系统产品的不断更新和换代，目前的电力企业自动化水平有了显著提高，大多数电力企业或多或少地配备或正在建设实时或非实时系统，如 EMS、TMR 系统、TMS、DMS 系统、企业资源规划（ERP）系统、AM/FM/GIS 系统、MIS 系统等，这些系统分别承担着电力企业的输配电网运行和控制、维护、管理等任务，根据建设的时间和服务的领域不同，目前这些系统具有以下共同的异构特征：

（1）多种计算机硬件平台，包括 SUN、COMPAQ、IBM、HP 等公司的 UNIX 服务器、UNIX 工作站和一系列的 PC 等。

（2）多种操作系统平台，包括 Solaris UNIX、Tru64 UNIX、AIX UNIX、NT、LINUX 等。

（3）多种商用数据库平台，包括 Oracle、Sybase、DB2、Informix、SQL Server 等。

（4）多种构件技术，包括公用对象请求代理体系结构（CORBA）技术、分布式公用对象管理（DCOM）技术、企业 JavaBean（EJB）技术。

（5）大型主机模式、客户/服务器（C/S）模式、Web 浏览器/服务器（B/S）模式。

（6）多种开发语言，如 C、C++、Java、PowerBuilder 等。

为了使不同厂家、不同时期建设的电力企业自动化应用系统能够做到数据共享、软件互联，目前国内系统通常的做法是：①跨部门收集各个应用系统的数据；②根据需要开发点对点的系统接口。以上方法缺点是缺乏一种标准的数据库访问接口，同时新建的系统虽然暂时避免了成为"自动化系统的孤岛"，但是不能建立一种企业自动化系统共享的、高效的分布式数据平台，其结果是给未来的电力市场或数据仓库的建立、创建了更多的"自动化孤岛"。因此，为了彻底有效地解决电力企业内部各种应用系统之间的集成问题，必须建立各个系统之间信息交换的标准。

20 世纪 90 年代初，美国电力科学研究院（EPRI）在电力企业的能量管理系统和配电自动化领域开展了称为 CCAPI（控制中心应用程序接口）的数据通信和数据抽取工程，并建立了公用信息模型（CIM），该模型是电力企业 EMS 系统中建立的一套全面的数据类型的描述。CCAPI 专业组的目标是开发一套框架，以便电力企业运行环境里的应用软件达到即插即用（Plug and Play）。IEC 技术委员会第 13、14 工作组（WG13 和 WG14）正积极地从事于使电力工业的全部电网一侧的数据结构和应用程序的接口（API）标准化。WG13 集中在 EMS 应用程序接口方面的工作，WG14 集中在建立配电管理系统（DMS）方面的标准化接口。CCAPI 专业组已经提交了 CIM 模型给 IEC 作为一种建议的标准，并被 IEC 所采纳。1999 年，IEC 61970 CIM/CIS 作为 IEC 标准被推荐给全世界的 EMS、TMS、DMS、TMR 生产厂家和电力公司。

IEC 61970 CIM 提供了用于电力的生产、传输、分配、市场和零售系统相互操作和应用的标准对象，CIM 定义了电力工业标准对象模型，用于电力系统的数据工程、规划、管理、运行和商务等应用的开发和集成，它提供了描述电力对象及其关系的标准。在 IEC 61970 中，CIM 用统一建模语言（UML）描述，对象用公共类、属性及对象间的关系来描述，对象之间的静态关系有聚集、归一化和关联。为方便起见，CIM 被划分为许多子系统或包，包括核心包、拓扑包、电网包、保护包、量测包、负荷模型包、发电包、域包、能量计划包、备用包、资产包和 SCADA 包等。各个 EMS 应用内部可以有各自的信息描述，但只要在应用程序（或构件）接口语义级上基于公共的信息模型，不同厂商开发的应用程序或不同系统的应用软件间就可以以同样的方式（如 XML）访问公共数据，实现正确的信息交换。公用信息模型的采用将使 EMS 真正走向开放和标准化，使企业的自动化系统一体化平台的建设有了共同遵循的国际标准。

由于电力企业信息一体化（各应用集成）需求的增长和各种计算机应用系统互联的要求，IEC 61970 CIM 作为中心应用程序一体化（集成）的标准对象模型将会越来越广泛地为电力企业和电力应用开发厂家所接受。IEC 61970 CIM 作为一种标准的带有一套标准 API 集合的数据交换模型，将大大减轻电力系统应用程序间的相互依赖和互操作性。

电力企业自动化系统一体化要求建立应用程序的封装层，封装是以一种与公用的方法兼容的方式展示被封装的应用程序的功能。这种方法的好处是它的技术核心和遗留的应用程序不必重新编写。

一体化应用系统的互联趋势如图 4-1 所示。

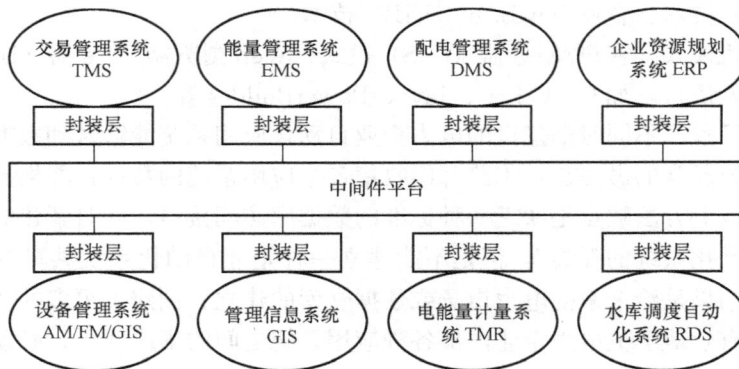

图 4-1　一体化应用系统的互联趋势

随着计算机硬件技术、通信技术、数据库技术、Internet 技术的发展，为新一代 EMS 的开发提供了更好的支持，尤其是面向对象技术的软件工程技术已经基本成熟，分布式组件技术和中间件技术已经走向实用，如 DCOM/CORBA，为 IEC 61970 标准的推行提供了技术保障。

第二节　标准概述及组成

一、标准概述

IEC 61970 标准系列又称为 EMS-API 标准系列，共分导则、术语和 CIM 两种级别的 CIS 等几个部分，其最初的草案是接受了美国电科院控制中心 API（简称 EPRICCAPI）项目的研究成果，导则中的参考模型来源于美国 EPRICCAPI 的白皮书。CIM 定义了覆盖各个应用的面向对象的电力系统模型，是 IEC 61970 标准的灵魂。我国与国际接轨，对应 TC57 第 13 工作组的我国 EMS-API 工作组已将其翻译。CIS 部分定义了 API 函数的规范，级别 1 仅对接口做一般性描述，不涉及具体的计算机技术；级别 2 是级别 1 对应到 CORBA 和 XML 等具体的计算机技术的接口描述。CIS 部分不仅接受了对象管理组织（Object Management Group，OMG）的成果——数据访问工具（Data Access Facility，DAF），还接受了美国 EPRI 的通用接口定义（Generic Interface Definition，GID）、过程控制 OLE 基金会（OLE for Process Control，OPC）工业系统数据采集（Data Acquisition for Industrial Systems，DAIS）以及互操作实验等成果。OLE 是对象嵌入和连接的简称，后来相继发展为控件 Active X 组件对象模型 COM 和 DCOM，目前 OPC 都支持这些技术。

IEC 61970 标准对 EMS 十分重要，目前国外边做系统、边做实验、边写标准。在国内，遵循 IEC 61970 标准的第 4 代 SCADA/EMS 呼之欲出，同时配电自动化系统也在向标准化迈进。

二、标准组成内容及应用

1. IEC 61970 系列标准的内容

第 1 部分：导则和一般要求

第 2 部分：术语表

第 3 部分：公用信息模型 CIM（语义）

第 4 部分：组件接口规范（CIS），级别 1（语法 1）

第 5 部分：组件接口规范（CIS），级别 2（语法 2）

2. 目前的标准化文档

IEC 61970-1，EMS—API 第 1 部分：导则和一般要求

IEC 61970-2，EMS—API 第 2 部分：术语表

IEC 61970-301，EMS—API 第 301 部分：公用信息模型（CIM）基本部分

IEC 61970-302，EMS—API 第 302 部分：公用信息模型（CIM）财务、流量计划和预定部分

IEC 61970-303，EMS—API 第 303 部分：公用信息模型（CIM）SCADA 部分

IEC 61970-401，EMS—API 第 401 部分：组件接口规范（CIS）框架部分

IEC 61970-402，EMS—API 第 402 部分：组件接口规范（CIS）公用数据接口工具部分

IEC 61970-403，EMS—API 第 403 部分：组件接口规范（CIS）SCADA 部分

IEC 61970-501，EMS—API 第 501 部分：CIMRDF 摘要

3. 标准应用

IEC 61970 支持的应用十分广泛，十分适合于电力信息集成和新信息系统的研发，是电力信息集成新技术体系的核心技术。应用主要有：

（1）数据采集与监控（SCADA）。

（2）警报处理（Alarm Processing）。

（3）拓扑分析（Topology Processing）。

（4）网络分析应用（Network Applications）。

（5）负荷管理（Load Management）。

（6）发电控制（Generation Control）。

（7）负荷预报（Load Forecast）。

（8）能量/输电计划（Energy/Transmission Scheduling）。

（9）会计结算（Accounting Settlement）。

（10）设备检修计划（Maintenance Scheduling）。

（11）输电资源管理（Transmission Resource Management）。

（12）历史存档（Archive）。

（13）设备数据定义（Equipment Data Definition）。

（14）通用用户接口（Generic User Interface）。

（15）动态仿真（Dynamic Simulation）。

（16）调度员仿真培训（Dispatcher Training Simulator）。

（17）外部系统（External System，例如气象系统等）。

（18）资产管理（Asset Management）。

（19）配电管理系统（Distribution Management System）。

（20）客户信息管理系统（Customer Information System）。

（21）管理信息系统（Management Information System）。

第三节　公共信息模型

一、概述

电力系统是一个涵盖发电、输电、配电、售电各个环节，包括发电机、断路器、输电线路、用电设备等各类电气设备，涉及电力公司、发电公司、代理商、市场运营方、监管方、大用户及零售用户等各方面，实行实时闭环控制的复杂系统。对这样一个系统的应用组件一般需要详细的模型包括测量、网络拓扑连接、设备特性等。而公共信息模型（CIM）提供了这样的模型，并为这些应用组件给出了电力系统的复杂逻辑视图，提供了一种用对象类和属性及它们之间的关系来表示电力系统资源的标准方法。

为了便于管理整个复杂的 CIM，其开发者把 CIM 中的类组织分为多个包（Package）。为此包含在 CIM 中的对象类分成了几个逻辑包，每个逻辑包代表整个电力系统模型的某个部分。这些包的集合发展成为独立的国际标准。IEC 61970 的这一部分规定了包的基本集合，提供了电力企业内部各应用共享的 EMS 信息的物理方面的逻辑视图。其他标准规定了某些特定应用所需的模型的特殊部分。

从 1998 年开始，CCAPI 发布 cim _ u07a. mdl，开始采用面向对象统一建模语言 UML 来描绘 CIM。在 UML 中，现实世界实体的类型被定义为"类"，实体类型的性质被定义为"类的属性"，实体类型之间的关系用"类之间的关系"来描述，包括继承、关联、聚集。CCAPI 采用 Rational Rose 作为编辑与维护 CIM 模型的工具，可以在 Rational Rose 环境中通过图形化的导航界面方便地查看规范的所有内容。

二、CIM 建模表示法

CIM 中的每一个包包含一个或多个类图，用图形方式展示该包中的所有类及它们的关系。然后根据类的属性及与其他类的关系，用文字形式定义各个类。图 4 - 2 列出了 CIM 模型的 13 个类包。

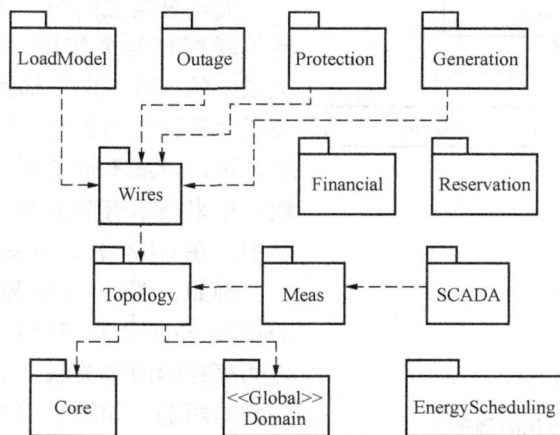

图 4 - 2　CIM 模型类包之间的关系

图 4 - 2 中，Core（核心包，包含 14 个类）包含核心 Power System Resource（电力系统资源）和 Conducting Equipment（导电设备），这些实体被所有的应用程序及这些实体的公共集合所共享。并不是所有的应用程序需要所有的 Core 实体，这个包不依赖于任何其他的包，但是其他包中的大部分具有依赖于本包的关联和一般化。SCADA 包包含的 13 个类，包含了用于 SCADA 的建模信息的实体。

三、CIM 类及其之间的关系

在 CIM 建模的过程中，每一个 CIM 包的类图展示了该包中的所有的类及它们之间的关系。在与其他包中的类存在关系时，这些类也展示出来，而且标以表明其所属的包的符号。

类与对象所建模的正是电力系统中，需要以一种对各种 EMS 应用通用的方法来描绘的内容。一个类是对现实世界中发现的一种对象的表示，例如在 EMS 中，需要表示为整个电力系统模型的一部分的变压器、发电机或负荷。其他类型的对象，包括诸如 EMS 应用需要处理、分析与储存的计划与量测，这些对象需要一种通用的表示，以达到 EMS－API 标准的插入兼容和互操作的目的。在电力系统中具有唯一身份的一个具体对象则被建模成它所属类的一个实例。

在描述类之间的关系中，CIM 主要有以下三种：

1. 一般化（继承）

一般化是一个较一般的类与一个更具体的类之间的一种关系。例如，电力变压器类（Power Transformer）是电力系统资源类（Power System Resource）的一种具体类型。更具体的类仅能够包含更多的信息。通过一般化，更具体化的类可以从上层的更一般化的类继承所有的属性和关系。例如子类 Synchrocheck Relay 不仅包含本身的属性 Max Angle Diff、Max Freq Diff 等，还包括从父类 Protection Equipment 继承下来的属性，如 Protection Equipment1 relay Delay Time、Protection Equipment1 high Limit 等。

图 4 - 3 是一般化的一个例子，此例取自 Wires 包，Breaker 是 Switch 的更为具体的类型，而 Conducting Equipment 本身又是 Power System Resource 的更为具体的类型。Power Transforme 是 Power System Resource 的另一个具体类型。

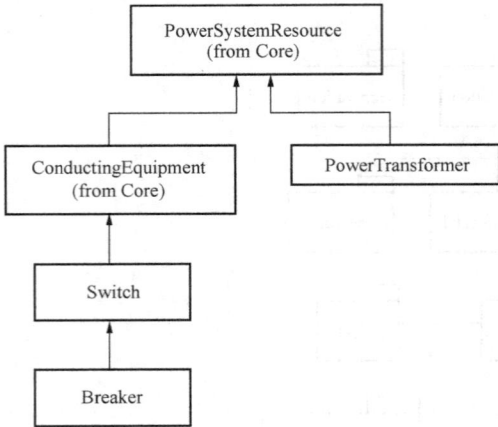

图 4-3 一般化的例子

2. 简单关联

关联是类之间的一种概念上的联系。每一种关联都有两个作用（Role）。每一个作用指关联中的一种方向，描述了在目标类与源类的关联中目标类的作用。作用给定为目标类的名字，可以带或不带动词。每个作用还有重数基数，用来表示有多少对象可以参加到给定的关系中。在 CIM 中，关系是没有命名的。

例如，图 4-4 中显示了分接头调节器类 TapChanger 和调节计划类 RegulationSchedule 之间存在的简单关联。对象关联重数则显示在关联的两端，如图 4-4 中，一个分接头调节器 TapChanger 可以有 0 个或 1 个调节计划，而一个调节计划 RegulationSchedule 可以属于 0 个、1 个或多个分接头调节器对象 TapChanger。

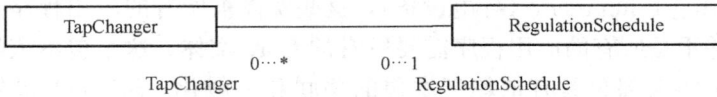

图 4-4 简单关联的例子

3. 聚集

聚集是关联关系的一个特例。聚集关系指明类之间的关系是整体和局部的关系，整体的类由局部的类"组成"，或整体的类"包含"局部的类，局部的类是整体的类的一部分。局部的类并不是泛化关系中从整体的类继承而来。例如类 Transformer Winding 和类 Heat Exchanger 是类 Power Transformer 的两个组成部分。

聚集关系如图 4-5 所示。

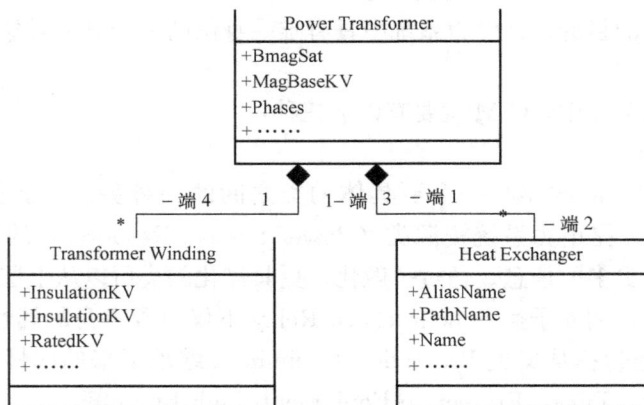

图 4-5 聚集关系

四、CIM 的优点

（1）CIM 用元数据而不是数据库来抽象电力系统资源。

（2）CIM 将电力系统资源划分到各个包里，详细描述了各个资源的继承属性和特有属性，以及资源之间的关联、聚集等相互关系。

（3）CIM 包含电力企业生产和管理中涉及的主要电力资源对象，是一个采用面向对象方式描述的、经过高度抽象的、以继承关系为主线并包含诸多关系的大型分层网状模型。CIM 的表现形式符合人们认识客观世界的习惯，适应于面向对象系统开发过程中的需求分析、编程编码、系统测试等软件工程的各个阶段，可以在其基础上对各种具有静态结构和动态行为的电力企业应用进行业务建模，使应用系统更符合实际需要，提高了应用系统自身的扩展性和灵活性。

（4）CIM 还提供了扩展的可能。应用系统遵从 CIM 并不意味也不需要其数据库结构与 CIM 的原始类图完全一样，而且也不意味着支持 CIM 的所有方面，允许根据系统自身需要、区域具体情况等因素对 CIM 进行扩展。

（5）尽管 CIM 最初是为电力系统 EMS 服务的，但是 CIM 的使用远远超出了其在电力系统 EMS 中的应用范围。应当将这个模型理解为一种能够在所有相关领域进行集成的工具，只要该领域需要一种公共电力系统模型，这样就便于在同构或异构质的应用及系统之间实现互联运行和兼容插入，而与任何具体应用无关。

第四节　组件接口规范

一、概述

组件接口规范（Component Interface Specification，CIS）是在 CIM 基础上定义的，规定组件或应用程序为了能够以一种标准方式和其他的组件或应用程序交换信息和访问公开数据而应该实现的各种接口。这些组件接口描述可以被应用程序用于这一目的的特定的事件、方法和属性。

IEC 61970 标准的目的是通过开发组件接口标准来鼓励独立开发可重用的软件组件并促进它们在构造电力信息系统的集成。软件行业，包括 SCADA 应用程序供应者和主要的能量管理系统厂商，都已经经历了从基于顶到底模块软件设计的软件工程概念到面向对象方法再到使用基于组件的体系结构的最新的改进这样的进化。由公用对象请求代理体系结构（Common Object Request Broker Architecture，CORBA）、企业 Java 组件（Enterprise Java Beans，EJB）和分布式组件对象模型（Distributed Component Object Model，DCOM）所倡导的组件模型是这一趋势的最好的例证。

CIS 的目的是规定一些接口，组件应用程序或系统要用这些接口来促进和其他独立开发的组件应用程序或系统的集成。虽然为了帮助定义必须转换信息类型，把一些典型的应用程序和组件看成是 IEC 61970 标准的一部分，但是其目的并不是要定义组件本身。组件厂商应该能够自由地把不同的组件接口汇集包装到各个组件包里而不会违背 IEC 61970 标准。

二、文档内容

CIS 标准文档由两个级别组成。级别 1 仅对接口做一般性描述，不涉及具体的计算机技术，IEC 61970-401 是 CIS 的总体框架说明，IEC 61970-402 之后与原来的计划的目录变化较大，其余的内容包括非实时的数据访问 CDA、用 OMG 的 DAF 和 CCAPI 的 GIDCDA、实时数据的访问用 OPC 的 OPCDA 快速数据访问、历史数据用 OPC 的 OPCHAD 访问历史数据等，其他的 CIS 还包括互操作实验的成果（即模型交换，如模型合并、更新等）以及针对各个应用的 CIS。级别 2 将 CIS 映射到 CORBA 和 XML 等具体的计算机技术，IEC 61970-501 是 CIM 模型从 UML 转换成 XMLRDF 格式，用于模型的语法校验，502 是 CDA 映射到 CORBA，503 是互操作实验的 CIM/XML 数据交换格式。

三、数据访问设施（DAF）

数据访问设施（DAF）是 OMG 发布的国际标准。它组成了 IEC 61970 标准中 402 部分的主要内容。其目标是提高 EMS 应用与其他系统、应用协同工作的能力。该规范用于访问以 CIM 建设的公共数据，为不同的供应商提供了一种使用公共应用程序接口（API）和公共服务的机制。

DAF 主要包括 DAFDescriptions、DAFQuery、DAFIdentifiers 和 DAFEvents 等模块，各模块的依赖关系如图 4-6 所示，其中 Cos Naming 和 Cos Event Channel Admin 是 CORBA 的通用服务 IDL。

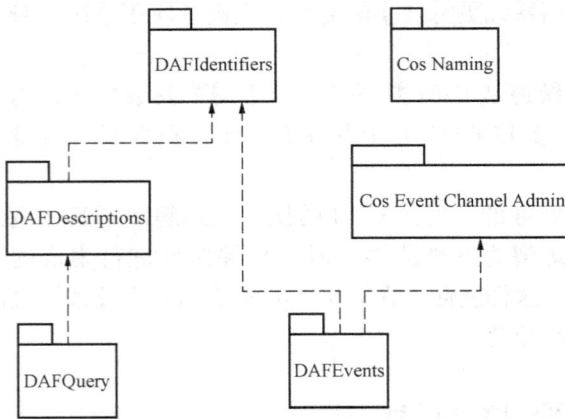

图 4-6　DAF 模块之间依赖关系图

DAF 中的常用的几个模块简单介绍如下：

1. DAFIdentifiers：ResourceIDService 接口

该接口主要提供资源标识（ResourceID）和统一资源标识（URI）相互转化的服务，并提供如下方法：

get resource _ ids：该方法用于将统一资源标识转化为服务端内部资源标识。

get uris：该方法用于将服务端内部的资源标识转化为统一资源标识。

2. DAFQuery：ResourceQueryService 接口

该接口是 DAF 的核心部分，主要提供基本的资源查询服务，并提供如下方法：

get values：该方法用于查询某一条记录的若干字段值。

get extent values：该方法用于查询某一张表的所有记录的若干字段值。

get relatedee values：该方法用于查询与某一条记录的某个字段相关联的记录的若干字段值。

get descendent values：该方法从源记录序列出发，通过关联序列的导航，查询与该关联序列相关的所有记录的若干个字段值，主要用于负责查询，以提高查询效率。

3. DAFEvents：ResourceEventSource 接口

服务端在数据变化后，利用 CORBA 提供的事件服务，向连入事件通道的所有客户发出数据已更新的事件通知。该接口主要供用户连入 CORBA 提供的事件通道，并提供如下方法：

obtain-push supplier：该方法用于将用户连入事件通道，以接受服务器的更新事件通知。

current version：该方法用于获取服务端所维护数据的当前版本。

四、通用数据访问（GDA）

由于 DAF 只定义了数据读取访问的简单接口，不能完全满足即插即用的应用软件的需要。因此 IEC 61970 标准的 403 部分通用数据访问（Generic Data Access）对 IEC 61970 标准的第 402 部分进行了一定的扩展，加入了写接口和条件查询，进一步满足了实际应用的需求。

另外，结合 IEC 61970-402 部分的公共服务，GDA 为来自独立提供方和访问 CIM 数据的应用程序提供了一个通用的面向请求/应答的数据访问机制。

IEC 61970-402 提供了一个简单明了的 API 来满足当前和未来应用程序的功能需求，避免不必要的复杂性以及不要求任何特定的数据库技术来实现。

为了满足这些目标，GDA 需求被分为三种，即读访问、写访问和改变通知事件。

1. GDA 读访问

IEC 61970 描述了 GDA 读访问的两种形式：第一种是初始在 OMG 中标准化为电力部门管理系统（UMS）数据访问工具（DAF），它为客户提供了一个查询实例和元数据的基本能力；第二种是对 UMS DAF 的扩展，它为客户提供了一种更高级的能力，使客户能够对查询增加过滤。

（1）GDA 资源查询接口。无过滤条件的读访问完全重用 DAF 的查询服务，读取实例和元数据。接口操作为：

∷ DAFQuery Resource Query Service∷ get values（）

∷ DAFQuery Resource Query Service∷ get extent values（）

∷ DAFQuery Resource Query Service∷ get descendent _ values（）

（2）GDA 过滤查询接口。有过滤条件的读访问是对查询服务增加了" where"语句，将结果集中的属性与预先给定的值进行比较。接口操作为：

∷ GDAFiltered Query∷ get lteredes extent values（）

∷ GDAFiltered Query∷ get ffiltered relatedes values（）

∷ GDAFilered Query∷ get filtered escendent values（）

2. GDA 写访问

GDA 写访问模块通过提供对元数据和实例数据的写访问扩展了 GDA 读访问模块。

（1）GDA 写访问提供如下功能：

1）一个或多个对象或属性值的更新。

2）控制对象生命周期、创建或销毁对象，包括将 URI 关联到资源上或取消 URI 与资源的关联。

3）创建、删除和更新元数据定义。

（2）GDA 中扩展的常用接口有：

1）GDAFiltered Query∷ Filtered Resource Query Service 接口。该接口中的每个方法相对于 DAFQuery∷ Resource Query Service 接口的方法都增加了一个过滤器参数，用来对查询结果进行过滤。提供如下方法：

get filtered _ extent values：该方法用于查询某一张表的所有记录的若干字段值，并按过滤器参数对查询结果进行过滤。

get filtered_related values：该方法用于查询与某一条记录的某个字段相关联的记录的若干字段值，并按过滤器参数对查询结果进行过滤。

getwe filtered descendent values：该方法从源记录出发，通过关联序列的导航，查询与该关联序列相关的所有记录的若干个字段值，并按过滤器参数对查询结果进行逐级过滤。

2）CSIdentifiers：：Extended ResourceID Service 接口。该接口是对 DAFIdentifiers：：ResourceID Service 的扩展，补充了按视图名获取 URI 及创建资源标识两个方法，具体描述如下：

get uris：该方法用于将服务端内部的资源标识转化为统一资源标识符，该转化可能因视图的不同而得到不同的转化结果。

create resource ids：该方法用于向服务端申请新的资源标识，以用于新增加的记录。

3）DAFUpdate：：Resource Update Service 接口。该接口用于实现数据的写操作，包括记录的插入、更新和删除。图 4-7 显示了该接口服务及相关结构。

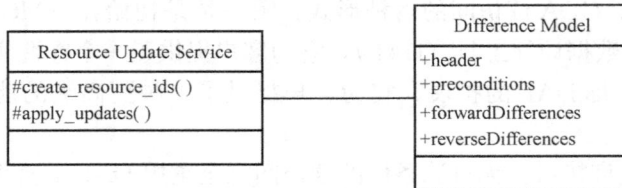

图 4-7　接口服务及相关结构

其中 apply_updates 方法通过向服务端提交 Difference Model 结构，进行模型的增删或修改。其中，Difference Model. reverse Differences 描述模型更改前的信息，Difference Model. forwardDifferences 描述模型更改后的信息。

3. GDA 事件

GDA 事件将 DAF 事件扩展为一种更强大的机制，GDA 事件包提供了通知客户特定数据的改变的方法，这就确保了数据访问的一致性。GDA 事件允许对象实例的 ResourceID 嵌在事件中，Callback 接口允许客户接受更新。

常用接口有：

（1）GDAEvents：：Callback 接口。该接口在客户端实现，用于服务端的回调，以通知客户端模型已更新。提供如下方法：

on_event：该方法由服务端调用，通过传入的 Resource Change Event 结构参数通知客户端模型更新的详细信息。

（2）GDAEvents：：Register Service 接口。根据 IEC 61970-403 的描述，GDAEvents 缺少一个客户端向服务端注册的接口。根据国内第五次互操作实验的讨论结果，决定暂时对现有标准进行扩充，增加该接口。提供如下方法：

register：该方法用于客户端往服务端注册回调对象 GDAEvents：：Callback 。

unregister：该方法用于客户端往服务端取消已注册的回调对象。

五、高速数据访问（HSDA）

高速数据访问接口（High Speed Data Access，HSDA）的意图是支持从一个 EMS 到该

EMS 内外广泛类型客户的大数量数据的有效实时传输。该 API 支持数据发现和数据值访问。这个 API 预期用于在线数据传输，但不支持数据对象的配置，即不支持数据对象的增加与删除。

HSDA 主要引用国际对象管理组织（Object Management Group，OMG）的工业系统数据访问规范（DataSpecification，DAIS）中的数据访问标准。把 Acquisition from Industrial Systems（即 Data Access）部分作为自己的标准。

在介绍 HSDA 的常用接口前，先介绍常用的四个名词 Type、Property、Node 和 Item，其含义见表 4-1，关系如图 4-8 所示。

表 4-1　　　　　　　　　　　　　HSDA 常 用 名 词 含 义

名　　词	含　　义	名　　词	含　　义
Type	类，即 Class	Node	表的记录
Property	类的属性（包括类之间的关联）	Item	记录的字段

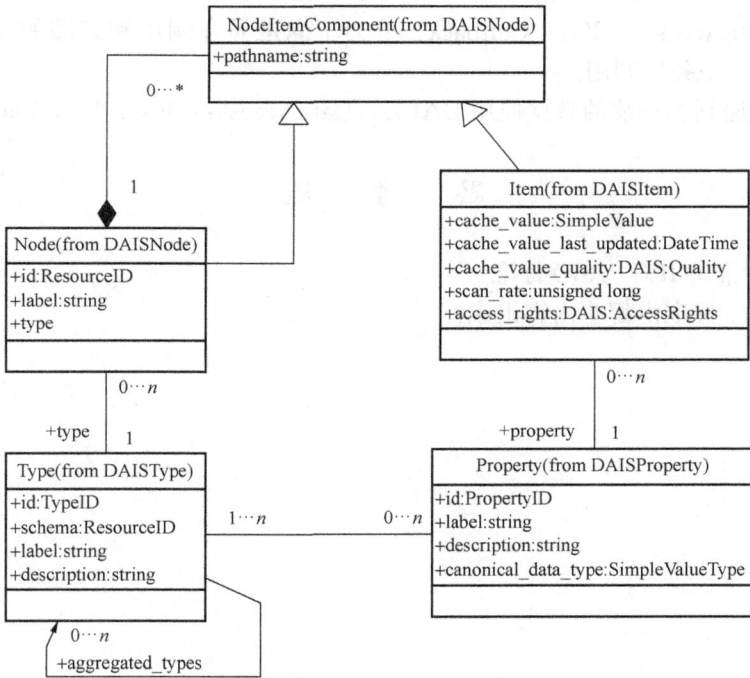

图 4-8　HSDA 常用数据结构

HSDA 有下列主要的 API 类型：①浏览；②数据访问（其中数据访问支持 API）；③同步与异步读；④同步与异步写；⑤订阅。

DAIS 数据访问 API 中所有的数据都是以结构方式定义的。每一个结构包含了定义交换数据的若干成员。

（1）用来从服务端向客户端传递数据的主要结构。

DAIS∷DataAccess∷IO∷ItemState；

DAIS∷Type∷Description；

DAIS：：DataAccess：：Item：：Description；

DAIS：：Properiy：：Description；

（2）用于数据浏览的 API。

DAIS：：Type：：Home——CIM 类型浏览接口，展示 CIM 的元数据，如 Substation，voltageLevel 等。

DAIS：：Property：：Home——CIM 类属性浏览接口，展示 CIM 的元数据，如 Measurement. maxValue、Naming. name 等。

DAIS：：Node：：Hom——展示实际对象的层次结构。

DAIS：：DataAccess：：Item：：Home——展示 CIM 类对象的属性值。

（3）用于数据访问的 API，支持对象属性的访问。

DAIS：：DataAccess：：Group：：Manage——订阅数据。

DAIS：：DataAccess：：IO：：SyncIO——初始化同步步数据传送。

DAIS：：DataAccess：：IO：：AsyncIO——初始化异步数据传送。

DAIS：：DataAccess：：SimpleIO——简单方式读/写数据。

DAIS：：DataAccess：：IO：：Callback——为了满足异步调用和订阅的要求，由 DAIS 客户端实现 DAIS 服务器调用。

从服务端传递到客户端的数据使用 DAIS：：DataAccess：：IO：：ItemState 结构来存储。

思　考　题

1. 为什么要推出 IEC 61970 标准?
2. IEC 61970 标准由哪些内容组成?

第五章　电网调度自动化主站系统硬件结构

第一节　典型地调主站系统硬件结构

主站系统采用功能分布式的网络体系结构，主干网络由双以太网构成，所有应用软件按功能分布在各台服务器和工作站上，以保证系统的负荷均衡和网络负荷为最小。系统采用合理的通信机制，高效地使用网络和各节点的运算处理能力，支持和管理网络中各个节点，实现数据共享，保证系统和网络的安全、可靠和高效。

一、总体结构

（1）系统采用分层构件化的结构。通过应用中间件，屏蔽底层的操作，可以在异构平台上真正实现分布式应用。

（2）系统是一个开放系统，软硬件接口采用国际标准或工业标准，支持与其他 LAN 和 WAN 计算机网络及不同计算机厂商设备的互联。

（3）主站系统具备软硬件的扩充能力，支持系统结构的扩展和功能的升级。

（4）主站系统所提供的支撑软件能支持用户进一步开发应用软件。

二、系统硬件结构

系统由计算机网络和数据采集、实时监视与控制、历史数据存储、网络通信、高级应用软件（PAS）、调度员培训仿真子系统（DTS）等主要节点构成，并根据地区实际需要配置相应的工作站，如调度工作站、报表工作站、运方工作站、继保工作站、维护工作站、DTS工作站等，工作站的具体数量根据地区系统规模的大小按需配置。

硬件设备主要包括服务器、工作站、网络设备和采集设备。根据不同的功能，服务器可分为前置服务器、数据服务器和应用服务器，前置服务器可配置数据采集服务器（简称数采服务器）接专用通道和配置通信服务器接网络通道，数据服务器用于存储历史数据和电网模型等静态数据的管理，应用服务器可根据需要分别配置 SCADA、PAS、AGC、DTS、Web、TASEII 等服务器。工作站是使用、维护自动化主站系统的窗口，可根据运行需要配置，如调度员工作站、维护工作站、运方工作站、学员工作站等。服务器和工作站的功能可任意合并和组合，具体配置方案与系统规模、性能约束和功能要求有关。网络部分除了EMS 主局域网外还包括数据采集网、DTS 网和 Web 服务器网等，各局域网之间通过防火墙或物理隔离装置进行安全隔离。所有设备根据安全防护要求分布在不同的安全区中，典型的硬件结构如图 5-1 所示。

地调主站系统根据功能划分可分为调度自动化子系统、实时数据采集子系统、Web 子系统、调度员培训仿真子系统、DMIS 子系统、集控子系统和与外部系统网络通信子系统等几个部分。

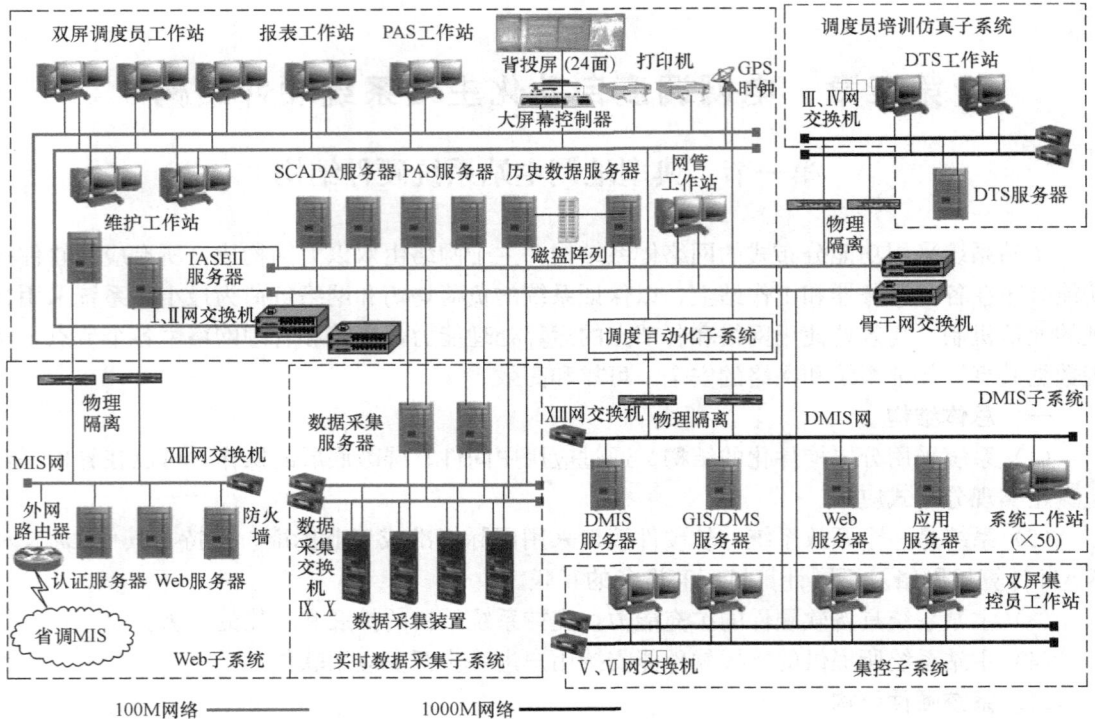

图 5-1　地调主站系统典型硬件结构

第二节　调度自动化子系统

调度自动化子系统采用三网机制。主网为 1000M 平衡负荷双网，由智能化 1000M 堆栈式交换机来连接系统服务器和主网计算机节点。双主网均可提供多口的 1000M 交换能力，并可进行扩展。两台历史数据服务器选用 RISC（精简指令集计算机）64 位机，并配有磁盘阵列，以实现服务器的热备用以及信息的热备份。各工作站也选用 64 位机，均能从硬件上支持 1000M 双网或多网运行并支持标准商用数据库，又同时能集成其他符合国际标准的实时数据库。工作站系列产品使用寿命长，易于扩充升级。主网各节点，依其重要性和应用的需要，可选用双机系统。双机系统共有以下三种工作方式：

（1）主—备工作方式。通常采用完全相同的两台主机及各自的内、外存储器及输入/输出设备。承担在线运行功能的计算机，称为值班机；处于热备用状态的计算机，称为备用机。当值班机发生故障时，监控设备立即自动把备用机在最短的时间内投入在线运行。采用这种工作方式时，备用机必须保持与值班机相同的数据库，以便于软件的维护和开发、运行人员的模拟培训及离线计算等。

（2）主—副工作方式。通常采用以一台计算机为主，担任在线运行的主要功能；另一台为副，担任较次要的在线运行功能和辅助的或离线的功能。在主机发生故障时，自动使副计算机承担起主计算机的功能。

（3）完全平行工作方式。通常采用两台计算机同时承担在线运行功能，这种方式不存在主—备机或主—副机切换问题。

　　主网双网配置可实现负荷热平衡及热备用双重使命。在双网均正常的情况下双网自动保持负荷平衡。当其中一网故障，另外一网就完全接管全部的通信负荷，在单网方式下也可保证系统 100％的可靠性。系统通过 MIS 服务器或网桥与电力公司管理信息系统 MIS 连接，通过插入第三网来隔离连接 MIS 系统。还可以通过网络交换机与配电调度自动化系统相连。

　　主网各个节点功能如下。

　　一、历史数据服务器

　　历史数据服务器运行商用数据库管理系统，负责保存所有历史数据、登录各类信息、各种电网管理信息、地理信息系统（GIS）所需的多种信息、各类设备信息和用户信息等。其强大的数据库管理功能可方便用户查询和统计各种数据。

　　二、SCADA 服务器

　　SCADA 服务器为双机热备用，主要运行 SCADA 软件及 AGC/EDC 软件，完成基本的SCADA 功能和 AGC/EDC 控制与显示功能。

　　三、数据采集服务器（简称数采服务器，又称前置服务器）

　　数据采集服务器通过数据采集装置接收各厂站 RTU 信息。终端服务器直接挂在数据采集网段上，实现双机、双通道的自动/手动切换，承担前置系统信息处理以及网络信息流优化功能。

　　四、PAS 服务器和工作站

　　PAS 是各种电力系统高级应用软件的简称。PAS 工作站用于各项 PAS 计算以实现各项PAS 功能，如潮流计算、短路计算等，并保存 PAS 的计算结果，如某些结果需要长久保存，则存储到商用数据库中的历史数据库中。

　　五、调度员工作站

　　调度员工作站承担对电网实时监控和操作的功能，实时显示各种图形和数据，并进行人机交互，实现不下位功能调用。在主网的每个工作站上都可以显示 SCADA 数据、PAS 数据、DTS 数据、DMIS 数据及 GIS 数据，但根据权限设置的不同，有的工作站没有对电网进行操作控制的权力。

　　六、维护工作站（远动工作站）

　　维护工作站供远动自动化人员用来完成画面生成和修改、报表生成和修改、系统维护、修改系统数据库、制作/打印报表、监视系统运行工况、备份数据等一系列工作，必要时作为自动化人员备份数据用的工具。

　　七、报表工作站

　　打印各种生产过程中的年、旬、月、天报表。

　　八、网管工作站

　　维护网络安全，设置网络参数。

　　九、TASEII 服务器

　　向上级调度部门转发实时信息。

　　十、磁盘阵列

　　历史数据服务器配置磁盘阵列完成历史数据的存储，其容量大小根据电网遥测量的点数、存盘周期、保存期限以及历史事项的存储容量来定。一般地调的遥测量约 3 万个，平均存盘周期 15min，保存期限 3 年，则存储遥测量需要的硬盘容量约为 12.6GB（设每个遥测量占 4 字节），再考虑其他历史事项（遥信量、SOE、PDR 等）的存储容量及 100% 的预留容量，约为 100GB。再作 RAID5，则总容量可选择为 146GB×6（146GB 为磁盘阵列单盘容量，6 为盘数）。

十一、GPS 时钟

目前我国电网已初步建成以超高压输电、大机组和自动化为主要特征的现代化大电网。它的运行往往要靠数百千米以外的调度员指挥；电网运行瞬息万变，发生事故后更要及时处理，这些都需要统一的时间基准。为保证电网安全、经济运行，各种以计算机技术和通信技术为基础的自动化装置广泛应用，如调度自动化系统、故障录波器、微机继电保护装置、时间顺序记录装置、变电站综合自动化系统、火电厂机组自动控制系统、雷电定位系统等，这些装置的正常工作，离不开统一的全网时间基准。有了统一精确的时间，既可以实现全厂（站）各系统的运行监控，又可以通过各开关动作、调整的先后顺序及准确时间来分析事故的原因和过程。因此统一精确的时间是保证电力系统安全运行、提高运行水平的一个重要措施。

自从美国全球定位系统（GPS）和中国的北斗卫星导航系统建成后，可以通过接收卫星信号来得到时间基准信息。这是目前时间准确度最高、最经济和方便的获得时间基准信息的方法。

GPS 时钟能通过网络接口直接向局域网发布标准时间，各工作站运行相应的对时进程，保持全网时钟同步。GPS 时钟的误差小于 $1.0×10^{-6}$ s。在时钟系统的操作面板上可显示年、月、日、星期、小时、分、秒。

GPS 时钟可实现的功能：

（1）采用全球定位系统（GPS）或北斗系统时钟接收装置为自动化系统各节点提供统一的标准时间。

（2）时钟装置具备网络对时功能。

十二、网络

在整个 SCADA/EMS 系统中，历史数据库服务器和 SCADA 实时库服务器是系统的核心，它们为各个节点提供实时和历史数据访问服务，为了提高整个系统的数据库访问效率，必须保证其网络带宽，为此历史/实时数据服务器一般采用千兆位网卡，各个工作站采用百兆位网，整个 SCADA/EMS 系统骨干网采用快速以太网，网络交换机支持 100MB 和 1000MB 两种连接端口，保证 SCADA 系统的实时性能，同时为了提高网络可靠性，采用了双网冗余技术对 SCADA/EMS 骨干网采用双网架构，各个关键节点都配置双网卡。

1. 网络通信

EMS 主站计算机网络包括三个局域网，第一和第二网组成双网冗余结构的主网，主网连接 EMS 主站各分布节点，第三网连接 Web 服务器和 DMIS 系统。

网络通信对网络有以下要求：

（1）主站局域网采用符合 IEEE 802.3 标准的双网结构配置，传输速率 1000M，采用网络交换技术。网络接口采用 RJ45 插头和光纤接口。采用 1000 BASE-T 交换式以太网，第一和第二网能负载分流，也可独立工作，互为主/备用。当其中一网发生故障时，不会引起系统扰动，不会丢失系统功能和数据。

（2）选用 TCP/IP 作为局域网和广域网的基本网络协议，提供远程登录（Rlogin）、Rcp、Ftp、远程执行（RSH）、网上浏览等工具软件。

（3）网络交换机为模组化设备，具有第三层交换功能，可划分虚拟网、配备网管模组、配备双设备电源。

（4）EMS 各服务器节点分别通过两块 1000M 位网卡和独立网线分别连接到第一和第二网交换机的 1000 BASE-T 交换端口。路由器是模组化设备，具有支持多种高速局域网技术，支持多种网络传输协议；支持多种远程连接线路和多种接口标准，支持网络路由算法；支持远程维护和调试。

（5）网络通信支持能量管理系统（EMS）主站系统与其他计算机系统的通信。网络通信服务器除执行各种通信任务外，还连接其他实时/非实时数据采集系统的计算机通信服务器。

2. 网络安全

EMS 采用第三网方式和采用一定的隔离设备实现与其他当地计算机系统（负控系统、电量计费系统、各分集控中心、配调自动化系统、省调自动化系统）和远程计算机系统实现互联，进行数据交换，为了保证外部系统不能直接进入和打扰第一网和第二网，确保能量管理系统（EMS）安全运行，网络的安全性显得尤为重要。

（1）需要设置不同的用户，采用口令和权限管理机制，给不同的用户指定不同的权限，方便管理。任何用户进入网络之前必须先经过有效的用户名及口令的认证。用户操作口令能够设定有效时间，防止用户忘记退出时被人误用。

（2）通过在分布层的多层交换机上配置访问列表来进一步加强网络的安全性，使网络本身也成为一道防火墙，任何用户在访问服务器之前必须先经过它的检验。

（3）通过路由器中的访问控制列表功能，可以控制不同的用户以及广域网的用户是否可以跨网访问，只有经过授权的地址可以被允许，同时可以控制允许访问资源的范围和权限。充分利用路由器、交换机等设备的网络隔离及防火墙功能。利用网关节点的安全手段，尽可能地减少直接通信请求。

（4）网络设备的管理建立安全认证机制，从而只允许经授权的使用者可以登录到相应的网络设备，防止非法登录，从而避免通过修改配置文件来非法访问网络上的资源。

（5）安装网络安全隔离设备，用于 SCADA/EMS 系统与相关配调自动化系统、RTU、变电站综合自动化装置和 MIS 等系统的计算机数据通信的安全隔离。在网关节点上安装有防火墙软件，起到监测网络信息的作用。

第三节　实时数据采集子系统

实时数据采集子系统又称为前置子系统（Front End System，FES），它作为系统中实时数据输入、输出的中心，主要承担了调度中心与各所属厂站之间、与各个上下级调度中心之间、与其他系统之间以及与调度中心内的后台系统之间的实时数据通信处理任务，也是这些不同系统之间实时信息沟通的桥梁。信息交换、命令传递、规约的组织和解释、通道的编码与解码、卫星对时、采集资源的合理分配都是前置子系统的基本任务，其他还包括报文监视与保存、站多源数据处理、站端设备对时、设备或进程异常告警、SOE 告警、维护界面管理等任务。实时数据采集子系统的结构图如图 5-2 所示。

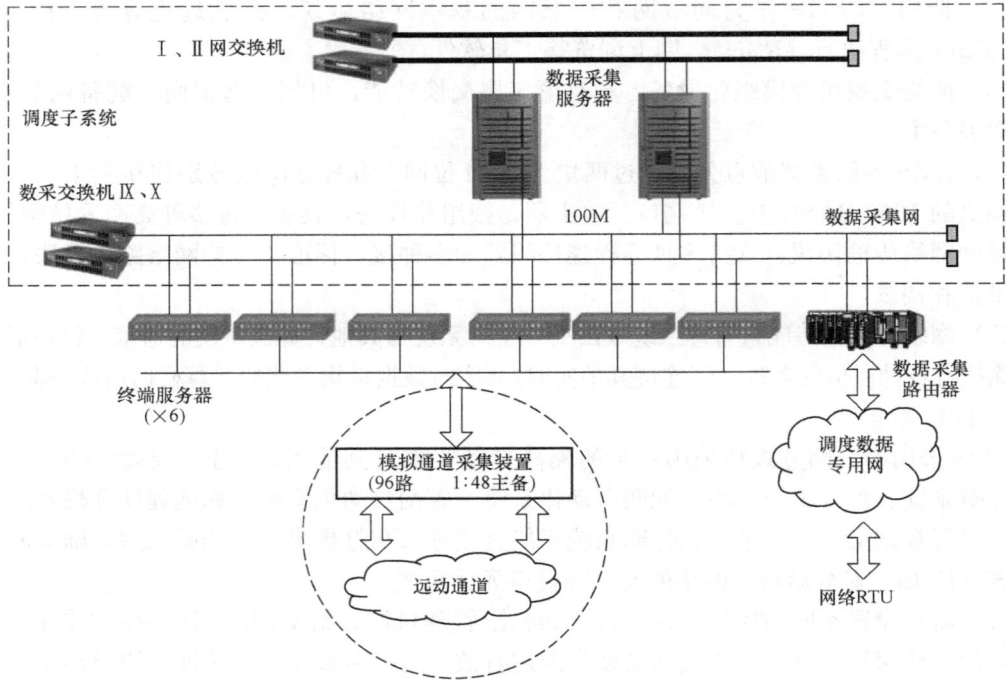

图 5-2　实时数据采集子系统结构图

前置子系统通过与各远方 RTU 或变电站综合自动化装置的通信实现对电网实时运行信息的采集，将其接收到的实时数据通过网络通信或者远动专线方式写入到系统的实时数据库中。前置子系统同时接收用户控制命令，通过向远方终端下达控制命令实现对远方站的调控功能。前置子系统在调度自动化系统中处于非常关键的地位，要求其必须具有高度的可靠性和强大的信息处理能力。

一、前置子系统功能

前置子系统具有以下功能：

（1）与 RTU 或综合自动化装置的通信，包括 CDT、Polling 方式，采用的规约包括点对点通信的部颁 CDT 规约、IEC 60870-5-101 规约、DNP3.0、SC-1801 以及网络通信的 IEC 60870-5-104 规约等。

（2）支持全双工方式通信。传输速率 300、600、1200、2400、4800、9600bit/s 可选。

（3）能够接收处理不同格式的遥测量、遥信量、脉冲量，并处理为系统要求的统一格式。

（4）能够接收、处理 RTU 记录的 SOE 事件信息。

（5）能够实现对 RTU 的遥控、遥调、对时等下行信息。

（6）可以单通道或双通道方式收发同一 RTU 数据。双通道工作时，可各自使用不同通信模式（数字或模拟通信），并能根据通道状态切换主/备通道。

（7）可以同时采用一路网络、一路专线方式收发同一 RTU 数据。网络、专线同时工作时，可各自使用不同的通信规约，并能根据需要进行主/备切换。

（8）支持一点多址通信方式。

（9）后台数据库通过逻辑站的概念，支持远方站重组和拆分。例如：多台 RTU 传送同一厂站的信息时，可将这几个 RTU 的信息、组成一个逻辑站；一个 RTU 送多个站的信息时，可将这些信息拆分成多个逻辑站。

（10）可接收同步/异步通道信号。

（11）具有对通信过程监视诊断、统计通道停运时间功能。

（12）能在线关闭和打开指定通道，可动态复位通信口。

（13）具有与 GPS 时钟接口。

（14）以厂站为单位分类组织实时数据，包括：遥测量 YC（模拟量）：带符号二进制数；遥信量 YX（数字量）；电能量 YM（脉冲累计量或数字量）；事件顺序记录（SOE）。

（15）前置子系统采用双机互为热备用工作方式的冗余配置，由系统运行管理软件监视其运行状态，支持手动或自动切换功能。

（16）前置子系统交互方便、人机界面友好。其人机界面提供如下功能：

1）各厂站通信原码监视，显示报文帧格式数据，具有通信原码报文录制存盘功能。

2）对前置机系统配置库进行管理，如插入、删除、修改。

3）修改和设置通道参数和厂站参数。

（17）以厂站为单位分类组织的远动信息监视，包括对遥测 YC、遥信 YX、电能 YM、厂站的 SOE 数据以及通道状态的监视。

二、前置子系统配置结构

前置子系统的配置结构如图 5-3 所示。它负责自动化系统数据采集和数据通信，是整个自动化系统和外部实时信息通信的桥梁。其主要功能是管理各种采集通道、解释各种采集规约，根据后台各种应用的采集数据需求，将采集到的数据信息分发给各个工作站。

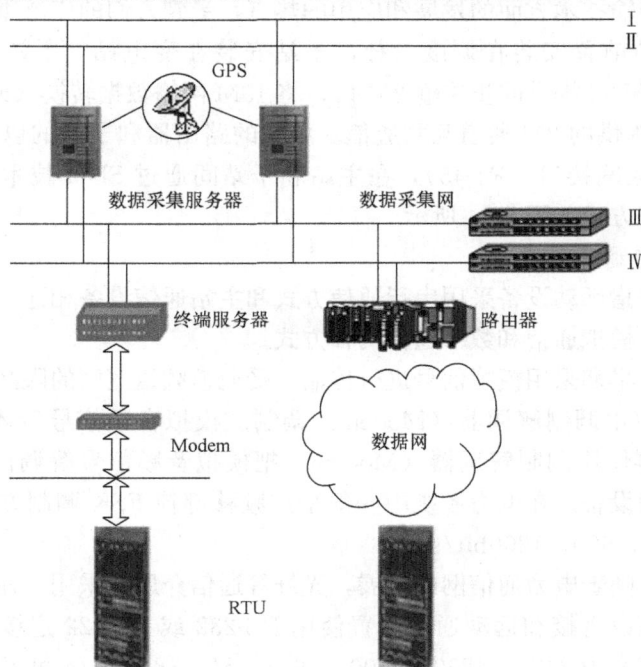

图 5-3　前置子系统的配置结构

　　前置采集子系统是调度自动化系统的前端，是连接采集终端与主站服务器的纽带，担任着上传下达的重要角色，主要负责整个系统所需数据的采集工作。前置数据采集系统要有可靠性、可维护性、可扩充性要求。前置子系统是主站系统的重要子系统，是各厂（站）远动信息进入主站系统的把门关，或者说是用户进入主站系统的咽喉，也是信息交换的瓶颈。

　　目前电力实时信息传输，由过去单一的模拟通道（如载波）或数字通道（如扩频）等过渡到以光纤联网技术为基础的网络通信，具备多路 4EM 模拟通道、232 数字通道、10Mb/100Mb 以太网等多种通道传输模式。

　　相比而言，数字通道的数据传输质量比模拟通道要好得多，而网络通道比模拟通道和数字通道的传输速率要快得多。由于网络技术的迅猛发展，电力系统远动及数据通信已经大量使用网络数据通道通信方式，传统的模拟通道通信方式将逐渐成为历史。

　　1. 计算机网络通信方式

　　目前新建厂站一般都采用光纤通道，远动信息传输规约以 IEC 61870-104 规约为主，一般选用 10Mb/100Mb 以太网通道为主通道。考虑调度实时控制信息要满足电力系统二次安全防护要求，自动化信息传输通道不与 MIS 网通道共用，在变电站常使用通信网独立的 2Mb 电路，通过 10Mb/2Mb 协议转换，在 SDH 电路上传输，再由 2Mb/10Mb 协议转换的传输方式。

　　同步数字体系（Synchronous Digital Hierarchy，SDH）是一种将复接、线路传输及交换功能融为一体、并由统一网管系统操作的综合信息传送网络，即同步光网络（SONET）。国际电话电报咨询委员会（CCITT）（现 ITU-T）于 1988 年接受了 SONET 概念并重新命名为 SDH，使其成为不仅适用于光纤也适用于微波和卫星传输的通用技术体制。它可实现网络有效管理、实时业务监控、动态网络维护、不同厂商设备间的互通等多项功能，能大大提高网络资源利用率，降低管理及维护费用，实现灵活可靠和高效的网络运行与维护，是当今世界信息领域在传输技术方面的发展和应用的热点，受到人们的广泛重视。

　　一般说来，主站前置安装在调度大楼，子站安装在变电站，主站—子站层，可采用 SDH 环网通信，由 SDH 提供同步传输 2M 口，将 10M 网络数据转换（或压缩）为 2M，通过 SDH 155Mbit/s 提供的 2M 通道互联通信。主站的路由器和子站的以太网网卡分别接入 SDH 设备提供的以太网接口（RJ-45），在主站和子站间通过 SDH 技术实现 2M 的透明传输。计算机网络通信方式如图 5 - 4 所示。

　　2. 远动常规通道通信方式

　　远动常规通道是指远动设备采用串行通信方式和主站通信设备相连，远动设备与主站通信设备的通信方式有模拟通信和数字通信两种方式。

　　（1）模拟通信。早期采用模拟信号进行传输，受通道频道宽度的限制，远动设备串口发出的数字信号必须使用调制解调器（Modem）调制成模拟音频信号后才能在通道中传输，在主站的接收端，再使用调制解调器（Modem）把模拟音频信号解调回原来的数字信号，然后传送给主站通信设备。在电力系统中一般采用频移键控 FSK 调制方式，模拟通信的传输速率较低，为 300、600、1200bit/s 等。

　　（2）数字通信。随着电力通信网的发展，光纤等通信介质的采用，使通道传输能力大大提高，光端机设备可以直接和远动通信装置使用 RS-232 或 RS-422 连接，在通道上直接传输数字信号，传输速率为 2400、4800、9600、19.2、64、384kbit/s 和 2Mbit/s 等。

　　远动信息传输规约以 IEC 61870-101 规约为主。

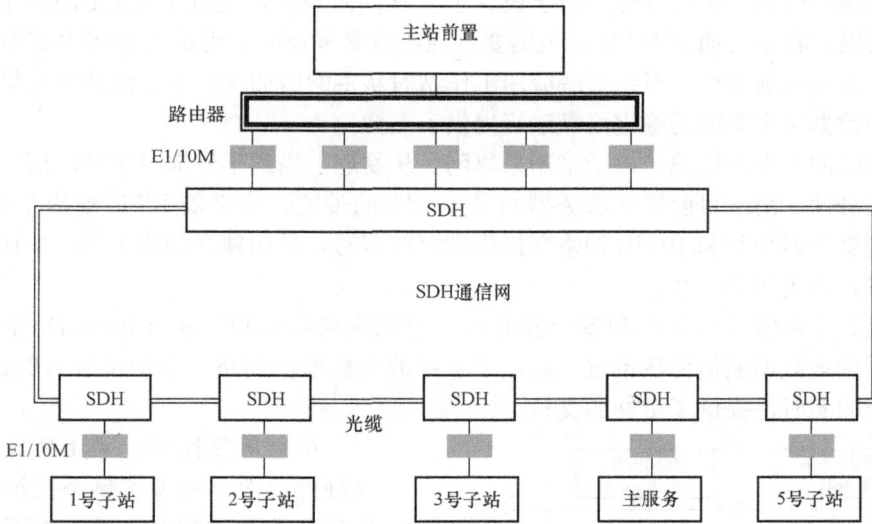

图 5-4　计算机网络通信方式

远动常规通道方式通信连接图如图 5-5 所示。

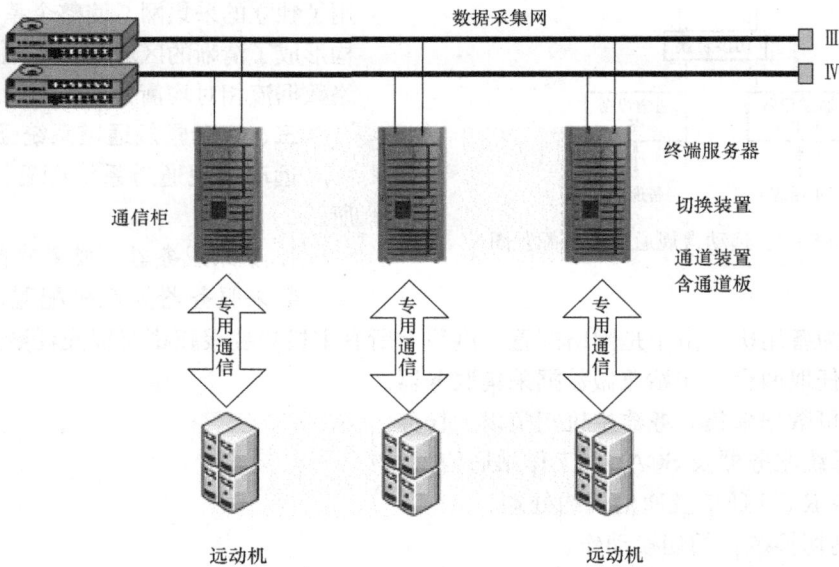

图 5-5　远动常规通道方式通信连接图

　　为了方便系统扩展，提高系统可靠性，对采用远动常规通道方式通信的 RTU 的接入采用了终端服务器（或者称通信服务器），终端服务器与各个厂站端设备之间采用串行通信方式，而与数据采集服务器之间采用网络通信方式。系统专门设计了数据采集网，即Ⅲ、Ⅳ网段，用来连接数据采集服务器与终端服务器。这样一方面将采集数据与主网隔离，避免了主网的数据通信拥挤，另外也大大增强了采集数据通信传输带宽，保证了通信的实时性。采用独立的采集网，使整个 SCADA/EMS 系统的网络划分和系统处理流程都非常清晰。该结构具有以下优点：

（1）易维护性强，扩展方便。由于设立了独立的采集网，配置了独立的采集网交换机，设备管理清晰，在串行通道 RTU 扩展需要增加终端服务器时，无论增加多少都不会对主网产生影响，采集网独立后，系统扩展应用工作站时从主网增加端口不会涉及对采集网的任何操作，也为数据采集系统的稳定可靠运行提供了支持。

（2）系统的安全性增强。由于采用采集网，从物理上隔离了外部对主网的信号干扰。

（3）经济性。由于目前终端服务器只是 10MB 的带宽，当常规 RTU 通道个数比较多、需要的终端服务器个数和 10MB 网络交换机端口较多时，采用独立的采集网，交换机的配置不需要太高，会更经济一些。

（4）提高了网络运行效率和系统实时性。把低速采集网和高速（1000M）主网分隔开来，增强了采集数据通信传输带宽，避免了主网的数据通信拥挤，增加了各自的运行效率，为保证系统的实时性提供了更好的支持。

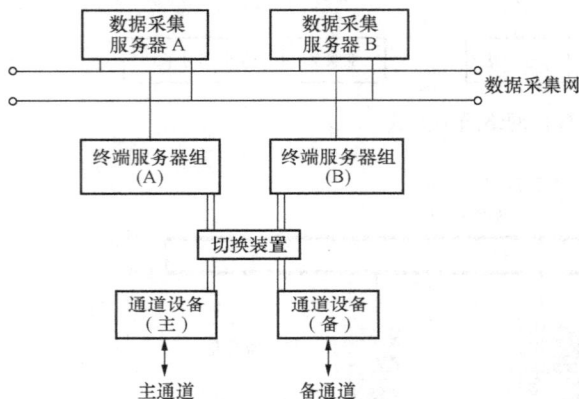

图 5-6　远动常规通道系统配置图

（5）可靠性高。采用独立的采集网从硬件层次上减少了整个系统的网络结构复杂性和维护复杂性，进而使整个系统的可靠性得到一定程度提高。

（6）系统设计更符合分布式原则。采用了独立的采集网，使整个系统的网络架构形成了清晰的区域划分，把整个系统网络数据流相对均衡分布到不同的区域。

三、远动常规通道系统配置图

远动常规通道系统配置图如图 5-6 所示。

1. 数采服务器（或者称前置服务器）

数采服务器为双机配置，一台为主机，另一台为备用机。由于是网络配置，网络上所有主机只要授权都可以充任数采服务器主机，因而可任取两台工作站兼做数据采集服务器。

（1）值班数据采集服务器主机担负以下任务：

1）与系统服务器及 SCADA 工作站通信。

2）与各 RTU 通信及通信规约处理。

3）控制切换装置的切换动作。

4）设置各终端服务器参数。

（2）备用数据采集服务器可能担负以下任务中的部分或全部：

1）监听数据采集服务器主机的工作情况，一旦数据采集服务器主机发生故障，立即自动升级为主机，担负起主机的全部工作。

2）监听次要通道的信息，确定该通道的运行情况。

2. 终端服务器

终端服务器是 RS-232 串行终端口到 TCP/IP 网络口之间实现数据转换的通信接口协议转换器。它由多个串行端口（RS-232/422/485）和一个网络口（TCP/IP）组成，串口端可连接多个串口设备，网络口端可直接连接以太网。每个终端服务器都有独立的 IP 地址，接入到数据采集服务器后，在逻辑上等效于数据采集服务器增加了多个串口卡。终端服务器外观如图5-7所示。基于终端服务器的数据采集系统符合国际潮流，已被当前各级电力调度自动化系统和变电站集中控制中心（集控站）广泛采用，作为RTU通过串行通信接入SCADA/EMS实时系统的通用解决方案。

每个终端服务器有8～32个串行端口，具体数目视型号而定，常见值为16。即输入是16路串行数据，输出是以太网数据，连接到数据采集网。每台终端服务器可与16路厂站的RTU通信。如有64个厂站RTU需配置4台终端服务器。另外，终端

图5-7 终端服务器外观

服务器也应双备份，则需配置8台终端服务器。运行中，一组与数据采集服务器主机协同工作，另一组则与备用机通信。终端服务器的参数及其切换由数据采集服务器主机控制。

3. 切换装置

电力系统运行中，为了系统运行的可靠性，厂站端传送数据给调度主站时，大多采用双通道方式传输数据。双通道并列运行时，遇到通道通信干扰或故障时，需要在双通道之间进行切换来保证数据的正常、准确传输，以保证电力系统稳定的运行。

每套切换装置由多路独立切换板组成，电路很简洁，除了导线就是自保持继电器。即使电源失去也能保证信道的连通。同时主机还不停地查询它们的状态，因此可靠性很高。

双通道之间的切换可以分为程序自动控制切换和人工切换两种方式。

（1）程序自动控制切换。在通道正常接收数据时，系统可实时统计通道中接收数据的误码，并根据统计的误码率进行分类，形成通道工况故障、通道工况退出等汇总表，再根据双通道之间的相对优先级，自动选用质量好的通道来值班。

（2）人工切换。人工切换可以通过硬件、软件和人机界面三个方面来实现。

1）通过通道切换板的开关选择来实现通道的人工切换操作。

2）通过运行程序来实现通道的投入、退出、值班、备用等操作。

3）通过人机界面，例如可以在图形上，通过对代表通道的图元，运用鼠标右键丰富的菜单选择来实现对通道的控制。菜单功能包括通道的封锁值班、封锁备用、封锁投入、封锁退出、封锁连接A机、封锁连接B机等操作。

前置子系统采用主—主工作模式时，如图5-8所示，实时数据通过主备两个通道同时采集进前置子系统。数据采集服务器和终端服务器通过交换机连接，终端服务器和远动通道通过调制解调器连接。两台数据采集服务器都处于值班状态，同时工作，各自处理一部分通信数据，每一个通信通道是否值班取决于通信通道本身的通信质量，而不取决于该前置节点是否值班。

当主通道或者终端服务器故障时，系统变成由前置子系统上的备用通道值班，如图5-9所示。

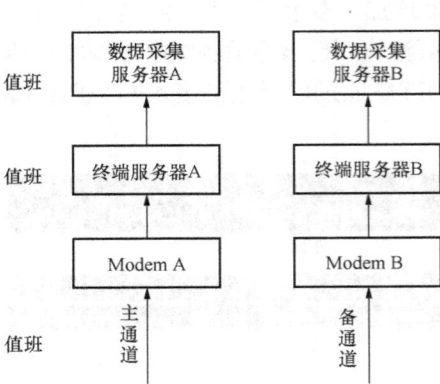

图5-8 前置子系统主—主工作模式运行状态1

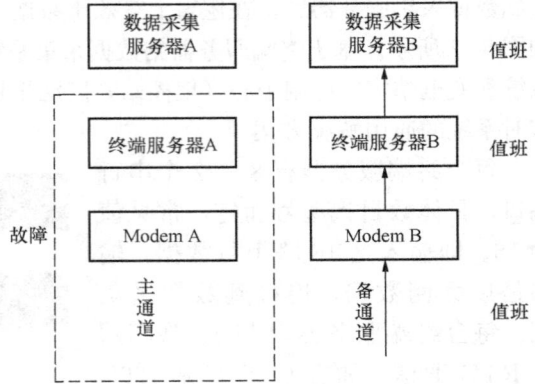

图5-9 前置子系统主—主工作模式运行状态2

如果这时数据采集服务器B发生故障时，

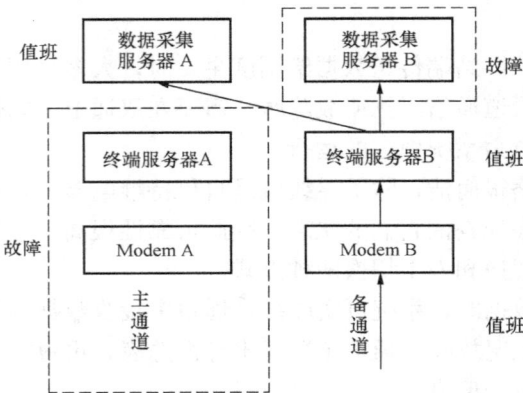

图5-10 前置子系统主—主工作模式运行状态3

数据采集服务器A会和终端服务器B连接，采集远动数据，如图5-10所示，数据采集服务器两个层次上的冗余工作，可最大限度地保障数据采集工作。

前置子系统还可以给每一个数据采集服务器指定其后备工作节点，后备工作节点正常工作时，不介入数据采集工作，当其指定的数据采集服务器故障时，后备节点自动接替原有前置节点工作直到故障的前置节点恢复。后备节点可以由系统内处理其他任务的节点兼任，这样即使所有的前置节点都停止运行，数据采集工作仍然由后备节点提供，进一步提高了系统的可靠性。

4. 通道设备

通道设备包括调制解调器（Modem）、光电隔离板（光隔）及长线驱动器，其作用是与各种不同的通道信号适配。一般情况下，若通道信号为模拟调制信号，应选用调制解调器；若通道信号为RS-232数字信号，应选用光电隔离板；若通道信号是RS-232数字信号但信号电缆较长时，应采用长线驱动器，同时在其远端加装对应的长线驱动设备。

由于终端服务器只接收异步信号，因此有些型号的调制解调器和光隔板上应加装同步/异步转换装置，这样系统也可以接收以同步方式传输的RTU数据。

四、按口值班运行方式

当今先进的前置子系统中均采用按口值班运行方式。该工作模式下，值班设备或备用设备不是成组完成的，而是将原来成组的设备细化到一个个具体的端口，一个设备上可以有某些端口是值班的，同时该设备上的另一些端口又可能是备用的。按口值班运行方式如图5-11所示。

1. 按口值班工作方式的特点

（1）系统中配置的所有采集设备不再人为地被分成哪些是主用设备、哪些是备用设备，

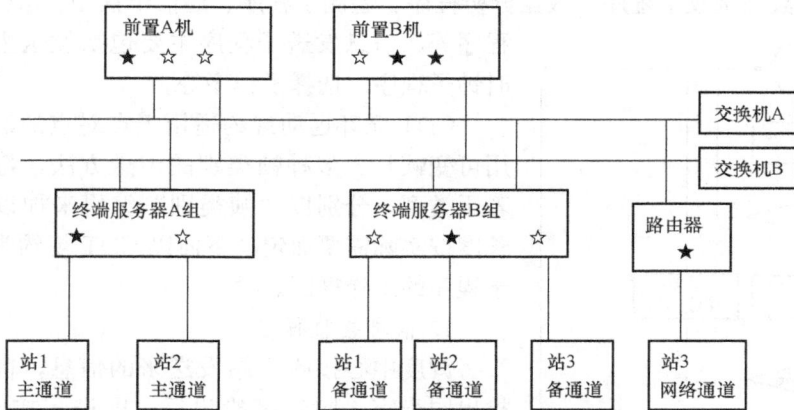

图 5 - 11　按口值班运行方式示意图

★—值班端口；☆—备用端口

完全是根据各自的运行状态而动态调整。

（2）摒弃设备的集中或成组冗余方案，将采集设备细化到设备内部的各个独立端口。

系统中若有一台以上的计算机在运行，那么任一台正常运行的机器都不再同时对所有的厂站值班，而是将对所有厂站的值班权分布到几台不同的机器上。终端服务器是按冗余方式配置的，每个终端服务器往往都有 8～32 个串行端口，也不是让某一组终端服务器上的所有端口都同时值班，或者另一组终端服务器的所有端口都是备用，而是同样将值班权分配到不同终端服务器的不同端口上。通道有主通道和备通道之分，当然也不是让所有的主通道都值班，或者是让所有的备通道都备用，而是让通道运行情况较好的通道值班，运行情况较差的通道作为备用。

（3）所有运行设备的值班和备用状态都可以是动态调整的，但也支持人工调整，可以通过人为地设定条件让软件自动调整。例如某个厂站有光纤和载波两个通道，通常情况下，光纤通道的误码率总比载波通道的误码率低，如果人为固定将光纤通道设定为值班通道，一旦光纤通道中断，那么载波通道再好也无权值班；反之，如果仅将光纤通道设定为优先通道，光纤通道就能优先值班了。关键是所有设备的工作状态能受到监视，无论是值班设备还是备用设备故障，除了决定值班权是否转移外，还要能对故障设备给出报警。

从图 5 - 11 可以看到，值班设备或备用设备不是由成组设备来完成的，而是将原来成组的设备细化到一个个具体的端口，一个设备上可以有某些端口是值班的，同时该设备上的另一些端口又可能是备用的。

2. 按口值班工作方式的优点

（1）负载均衡。

（2）系统资源利用充分。

（3）备用设备得到监视。

（4）采集设备无扰动切换。

（5）取消了传统意义上的主备机的概念。

五、前置子系统软件设计

前置子系统的软件设计主要包括两个方面，即信息接收程序和信息发送程序。其中信息接收程序包括数据接收主程序、数据分析程序、遥测子程序、遥信子程序、事件顺序记录子程序等，信息发送子程序主要包括发送主程序、设定时钟子程序、选择子程序等。

CDT 循环远动规约适用于点对点的通道结构，采用可变帧长、多种帧类别的传送方法，将远动帧分为若干类型，分别以"帧类别"编码来加以区别，每帧长度按实际需要而定。下面以 CDT 规约为例给出各个子程序的工作框图。

1. 信息接收程序

调度中心接收厂站发送来的信息，首先要正确地检出同步字，同步字检出后，即进入接收信息程序。信息按字节接收，当厂站发来的信息大于 6 个字节时，显示"接收出错"提示框。预先规定一个规定限值 N，若一帧信息字中出错次数不大于 N，就进行接收信息分析。

（1）接收数据主程序。接收数据主程序流程图如图 5-12 所示。

（2）数据分析程序。数据分析程序根据接收报文的功能码，判断出接收的是何种类型的帧，分别调用不同的处理子程序。数据分析程序流程图如图 5-13 所示。

（3）YC 子程序。YC 子程序从数据帧中提取出遥

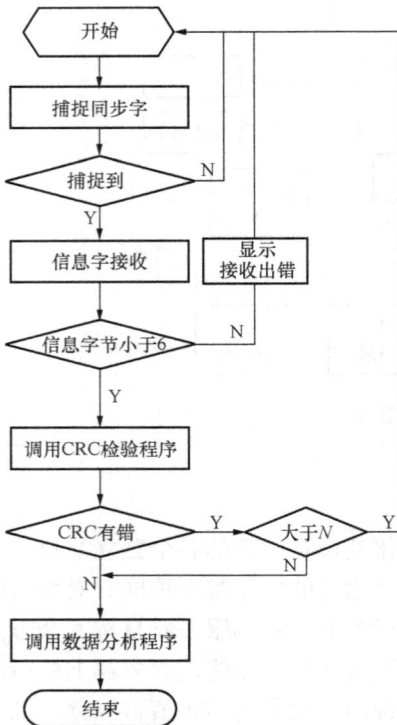

图 5-12　接收数据主程序流程图

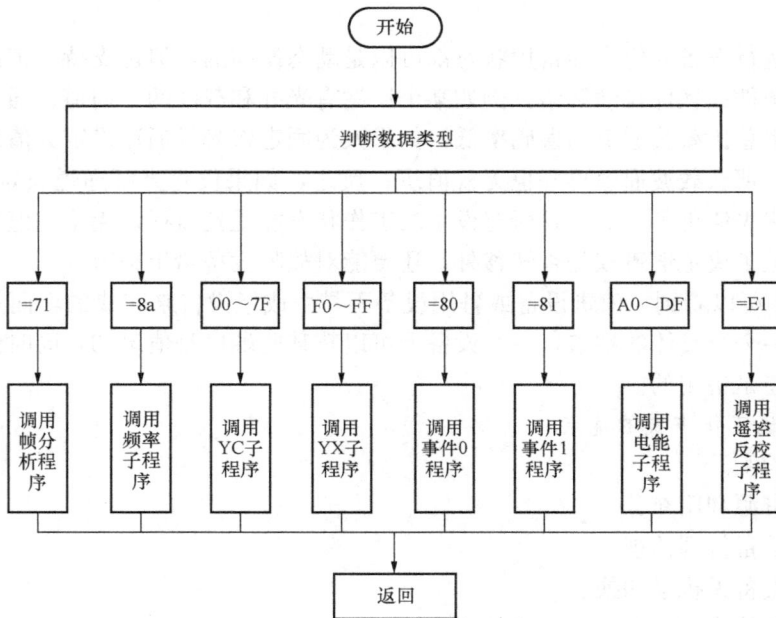

图 5-13　数据分析程序流程图

测数据，进行符号处理和点号处理后，放入缓冲区存储。YC 子程序流程图如图 5-14 所示。

（4）YX 子程序。YX 子程序从数据帧中提取出遥信数据，进行点号处理后，放入缓冲区存储。YX 子程序流程图如图 5-15 所示。

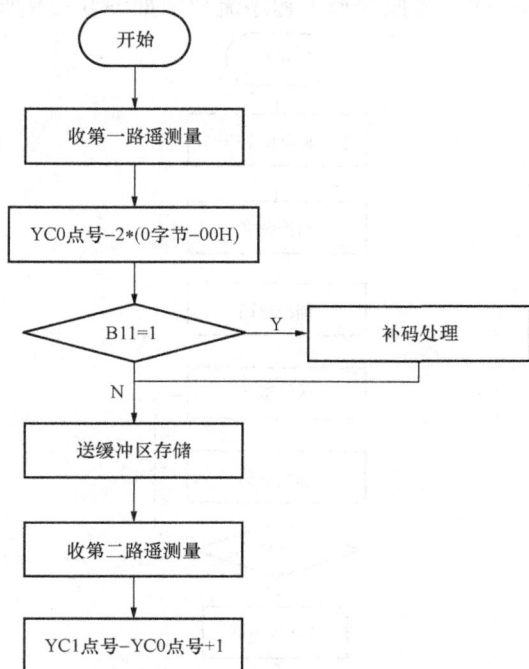

图 5-14　YC 子程序流程图

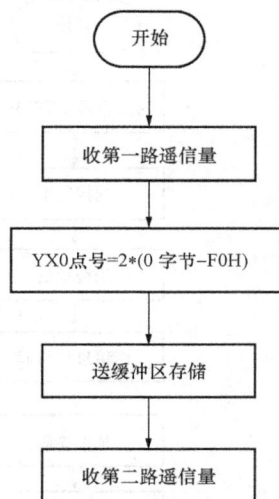

图 5-15　YX 子程序流程图

2. 信息发送程序

调度中心向厂站发送信息，主要是发送遥控和设定子站时钟命令。在下行命令中，有优先级问题。优先级排列如下：设定子站时钟命令、遥控选择命令、遥控执行命令、遥控撤销命令。

（1）发送主程序。根据发配发送命令的类型，分别调用不同的执行子程序。数据发送主程序流程图如图 5-16 所示。

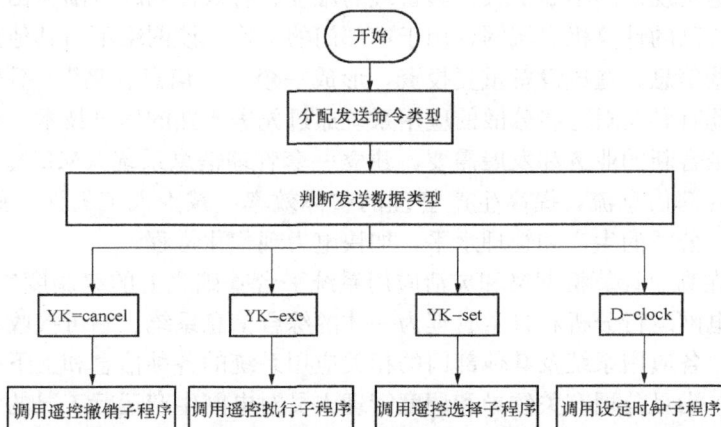

图 5-16　数据发送主程序流程图

　　（2）设定时钟子程序。组帧的方式是先发送 3 组同步字，再发送控制字和信息字，然后是校验码。设定时钟子程序流程图如图 5-17 所示。

　　（3）遥控选择子程序。遥控执行子程序、遥控撤销子程序与遥控选择子程序的流程图是一样的，只是发送数据时帧类别和功能码不一样。遥控选择子程序流程图如图 5-18 所示。

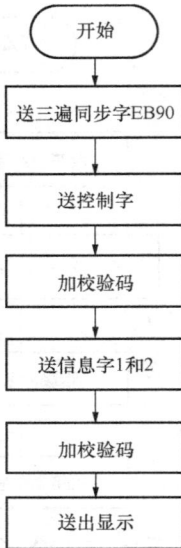

图 5-17　设定时钟子程序流程图　　　　　图 5-18　遥控选择子程序流程图

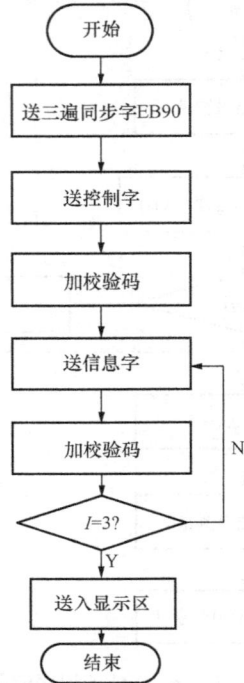

第四节　Web 子 系 统

一、Web 子系统的作用

　　随着各地区电网规模的不断扩大，其管理的难度和有效性问题日渐突出。电力公司内部各个部门均建有自己的计算机局域网，用于本部门的工作。该网络不与其他部门相联，其他部门不能共享这些信息，造成设备重复投资，形成一个个"信息孤岛"，不利于电力系统的进一步发展。因此有必要对这些分散的应用系统通过先进成熟的信息技术，对应用功能进行重新规划整合，结合新的业务和发展需要，建立一套管理信息系统（MIS）。通过 MIS 加速和优化公司机构内部信息流，提高生产管理的整体效率，减少人工失误，提升人员工作层次，从而提高整个公司的生产和管理水平，加快电力现代化进程。

　　MIS 是建立在高速计算机网络和灵活应用系统平台基础之上的集调度生产、专业管理、调度事务处理、电网运行分析和日常管理为一体的综合信息系统。它可接收、存储、处理来自电力调度中心内各应用系统及其他部门的相关应用系统的各种信息和上下级调度单位的调度生产管理信息，满足公司有关领导和调度管理人员对电网生产运行工况的各种查询，并可为调度所的各专业（如调度室、运行方式、检修、网损、继电保护、自动化、直流电源、配电调度、办公室进行专业管理和办公事务处理）提供全方位的、统一的信息服务。

二、Web 子系统的构成

Web 子系统的结构示意图如图 5 - 19 所示。

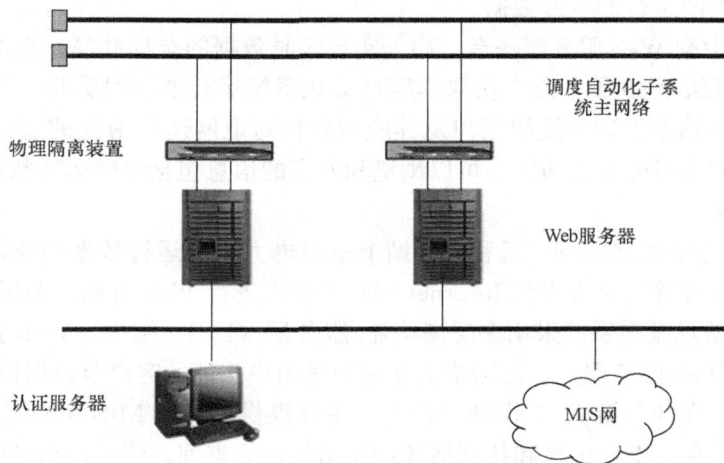

图 5 - 19　Web 子系统的结构示意图

随着 Internet/Intranet 技术的发展，Web 已经成为 MIS 构成的主要技术手段，Web 浏览技术在 SCADA/EMS 信息发布中起重要作用。但是 SCADA/EMS 系统与企业 Internet/Intranet 网直接相连存在很大的安全隐患，尤其是近年来的网络病毒泛滥、网络黑客入侵行为的增多危及电力调度本身安全，甚至可能引起电网运行的安全。按照国家电网公司对电力二次系统安全防护体系中三层四区的划分，Web 子系统应划分到第三安全区中，而 SCADA 系统属于第一安全区，对网络安全性要求最高，必须在与三区之间连接时安装物理隔离装置，如图 5 - 20 所示。

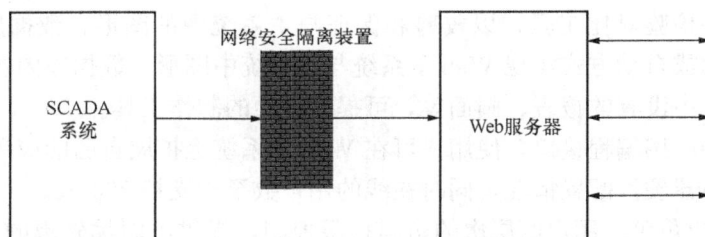

图 5 - 20　网络安全隔离装置示意图

图 5 - 20 中的网络安全隔离装置为正向装置，只能由 SCADA 实时系统中的程序向 Web 服务器发起连接，并且只允许由 SCADA 实时系统中的程序将数据发送到 Web 服务器上，Web 服务器基本上不向 SCADA 实时系统传输数据；其他的网络数据全部禁止，因此就能保证内网数据的安全。

为了避免物理隔离后生产信息网上的客户无法使用 Web 浏览技术访问 SCADA 实时数据，监视电网运行状态，Web 服务器的设计考虑到了物理隔离设备的安装对软件的影响，把 Web 服务器设置为 SCADA/EMS 的实时库/历史库镜像，从而使 SCADA/EMS 系统与 Web 服务器之间保证信息流向的单向性，通过物理隔离设备使三区中的任意节点都不可能通过 Web 服务器通过网络直接或间接访问 SCADA/EMS 内部系统的任意节点，而同时因 Web 服务器是 SCADA/EMS 实时/历史数据库的镜像，也保证了 Web 浏览节点在权限许可情况下可以访问电网运行的全部数据。

Web 子系统中配 Web 服务器一台，用于实现实时数据的全局共享。供电公司的管理信息系统（MIS）可从 Web 服务器内获取调度自动化系统运行的实时数据、历史数据和统计数据。MIS 及其他信息处理系统的用户及其应用软件对电网运行情况的监视只能通过 Web 浏览方式实现，而且只能是读访问。可以浏览和发布的信息包括电网运行状态、统计分析结果、图形及报表等。

Web 服务器实现在 MIS 网、远程工作站上进行电力系统运行数据的查询。其他信息处理系统的任何一台计算机只需安装 Internet 浏览器便可进行 Web 查询、调用。

Web 浏览和信息发布系统采用多层浏览器/服务器（B/S）结构。Web 服务运行在位于信息管理大区的 Web 服务器上，为网络上任意通过用户认证的客户节点提供并发访问服务。客户软件可以运行在任意微机/工作站平台上，主要提供 DMIS/MIS 用户对 EMS 信息（包括 SCADA 实时信息、事件记录和状态估计计算结果）的查询，同时也提供电网历史信息的查询和统计。

三、Web 子系统的功能

（1）具有电网实时信息监视和历史断面查询功能（可以按照用户要求从主系统功能中裁剪），可提供参数查询、告警信息查询等。

（2）具有与系统相同的画面结构、层次和内容。

（3）画面的实时数据更新周期为 3～15s（可调），画面浏览可提供放大、缩小、还原、移动等功能。

（4）客户端画面调出的平均时间不大于 3s。

（5）实现免维护功能，能自动跟踪主系统变化（例如数据库、画面等变化）。

（6）提供自动检验对比工具，以校验和保证与主系统中的图形、数据库内容传输的一致，并可采用手动或自动方式实现 Web 子系统与主系统中图形、数据库内容的同步。

（7）对主系统中没有的报表、画面等，可提供方便的制作工具。

（8）提供各种应用编程接口，使用户可在 Web 子系统上扩展自己的应用。

（9）根据服务器硬件配置情况，同时在线的用户数至少支持 200 人。

（10）提供用户角色、用户两层次的访问权限控制，提供不同优先级的用户权限，在并发人数过多时可优先保证高权限等级用户的访问。

（11）经授权的用户使用客户端可以下载系统数据，包括各类图形（如一次接线图和历史数据等）。

（12）Web 子系统能支持多机负载均衡，并提供在线用户查看与管理手段。

（13）Web 子系统能提供用户访问和操作记录日志。

第五节　调度员培训仿真子系统

一、调度员培训仿真系统的作用

随着电力工业的发展，电网规模日益扩大，对供电可靠性的要求也越来越高。电力系统故障是由调度员统一协调、指挥处理的，如果处理不当可能会发展成大面积、灾难性故障。为实现电力系统的经济安全运行，一方面要求组成电力系统的元件和装置可靠性高；另一方面在目前调度自动化尚不能很好地处理系统中所有故障的情况下，要求有高水平的调度人员。对许多重大事故的分析表明：运行人员临时慌乱作出错误判断和处理不当，往往是事故扩大的主要原因之一。因此提高调度员的调度水平，增强反事故能力已成为很迫切的任务。

　　过去运行人员的经验主要来自平时的工作积累，通常的培训方式有跟班学习、课堂式反事故演习和事故处理经验总结等。但当实际事故出现时，调度员往往不知所措。造成这种问题的原因是：电力系统事故率很小，即使发生事故也往往由于事故过程很短，很难在一两次事故中积累足够的经验，调度员没有机会在电网多次异常和事故中得到磨炼。而实际电网是不允许人为制造事故的，这就要求采用其他方式对电力系统进行模拟。随着计算机在线控制的应用，调度员培训仿真系统逐步成为培训电网调度员的重要手段之一。

　　调度员培训模拟（Dispatcher Training Simulator，DTS）系统是一套计算机系统，它按仿真的实际电力系统的数学模型，模拟各种调度操作和故障后的系统工况，并将这些信息送到电力系统控制中心的模型内，为调度员提供一个逼真的培训环境，以达到既不影响实际系统的运行又培训调度员的目的。

　　二、调度员培训仿真系统的构成

　　DTS 子系统通过计算机网络与调度自动化子系统相联，接收其送来的电力系统现场的各种实时信息，为培训学员提供一个逼真的环境。DTS 子系统包括服务器、教员和学员工作站，服务器运行 DTS 仿真功能和作为 DTS 学员机的 SCADA 服务器，教员工作站完成教练员出题、培训控制和评估等功能，学员工作站是受训调度员的操作平台。DTS 子系统的组成如图 5-21 所示。

　　DTS 对电力系统动态行为进行逼真模拟，严格模拟调度室中人机会话操作过程，并且能体现 EMS 的全部功能。DTS 还可以共享 SCADA 系统的实时数据和历史数据，而且保持环境一致，即数据采集、发电计划、网络分析等采用与控制中心相同的画面及信息。

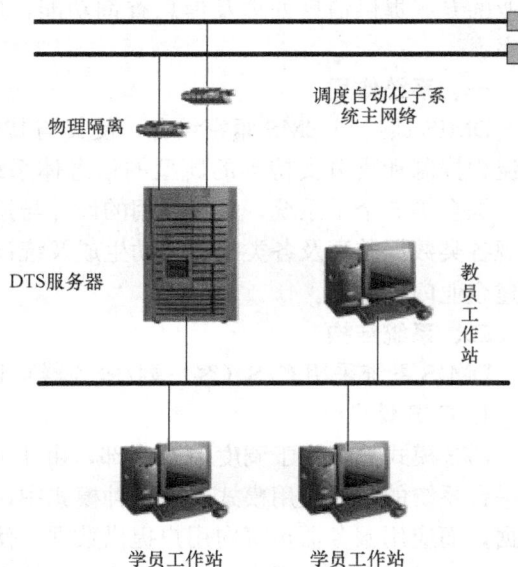

图 5-21　DTS 子系统的组成

　　三、调度员培训仿真系统的基本功能

　　（1）DTS 满足真实性、一致性、灵活性和开放性要求。

　　（2）具备与省网 DTS 实时联网能力，实现全省电网或区域电网（多地区）联合演习和联合培训。

　　（3）地县统一建设的调度自动化系统中，县调可通过远程工作站与地调系统使用统一的 DTS 系统。

　　（4）DTS 与其他应用具有一致的电力系统模型。

　　（5）DTS 中的应用软件与在线电网分析功能相应软件具有完全相同的功能、性能和画面，并保持计算结果的一致性。

（6）自动化系统中所有的应用，DTS 都能进行仿真，包括电网分析和信息分区及集控功能。

（7）具有多教案并发执行的能力。

DTS 功能的详细介绍见本书第十二章第七节，这里不再赘述。

第六节   DMIS   子   系   统

随着电网设备的增加和结构的日趋完善，许多先进的综合自动化装置和远动设备被广泛应用，对电网调度管理就提出了更高的要求。需要有全面且有效的信息化及系统化的管理手段和方法，即建立由计算机设备和其他信息处理技术组成并用于管理的信息系统。该系统是基于调度通信中心业务的管理信息的系统，主要内容包括调度通信中心各专业（调度、运行方式、继电保护、电力市场、水调、自动化、通信）的日常生产和中心内部的综合管理，即 DMIS 系统。它是调度通信中心的综合业务的支撑平台，可以规范调度机构各部门之间的流程，并通过调度生产基础数据的收集、分析、统计为专业人员和领导提供决策支持，为五大专业的专职提供信息处理及信息查询功能，从而减轻专业人员的劳动强度，提高整体工作效率。

一、系统作用

DMIS 通过与 EMS 紧密结合，使其与其他各系统形成统一的信息交换、资源共享、生产流程控制和决策支持等的新型的信息体系结构。建立调度、运行方式、继电保护、自动化、综合等 5 个子系统，采用通用的设计与运转平台，实现调度工作日常业务的流程管理，实现各类数据共享及各类报表自动生成及统计、分析，建立灵活统一的 Web 信息发布平台，构建企业门户系统。

二、系统结构

DMIS 系统采用 C/S（客户端/服务器）和 B/S（浏览器/服务器）两种工作模式。

1. C/S 模式

C/S 模式只应用于调度中心内部，由于 C/S 在应用和功能上具有灵活性，因此它是整个平台系统的主要应用模式。在这种模式中，数据库服务器为应用服务器分析和取得适当的数据，而应用服务器负责向用户提供数据，使用户和数据库联系起来。DMIS 系统提供了类型定义、数据定义、报表定义、应用配置等多种工具，主要应用于模型构建、信息维护和数据处理。

2. B/S 模式

在电力系统范围内的其他用户则采用 B/S 模式，通过 Web 浏览器共享资源信息。B/S 模式较之 C/S 模式，在信息发布和信息组织上具有较大的优势，因此在 DMIS 系统中，B/S 是信息的主要组织模式。

B/S 结构示意图如图 5-22 所示。B/S 结构是随着网络技术的进步而兴起的一种先进的 Internet/Intranet 结构，它具有使用方便、易于维护和管理、安全性好的特点。其信息流程是用户通过一个客户端浏览器向 Web 服务器请求所需的信息，Web 服务器经过必要的安全认证后，将信息返回客户端。如果是不包含数据库内容的页面请求，Web 服务器直接将请求的页面发送到客户端浏览器；如果是包含数据库内容的页面请求，Web 服务器先从数据库服务器中获取用户所需的数据，然后将页面与数据一起发送到客户端。

图 5-22　B/S 结构示意图

用户可以通过浏览器访问 Internet 上的文本、数据、图像、动画、视频点播和声音信息，这些信息都是由许许多多的 Web 服务器产生的，而每一个 Web 服务器又可以通过各种方式与数据库服务器连接，大量的数据实际存放在数据库服务器中。这种结构的最大特点是客户机统一采用浏览器，这不仅让用户使用方便，而且使得客户端不存在维护的问题。

B/S 结构的优点如下：

（1）具有分布性特点，可以随时随地进行查询、浏览等业务处理。

（2）业务扩展简单方便，通过增加网页即可增加服务器功能。

（3）维护简单方便，只需要改变网页，即可实现所有用户的同步更新。

（4）开发简单，共享性强。

三、系统功能

DMIS 子系统划分为 5 个子系统，分别是调度专业子系统、运行方式专业子系统、继电保护专业子系统、自动化专业子系统和综合管理专业子系统，各子系统相对独立又相互联系，每个子系统都能独立完成与其专业相关的特殊功能，每个子系统中还含有若干功能模块。

1. 调度专业子系统

调度专业子系统满足了电网调度对系统运行稳定性、响应及时性和数据正确性的高标准要求。生产数据直接从调度自动化专业系统中获取，生产数据的类型及内容可由用户根据电网结构和运行要求的改变而作出调整，其中包括调度日计划编制、运行日志及交接班管理、调度（日、月、旬）报表、电网检修管理、操作票管理、反事故演习管理等模块，运行值班实现了系统自动排班，并可方便地对排班结果进行若干组合方式的查询、打印。

运行记录实现了和设备参数、调度报表（日报、月报等）及其他专业系统的关联，实现了数据共享，简化了调度值班人员及其他相关人员的业务工作。

关键性调度任务实现了流程化管理，保证了工作的及时和完备。以操作票管理为例，其功能主要是实现对调度操作票的拟票、审核及执行的管理，生成操作条款，记录执行过程。每一步的处理数据和处理方法都可以通过工作流定义实现用户自定义。

2. 运行方式专业子系统

运行方式专业子系统涵盖了所有调度相关的电网设备参数，通过数据交换机制保证各设备参数值同步，同时减少了参数信息录入工作量。对电压、负荷等管理报表定义和数据处理的综合应用，大大简化了电压、负荷等考核工作，提高了数据准确程度，其中包括设备参数管理、新设备启动管理、稳定装置管理、电压管理、负荷管理、网损管理、中长方式管理等模块。

3. 继电保护专业子系统

继电保护专业子系统可快速方便地对装置参数和运行情况进行查询统计。对于保护专业关键性任务（定值单等）实现了流程化管理，基于流程的定值单自动和保护装置关联，保证了工作的及时和完备。其中包括保护动作记录、保护动作统计、保护装置管理、定值管理、保护校验等。

4. 自动化专业子系统

自动化专业子系统可全面记录各种自动化系统的运行情况，自动进行各种自动化系统考核指标统计，快速生成各类型考核报表，其中包括远动系统运行管理、AGC投运率统计、AGC控制合格率统计、计算机系统运行率统计、EMS应用软件基本功能运行情况统计、自动化设备台账管理、设备消缺管理等模块。

5. 综合管理专业子系统

综合管理专业子系统包括党务管理、安全管理、生产计划管理、项目管理、固定资产管理、教育管理、劳资管理、材料管理、同业对标等模块。

第七节　集控子系统

随着电力系统的不断发展和完善，调度员管辖的发电厂和变电站数量越来越多，电网运行的所有信息都集中在一个系统中，造成为调度人员提供的各类信息量繁杂、含混、界面互相重叠的局面出现。由于无人值班变电站的建设，使调度自动化系统处理的信息中又增添了另一种信息类型，即变电站内部信息，调度员日常除监视电网主要运行参数外，还必须替代无人值班变电站原值班人员承担起监视变电站内部设备运行状况的职责，这样大大增加了调度员的负担，影响了调度员对电网监视、调度和事故处理的日常工作。

集控站自动化系统的出现，就是为了解决上述由于变电站数量增加和无人值班变电站的兴起所带来的诸多问题。集控站自动化系统运行是适应新形势要求的一种新的电网运行管理模式，它使得原先变电站内值班员所做的工作由远方集控中心来完成。通过当地的信息采集和控制操作机构，集控中心值班人员可对其管辖的多个受控站进行监视和操作，减少了变电站需配置的值班人员，减轻了调度员的工作量。因此集控站自动化系统已成为电网运行管理系统中一个非常重要的组成部分。

一、集控站自动化系统的优越性

1. 满足大电网运行的需要

集控站自动化系统是随着电网规模扩大、无人值班变电站数量增加而出现的。无人变电站的集控站按以下方式设立：在多个变电站之上设立一个集控站，实现分片控制。集控站自动化系统会给运行部门人力资源、车辆资源等调配带来较灵活的使用空间。

2. 提高设备运行水平

集控站自动化系统从某个角度可理解为将运行人员集中在某个地点，同时对几个变电站的设备进行监控的一种自动化手段。它为运行人员提供了十分详细的设备运行信息，可方便、直观地掌握设备各方面的工作状况，可以显著地提高设备运行水平。

3. 减轻调度员工作负担

由于集控站自动化系统的建立，调度员可专注于电网运行的有关参数，集中精力做好事故处理、负荷预测、计划操作等工作，有利于保证电网的安全、经济运行。

4. 有利于调度自动化系统的稳定运行

随着变电站二次设备微机化和通信通道的改善，系统所采集的信息量比以前增加了许多，如果把这么大的信息量汇集到一个调度自动化系统中，则要求它既要有完善的调度功能，又要有很好的监控设备能力，这将对调度自动化系统提出很高的要求，也不利于其稳定运行。

二、集控站自动化系统的运行模式

集控站所监视的信息量比较全面，信息量非常大，且操作的防误性高，对变电站设备巡视、评级、缺陷管理和操作的图像监控都有较高要求。集控站自动化系统运行模式有以下两种方式。

1. 分级管理模式（多级主站）

分级管理模式结构如图 5-23 所示。

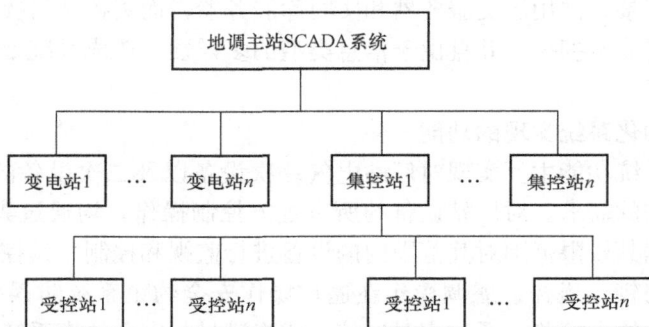

图 5-23　分级管理模式结构

在上行信息中，变电站向集控站传送全部监控信息，集控站则向调度自动化系统转发其需要的信息。在下行信息中，调度主站调度员向集控站发电话命令，由集控站对变电站进行控制操作。调度主站作为整个系统的核心，与一级变电站和集控站直接通信，集控站作为若干二级变电站信息汇总点直接与二级变电站通信。这样系统中各个部分的功能和职责非常明确，集控站处理区域电网运行参数和相关变电站全部信息，可以监控绝大部分有人值班时所反映的信息。

调度中心和集控站采用各自独立的主站系统，集控站所辖受控站的通信通道改到至各个集控站所在地，调度中心和集控站之间的数据共享通过计算机联网或高速信息转发的方式实现。如采用计算机联网方式，则在远程光纤两端调度中心端和集控站端接以太网收发器；如采用高速数字信息转发方式，则在远程光纤两端调度中心端和集控站端使用光端机。

在此模式中，集控站作为独立系统具有实时数据库、历史数据库和操作工作站，其特点是各级自动化系统的局域网上信息流量适中，系统各个部分的功能和职责非常明确，系统可靠性高。

2. 集中控制模式（远程多工作站）

集中控制模式仅在调度中心使用一套主站系统，而在调度自动化系统的局域网上加装一个或多个集控站系统，如图 5-24 所示。

变电站的上行信息直接送到调度端系统，调度员的遥控、遥调命令则由调度员直接送变电站。这种模式主要是针对调度系统规模不大、通道容量允许的情况下，在变电工区（操作

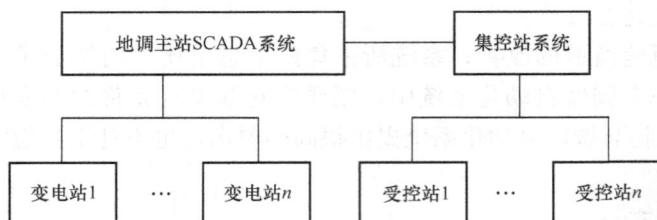

图 5-24　集中控制模式示意图

队）加设几台远程工作站与系统联网，从调度端得到相关信息，操作人员利用远程工作站可以完成所有需要的操作，实现集控站的功能。在远程光纤两端（调度中心端和集控站端）接以太网收发器，其速率应与调度中心和集控站选用的网络交换机相匹配，远程工作站实际上具有和调度中心的调度自动化工作站完全相同的硬件配置和完全相同的软件。该模式需加强分级分区的安全权限管理，以适应两中心各自具有的职责。

集中控制模式集控系统由于配置精练而使造价稍低，但由于集控站自动化系统与调度自动化系统通过网络连接，共用历史服务器和实时库服务器，而集控站需要的变电站本体信息非常庞大，造成网络非常拥挤，并且由于信息类型的多样性，造成系统处理更加复杂，使系统的可靠性有所降低。

三、集控站自动化系统实现的功能

集控站自动化系统功能主要实现对厂站电气一次设备以及二次设备的集中监视和控制，适应无人值班变电站的需求。对厂站设备的所有远方控制操作，均通过集控监控功能实现。调度员和集控员根据其权限范围对其范围内的设备进行监视和控制。其控制功能的实现具备相应的防误措施和闭锁。遥控、遥调操作在遥控操作安全约束系统防误机制下进行遥控审批，遥控前进行安全约束校验，通过实时通信方式来满足与安全约束系统的交互过程，判定当前遥控是否可执行以及遥控闭锁的原因等。

1. 远方操作功能

实现对无人值班变电站设备的遥控和遥调功能，完成分合控制、升降控制等，控制对象有各受控站全部断路器、变压器有载挡位调节、保护装置信号复归及其他可控点。遥控采用返送校核方式，对有可能有误的操作命令及错误性质进行提示并禁止该命令，实现软件上的闭锁。遥控结果由遥信返回，系统自动检查执行情况，当被控设备拒动时，系统应发出报警信号。所有的遥控操作具有验证有权操作人员的代号及相应密码，并记录命令发出的时间、对象、操作性质、执行结果、操作人姓名等信息。

2. 安全功能

集控操作人员根据需要被赋予某些特性，这些特性规定操作员对系统中各种业务活动的使用范围，如用户名、口令名、用户组、节点名、操作权限及操作范围等，操作员在座席上的登录需要身份认证，操作员的遥控操作需经过人员与座席的双重权限认证，系统对每一个重要操作均应形成操作记录。

3. 报警处理功能

报警内容包括遥信变位报警、事故报警、遥测越限报警、工况报警等，报警形式有报警信息条、图形的变色与闪烁、所有事项的列表、事故自动推画面、语音报警等，用来给集控值班人员提示。

4. 保护信息管理功能

保护信息管理功能实现集中处理和监视不同型号微机保护装置的保护信息，并且提供友好的人机界面，供用户索取相关信息和报告。

5. 打印功能

具备打印预览功能，支持网络打印，并支持不同的打印机类型。

6. 通信功能

集控站自动化系统通过网络方式实现与调度自动化系统各受控站自动化系统的通信。

第八节　与外部系统网络通信子系统

根据电力生产的需求，地区电网调度自动化系统需要互联的计算机系统包括省调自动化系统、县调自动化系统、地区电能量计量系统、调度管理信息系统（DMIS）或管理信息系统（MIS）及其他相关系统。

各级调度自动化系统属于安全区Ⅰ、电能计量系统属于安全区Ⅱ、DMIS 系统和 MIS 系统属于管理信息大区，与系统互联的外部系统分属不同的安全区。

一、与省调 EMS 互联

省调 EMS 与地调 EMS 存在双向实时数据交换，采用以下方式进行数据通信：

（1）省调 EMS 和本系统同属于安全区Ⅰ，可通过外网路由器经省调度数据网与省调 EMS 互联。

（2）采用 IEC 61870-6 TASE.2 或 DL 476—1992《电力系统实时数据通信应用层协议》交换实时数据，采用 IEC 61970 CIM XML 交换电网数据模型。

（3）传输通道采用省调度数据专用网。

二、与县调 SCADA 系统互联

县调 SCADA 系统与地调 EMS 存在双向实时数据交换，可采用以下方式进行数据通信：

（1）县调 SCADA 系统和本系统同属于安全区Ⅰ，地区 EMS 可通过外网路由器经地区调度数据网与其互联。

（2）各县调向地调传送所辖 110kV 变电站实时远动信息及地区电网安全、经济运行所需相关数据和负荷曲线，地调根据需要向县调提供地调 EMS 具有的数据。

（3）采用 IEC 870-6 TASE.2 或 DL 476—1992 交换实时数据。

（4）传输通道采用地区调度数据专用网。

三、与地区电能量计量系统互联

地区电能计量遥测系统与地调 EMS 存在双向准实时数据交换，采用以下方式进行数据通信。

（1）地区电能计量遥测系统属于安全区Ⅱ，地调 EMS 通过防火墙经外网路由器与其互联。

（2）电能计量系统向地调 EMS 传送关口电量信息及其他电网安全、经济运行所需数据，地调 EMS 向电能计量系统传送旁路代供等电网运行信息。

（3）将需要交换的数据从源系统中传送到 Web 服务器的数据交换区，数据消费方从 Web 服务器的数据交换区获取数据，完成数据交换。

（4）采用网络电缆连接地调 EMS 和地区电能计量遥测系统。

四、与调度信息系统（DMIS）和管理信息系统（MIS）互联

（1）调度信息系统、管理信息系统属于管理信息大区，系统通过正反向电力专用安全隔离装置与其互联。

（2）系统运行可通过中间库、标准接口和协议等方式向 DMIS 或 MIS 提供系统运行的实时数据、历史数据和统计数据，包括电网运行状态、统计分析结果、图形及报表等。系统可处理来自 DMIS 的电网设备参数、生产计划等数据。

（3）在管理信息大区建立系统数据镜像服务器，由系统通过正向隔离装置向数据镜像服务器传输实时数据、历史数据和统计数据，包括电网运行状态、统计分析结果、图形及报表等。管理信息大区的系统 Web 浏览对外发布的数据取自数据镜像服务器。

五、与调度模拟屏和大屏幕系统的互联

系统支持连接调度模拟屏和大屏幕投影功能。

六、与机房值班报警系统的互联

系统支持通过标准通信规约、文件等方式向机房值班报警系统提供厂站工况、进程工况、系统资源信息、重要遥测遥信、重要告警信息等，通过机房值班报警系统实现对电网运行和系统运行状况的监视和告警。

思 考 题

1. 画出典型地调主站系统硬件结构图，并说明各台计服务器和工作站的作用。
2. 典型地调主站系统根据功能划分，可以分为哪几个子系统？
3. 画出前置子系统的配置结构，说明各个部分的作用。
4. 前置子系统与厂站端通信采用哪两种通信方式？两种通信方式的特点是什么？
5. 简述前置子系统的主要功能。
6. 在前置子系统中设置数据采集网段的优点是什么？
7. 前置子系统中终端服务器的作用是什么？
8. 前置子系统中有哪些常用的通道设备？
9. Web 子系统的构成和作用是什么？
10. DTS 子系统的构成和作用是什么？
11. DMIS 子系统采用哪两种工作模式？它们的特点是什么？
12. DMIS 子系统划分为哪几个子系统？简述各个子系统的作用。
13. 为什么要设置集控站？集控站自动化系统的优点是什么？
14. 集控站自动化系统有几种运行模式？
15. 集控站自动化系统可以实现哪些功能？

第六章　数　据　库　技　术

第一节　数据库技术在电力系统中的应用

　　人类在 20 世纪发明了计算机，计算机发展在 20 世纪的后期更是突飞猛进。现代企业更仰赖正确和及时的信息，以引导他们走向成功之路。正因为如此，如何管理与维护数量庞大的信息，并且能够快速抽取所需的数据，是现代企业必须面对的重要课题。面对与日俱增的庞大数据，企业若不能有效地加以管理，那么这种资产将成为企业的负担。因此必须利用软件工具来处理如此庞大的数据，数据库技术也就应运而生。数据库技术最先用于企业信息管理、分析和决策，但是由于其高效和方便的系统数据管理，现在已被引入绝大部分专业领域，如航空、银行、钢铁、电力等。我国电力系统向大机组、大电网、超高压和远距离输电方向发展，使系统的管理越来越复杂；同时，近年来随着计算机应用技术和网络技术的发展，电力调度自动化正在逐步完善，这些都需要为庞大的数据提供方便和高效的数据管理技术，所以数据库技术也就理所当然地被引入电力系统。

　　随着电力工业的发展和人民生活水平的提高，对电能质量和供电可靠性提出了更高的要求。为了提高电力系统的供电可靠性和安全性等性能，电网出现了更多复杂的电力元件，为了正确反映整个电力系统的运行状态，需要处理的数据信息量十分庞大，如何高效、高质量地及时处理这些海量数据信息，成为电力系统自动化管理不得不面对的首要问题，也是建设电力系统管理和自动化系统的关键问题，毫无疑问，这需要高性能的数据库管理系统作为支撑。数据库系统功能的强弱将直接影响到整个系统功能的实现。

　　现在数据库技术在电力系统中已经有着广泛的应用。电力调度自动化系统是保证电力系统稳定、安全和经济运行的重要技术手段。电力调度自动化主站软件系统存在的大量数据，可以分为实时数据和非实时数据两类。实时数据是通过各类远动通道实时接收的各种现场的模拟量和数字量，各类数据反映了当前电网运行状况，当电力系统受到突发事件的干扰时，短时间内要接收、记录、处理和报告大量的事故或事件。因此要求系统能对数据进行实时地处理和响应。非实时数据包括各类静态配置数据，这类数据一般存储在商用数据库中，其特点是实时性要求不高、数据的存储量大、保存的时间长，如历史数据通常要保存 3 个月，甚至 1 年。因此在电力调度自动化系统软件产品中，数据库管理系统一般采用商用数据库管理和实时数据库管理系统两者相结合的方式，数据库技术就是实时数据库的事务调度策略和并发控制，以及商用数据库的作业调度和自动化管理。在电力元件参数管理系统中，各种元件参数分类有序地存放在数据库相应的表格中，为电力元件参数的比较、管理和调取提供了方便。其特点是实时性要求不高、数据的存储量大、保存的时间长。这类数据一般存储在商用数据库中，所关心的数据库技术通常是如何设计合理的参数库索引以提高数据的检索速度。电力地理信息系统需要对空间有关数据进行预处理、输入、存储、查询检索、处理、分析、显示、更新和提供应用，它把地理位置和相关属性结合起来，根据实际需要准确真实、图文并茂地输出给用户。这些文字数据和图像数据的有效管理和处理是离不开数据库系统的支持的，所关心的数据库技术主要是如何高效地存储数据和高速地检索数据，其他的电力通信和监测系统、稳定控制系统也都离不开数据库系统的支持。

第二节　几种重要的数据库介绍

数据库技术从诞生到现在，形成了坚实的理论基础、成熟的商业产品和广泛的应用领域，吸引了越来越多的研究者加入，使得数据库成为一个研究者众多且被广泛关注的研究领域。随着信息管理内容的不断扩展和新技术的层出不穷，数据库技术面临着前所未有的挑战。面对新的数据形式，人们提出了丰富多样的数据模型（层次模型、网状模型、关系模型、面向对象模型、半结构化模型等），同时也涌现了众多的数据库产品。以下将介绍几种当前重要的数据库。

一、关系数据库

关系数据库是建立在集合代数基础上，应用数学方法来处理数据库中的数据。现实世界中的各种实体以及实体之间的各种联系均用关系模型来表示。关系模型由关系数据结构、关系操作集合、关系完整性约束三部分组成。

一个关系数据库并不物理地将记录连在一起，它只是简单地提供一个能匹配信息的字段，返回的结果以信息这种方式组织在一起。关系数据库在二维表中存储信息，一个表就像一个小型数据库存储单元，把表分类组合在一起构成主数据库。

二、分布式数据库

分布式数据库技术是数据库与计算机网络技术结合的一个全新的领域。这两种技术的融合，形成了一种全新的信息处理技术，使得同时管理多个不同场地上的数据库变得更为简便，使数据库能更高效地进行信息管理。

从概念上讲，分布式数据库是物理上分散在计算机网络各节点上，而逻辑上属于同一个系统的数据集合。它具有数据的分布性和数据库间的协调性两大特点。系统强调节点的自治性而不强调系统的集中控制，且系统应保持数据的分布透明性，使应用程序编写时可完全不考虑数据的分布情况。

分布式数据库是在地理上（或物理上）分散而逻辑上集中的数据库系统，各个节点或站点由计算机网络（局域网或广域网）结合在一起。所谓地理上分散的意思是各个节点分布在不同的地方，而逻辑上集中就是网络上各个节点共同组成单一的数据库。不同节点上的各个用户所面对的是逻辑上统一的同一个分布式数据库，数据分布和事务分布对于用户来说是透明的，感觉整个数据库就是处于用户所在的节点上，就如一个集中式数据库一样。

分布式数据库有几个很明显的好处：

（1）功能分配更为合理。数据和任务被赋予最适合处理它们的场地，减少了网络传输的时间。

（2）分布式数据库可以并行操作，减少了集中式数据库所引起的或设备的瓶颈。

（3）安全性、可靠性得到提高，这是由分布式数据库的场地自治的特点决定的。

三、实时数据库

传统数据库技术已经发展成为一种较成熟的技术，其应用几乎遍及各个领域，但对于与时间密切相关的实时应用，传统的数据库技术似乎有些无能为力，因而产生了实时数据库技术。

　　传统的数据库在处理永久性数据方面有很大的优势，但在现实世界里，传统的数据库技术满足不了一些特殊的应用，如电力系统、电话交换、证券交易等，这些应用要求在一定的时间内收集数据，并要求及时给出响应，这种应用的另一特点是它们包含了"短暂"数据的处理，这种数据只在一定的时间范围内有效，且需要进行快速的交换，过时则无意义了。因此引入了实时数据库系统。

　　实时数据库是数据库系统发展的一个分支，它适用于处理不断更新的快速变化的数据及具有时间限制的事务处理。实时数据库技术是实时系统和数据库技术相结合的产物，用数据库技术来解决实时系统中的数据管理问题，同时利用实时技术为实时数据库提供时间驱动调度和资源分配算法。

　　实时数据库除了具有普通数据库的一般要求外，一个最主要的要求就是达到实时响应，即应用程序读写数据库的时间不能超过一定的限制，一般认为对数据库的存取访问不超过0.01s。实时数据库系统就是其事务和数据都可以具有定时时间限制特性的数据库系统。近年来，实时数据库已经引起了数据库与实时系统两个领域里的研究工作者们的极大关注。数据库研究工作者的动机在于利用数据库技术的许多优点来解决实时系统中的数据库管理问题，实时系统研究工作者则为实时数据库系统提供使用时间驱动调动和资源分配算法。

四、面向对象数据库

　　面向对象数据库是数据库技术与面向对象设计方法结合的产物，它能解决传统关系型数据库不能很好解决的诸如声音、图像、三维动画和纹理、复合文件、地理信息等数据的存取问题。

　　面向对象数据库主要是为了解决"阻抗失配"，它强调高级程序设计语言与数据库的无缝连接。什么叫无缝连接？假设不用数据库，用 C 语言编了一个程序，可以不需要（或基本不需要）任何改动就将它作用于数据库，即可以用 C 语言透明访问数据库，就好像数据库根本不存在一样，所以也有人把面向对象数据库理解为语言的持久化。

　　由于实现了无缝连接，使得面向对象数据库能够支持非常复杂的数据模型，从而特别适用于工程设计领域。打个比方，想象 CAD 中的一个复杂部件，它可能由成千上万个不同的零件组成，要是用关系模型中的表来表达，得用很多表。而描述这种复杂的部件，正好是高级程序设计语言的强项。面向对象数据库还吸收了面向对象程序设计语言的思想，如支持类、方法、继承等概念。

　　面向对象数据库很好地解决了阻抗失配的问题。但它也有缺点，它的缺点正好是关系数据库的强项：由于模型较为复杂（而且缺乏数学基础），使得很多系统管理功能（如权限管理）难以实现，也不具备 SQL 处理集合数据的强大能力。

第三节　常见主流数据库介绍

一、MYSQL 简介

　　MYSQL 是一个小型关系型数据库管理系统，开发者为瑞典 MYSQL AB 公司。在 2008年被 Sun 公司收购。目前 MYSQL 被广泛地应用在 Internet 上的中小型网站中。由于其体积小、速度快、总体拥有成本低，尤其是开放源码这一特点，许多中小型网站为了降低网站成本而选择了 MYSQL 作为网站数据库。

　　MYSQL 是一个快速、多线程、多用户和健壮的 SQL 数据库，它支持关键、重负载的商业应用。MYSQL 是一个关系数据库管理系统，关系数据库把数据存放在分立的表格中，这比把所有数据存放在一个大仓库中要好得多，这样做将增加数据库的速度和灵活性。MYSQL 中的 SQL 代表 Structured Query Language（结构化查询语言）。SQL 是用于访问数据库的最通用的标准语言，它是由 ANSI/ISO 定义的 SQL 标准。

　　MYSQL 是开源数据库软件，开源意味着任何人都可以使用和修改该软件，任何人都可以从 Internet 上下载和使用 MYSQL 而不需要支付任何费用。如果愿意，可以研究其源代码，并根据需要修改它。MYSQL 使用通用公共许可（General Public License，GPL），如果觉得 GPL 不好或者想把 MYSQL 的源代码集成到一个商业应用中去，可以向 MYSQL AB 公司购买一个商业许可版本。

　　MYSQL 具有如下优点：

　　（1）优秀的性能和可靠性：产品发布前都经过开源社区充分测试。

　　（2）易于使用和部署：安装简单，所以方便。

　　（3）跨平台支持：能运用于 20 多种平台。

　　（4）多存储引擎支持：提供各种存储引擎方便使用。

二、对象关系型数据库 PostgreSQL

　　PostgreSQL 是以加州大学伯克利分校计算机系开发的 POSTGRES、版本 4.2 为基础的对象关系型数据库管理系统（ORDBMS）。POSTGRES 领先的许多概念只是在以后才出现在商业数据库中。

　　PostgreSQL 是一种特性非常齐全的自由软件的对象——关系型数据库管理系统（OR-DBMS），它的很多特性是当今许多商业数据库的前身。PostgreSQL 最早开始于 BSD 的 Ingres 项目。PostgreSQL 的特性覆盖了 SQL-2/SQL-92 和 SQL-3。首先，它包括了可以说是目前世界上最丰富的数据类型的支持；其次，目前 PostgreSQL 是唯一支持事务、子查询、多版本并行控制系统、数据完整性检查等特性的唯一的一种自由软件的数据库管理系统。

　　PostgreSQL 是一种运行在 UNIX、LINUX 和 Windows 等操作系统平台上的免费的开放源码的对象关系型数据库。它是最富特色的自由数据库管理系统，甚至具有很多商业数据库都不具备的特性。

　　PostgreSQL 具有非常丰富的特性和商业级数据库管理系统的质量，而且正在向高质量大型数据库管理系统的方向迈进。

　　PostgreSQL 可以说是最富特色的自由数据库管理系统。它获得了著名的 Developer.com 2007 年度数据库领域首奖，它是世界上最先进的开放源代码数据库系统。它具有以下一些特性：

　　（1）包含了一些面向对象的技术，如继承和类。

　　（2）包括了可以说是目前世界上最丰富的数据类型的支持，其中有些数据类型可以说连商业数据库都不具备，比如 IP 类型和几何类型等。

　　（3）支持外键功能以及所有的 SQL-99 标准的连接类型、触发器。

　　（4）支持大数据库，它不同于一般的桌面数据库，能够支持几乎不受大小限制的数据库，而且性能稳定。

　　（5）方便集成 Web，提供一些接口方便 PHP、Perl 等语言操作数据库。

（6）事务处理。相对一些其他免费数据库如 MYSQL，它提供了事务处理，可以满足一些商业领域的数据需要。

（7）支持全文搜索。

三、Sybase 数据库

Sybase 数据库是美国 Sybase 公司研制的一种关系型数据库系统，是一种典型的 UNIX 或 Windows 平台上客户机/服务器环境下的大型数据库系统。Sybase SQL Server 是 Sybase 公司的产品，Sybase 公司成立于 1984 年，产品研究和开发包括企业级数据库、数据复制和数据访问。

Sybase 提供了一套应用程序编程接口和库，可以与非 Sybase 数据源及服务器集成，允许在多个数据库之间复制数据，适于创建多层应用。系统具有完备的触发器、存储过程、规则以及完整性定义，支持优化查询，具有较好的数据安全性。Sybase 通常与 Sybase SQL Anywhere 用于客户机/服务器环境，前者作为服务器数据库，后者为客户机数据库，采用该公司研制的 PowerBuilder 为开发工具，在我国大中型系统中具有广泛的应用。

Sybase 数据库具有以下特点：

1. 基于客户机/服务器体系结构的数据库

一般的关系数据库都是基于主/从式的模型的。在主/从式的结构中，所有的应用都运行在一台机器上，用户只是通过终端发命令或简单地查看应用运行的结果。而在客户机/服务器结构中，应用被分在了多台机器上运行。一台机器是另一个系统的客户，或是另外一些机器的服务器。这些机器通过局域网或广域网连接起来。

客户机/服务器模型的好处是：

（1）支持共享资源且在多台设备间平衡负载。

（2）允许容纳多个主机的环境，充分利用了企业已有的各种系统。

2. 真正开放的数据库

由于采用了客户机/服务器结构，应用被分在了多台机器上运行。更进一步，运行在客户端的应用不必是 Sybase 公司的产品。对于一般的关系数据库，为了让其他语言编写的应用能够访问数据库，提供了预编译。Sybase 数据库不只是简单地提供了预编译，而且公开了应用程序接口 DB-LIB，鼓励第三方编写 DB-LIB 接口。由于开放的客户 DB-LIB 允许在不同的平台使用完全相同的调用，因而使得访问 DB-LIB 的应用程序很容易从一个平台向另一个平台移植。

3. 高性能的数据库

Sybase 真正吸引人的地方还是它的高性能，体现在以下几方面：

（1）可编程数据库。通过提供存储过程，创建了一个可编程数据库。存储过程允许用户编写自己的数据库子例程。这些子例程是经过预编译的，因此不必为每次调用都进行编译、优化、生成查询规划，因而查询速度要快得多。

（2）事件驱动的触发器。触发器是一种特殊的存储过程，通过触发器可以启动另一个存储过程，从而确保数据库的完整性。

（3）多线索化。Sybase 数据库的体系结构的另一个创新之处就是多线索化。一般的数据库都依靠操作系统来管理与数据库的连接。当有多个用户连接时，系统的性能会大幅度下降。Sybase 数据库不让操作系统来管理进程，而是把与数据库的连接当作自己的一部分来管理。此外，Sybase 的数据库引擎还代替操作系统来管理一部分硬件资源，如端口、内存、硬盘，绕过了操作系统这一环节，提高了性能。

四、Oracle 数据库

Oracle 前身叫 SDL，由 Larry Ellison 和另两个编程人员在 1977 创办，他们开发了自己的拳头产品，在市场上大量销售。1979 年，Oracle 公司引入了第一个商用 SQL 关系数据库管理系统。Oracle 公司是最早开发关系数据库的厂商之一，其产品支持最广泛的操作系统平台。目前 Oracle 关系数据库产品的市场占有率名列前茅。

Oracle 系统即是以 Oracle 关系数据库为数据存储和管理作为构架基础，构建出的数据库管理系统。Oracle 是世界上第一个支持 SQL 语言的商业数据库，定位于高端工作站以及作为服务器的小型计算机，如 IBM P 系列服务器、HP 的 Integraty 服务器、Sun Fire 服务器。Oracle 公司的整个产品线包括数据库服务器、企业商务应用套件、应用开发和决策支持工具。

Oracle 系统一般运行于 UNIX 平台，其系统构建、运行维护、集群、容灾和性能往往是非常重要的应用方面。Oracle 包括了几乎所有的数据库技术，因此被认为是未来企业级主选数据库之一。主要有以下特点：

（1）对象/关系模型 Oracle 对于对象模型采取较为现实和谨慎的态度，使用了对象/关系模型，即在完全支持传统关系模型的基础上，为对象机制提供了有限的支持。Oracle 不仅能够处理传统的表结构信息，而且能够管理由 C++，Smalltalk 以及其他开发工具生成的多媒体数据类型，如文本、视频、图形、空间对象等。这种做法允许现有软件开发产品与工具软件及 Oracle 应用软件共存，保护了客户的投资。

（2）数据库服务器系统的动态可伸缩性。Oracle 引入了连接存储池（Connection Polling）和多路复用（Multiplexing）机制，提供了对大型对象的支持。当需要支持一些特殊数据类型时，用户可以创建软件插件（Catridge）来实现。Oracle 采用了高级网络技术，提高共享池和连接管理器来提高系统的可扩展性，容量可从几 GB 到 几百 TB 字节，可允许 10 万用户同时并行访问，Oracle 的数据库中每个表可以容纳 1000 列，能满足目前数据库及数据仓库应用的需要。Oracle 可以支持达 512PB 的数据量。

（3）系统的可用性和易用性。Oracle 提供了灵活多样的数据分区功能，一个分区可以是一个大型表，也可以是索引易于管理的小块，可以根据数据的取值分区。有效地提高了系统操作能力及数据可用性，减少了 I/O 瓶颈。Oracle 还对并行处理进行了改进，在位图索引、查询、排序、连接和一般索引扫描等操作引入并行处理，提高了单个查询的并行度。Oracle 通过并行服务器（Parallel Server Option）来提高系统的可用性。

（4）系统的可管理性和数据安全功能。Oracle 提供了自动备份和恢复功能，改进了对大规模和更加细化的分布式操作系统的支持，如加强了 SQL 操作复制的并行性。为了帮助客户有效地管理整个数据库和应用系统，Oracle 还提供了企业管理系统（Oracle Enterprise Manager），数据库管理员可以从一个集中控制台拖放式图形用户界面管理 Oracle 的系统环境。Oracle 通过安全服务器中提供的安全服务，加强了 Oracle Web Server 中原有的用户验证和用户管理。

（5）面向网络计算。Oracle 在 与 JavaVM 及 CORBA ORB 集成后，将成为 NCA（网络计算机体结构）的核心部件。NCA 是 Oracle 关于分布式对象与网络计算机的战略规划。

Oracle 对 NCA 产生了巨大影响，简化了应用软件的划分，推动了瘦型客户机及 Web 应用软件的发展。在 Oracle FOR NT 中还提供了新产品 Web 发布助理（Web Publishing Assistant Oracle），提供了一种在 WORD WIDE Web 上发布数据库信息的简便、有效的方法。

（6）对多平台的支持与开放性。网络结构往往含有多个平台，Oracle 可以运行于目前所有主流平台上，如 SUN Solarise，Sequent Dynix/PTX、Intel Nt、HP _ UX、DEC _ UNIX、IBM AIX 和 SP 等。Oracle 的异构服务为同其他数据源以及使用 SQL 和 PL/SQL 的服务进行通信提供了必要的基础设施。

五、SQL Server 数据库

Microsoft SQL Server 是微软公司开发的大型关系型数据库系统。SQL Server 的功能比较全面，效率高，可以作为中型企业或单位的数据库平台。SQL Server 可以与 Windows 操作系统紧密集成，不论是应用程序开发速度还是系统事务处理运行速度，都能得到较大的提升。对于在 Windows 平台上开发的各种企业级信息管理系统来说，不论是 C/S（客户机/服务器）架构还是 B/S（浏览器/服务器）架构，SQL Server 都是一个很好的选择。SQL Server 的缺点是只能在 Windows 系统下运行。

SQL Server 是客户机/服务器关系型数据库管理系统（RDBMS），使用扩展的 SQL 语言在客户机和服务器之间发送请求。客户机/服务器体系结构把整个任务划分为在客户机上完成的任务和在服务器上运行的任务：客户机负责组织与用户的交互和显示数据；服务器负责数据的存储和管理；客户机向服务器发出操作请求；服务器根据用户的请求处理数据，并把结果返回客户。

在一个或多个网络中可有多个 SQL Server，用户可以将在逻辑上作为一个整体的数据库的数据分别存放在各个不同的 SQL Server 服务器上，成为分布式数据库结构。客户端可分别或同时向多个 SQL Server 服务器存取数据，这样可以降低单个 SQL Server 的处理负担，提高系统执行效率。

SQL Server 通过分布式事务协调器（Microsoft Distributed Transaction Coordinator，MS DTC）进行分布式事务管理。

SQL Server 允许将个人机用作网络服务器的前端机，从而使用户可以在个人机上存取大型数据库的内容。

SQL Server 支持多线程，它有一个工作线程池，有 1024 个线程，用以响应用户的连接请求，使每个连接对应一个线程。理论上最多可以连接 1024 个用户，实际上由于 SQL Server 动态分配可用线程，用户连接的数目可超出线程总数。

在多用户并发访问时，系统在产生较小开销的情况下进行并发处理，减少内存需求，提高系统的吞吐量。用户数量增加时，系统运行速度没有明显改变。

作为客户机/服务器数据库系统，SQL Server 具有以下的特性。

1. INTERNET 集成

SQL Server 数据库引擎提供完整的 XML 支持。它还具有构成最大的 Web 站点的数据存储组件所需的可伸缩性、可用性和安全功能。SQL Server 程序设计模型与 Windows DNA 构架集成，用以开发 Web 应用程序，并且 SQL Server 支持 English Query 和 Microsoft 搜索服务等功能，在 Web 应用程序中包含了用户友好地查询和强大的搜索功能。

2. 可伸缩性和可用性

同一数据库引擎可以在不同的平台上使用，从运行 Windows 98 的便携式电脑，到运行 Windows 7 数据中心版的大型多处理器服务器。SQL Server 企业版支持联合服务器、索引视图和大型内存支持等功能，使其得以升级到最大 Web 站点所需的性能级别。

3. 企业级数据库功能

SQL Server 关系数据库引擎支持当今苛刻的数据处理环境所需的功能。数据库引擎充分保护数据完整性，同时将管理上千个并发修改数据库的用户的开销减到最小。SQL Server 分布式查询使用户可以引用来自不同数据源的数据，就好像这些数据是 SQL Server 数据库的一部分，同时分布式事务支持充分保护任何分布式数据更新的完整性。复制同样使用户可以维护多个数据副本，同时确保单独的数据复本保持同步。可将一组数据复制到多个移动的脱机用户，使这些用户自主地工作，然后将他们所做的修改合并回发给服务器。

4. 易于安装、部署和使用

SQL Server 中包括一系列管理和开发工具，这些工具可改进在多个站点上安装、部署、管理和使用 SQL Server 的过程。SQL Server 还支持基于标准的、与 Windows DNA 集成的程序设计模型，使 SQL Server 数据库和数据仓库的使用成为生成强大的可伸缩系统的无缝部分。

5. 数据仓库

SQL Server 中包括吸取和分析汇总数据以进行联机分析处理（OLAP）的工具。SQL Server 中还包括一些工具，可用来直观地设计数据库并通过 English Query 来分析数据。

六、DB2 数据库

DB2 是 IBM 著名的关系型数据库产品，主要应用于大型应用系统，具有较好的可伸缩性，可支持从大型机到单用户环境。DB2 提供了高层次的数据利用性、完整性、安全性、可恢复性，以及小规模到大规模应用程序的执行能力，具有与平台无关的基本功能和 SQL 命令。DB2 采用了数据分级技术，能够使大型机数据很方便地下载到 LAN 数据库服务器，使得客户机/服务器用户和基于 LAN 的应用程序可以访问大型机数据，并使数据库本地化及远程连接透明化。它以拥有一个非常完备的查询优化器而著称，其外部连接改善了查询性能，并支持多任务并行查询。DB2 具有很好的网络支持能力，每个子系统可以连接十几万个分布式用户，可同时激活上千个活动线程，对大型分布式应用系统尤为适用。DB2 系统在企业级的应用中十分广泛。

1. DB2 支持的硬件和操作系统平台

DB2 是目前支持平台最广泛的数据库产品，可以运行在所有的主流平台上。把 DB2 所支持的硬件和操作系统平台划分为四个类别：

（1）大型机平台。在这个平台上，有 DB2 for OS/390 and z/OS、DB2 VSE and VM。

（2）中型机 AS/400。AS/400 是 IBM 生产的一种中型计算机，它的操作系统叫做 OS/400，这个操作系统中就集成了 DB2，也就是说 DB2 是这个操作系统中不可分割的一部分。

（3）UNIX 平台。包括 IBM 的 AIX、Sun 公司的 Solaris 以及 HP 的 HP—UX 等，在这些产品上，DB2 都有相应的版本支持。

（4）PC 平台。Windows 是目前 PC 上的主流的操作系统平台，DB2 可以支持的 Windows 平台包括 Windows NT/2000/XP/2003/Windows 7，DB2 也支持包括 Redhat LINUX、

Suse LINUX、Turbo LINUX 等所有主流 LINUX 发行版。

2. DB2 数据库系统的组成

DB2 数据库系统主要由数据库引擎、命令行处理器、管理工具、应用程序支持环境组成。

(1) 数据库引擎（Database Engine）。是整个数据库系统的核心，负责对数据库的存取，保证数据的完整性和安全性，以及控制数据库的并发性。

(2) 命令行处理器（Command Line Processor，CLP）主要执行动态的 SQL 请求或 DB2 命令。借助于 CLP，可以访问本地和远程工作组数据库，通过 DB2 连接服务器的个人版或企业版，还可以访问分布式关系数据库体系架构应用服务器。

(3) 管理工具。借助于图形化用户界面，管理工具可以提供对数据库的管理，这些工具主要包括：

1）控制中心。控制中心是 DB2 管理工具的核心，它向用户提供了完成几乎所有常用数据库管理任务所需要的工具。

2）命令编辑器。命令编辑器提供了一个交互式的图形化界面，允许用户输入 SQL 语句、DB2 命令和操作系统的命令脚本。

3）复制中心。复制中心为 DB2 数据库提供了数据复制功能，可以将数据从一个地方复制到另一个地方。

4）任务中心。任务中心用于创建、调度和管理包含 SQL 语句、DB2 命令和操作系统命令的命令脚本。

5）日志。日志保存了所有脚本调用、DB2 消息以及 DB2 恢复历史文件的记录。

6）健康中心。健康中心是一个服务器端工具，它甚至可以在没有用户干预的情况下，对 DB2 实例的健康状况进行监控。

7）工具设置。工具设置即允许用户对 DB2 图形工具的某些设置选项进行设置。

8）许可认证中心。许可认证中心用于管理 DB2 产品的许可证信息和检查当前使用的连接数目。

9）开发中心。开发中心允许用户创建、测试 DB2 存储过程和用户自定义函数。

七、数据库语言 SQL 简介

SQL 是 Structured query language（结构化查询语言）的简称，其功能包括查询、操纵、定义和控制等四个方面，是一个通用的、功能极强的关系数据库语言，目前已成为关系数据库的标准语言。

SQL 的主要功能就是同各种数据库建立联系，进行沟通。按照 ANSI（美国国家标准协会）的规定，SQL 被作为关系型数据库管理系统的标准语言。SQL 语句可以用来执行各种各样的操作，例如更新数据库中的数据，从数据库中提取数据等。

目前，绝大多数流行的关系型数据库管理系统，如 MYSQL、Oracle、Sybase、Microsoft SQL Server、Access 等都采用了 SQL 标准。虽然很多数据库都对 SQL 语句进行了再开发和扩展，但是包括 Select、Insert、Update、Delete、Create 以及 Drop 在内的标准的 SQL 命令仍然可以被用来完成几乎所有的数据库操作。

（一）SQL 分类

SQL 之所以能够为用户和业界所接受，成为国际标准，是因为它是一个综合的、通用的、功能极强、同时又简洁易学的语言。它包括以下四类：

1. 数据查询语言（Data Query Language，DQL）：SELECT

这是软件系统中最常用到的一类 SQL 语句，它用来从数据库的表中检索数据。例如，遥测表为模拟量基本信息表，代码为 ID 字段，描述为信息描述字段，现在查询代码等于 sxtsumP 系统总有功的语句为：

Select 代码，描述 From 遥测表 where 代码＝'sxtsumP'

2. 数据操纵语言（Data Manipulation Language，DML）：INSERT、UPDATE、DELETE

数据操纵语言用来更改数据表中的数据。这三个语句与数据查询语言一起，是最常用的 SQL 语句。数据操纵语言会对数据库的数据产生影响，这一点和 SELECT 语句不一样。

例如，假设要在上面例子中的数据表遥测表中插入一个代码为 sxtsumQ，系统总无功的遥测记录，可以使用如下的语句：

Insert Into 遥测表（代码，描述）（'sxtsumQ'，'系统总无功'）；

下面的语句则将 sxtsump 的描述更改为北京地区总无功：

Update 遥测表

Set 描述＝'北京地区总无功' Where 代码＝'sxtsumQ'；

如果要删除代码为 sxtsumQ 的遥测记录，则使用如下的语句：

Delete From 遥测表 Where 代码＝'sxtsumQ'；

3. 数据定义语言（Data Definition Language，DDL）：CREATE、ALTER、DROP

这类语句主要用于定义和修改数据表的结构，这些语句一旦执行，便不可更改，不像 DML 语句，可以提交和回滚。

4. 数据控制语言（Data Control Language，DCL）：COMMIT、ROLLBACK

这类语句用于控制数据的更新，其中 COMMIT 用于将对数据库的修改提交到数据库服务器，而 ROLLBACK 则撤销对数据库的修改，使数据库退回到修改前的状态（这往往是因为在更新数据的时候发生了意想不到的故障，为了保证数据的完整性，将整个数据更新操作撤销）。

（二）SQL 的主要特点

1. 综合统一

数据库的主要功能是通过数据库支持的数据语言来实现的。SQL 语言集数据查询、数据操纵、数据定义和数据控制功能于一体，语言风格统一，可以独立完成数据库生命周期中的全部活动，包括定义关系模式、录入数据，建立数据库，查询、更新、维护、数据库重构，数据库安全性控制等一系列操作的要求。这就为数据库应用系统开发提供了良好的环境。

2. 高度非过程化

SQL 是一个非过程化的语言，因为它一次处理一个记录，对数据提供自动导航。SQL 允许用户在高层的数据结构上工作，而不对单个记录进行操作，可操作记录集。所有 SQL 语句接受集合作为输入，返回集合作为输出。SQL 的集合特性允许一条 SQL 语句的结果作为另一条 SQL 语句的输入。SQL 不要求用户指定对数据的存放方法。这种特性使用户更易集中精力于要得到的结果。所有 SQL 语句使用查询优化器，它是 RDBMS 的一部分，由它决定对指定数据存取的最快速度的手段。查询优化器知道存在什么索引，哪儿使用合适，而用户从不需要知道表是否有索引，表有什么类型的索引。

3. 集合的操作方式

SQL 语言采用集合操作方式，不仅查找结果可以是元组的集合，而且一次插入、删除、更新操作的对象也可以是元组。

4. 所有关系数据库的公共语言

由于所有主要的关系数据库管理系统都支持 SQL，用户可将使用 SQL 的技能从一个 RDBMS 转到另一个。所有用 SQL 编写的程序都是可以移植的。

第四节　数据库在调度自动化系统中的功能和构成

系统中数据库包括实时数据库和历史数据库。历史数据库用来存放非实时和偶然访问的数据；实时数据库依托底层的分布式管理层构成分布式实时数据库，保证实时数据的同步。

一、历史数据库功能

数据库管理系统中的历史数据库采用开放的大型商用数据库管理系统，数据库管理系统具有如下特性：

（1）多种访问数据库的方式，支持 SQL 语言访问数据库，并具备标准的外部接口。

（2）在任何计算机上对数据库中数据的修改，数据库管理系统自动对所有计算机或工作站中的相关数据进行修改，以保持数据的一致性。

（3）有效性检查，以确保数据的合理性和正确性，提供对记录变化的查询能力。

（4）方便的数据库生成、修改和维护功能，数据库有严格的保密和安全保护措施。

二、实时数据库功能

实时数据库专门用来提供高效的实时数据存取，是实现电力系统的监视、控制和电网分析等一系列功能的基础。由于其对实时性有很高的要求，一般采用计算机内存作为主要载体。

1. 基本特性

（1）可维护性。提供数据库维护工具和图形界面，以便用户在线监视、增减和修改数据库内的各种数据。

（2）并发操作。允许不同任务对数据库内的同一数据进行并发访问，保证在并发方式下数据库的完整性和一致性。

（3）可扩展性。可对实时数据库的结构进行增改，生成新实时数据库。

2. 基本功能

（1）多态、多应用支持能力，支持实时、研究、培训等多种应用场景的要求，这是 C/S 模式下的全景 PDR 功能的实现基础。

（2）提供丰富的编程接口，应用程序既可任意读取一个表中若干条记录的若干个域，也可更新一个表中若干条记录的若干个域。

（3）支持 C/S 方式下的网络访问接口，使得各工作站节点都能访问到所需的相关应用服务器上的实时数据。

（4）支持 SQL 语句方式的访问接口。

（5）实时库维护。系统提供方便的实时数据库维护界面，所有的修改操作都有历史记录，以备将来查询显示。

三、数据库的构成

数据库是调度自动化主站系统的核心，大部分系统的功能都是围绕数据进行工作的。数据库由实时数据库、历史数据库和描述数据库构成。实时数据库主要存储需要快速更新和在线修改的数据，如遥测表、遥信表、计算表达式表等；历史数据库用于存储历史的电网状态数据、报警信息和维护操作信息等；描述数据库用于保存电网设备参数和系统运行参数，与实时库有完备的映射关系，严格来讲描述数据库也属于历史数据库的范畴。

调度自动化主站系统应用软件模块以数据库为核心，根据需要灵活分布在网络的各个节点上，可根据需要随时扩充新的软件模块。系统是由若干个功能模块组成的，主要包括前置通信模块、实时数据库处理模块、历史数据处理模块、人机会话模块、报表处理模块以及其他的辅助模块构成。这些模块之间的通信以及模块与数据库之间的通信均通过软总线和开放数据库连接完成，其结构如图 6-1 所示。

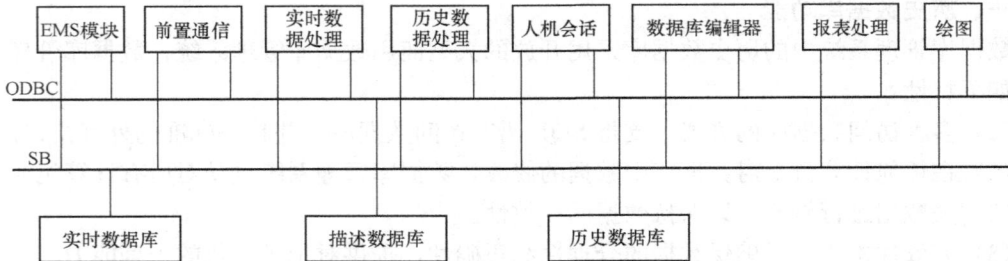

图 6-1　系统模块结构

1. 软总线 (SB)

设计软总线的目的是为了规范系统模块间的通信接口方式，使符合规范的模块能随时修改和增加，不需要依赖特定的硬件资源，软件模块可以在系统中任意机器上做到即插即用，可以灵活配置系统，使系统各模块之间的耦合尽可能松，提高系统可靠性。

系统软件是模块化的，由完成不同功能的模块组成。每个软件模块是一个可执行文件。SB 为系统中各模块之间的信息交换提供服务，维护并报告运行状态和统计信息。模块之间的关系有紧耦合和松耦合两类：紧耦合模块必须安装在同一台机器上，彼此通过共享内存交互信息，软总线提供建立和同步操作共享内存的函数。松耦合模块可以安装在同一机器或不同的机器上，软总线提供网间通信服务。为使用提供的服务，每个模块应确定并向软总线登记自己的模块名和组属性。

软总线为系统中同一机器或不同机器之间的模块提供通用的通信服务。通信功能在软总线提供的动态链接库中实现。

2. 数据库管理模块

数据库管理模块完成数据库的生成、维护、访问、数据运算、异常事故报警、实时数据采集等功能，作为系统的核心和基础，该模块几乎同所有模块皆有联系。

系统数据库是面向电网而设计的，考虑到数据处理和访问的方便性，把某类电网设备或具有某种属性的数据定义为"部件"，包括电网、电压等级、厂站、母线、线路、断路器、隔离开关、保护、变压器、发电机、TA、TV、负荷、注入、调相机、静止补偿器、并联电容器、串联电抗器、单精虚拟量、双精虚拟量、虚拟状态量等部件。

实时数据库映射到内存中，以满足实时性的要求。可进行面向电力调度应用的各种计算处理，如功率总加、实时和积分电量分时段累计、各种换算、各类统计等，覆盖用户日常的各种需求。用户可自定义各种计算处理。

描述数据库和历史数据库由基于 Client/Server 方式的大型商用关系数据库管理系统来管理，处理性能高，保存容量大，具有标准的数据库访问接口。

系统电网数据模型采用部件/参数来标识数据单元。参数描述部件的属性和状态，部件则指定参数的地址。部件可以用其部件类型名和部件名来标识。部件类型名是预定义的，而部件名是工作人员定义的。电网部件是分层组织的，一个部件的名字在其父部件范围内的同类型部件中是唯一的。

第五节 实时数据库设计

一、实时数据库的定义

实时数据库（Real-Time Database，RTDB）是为解决传统数据库在日益增多的实时应用环境下无法满足实时要求而专门设计的。实时数据库的研究开始于 20 世纪 80 年代，1992 年美国贝尔电话实验室研制了第一个实时数据库系统，随后受到数据库和实时系统两个领域内研究人员的密切关注。实时数据库的设计宗旨决定了它与传统数据库的不同。传统数据库主要为永久、稳定的数据的维护而设计，强调数据的完整和一致性。实时数据库主要为短暂、易变的数据的维护而设计，强调处理的实时性和正确性。实时数据库的研究方面包括数据和数据库的组织结构、事务的优先级分派、事务的并发和调度控制、数据库恢复、实时数据查询和优化、数据和事务特性的语义研究等。

二、实时数据库系统的体系结构

实时数据库管理实时数据以及与实时数据有关的信息，与传统数据库相比较，主要在调度机制和事务管理方面有较大的区别。实时数据库系统的体系结构分为资源管理、实时事务管理和数据管理三个部分，如图 6-2 所示。

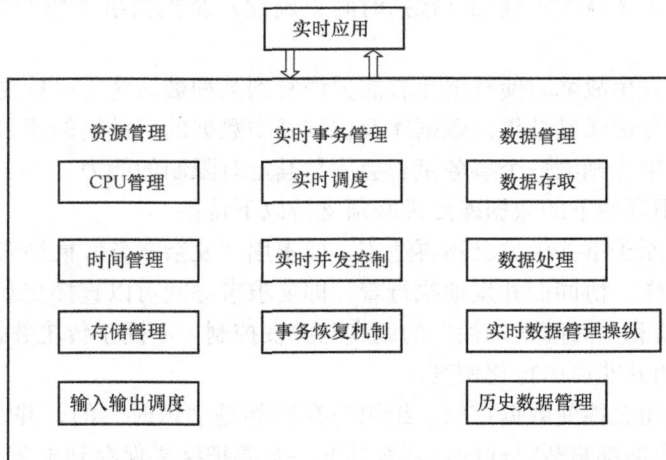

图 6-2 实时数据库系统体系结构

1. 资源管理

对 CPU 进行调度管理以满足实时性要求；进行时间调度，触发实时事务执行；进行存储空间分配和管理，使用考虑时间限制的磁盘调度算法及 I/O 调度算法。

2. 实时事务管理

管理实时事务的产生、执行和结束；事务调度算法应在最大限度上满足事务的时间限制，实时并发控制应保证数据库中数据的一致性和完整性，事务恢复机制则应保证在事务执行失败时将数据库恢复到原来正确的状态。

3. 数据管理

实现对数据的存取操作和其他处理，除了管理实时数据外，在一般的实时数据库系统中还要管理历史数据。

实时数据库的体系结构强调了实时性这一特征，因为实时数据库必须尽可能提供外部世界的最新映像，保证事务读取的数据保持时序一致性，并确保事务的实时处理。

三、实时数据库与传统数据库的区别

传统数据库处理永久数据，同时维护其完整性、一致性。所以传统的数据库系统事务具有 ACID（Atomicity，Consistency，Isolation，Durability）特征。即事务是无任何内部构造的、彼此孤立的、具有最小原子特性的工作单位。系统强调的是数据的绝对正确性，根本不涉及数据和事务的时间性。

（1）传统数据库系统往往具有以下特点：

1）强调一致性、可恢复性和永久性，事务无内部构造，彼此间无合作关系（如交互作用、数据通信等）。

2）数据的绝对一致正确性为系统最高、唯一的正确性标准。

3）进行不可预报的数据存取，故其执行时间不可预测。

4）无"时间维"，更不会显式地考虑定时性。

（2）事务的原子性和可串行化是被普遍接受的正确性和一致性的标准。然而，在实时数据库 RTDBS 中则有根本性的不同，其事务由下列特性（概念）确定：

1）可见性。事务执行时可查看另一执行事务的执行结果的能力。

2）正确性。事务本身的正确性（包括时间正确性）及提交事务所产生的数据库状态的一致性。

3）可恢复性。发生故障时使数据库有能力恢复到某种被认为是可接受的正确状态。

4）永久性。事务记录其结果到数据库及识别其中数据的有效期的能力。

5）可预报性。事先预测一个事务是否会满足其定时限制的能力。

（3）在实时应用环境下的数据库处理必须支持以下特性：

1）传统的平坦原子事务模型已不再适用，要求用"复杂事务"模型来描述实时事务。

2）事务间是合作、协同而并发地执行着，即要求事务间可以直接交互、通信。

3）"识时"协议和"时间正确性"的调度与并发控制，不同于传统数据库，对于实时数据库而言，最重要的并非可串行化调度。

4）数据的时间相关性使数据存储、组织与存取都是"识时"的，并非所有数据都是永久性的，相反多数数据都是暂时性的，甚至并非一定要把结果保存到永久数据库中。

所以，实时数据库（RTDBS）与传统数据库在概念、原理、数据及事务的模型、事务调度协议及算法等方面都存在很大的区别。对数据及事务的时间性要求（定时限制）成为两者间的最大不同。

需要注意的是："实时"并非简单地意味着响应的快速，快固然重要，但对实时数据库而言，"实时"指的是数据和事务的"时态一致性"，使用"识时协议"（Time-Cognizant Protocol）处理数据和事务，来满足数据和事务处理的定时限制。

在传统数据库中，数据存放于磁盘上，故也称为 DRDB（Disk Resident Database）。虽然在 DRDB 中，CPU 在处理数据时已将数据从磁盘调入内存，但这些数据只是相对整个数据库较小的一部分，而且在内存中的生命期很短，在处理完毕后就会被另一部分数据替换，这种替换必须在内存和磁盘之间进行，因此数据处理速度往往受磁盘 I/O 速度的限制，无法充分发挥 CPU 的性能，很难满足电力实时应用系统对高性能数据访问的需求。随着计算机技术的飞速发展，用内存数据库（Main Memory Database，NLMDB）作为底层数据管理者，对实时数据库系统的支持具有极其重要的意义。实时数据库将整个数据库或其中的大部分数据在初始运行时即调入内存，以后在处理数据时不再访问磁盘（除少数特别工作，如备份、恢复等），这样运行速度将不受磁盘 I/O 的影响。由于内存相对于磁盘有更高的存取速度，从而缩短了响应时间，提高了系统性能。

四、实时数据库设计的指导思想

目前大多数电网调度自动化系统的实时数据库采用集中式或分布式结构。

集中式的特点是每个节点都保存一个完整的实时数据库的复制件，只需访问本节点的内存就可取到实时数据，取实时数据的效率非常高；缺点是每个节点都有一个完整的实时数据库的复制件，对于该节点永远不会访问的数据，该节点仍然要维护该部分数据，内存使用效率比较低。因此集中式结构不适用于大系统。

分布式的特点是实时数据库中的数据根据配置可以分布在不同的节点上，所有节点上的数据联合起来构成一个完整的实时数据库，系统是采用 C/S 模式，当一个节点需要取实时数据时，通过网络到服务器中取得数据。分布式实时数据库有利于建立庞大的系统，当系统对内存的需求不能满足时，可以把数据按一定的方式分类，然后分布在不同的节点上。该结构的缺点是取实时数据比较慢。

目前主流的实时数据库采用了集中和分布相结合的结构。对系统中所有节点来说，本节点只装载该节点需要访问或对访问性能要求非常高的数据库，这部分数据在该节点的内存中有一个复制件。集中和分布相结合的结构包含了集中式实时数据库和分布式实时数据库的所有优点，而且避免了它们的缺点。

实时数据库管理系统中可以管理 1～8 个实时数据库，每个实时数据库包含 1～8 个表集，每个表集包含 1～200 个内存表，每个内存表包含 1～8 个域组，每个域组包含 1～512 个域，如图 6-3 所示。对数据库、表集、表、域组、域的数量限制可以通过修改系统配置文件来设置。

实时库中的域与关系数据库中的域类似，具有名称、数据类型等属性。但是在一个关系表中，域的名称不能相同，如果域的名称相同，则系统无法定位一个域。对电网调度自动化系统的表来说，存在域名相同的情况。对于这些域名相同的域代表系统不同的运行模式，其中每一个域代表一种运行模式。例如对于一个开关的电流来说，有实际采集的电流值、有状态估计的电流值、有潮流计算的电流值、有研究状态的电流值，在实时显示模式下取实际采

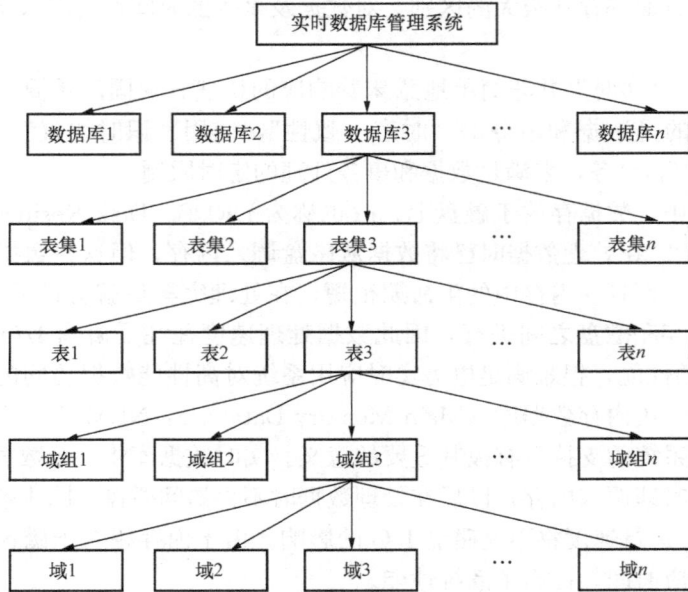

图 6-3　实时数据库管理系统的组织结构

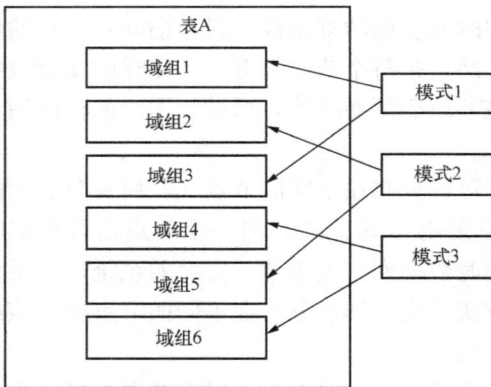

图 6-4　表、域组和模式之间的关系

集的电流值，在潮流计算模式下取潮流计算的电流值。在表和域之间增加了一个域组层。一张表由一个或多个域组构成，一个域组由一个或多个域构成。在数据模型的逻辑上，把域组按模式进行了分类，一个模式可包含一个或多个域组。属于同一个模式的所有域组中的域的名称不能相同，但属于不同模式的域组中的域的名称可以相同。这样系统在模式切换时，只需要在域组中进行切换，只需要重新定位不同模式下域名相同的域。图 6-4 表示了表、域组和模式之间关系的一个例子。

五、实时数据库的库结构

实时数据库系统必须具有良好的实时性和实用性，因为 SCADA 系统是一个实时性要求很强的系统，要求比较专业，而一般的商用数据库主要用于数据管理，它的实时性不高，访问数据的开销较大，花费的时间较长，且一般的商用数据库是针对通用性设计的，对于一些常用的要求它可以满足，但对于 SCADA 系统中的特殊要求它往往不能最有效地实现，而这些特殊要求往往是 SCADA 系统中最常用的。因此，现在用于 SCADA 系统的实时数据库为实时的分布式的关系数据库。

基于 UNIX 操作系统的实时数据库，它不仅适用于 SCADA 系统，而且具有一定的通用性，它最大的特点就是实时性，它访问数据库的时间要比商用数据库快很多。另一个特点就是数据库内部的结构安排。

实时数据库的结构示意图如图 6-5 所示。

一般的商用数据库都安排在外存中，在访问时采用一些加速措施，但实时性不够，对于 SCADA 这样实时性要求很高的系统，不能直接采用商用数据库。实时数据库在结构上进行了一些改进，所有的数据库并不是全部存储在外存中，而是根据用户对数据库实时性的需要，自己选择数据库的存储介质，对于一些经常使用的和对实时性要求较高的数据库，用户可以选择将它们放在内存库中，这些库可根据要求在磁盘上建立一个备份，以便以后进行查询。而对于实时性不高的数据库，如历史数据等，可以将它们放在磁盘

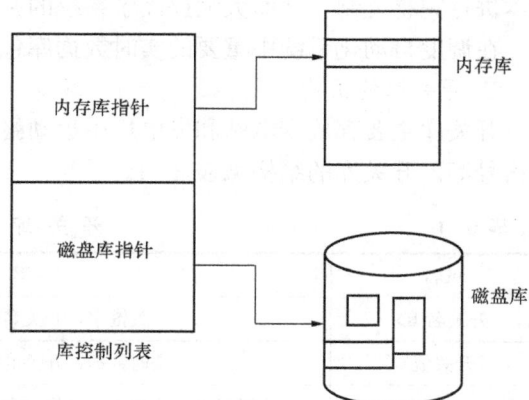

图 6-5 实时数据库的结构示意图

上，因为磁盘库的容量很大，基本可以不受限制。这样的安排，既节省了内存，又提高了系统对实时性的要求。

内存库和磁盘库可以根据需要进行互相转换，用户可以根据需要进行互换。另外，为提高磁盘库的访问速度和保证数据库的一致性，还对磁盘库采用了 Cache 技术，即每次访问数据库时不是只存取一条记录，而是把含有该记录的一块信息读入内存，然后在内存中对数据库进行操作，为提高其命中率，还采用一定的淘汰算法，以保证命中率在 80% 以上，采用 cache 技术也避免了多个进程同时访问文件时可能出现的不一致情况的发生。

实时数据必须能够保证被高速、及时地存取和处理，关键的数据操作能够保证在规定的时间内完成。为了提高数据操作的可预见性，避免不必要的磁盘操作和避免不可预测时间的动态资源分配，系统将实时数据存放在内存中，采用了静态数据结构，使用大量缓冲和预分配内存。根据向量（vector）检索效率比较高的特点，系统采用了向量来组织这些数据，所形成的实时数据的存储结构如图 6-6 所示。其中，现场的每个测点是由厂站标识、测点类型和测点标识唯一确定的，每个测点的状态则通过多个参数来描述，这些参数通常由现场值、报警标志、报警上下限、工作状态和一些统计量等组成。

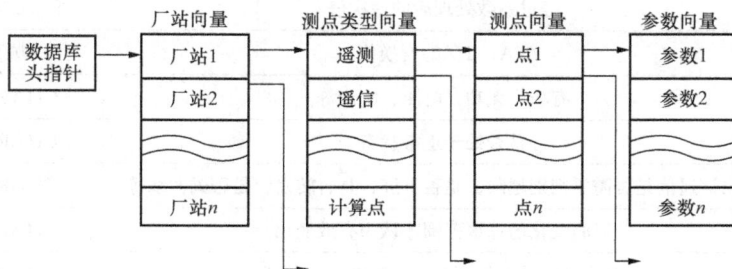

图 6-6 实时数据存储结构

同时考虑到对内存实时数据存取的并发性，采用双内存数据版本的方法，就是说，每个实时数据项都具有两个数据版本，即一个临时版本、一个有效版本，其中有效版本保存了该数据项的最近的有效版本。从实时数据接口采集过来的实时数据只对临时版本进行操作，上层应用程序对实时数据的查询在有效版本中进行。当对临时版本的刷新操作完成后，向有效

版本进行完整复制，从而大大提高了系统的并发行。

在调度自动化系统中重要的实时数据库包括开关库、遥测库和脉冲量库。

1. 开关库的结构

开关库主要存放变电站和发电厂中远动终端装置接入的实时状态量，包括开关位置、保护信号等。开关库的结构见表 6 - 1。

表 6 - 1　　开 关 库 的 结 构

域名	作　用	数据类型	备注
开关名 ID	关键字，开关名称	NAMEID	
开关值	实时数据，开关的状态	CHAR	
开关状态	表示开关当前处的工作状态，正常、封锁等	CHAR	
开关类型	指出该量是断路器、保护或隔离开关	CHAR	
开关属性	对该量进行何种操作，如上屏、转发、遥控等	CHAR	
告警等级	指出该开关的告警级别	CHAR	
厂号	该遥信的厂站号	CHAR	
序号	该遥信在所属厂站的序号	SHORT	
事件名库	该遥信在相关事件名库中的序号	INT	

2. 遥测库的结构

遥测库存放所有厂站传送来的遥测信息，如有功、无功、电压、电流等数据。该数据库结构见表 6 - 2。

表 6 - 2　　遥 测 库 的 结 构

域名	作　用	数据类型	备注
遥测名 ID	关键字、遥测名称	NAMEID	
整型值	实时 RTU 采集的数据	INT	
遥测值	经过系数处理后的一次值	FLOAT	
系数	TA、TV 的变换值	FLOAT	
类型	有功、无功、电压、电流等	CHAR	
状态	是否处于正常状态	CHAR	
遥测属性	指出该遥信是否需要判别越限、是否上屏、是否转发、是否画曲线等	CHAR	
死区范围	遥测变化超过该范围才认为有效变化	CHAR	
处理标志	遥测越限是否处理登录、告警、打印等	CHAR	
归零范围	用于处理零漂，在该范围内认为是 0	CHAR	
告警等级	指明该遥测的告警级别	CHAR	
厂号	遥测值所在厂号	CHAR	
序号	遥测所在厂站内的排列序号	SHORT	

3. 脉冲库的结构

脉冲库存放 RTU 采集的所有实时脉冲量，即电能量数据的存放数据库。脉冲库的结构见表 6-3。

表 6-3 脉 冲 库 的 结 构

域名	作 用	数据类型	备注
脉冲量 ID	关键字，脉冲量名称	NAMEID	
整型值	实时 RTU 采集的脉冲量	INT	
脉冲值	经过系数变换后的实际脉冲值	FLOAT	
系数	电能表脉冲数与电能的比例系数	FLOAT	
状态	指出该脉冲量的工作状态	CHAR	
死区范围	脉冲量超过该值才算有变化	CHAR	
厂号	脉冲量所在的厂号	CHAR	
序号	脉冲量所在厂内的排列序号	SHORT	

六、实时数据库访问接口

实时数据库管理在内存缓冲区中运行的电力系统实时数据，以提高系统的响应速度和处理能力。原始的数据模型存于商用库，各应用服务器上实时库中的数据从商用库中下装，下装后即可为其他客户端提供数据访问服务。实时数据库实体仅在逻辑应用服务端分布，逻辑客户端没有实时库；实时数据库采用磁盘文件映射的内存管理机制实现，并支持多应用、多上下文（多态）。实时数据库提供各种访问接口，包括本地接口与网络接口。同时，实时数据库的功能还包括模型数据的同步和全网实时数据的同步。

实时数据访问是通过接口实现的，接口可分为本地接口和网络接口。两者提供一致的访问函数，让各种应用能够方便地实现对实时数据库的操作，包括查询、增加、删除、修改，并且提供按应用名（号）、表名（号）形式的访问接口以及 SQL 形式的访问接口。实时库提供的数据访问接口根据本地和网络访问方式的不同，流程也不一样。本地接口访问的是本地实时库的内容；网络接口默认访问的是按态名（号）、应用名（号）确定的主机上的实时库的内容，也可以指定某一机器上的实时库的内容。

下面以某主流厂家设计的实时数据库为例介绍实时数据库访问接口。

系统提供了四种实时库访问接口，即通用实时数据库访问接口、快速实时数据库访问接口、SQL 语言访问接口和面向对象的实时数据库访问接口。

下面介绍常用的前两种访问接口的程序实现方法。

1. 通用实时数据库访问接口

通用实时数据库访问接口是该系统向外界提供的最通用，也是最基本的访问实时库的接口。该接口包含的主要接口类有 CMemTableLocal、CMemTableHeader、CMemColumn、CMemRecord、CMemField、CRTDBTable。

通用实时数据库访问接口可以对任何实时库表进行读/写操作。

通用实时数据库访问接口封装了许多对实时库中的表进行操作的 API 函数。这些接口类对实时表的操作与一般关系数据库的 API 函数对表操作类似，包括打开表、关闭表、插入记录、删除记录、查询记录、修改记录、修改域等操作。这些接口类对表的操作以通用的形式给出，能对实时数据库中的任何一张表进行操作。这套接口不支持 SQL 语言。所有的操作条件，包括条件查询、条件修改、条件删除，操作前需要转换成相应格式的参数，然后调用相应的函数来完成。

这套接口类包含 3 个主要接口类和一些辅助接口类。3 个主要接口类是表操作类、记录操作类和域操作类。

通过这套接口获得的记录是实时数据库中该记录的复制件。获取记录后，如果实时库中该记录的数据发生了改变，复制出来的该记录的数据并不发生改变，保持原来的数据不变。

（1）打开表。如果读/写本地实时库数据，使用 CMemTableInterface 类；如果读/写全网节点的实时库数据，则使用 CRTDBTable 类。CRTDBTable 类继承于 CMemTableInter-face 类，函数原型几乎完全一致。下面的例子以 CMemTableInterface 类为例，在实际应用中，根据需要选择类型。

```
CMemTableInterface table;
short sTable_no = ANALOGINPUT_ID;
short sDbNo = 1;
if(table. Open(sTable_no,sDbNo) = = DB_ERROR)
return false;
```

以上的代码使用数据库 ID 和表 ID 为参数，打开一张表，两个参数的数据类型都是 short 类型。这是最常用的 Open 接口。

（2）根据关键字读一条记录。

```
int GetRecord(SKeyInfo * keyInfo,char * KeyPtr,CMemRecord * pRecord);
```

第一个参数是实时库表的关键字字段的描述信息，第二个参数是关键字的值，第三个参数是接口函数的输出。

例如：

```
SKeyInfo skeyInfo;
skeyInfo. m_sSubKeyNum = 1;
SKeyInfo. m_sSubKeyNo[0] = ANALOGINPUT__ID;
Int ID = 10;
CMemRecord rec;
if(table. GetRecord(&skeyInfo,(char * )&ID,rec) = = DB_ERROR)
    return false;
```

注意：一组关键字最多包含 8 个域，本例中只使用了一个域。本例是为了读取遥测量表中 ID 为 10 的记录，其中"ANALOGINPUT _ _ ID"是定义。

（3）根据关键字修改一条记录。一般使用下面的接口，参数 3 和参数 4 使用默认参数即可。

```
virtual int ModifyRecord(SKeyInfo * keyInfo,CMemRecord * pRecord,
```

```
SDateTime * pTime = NULL,
SF_Bool blockFlag = False);
```

例如：

```
CMemRecord rec;
……
if(table. ModifyRecord(& skeyInfo,rec) = = DB_ERROR)
    return false;
```

（4）根据关键字插入一条记录。一般使用下面的接口，参数 3 和参数 4 使用默认参数即可。

```
virtual int WriteRecord(SKeyInfo * keyInfo,CMemRecord * pRecord,
SDateTime * pTime = NULL,
SF_Bool blockFlag = False);
```

例如：

```
CMemRecord rec;
……
if(table. WriteRecord(&skeyInfo,rec) = = DB_ERROR)
    return false;
```

（5）根据关键字删除一条或多条记录。一般使用下面的接口，参数 4 和参数 5 使用默认参数即可。

```
virtual int DeleteRecords(SKeyInfo * keyInfo,char * KeyPtr,int RecNum,
SDateTime * pTime = NULL,
SF_Bool blockFlag = False);
```

例如：

```
SKeyInfo skeyInfo;
skeyInfo. m_sSubKeyNum = 1;
SKeyInfo. m_sSubKeyNo[0] = ANALOGINPUT__ID;
Int ID[2] = { 10. 11 };
if(table. DeleteRecords(&skeyInfo,(char * )&ID,2) = = DB_ERROR)
    return false;
```

这个例子是删除遥测量表 ID 为 10 和 11 的两条记录。

（6）根据关键字更新一条记录，如果没有则插入该纪录。一般使用下面的接口，参数 3 和参数 4 使用默认参数即可。

```
virtual int ModifyWriteRecord(SKeyInfo * keyInfo,CMemRecord * pRecord,
SDateTime * pTime = NULL,
SF_Bool blockFlag = False);
```

例如：

```
CMemRecord rec;
```

......

```
if(table. ModifyWriteRecord (&skeyInfo,rec) = = DB_ERROR)
return false;
```

2. 快速实时数据库访问接口

快速实时数据库访问接口针对需要读取，速度非常快，而不需要修改该实时库中的数据的情况。该接口的实现原理是：实时数据库管理系统根据表配置表、域组配置表和域配置表中的配置信息自动生成与每张实时表相对应的接口类，该接口类中包含有与实时表结构完全一致的结构的指针，这个指针指向共享内存中的数据，通过该指针就能读取实时库中的数据，而且每次读取到的数据总是最新的。如果直接通过该指针修改数据，则可能会造成实时数据库出错，甚至造成整个实时数据库管理系统崩溃。

用户可以把自动生成的接口类编译成动态库，提供给应用程序使用，或者把需要使用的实时表的接口类加入到应用程序中直接使用。

快速实时数据库访问接口只能对实时库表进行读操作。快速实时数据库访问接口只能在已知表结构的情况下才能使用，而且不能使用该接口修改实时库中数据。

（1）打开表。

```
virtual int Open(int TableNo,short DbNo = - 1);
```

（2）遍历接口。该类提供了两个接口，可以得到所有记录的索引值。

```
int GetFirstRecIndex(void);
int GetNextRecIndex(void);
```

（3）索引有效性检查接口。

```
SF_Bool ValidIndex(int recIndex);
```

（4）常用的方式。

```
CQuickTableBase table;
int iTableNo = ANALOGINPUT_ID;
short sDbNo = 1;
if(table. Open(iTableNo,sDbNo) = = DB_ERROR)
    return false;
int recIndex = 0;
for(recIndex = table. GetFirstRecIndex(); table. ValidIndex(recIndex);
    recIndex = table. GetNextRecIndex())
{
    // 通过索引 recIndex 访问记录
}
```

实时数据库访问界面如图 6 - 7 所示。

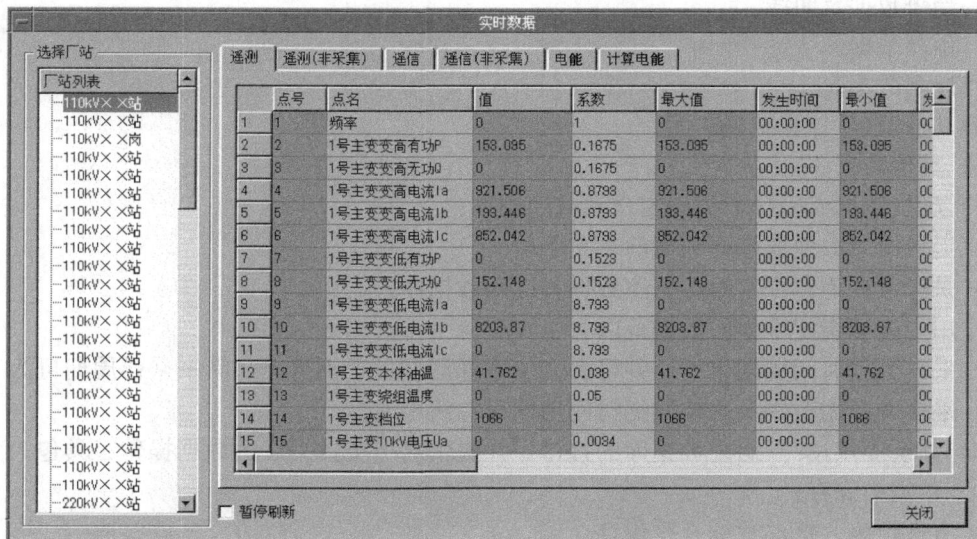

图 6-7　实时数据库访问界面

第六节　历 史 数 据 库 设 计

一、历史数据库的特点

历史数据库用于存储大量的历史数据、电力系统参数等，由于其信息量大，一般采用硬盘为主要载体，通常采用商用数据库管理系统进行有效管理，如 Oracle、SYBASE、DB2、SQL Server 等。商业数据库具有可靠性高、容量大、接口标准、安全性好等特点，在计算机网络高速发展的今天，商业数据库被广泛地使用在各种各样的系统中，成为开放式系统必不可少的一个重要的组成部分。

二、历史数据库在系统中的作用

历史数据库用来保存电网模型、事件记录、历史采样数据等。历史数据库的管理与使用方面的功能如下：

（1）历史数据周期性地保存，每个实时数据库和应用软件数据库中的数据点都可以指定一个保存历史数据的间隔时间。

（2）系统提供访问历史数据库的接口，进行历史数据的查询和处理，也可以用于电网历史工况的重演。

（3）历史数据库中的数据类型包括下列内容：

1）测量数据。

2）统计计算数据。

3）状态数据。

4）事件/告警信息。

5）SOE 信息。

6）事故追忆数据。

7）趋势数据及曲线。

8）预测数据。

9）计划数据。

10）应用软件计算结果断面。

11）其他数据。

（4）历史数据库采样数据的定义及时间周期：

1）提供简单方便的采样数据的定义手段。

2）采样数据为整个实时数据库数据和应用数据库。

3）用户能够指定采样的数据范围。

4）采样数据时间周期可调，并可有多个采样周期，个别数据如频率采样周期可为1s。

5）采样的数据范围及采样数据时间周期可在线修改。

（5）系统提供读/写历史数据库的接口，并提供对历史数据库的数据操作工具包。

（6）数据的保存。

1）事件报告、扰动数据至少保存3年。

2）时、谷、峰、日、旬、月、季、年历史数据，至少保存3年。

3）主要数据周期不低于10min一点，至少保存3年。

4）普通数据周期可以60min一点，至少保存3年。

5）频率曲线周期为1s，至少保存3个月。

6）每个历史数据至少包含实时性标志和修改标志。

（7）历史数据的管理。系统简单方便地管理历史数据，提供图形化管理维护工具。

（8）历史数据的处理。

1）可用历史曲线形式表达周期采样数据。

2）统计处理。可对时、谷、峰、日、旬、月、季、年，典型时、日、月各时段，以及用户自定义时段的历史数据进行统计。统计的数据包括最大值、最小值、平均值、最大最小值时刻、不合格时间、波动率、合格率等。

3）累计处理。可对时、谷、峰、日、旬、月、季、年，典型时、日、月各时段，以及用户自定义时段的历史数据进行累计（积分）。

4）历史数据重新计算。

（9）对历史数据库中保存的事件及其他项，可从工作站和PC上按不同类进行检索。

三、历史数据库的设计

历史数据是指过时的实时数据。历史数据对系统应用人员有极其重要的参考价值，它从实时数据库中得到且与时间有关，反映了测点在某一特定时刻的状态，如果离开了时间，历史数据也就失去了意义。

1. 历史数据存储的主要特点

（1）历史数据的存储格式相对简单。

（2）存储海量的数据。

（3）数据存储的间隔相对较大。历史数据的存储间隔主要有：整点历史数据主要应用于对电网运行指标的统计；10min历史数据主要应用于对发、供电单位生产和经济责任制指标的考核；15min历史数据主要应用于对与每日发、供、用电计划直接相关的电网运行信息的统计分析。综合电网生产和经营管理的需要以及系统存储量的考虑，系统历史数据的存储间隔平均为 5min。

2. 历史数据存储策略

由于实时数据是电网生产运行状态的重要数据，而且其数据量很大，实时性要求高，存储约束条件多，因此存储策略规划显得特别重要。如果存储规划设计得不合理，将直接影响到数据的查询效率和后台分析程序的执行效率。为此在历史数据存储设计中采用如下技术：①测点基本信息采用静态表；②测点记录采用动态横表结构。

（1）测点基本信息采用静态表。所谓静态表是指数据表及表结构、表中的内容相对不变的数据表。在历史数据存储设计中，用静态表描述和记录 SCADA 系统的测点的基本信息。模拟量测点描述见表 6-4。开关量测点描述见表 6-5。

表 6-4   模 拟 量 测 点 描 述

测点 ID	测点名	度量单位	上限值 1	上限值 2	下限值 1	下限值 2	标记 1	标记 2

表 6-5   开 关 量 测 点 描 述

测点 ID	测点名	状态值	状态描述 1	状态描述 2	状态描述 3	标记 1	标记 2

（2）测点记录采用动态横表结构。通常实时数据管理系统所采用的表结构是纵表结构，即一条记录存储一个测点的信息。采用纵表结构原因有两点：①通常 SCADA 系统采用的是纵表结构；②纵表结构采用的是静态表，且信息表示一目了然。当数据表中的记录数增长过快，采用纵向表结构将导致数据查询速度和后台服务进程执行缓慢，对于需要长期存储的实时数据来说是极其不合理的。因此选用动态横向表结构来存储历史数据，横向数据存储表结构见表 6-6。

表 6-6   横向数据存储表结构

时间戳	字段 0	字段 1	字段 2	字段 3	字段 4	…	字段 999（测点 ID）
TimeStamp1							
TimeStamp2							
…							
TimeStampN							

3. 历史数据库的管理

历史数据库管理系统所完成的功能分为前台和后台两部分。在后台接收来自 RTU 的实时数据，经过筛选、处理及统计计算后，根据预先设计的数据结构，存到相应的历史数据库中；在前台，通过显示画面及人—机交互方式，完成历史数据的查询、制作报表及必要的数据库维护。

四、历史数据库的库结构

历史数据库是调度自动化系统重要的组成部分，电网运行时的各种实时数据，包括遥测数据、遥信状态、系统中各种信息等最终都要存储到历史数据库中。因而如何将过去的历史数据加入到历史数据库，显得格外重要。

　　系统的历史数据库对于遥测量的采集存储，系统的默认状态是每 5min 对所需存储的遥测值进行存储，其数据库的结构见表 6-7。

表 6-7　　　　　　　　　　　　　　　　历史数据库的结构

域名	作　用	数据类型	备注
曲线名 ID	关键字，曲线名称	NAMEID	
遥测名 ID	指明所画曲线的遥测量	DATAID	
序号	数据库显示时的序号	SHORT	
当前采样计数值	指明当时采样了几个采样点	SHORT	
当前值	指出当时的采样值	FLOAT	
平均值	从 0 点到目前为止的采样平均值	FLOAT	
最小值	从 0 点开始的采样最小值	FLOAT	
最大值	从 0 点开始的采样最大值	FLOAT	
最小值时间	最小值出现的时间	TIME	
最大值时间	最大值出现的时间	TIME	
负荷率	从 0 点开始的采样点的负荷率	FLOAT	
电度值	指出遥测量对应时间的积分值	FLOAT	

　　在历史数据库的存储文件中，按照格式对每 5min 的数据进行存储，在这个文件中只对被选择存储的遥测 ID 进行存储，在进行转换的过程中，还要对其遥测 ID 进行编排对应。通过 SQL 语言对所取出的历史数据按照数据库的格式填写入历史数据库。

五、历史数据库的访问接口

　　在电力 SCADA 系统应用中，有大量访问数据的操作，如果让每个应用程序都按照数据的接口来一步一步地访问数据库，将非常烦琐。数据库都支持特殊的函数，如最大、最小、平均函数等，但上层应用人员应用时很麻烦。所以定义一套标准的数据库接口显得尤为重要。主要为：

　　Getsqldata 执行 SELECT 语句，返回需要的结果；

　　Execsqlcmd 执行 UPDATE/DELETE 等语句，只需知道成功与否；

　　Dbconnect 连接数据库；

　　Dbbulkdata 批量操作函数；

　　Dbdisconnect 断开数据库。

　　根据不同类型的数据库提供的 API 编制不同数据库类型的动态库，但是输出动态库和静态库名字相同，这样上层应用时，只需编译一遍就可以了，数据库更换为不同的类型时，只需要更换相应的接口动态库即可。

　　由于现在的电力系统采集的数据量较大，如果采用一条一条插入数据库将对系统有很大的影响，幸运的是，数据库一般都提供了批量插入的函数。只需要按 C++语言结构方式排列好数据，并在第一个记录上进行数据绑定，然后执行步长，指定记录个数，然后调用函数即可，成功或失败后，函数会返回影响的记录个数。

一些数据库应用的其他函数如下：

Dbgetfreespace：检测数据库剩余容量函数；

Dbgetcapacity：检测数据库容量函数；

Dbtboutfile：把参数表按一定格式导成文本文件；

Dbtbinfile：把一定格式的文本文件导入参数表；

Dbdatabak：历史数据逻辑备份工具，具有按照日或月备份的功能；

Dbdatares：历史数据恢复工具，具有按照日或月恢复的功能。

历史数据库操作界面见图6-8所示。

图6-8 历史数据库操作界面

第七节 历史和实时统一的数据库管理系统

一、历史和实时统一的系统

广泛采用商用数据库已成为工业界数据库应用的潮流，有了商用数据库的管理，才能方便地实现信息的共享，现有的商用软件才可直接使用，与其他系统的互联才能按标准方式进行，系统才真正具有完全意义上的开放性。但如果全部直接使用商用数据库，又难以满足电力系统实时性的要求，所以在设计数据库管理系统的时候，采用实时数据库管理系统和商用数据库管理系统相结合的方法。

商用数据库管理系统主要用来进行数据库建模、历史数据存储、告警信息的登录、设备信息的存储、管理信息和其他信息的保存以及整个系统数据安全性的检查、一致性和完整性的保证等。商用数据库管理系统运行在历史数据服务器中。

实时数据库管理系统是自行开发的具有 Client/Server 模式的数据库管理系统，具有很快的响应时间，能很好地满足电力系统实时性的要求，同时它还是一个网络数据库管理系统，它可以管理分布于网络中各个节点上的所有分布式数据库，这就为系统的灵活配置和功能的随意组合提供了技术基础。实时数据库管理系统运行在数据采集服务器中。

两种数据库在系统中的有机结合、协调同步是一个系统设计成败的关键，必须采用先进的管理机制，对两种数据库进行统一管理，向用户提供统一的访问接口和人机界面，用户访问数据库时，只要指出要访问的对象，就可检索到相应的数据，而无须指明所需访问的数据是在实时库中还是在商用库中，是在本地机器上还是在异地机器上，两种数据库对用户完全透明，这就为用户的访问提供了极大的方便，减少了很多不必要的烦琐细节。

调度自动化系统中既有商用数据库管理系统，又有实时数据库管理系统，但两者不是分离的，而是完全统一的，有一个全网统一的数据库管理系统，对实时数据库和商用数据库进行统一的管理，用户使用数据时，只需指明哪个应用的数据，而无需知道数据在哪台机器的数据库上，完全有数据库管理系统自动到全网去搜索。

系统中虽然有两套数据库管理系统，但对于用户来说，看到的只有一个综合的数据库和管理系统，无需分商用数据库和实时数据库，数据的存储对用户而言是完全透明的。

SCADA 子系统以实时库为中心，将多种类型的实时数据保存至实时库，实时数据主要有以下三类：

（1）实时数据。接收数据采集（FES）子系统送出的实时数据，保存至 SCADA 实时库，主要有遥测、遥信、遥脉三类。

（2）计算统计数据。根据指定的计算类型和统计类型，将处理的结果保存至 SCADA 实时库，如公式计算、极值潮流统计等。

（3）操作数据。即人工操作数据，如人工置数、人工封锁、挂牌等。

SCADA 实时库与商用库之间主要通过如下两种方式联系：①数据下装。通常在 SCADA 应用启动时，需从商用库下装相关的表至服务器，建立 SCADA 实时库。②数据采样。通过采样服务，保存历史数据。

另外，SCADA 子系统还提供了基于历史库的计算与统计功能。对应数据的查询，分为实时查询及历史查询两类，分别从相应的数据库中获取。实时库与商用库之间的数据流向如图 6 - 9 所示。

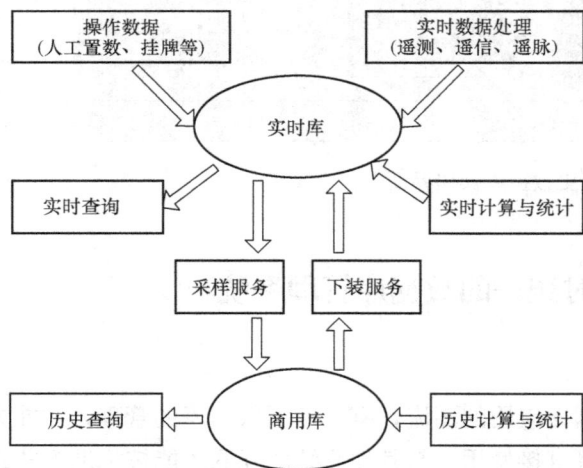

图 6 - 9　实时库与商用库之间数据流向

二、历史和实时统一的数据库管理要求

（1）具备界面配置工具，可对数据库显示界面进行人工配置。

（2）电网模型数据库的显示方式遵循 CIM 封装显示要求，按照系统—区域—厂站—电压等级—间隔—设备（联络线和母线均视为设备）—属性（量测）等方式多层次综合展开显示。

（3）数据库具备完备的检错功能，所有输入条目在被写入数据库前都应通过完备的有效性及合法性检查，并能给出明确详细的提示。

（4）数据库维护包括单点及批量增加、删除、复制、修改数据库参数等操作。

（5）数据库具备多重模糊过滤、查找和替换的功能。

（6）数据库的内容均能采用 Excel 文件或是文本文件的方式实现批量数据的导入或导出。

（7）数据库的所有操作和修改具备完善的权限管理机制，根据操作人员的权限及当前的应用开放可显示/编辑域。

（8）数据库的所有改动操作具备完备的日志功能，记录的内容包括但不限于操作人、操作时间、修改的域及修改前后的内容等，并提供人机界面以方便查询。

（9）数据库具备可设定周期的自动备份和人工恢复功能，具备多种备份方式。

（10）系统数据库容量、表、表中的域具备在线扩充能力，所有的扩充不会对已有的数据及系统运行产生影响。

（11）提供从 GIS 系统导入生成数据库功能。

（12）数据库支持实时态、测试态、研究态等，各种态下的应用分析和参数设置相互之间不会产生影响，并可以方便地实现在不同态之间的切换。

思 考 题

1. 从总体上分类目前有哪几种重要的数据库？它们的特点是什么？
2. 在调度自动化主站系统中，数据库可划分为几类？
3. 实时数据库具有哪些特征？
4. 实时数据库与传统数据库的区别是什么？
5. 简述实时数据库的作用和工作原理。
6. 历史数据库在系统中的作用是什么？
7. 历史数据库需要保持系统的哪些数据？
8. 历史数据库采样数据的时间周期一般为多长？
9. 历史数据库中数据的保存时间一般为多长？
10. 实时数据库运行在调度自动化主站中的哪台服务器中？简述其工作原理。
11. 历史数据库运行在主站中的哪台服务器中？简述其工作原理。

第七章 人 机 交 互 系 统

人机交互系统是基于网络窗口系统 X-Window、工业标准 OSF/Motif 或 Windows 和仿真三维图形标准 OpenGL 而开发的分布式的全图形化人机接口。系统设计上充分考虑了各种不同的应用需求，把各种不同的需求有机地糅和在一起，系统的全部操作完全基于人机交互而进行，人机交互的所有操作已实现 100% 的鼠标化，操作起来更加方便、灵活、快捷、直观，同时也定义了快捷键操作，使操作更加简单方便，可以单独使用鼠标，也可以鼠标键盘混合使用。

人机交互系统提供了前置、SCADA、PAS、DTS、DMS 等应用界面，界面风格统一，应用切换方便。完善的安全检测机制，确保只有合法用户才能进行设备操作。友好的交互式操作界面，人工置数，遥控、遥调，调度员挂牌操作以及保护台账查询、保护定值下发等操作都通过一个交互性对话框来进行。完善的报警处理功能，使调度员能准确、全面掌握发生事故的厂站情况。

系统提供了丰富的系统维护界面，有系统安全管理工具、网络管理工具、进程管理工具、打印管理工具、数据库维护工具、报警定义工具、报警浏览工具等，它们为整个系统提供各个层次的监视与控制功能，是用户日常工作的好帮手。

系统的人机界面采用面向对象技术，具备图、模、库一致，生成单线图的同时，自动建立网络模型和网络库。系统具备全图形人机界面，画面可以显示来自不同分布节点的数据。系统的所有应用均采用统一的人机界面，提供方便、灵活的显示和操作手段以及统一的风格。

人机交互系统根据前置子系统采集的信息，形成电网监控所需要的信息显示和控制命令的总和，是调度员掌握、控制电网运行的主要界面。人机交互系统可显示的画面有地理接线图、电网结构图、厂站接线图、潮流分布图、工况图报警一览表、常用数据表、厂站设备参数表、目录表、备忘录等。画面形式可为多种曲线图、棒形图、饼形图、混合图、模拟表图等。

第一节 基 本 功 能

一、窗口及画面显示系统

系统提供基于 X-Window 和 OSF/Motif 或 Windows 的全中文窗口管理系统，为用户操作提供统一的风格和视觉效果，且操作简单方便。窗口主要由菜单及按钮组成，支持图标、弹出式及下拉式菜单。主要操作包括最大/最小化窗口、关闭窗口、移动窗口、改变窗口尺寸、改变窗口的焦点等。人机系统的窗口管理支持高分辨率的单屏及多屏、多窗口管理。

画面显示管理系统提供多种显示属性，例如：全图形显示及画面的无级放大和无级缩小（Zooming），画面的分层及分级显示（Layer and Level）（每幅图最多可分为 256 层），画面的漫游（Panning），画面的旋转及镜像，并且提供导航窗口（Navigation Window），使用户方便地定位以及平滑地显示所要显示的图形画面。

系统显示除提供一般的厂站单线图、棒形图、曲线图、配置图、潮流图、地理图、系统工况图、菜单图外，还提供其他多种显示图形，如实时/历史数据报表、表盘显示、模拟量填充显示、饼形图显示、温度计式显示、动态字符显示、动态图元显示以及用户化动画显示、用户定义的各类画面等。另外，各种画面可同时显示在一幅画面中，也可以显示在不同的画面中，可以显示在同一个屏幕上，也可以显示在不同的屏幕上，而且每幅图的尺寸不做限制，用户想画多大就画多大，提供了非常大的灵活性。

系统支持国家标准一、二级字库汉字和多种矢量汉字，系统采用的矢量汉字有楷体、宋体、隶书、魏碑、行楷、黑体、幼圆、舒同、行书，系统还提供易于使用的文本编辑功能，且编辑系统的资源变量配置。

显示内容主要有：

（1）遥测、遥信（断路器、隔离开关、保护信号、变压器挡位信号等）、电能量、频率、系统实时或置入的数据和状态、计算处理量（功率总加，电能量总加，峰、谷、平电电量累计值，计划负荷与实际负荷的差值、功率因数，奖罚电量等），时间等。

（2）全开放显示对象：实时数据库所有对象的任何字段均可上画面显示，如越限值、对象名、开关跳闸次数、网络状态、通道状态及用户增加的任何字段。

图形用户界面具体实现的功能如下：

1. 窗口

监视器包含多窗口，能同时显示多个窗口及同时运行多个程序。除了显示时间、日期等信息的专用窗口，用户工作站可支持每个监视器至少同时打开 8 个窗口。

任何时候每台用户工作站只有唯一一个活动窗口。活动窗口是当前所有人机交互的唯一联系通道，如画面调用、画面引导、程序执行和对话框交互输入等人机交互均通过该活动窗口相互发生作用。

2. 用户界面特性

（1）时间和日期：每个用户工作站监视器显示时间和日期，时间分辨率为 1s。

（2）工具栏：具有带下拉式菜单的工具栏，用于快速引导出应用功能和画面。通过单击工具栏并进入相应的下拉式菜单应能引导出应用功能和画面。向程序员提供编辑工具栏和导航树的规则，通过交互方法，不需编程就能构造新工具栏和导航树。

（3）对话框：当需要向用户提示进一步信息或要求用户作某种选择或输入数据时，采用对话框。对话框中选择区的某项若当前无效将被显示成"黯淡"且为不活动。而该用户工作站上，由于未被授权操作，与此有关的选择区应不被显示。对话框放置在启动该对话框的实体附近，但不会覆盖该实体，用户可以拖动对话框到窗口的任何位置。对话框应包括静态文本信息、按钮、数据输入区和适当的核实框。

3. 帮助功能

系统提供"帮助"功能，该功能采用中文，具有足够的信息指导用户进行系统及其每个应用功能的正常操作而无需求助于打印的用户手册。系统提供"工具"使用户的程序员能编辑和增加"帮助"文本和画面。

4. 画面功能

（1）字体：可用固定大小字体和随缩放功能变化的矢量字体。这一要求可用于中文字和其他字体。

（2）数据显示：任何系统数据库中任何数据点的任何属性均可显示在任何画面的任何屏幕位置，数据点可以是遥测量、通过数据通信得到的量、人工输入量、计算量、历史数据或某个应用（如状态估计）产生的量。

（3）能根据责任区的分配，对图形上不同责任区的设备用不同方式显示，如用户可选择对非责任区的设备进行淡化（灰化）显示，对责任区设备亮化、突前或立体显示等。

（4）通过画面编辑器可以在画面上显示数据质量指示、标签、告警屏蔽指示及画面显示外观等。对数据的放置或数据的显示格式没有人为限制，从而使画面定义的方法不会因此受限制。能访问系统任何数据库中任何数据点或实体的每个属性以便能动态地控制其在画面上的外观显示。

（5）图形显示性能：具有棒图、X/Y图和饼图的显示能力。

5.世界图

系统支持称为世界图功能，可描述整个地区的电力系统接线图。

（1）世界图区域。用户能在监视器的某个窗口上显示世界图的某个矩形部分，该部分称为区域。在同一监视器上不同的窗口能显示世界图不同区域，且各区域可相互交叠。区域可以显示世界图上任意部分，最大范围是整个世界图。具有多监视器的工作站，提供方便的手段使世界图在多监视器上自动拼接显示。

（2）缩放和平移。提供连续和不连续的平移、缩放控制功能。连续平移和缩放采用鼠标以方便、直观的方法实现。不连续的平移和缩放功能应可以用拖动鼠标、从键盘和从弹出菜单的按钮上实现，如图7-1和图7-2所示。

图7-1　用鼠标选中需放大部分图形

（3）"鹰眼"观测：一个世界图的小型复制图，上面有被加亮的当前显示区域。在某个窗口上平移和缩放后，该窗口显示的世界图区域会发生变化，可同步更新小型复制图上的加亮区域，使该窗口上的显示区域和该小型复制图上的加亮区域保持一致，如图7-3所示。

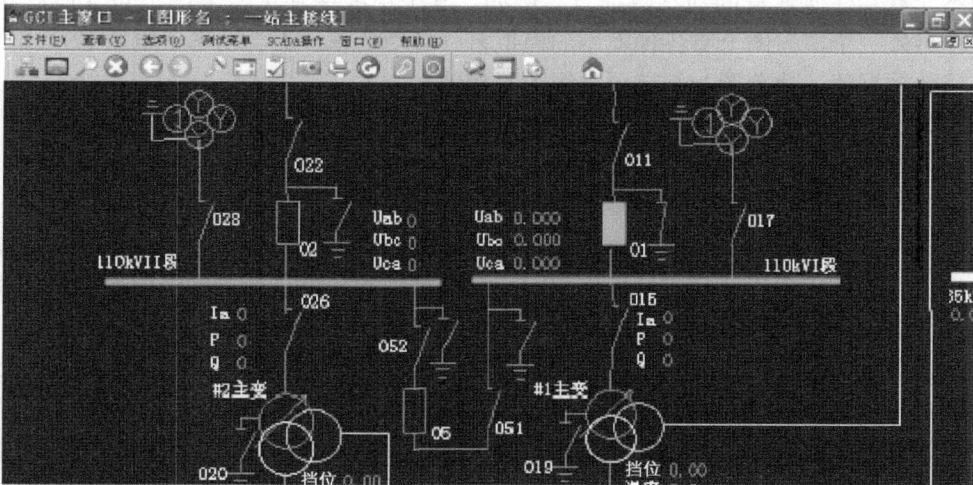

图 7-2 放大后图形

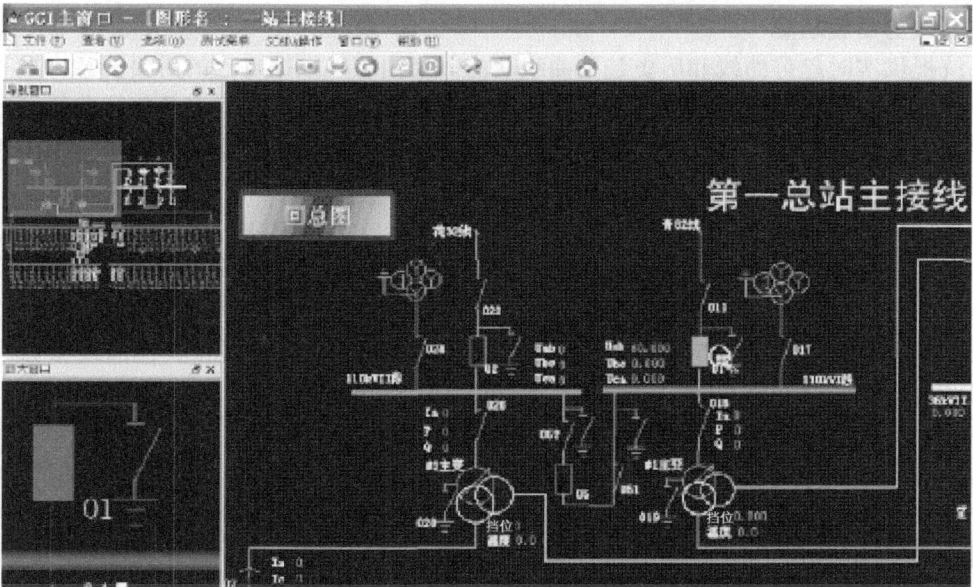

图 7-3 "鹰眼"观测图

（4）细节可视级图。至少提供 16 级相互独立的细节可视级图，与每个细节可视级图相应的放大率应在系统结构中定义。

（5）世界图在其最低一级放大率时（缩小到最远），电力系统厂站仅显示成带厂站名缩写的小方块。用户放大世界图时，到某一预定义的放大级，厂站小方块将被厂站示意图代替，示意图显示所有电气设备的状态，但不显示数据值。进一步放大，数据值（相应的遥测量和计算量）将显示在画面上。

（6）覆盖图。能生成多个数据覆盖图组成的画面，该画面包括一个通常状态下可视的主覆盖图和一个或多个辅助覆盖图，辅助覆盖图仅当用户要求时才可视。每个覆盖图包括其自身的静态元素和任何数量的动态数据点。例如，某个单线图在主覆盖图上包含所有状态量点，但在另外一个覆盖图上有各种类型的模拟量（有功功率、无功功率、电压等）或由某个应用生成的数据值。覆盖图与细节可视级图互相独立。

二、交互式操作管理

用户的所有操作，例如人工置数、遥控遥调、调度员挂牌操作以及保护台账查询、保护定值下发等都通过一个交互性对话框来进行。

系统提供人员权限管理功能，对不同用户在不同机器上可以指定不同的权限，智能对话框可以根据不同的用户确认相应的操作权限、授权范围和允许进行的操作内容，这样就保证了整个系统的安全性和稳定性。

用户还可以通过人机系统发出一些交互命令，例如复制数据库、调用一幅画面、运行一个程序、对电力系统的设备发出控制命令等。

基本的操作主要有热点、菜单、图名三种；多屏显示器可同时显示不同的画面；可以在线进行各种调度操作、遥控操作、遥调操作、禁止告警、允许告警、设置清除、调度图形注释、调度设备注释、在线修改限值、区域控制、挂牌操作、批量遥控、人工置数、人工变位、变位次数清零、参数查询、保护装置投切、保护定值整定、拷屏功能等。

三、趋势曲线功能

系统提供实时趋势曲线和历史趋势曲线功能，用户可以根据自己的需要任意添加和编辑趋势曲线，一幅曲线图上既可以显示一条曲线也可以显示多条曲线，多条趋势曲线同时显示时可以用不同的颜色进行区分，趋势曲线既可以显示负荷预报值，也可以显示负荷限额，同时，也可以显示出实时曲线同预报的偏差。

趋势曲线的基本功能如下：

（1）用于趋势曲线的数据可以来自实时数据库、历史数据库和应用软件数据库以及所有统计值，也可以使用日计划数据和预测数据。

（2）采样数据（点和周期）、比例值（X 轴和 Y 轴）、时间间隔和其他曲线参数可以在线定义和修改。时间间隔可以设置为 $n \times 1s$、$n \times 1min$、$n \times 1h$、$n \times 1$ 天等。

（3）趋势曲线的数据可以记录、显示和打印输出。

（4）同一条趋势曲线可采用采样值和极值绘制显示；遥测最大值、最小值曲线由该遥测点每个采样（统计）周期的最大、最小值历史曲线所构成；该周期时间 $1 \sim 15min$ 连续可设；最大、最小值可与采样历史曲线在同一坐标组合显示。

（5）可显示限值线，支持常量限值和分时段限值。

（6）一幅趋势曲线图上可以用 4 种以上颜色显示 4 条以上不同的趋势曲线，并具有在任何一个趋势范围内缩放和以时间为基准前滚动的能力。

（7）当选择趋势曲线上的某一点时，显示此点对应的带时标数据。

（8）实时趋势曲线：

1）实时趋势曲线的扫描周期最小为 1s 且可调。

2）实时趋势曲线的生成和激活在人机系统在线运行环境下任何时候都可以进行。实时数据库中每一模拟量点和临时计算量都可以选定显示、可选时段导出。

（9）历史趋势曲线。一幅趋势曲线画面可以显示一条或多条（至少 4 条，可以增加）趋势曲线，用于进行不同的模拟量按时间变化的比较（如同一时段不同点的趋势曲线的比较、同一点多条曲线的比较，同一点计划、实时和历史曲线的比较等）。显示参数和外形可以定义和修改。

（10）系统提供曲线显示模板功能，用户可选择不同的曲线显示模板，并能对曲线模板进行重定义和修改。

（11）当显示曲线超过限值时，以不同的颜色显示标识。

（12）曲线显示。

1）一条或多条曲线显示选择。在一幅画面上有多条趋势曲线的情况下，用户可以选择是显示一条还是多条曲线。

2）网线选择。为了更直观、准确地观察曲线，用户可以选择是否在背景上加水平和竖直相交的网状线。

3）同一幅画面上可调同类型时间间隔的任意日期的多条曲线，用户可自定义每条曲线的颜色、水平和垂直标尺。

4）可在任一台工作站上对曲线进行修改。

5）坐标轴的尺度可设置为固定值或自适应，自适应状态下应自动根据曲线的数值范围调整为最佳的显示状态。

6）支持多坐标系，至少能够同时显示 4 个坐标系及曲线。

7）具备多条曲线叠加功能。

四、画面的复制功能

所有屏幕上显示的画面全部可以在打印机上打印出来，打印既可以是单色的，也可以是彩色的，画面打印采用快照功能，即把屏幕的内容一次性拾取下来，传送到打印队列中，等打印机有空闲时打印，这样就保证了打印画面时不影响画面数据的实时刷新，保证了系统的高实时性。

系统还提供了一种把所显示的画面转换为标准 BMP 位图文件的方便的方法，可以把图形转换为 BMP 位图文件后打印，如图 7-4 和图 7-5 所示。

五、完善的事故报警处理功能

为了使调度员能准确、全面掌握发生事故的厂站情况，人机界面系统提供了一个对事项能快速反应的报警系统。报警方式有报警窗和事项窗，并可根据报警推出画面、发出信息闪烁、启动音响设备进行语音报警。报警窗有利于调度员对报警进行快速反应，使调度员一眼就知道当前的报警处在"报警态"或"恢复态"，是否"确认"过等信息。

人机界面系统还为调度员提供根据自己需要屏蔽某些事项。例如：在权限管理系统中设置用户的设备权限范围，系统就可以使调度员的注意力集中在自己有权限的范围内；在多屏系统配置中，调度员还可以把一些报警窗反映在一个屏幕上而把事项窗反映在另一个屏幕上。

为了使调度员能够观察事故过程中相关设备的运行情况，人机界面系统还提供事故追忆、快照、快照恢复等功能。

在事故追忆界面中，用户选择某个时间段后，系统在数据库中查找所保存的数据源，然后按时间先后顺序以列表显示给调度员。调度员可以选择某个数据源进行追忆，也可以选择多个数据源，系统将会按时间先后顺序进行追忆。人机界面系统为调度员提供类似录音机的播放界面，它具有播放、暂停、快进、快退、退到开始处、快进到结尾处等功能。调度员可

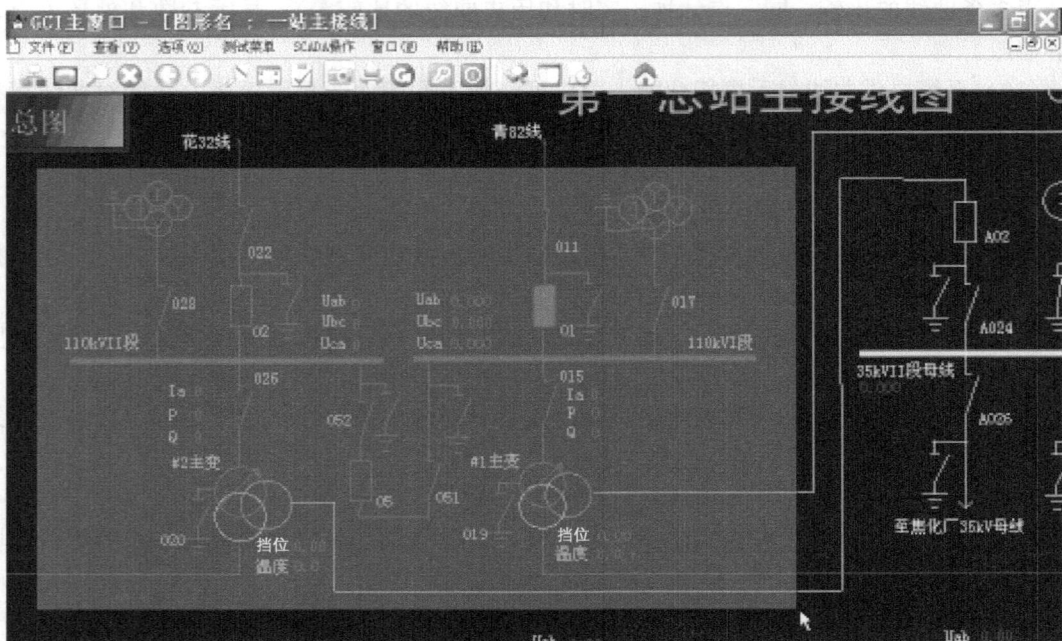

图 7 - 4　鼠标选择需拷屏部分图形

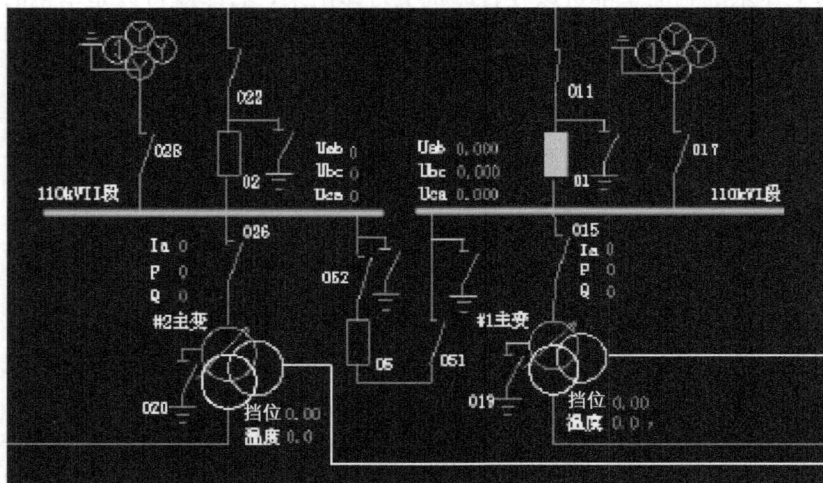

图 7 - 5　打开保存为 BMP 位图文件后的图形

以非常方便地查看事故的任何片段。

　　快照处理提供了两种数据：SCADA 数据和活动报警数据。后者需要另外保存活动报警信息。快照恢复除了提供与快照处理同样的数据源以外，还提供实时模式、研究模式。数据源是以文件的形式进行存取的。

　　报警系统还可以启动一些固定过程，如启动用户预定义过程、启动打印过程、启动数据库操作过程等。

六、网络拓扑和动态着色

网络拓扑作为电网分析软件的基础，其程序存在于 EMS/DTS/DMS 等应用软件中。系统在 SCADA 中纳入网络拓扑程序。它建立电力系统的网络模型，并根据 SCADA 系统采集的遥信、对网络进行分析，判断设备的电气连接状态。网络动态着色根据网络拓扑得出的设备状态信息，以各种颜色直观地显示出设备的电气连接状态（带电或不带电，连接岛）。

第二节　画面编辑和调用功能

一、画面编辑功能

系统提供灵活、方便和丰富的图形编辑功能，可以利用系统自备的图元与用户编辑的图元，自主地定制各种接线图、目录、曲线等。

1. 图形编辑器界面

图形编辑器界面包含以下内容：

（1）标题栏：位于窗口顶部，显示内容依次为节点名、用户名、组名、应用名和画面。

（2）菜单/工具栏：位于标题栏下方，包括所有的操作，工具栏中列出可视化操作按钮，并有隐藏提示、标明每个按钮的功能。

（3）作图区：在此区域进行绘制图形的工作。

（4）作图区菜单：在作图区内的右键菜单，用于绘图中的一些快捷操作。

（5）图元工具箱：列出所有系统自备图元以及用户编辑的图元。

（6）属性编辑框：对当前图元的各种属性进行编辑修改。

（7）数据库属性编辑框：对当前图元的数据库属性进行编辑修改。

（8）导航区：显示按比例缩小后的导航图，单击鼠标可以进行导航定位。

（9）告警提示框：提示绘制过程中的告警信息。

（10）信息显示栏：位于窗口底部，显示当前图形所在的平面、所属的应用、放大倍数、图元类型、联库状态以及鼠标在作图区的坐标。

画面编辑界面如图 7-6 所示。

2. 图形编辑器功能

（1）可以进行复制、删除、粘贴以及连带数据库属性复制和粘贴。

（2）具有多种线型、多边形、圆形以及立方体图元，可以任意选择线宽、线型、线色和填充色。

（3）具有各种电气图元，可以方便地绘制电气接线图。

（4）具有各种动态标志和动态数据图元，可以实时动态地显示各种变化的工况、潮流以及有功、无功、电流等量测数据。

（5）具有强大的曲线工具图元，同一横坐标和主、副两个纵坐标可以任意连接数据库中的一组或几组数据，以不同颜色显示。

（6）具有棒图、饼图图元，可以任意连接数据库中的一组或几组数据，以不同颜色显示。支持各种曲线的显示属性的设置，如颜色、标记、显示类型等。

（7）具有列表和历史列表图元，以表格的形式显示数据库中的表，可以进行域属性以及

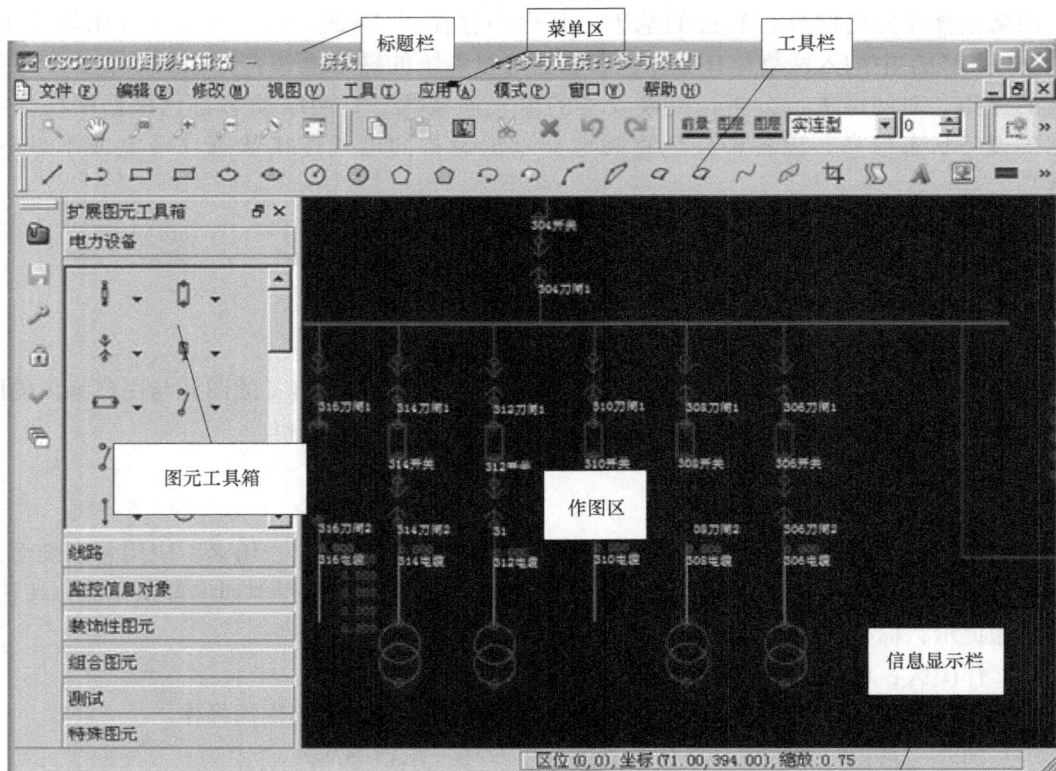

图 7 - 6　画面编辑界面

检索条件的设置。

（8）具有仪表图图元，可以表示各种电力系统表计。

（9）具有标志调用图元，可以进行图形切换、进程调用以及消息处理。

（10）可以对图元进行旋转、水平、垂直镜像操作，并可进行位置的微调。

（11）可以对一组图元进行左、右、上、下、居中对齐排列，并可设置水平、垂直间距。

（12）可以对一组图元进行组合，并取消组合。

（13）可以设置背景色、前景色、背景贴片。

（14）提供图形编辑模板及向导功能，模板应能根据电压等级位置分布和定制间隔类型对厂站图自动生成，并可通过拼接模板支持厂站图拼接成世界图。

二、绘图功能

绘图是绘图包最基本的功能。在绘图包中，图形大致可分为基本图元、动态域图元、电力设备图元等几类元素。其中，基本图元主要是指组成界面的一些基本平面几何图，动态域图元则是一些与数据库数据动态显示相关的图元。

1. 图形元件

（1）基本图元。基本图元主要是指组成画面的一些基本平面几何图（如点、线、矩形、多边形、弧、圆、曲线等），也包括一些三维几何体（如长方体、圆柱、球体等）。基本图元一般是静态的（除非设定对其进行动态化处理）。

（2）动态域图元。动态域图元是针对通用数据库设计的，它主要包括一些图元（如告警、棒图、曲线、时间、动态属性、刻度尺、仪表盘、实时量、按钮、动画、饼图等）。动态域图元包含一般显示属性、图元特有属性和数据访问属性三种属性。一般显示属性指图元显示所共有的一些属性，如数据访问类型、刷新速率、刷新类型、大小、位置、前景色、后景色、字体等。图元特有属性是具体图元区别于其他图元的一些属性。数据访问属性则指图元对实时库和历史库的访问属性。访问的方式是按照表名、记录名、域名访问，也可按照标准 SQL 方式对实时库或历史库的多个表的多个域进行访问。

另外，在动态域图元的属性中包含有画面命令语言和数据访问语言。

（3）电力设备图元。电力设备图元是面向电力设备对象的图元，如断路器、隔离开关、线路、发电机组、变压器、电容器、电抗器、母线、零阻抗支路、负荷、电流互感器、电压互感器、保护装置、避雷器等。电力设备图元是以电力设备为描述对象，可完成以电力设备为中心的各种量测量的显示、数据库录入及更改。

电力设备图元一般用于绘制电力接线图。在绘制接线图时，除增减、修改图元本身外，将对数据库记录进行与之对应的增减和修改操作。同时，编辑程序还将检查并建立接线图上各电力设备的电气连接关系，填写相应的数据库表。

电力设备图元采用面向对象技术建立，可以利用基本图元和已有电力设备图元进行修改或组合定制。电力设备图元的定制参照了 IEC 61970 CIM/CIS 的 CIM 有关电力元件的连接包（Connectivity Package）标准。

（4）组合图元。组合图元是一些由前面所描述的各种图元（含基本图元、动态域图元、电力设备图元）组合起来的图元，它是从图形原语类派生出来的。组合图元可以是图形文件中的一个组类对象，也可以作为一个整体存放到组合图元库中。

2. 绘制图形

绘制图形主要包括以下几个主要方面：画面元件、画面元件的属性、画面元件的编辑方法、窗口浏览、动态画面元件和数据库连接、静态元件/组合元件动态化、图模一体化及其他等。

在绘制图形时，系统具有如下特征：

（1）直观的图形用户接口。

（2）支持大幅面图形显示。

（3）支持颜色数大于等于 256。

（4）支持多种图形格式，如 BMP、GIF、JPG。

（5）支持数据库对象上画面。

（6）可以在实时状态下快速查看和测试新编辑的画面。

（7）支持各种屏幕排版特征，包括对齐、间隔、缩放等。

（8）可直观地调整图形元件的属性。

（9）图形元件编辑灵活。

（10）图形可分层显示。

（11）可编辑地理图式与菜单式画面。

（12）支持各种库对象，包括设备图形库、子图库、组合图库。

（13）图形可方便地浏览。

（14）图模一体化。

（15）支持网络拓扑和动态着色。

三、画面调用功能

能在任何时间、任何用户工作站的任何监视器的任何窗口上调用任何画面或任何已命名的系统画面。能在同一时间，在任意台用户工作站、任意数量的监视器和任意数量的窗口上显示同样的画面。

在系统中调用画面的方法包括：

（1）单击目录画面中的按钮，这些画面按层次结构组织。

（2）从工具栏的下拉菜单启动。

（3）从包含在任何画面中的按钮启动，这些按钮用于调用相应的画面。

（4）从功能键或组合键启动，这些键被设置成调用常用画面。

（5）"重调"功能。系统维持一个循环缓冲区，储存每台用户工作站最近调用过的画面标识。通过"重调"快捷键或单击"重调"对话菜单的"重调 后面/前面"按钮能调用相对当前画面的后面或前面一幅画面。"重调"对话菜单应列出所有可"重调"的画面，用户可通过单击其中任何画面名调用它。

（6）单击世界图或厂站画面上某个数据点可调用告警一览表画面，如果在告警一览表中有该点的任何条目，告警一览表中包含该条目的部分被显示出来。

（7）提供在活动窗口或新窗口中调用画面的方法。在多监视器用户工作站上可选择监视器用于打开新窗口。

（8）在运行状态下能通过鼠标拖曳在线截取图形的部分，应用于其他功能。如用于邻接设备的分析、运行方式的图形插入等。

四、图模库一体化与应用切换功能

系统提供按照面向对象的方法设计的基于 CIM 的图库一体化技术，提供了一套先进的图形制导工具，图形和数据库录入一体化，作图的同时可在图形上录入数据库，使作图和录入数据一次完成，自动建立图形上的设备和数据库中的数据的对应关系。所见即所得，便于快速生成系统。

图模库一体化技术可以根据接线图上的连接关系自动建立整个电网的网络拓扑关系，以简化系统的工程化工作和维护工作，且保证维护工作的正确性，避免人为错误，保证图形、模型、数据库的一致性，减少建模和建库时间。

结合图模库一体化技术，系统提供了一套先进的图形应用切换技术。对于一个厂站而言，不需要为每种应用分别绘制一幅图（SCADA 与 PAS 对一个厂站里各种设备的关心程度是不一样的），而是使用同一幅图形，将不同应用共用的图形元素以及独特的图形元素都画在同一幅图里，在用户调出图形后，根据用户所选择的不同应用，图形系统自动识别显示该应用下的内容。这一技术可大大降低用户在维护图形方面的工作量，也减少出错的机会。

作图与录库一体化应用界面如图 7 - 7 所示。

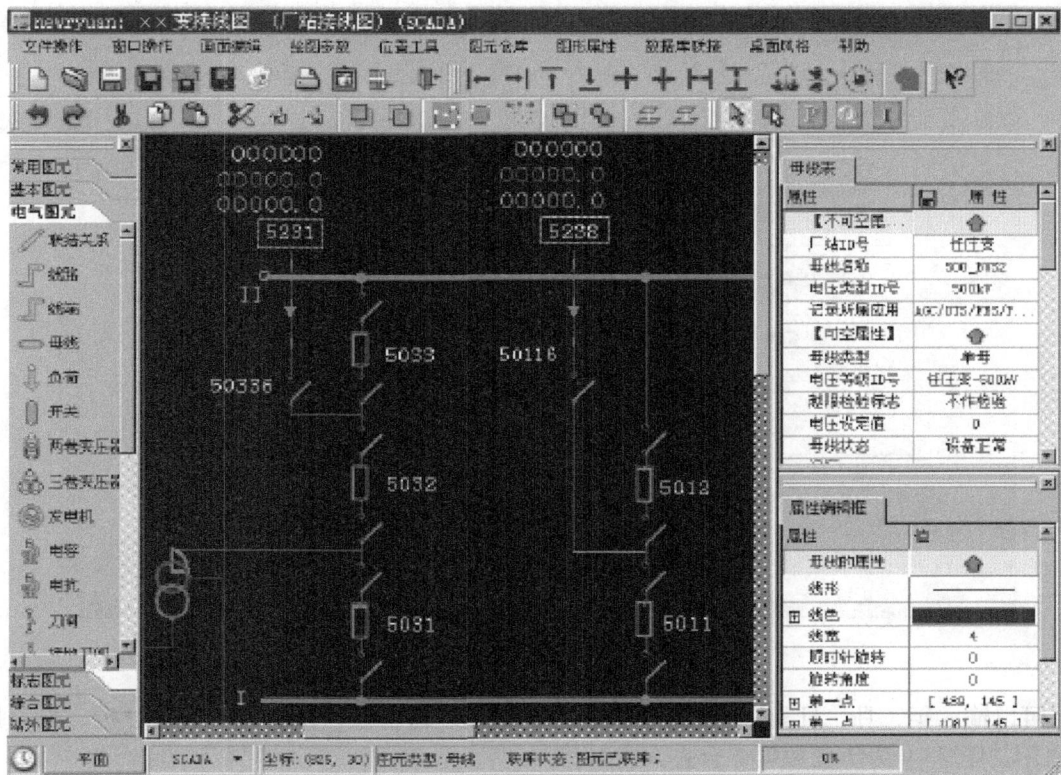

图 7-7　作图与录库一体化应用界面

第三节　人 机 界 面

调度人员在监视和控制厂站端设备运行情况时，需要观察和监视的窗口很多。由于篇幅有限，不可能一一介绍，下面以几个典型窗口为例说明其画面布局和作用。

一、电网一次主接线图

电网一次主接线图是调度运行人员监视和控制变电站和发电厂运行的主要监控画面。画面上的遥测量及遥信量每数秒刷新一次；而遥信变位及事故变位立即上屏，同时能用不同的颜色来区分各个遥测量或设备的不同状态，如越限遥测量改用不同的颜色等。图 7-8 为某变电站的电网一次主接线图。

二、历史数据库显示和查询窗口

历史数据库可以保留一年或多年的数据，具体存储量与计算机存储资源有关，可保存全部遥测量、电能量的整点数据，以分钟间隔采样的曲线数据，遥信量状态，操作记录，主变压器、发电机、补偿电容等电网设备的运行时间和运行率统计，事故追忆数据，事故频率数据等。历史数据库可下载到磁带、可读写光盘上进行备份，备份的历年数据并可回装系统使用。

系统提供丰富多样的工具进行描述数据库的输入编辑、对历史数据库全方位的观察使用

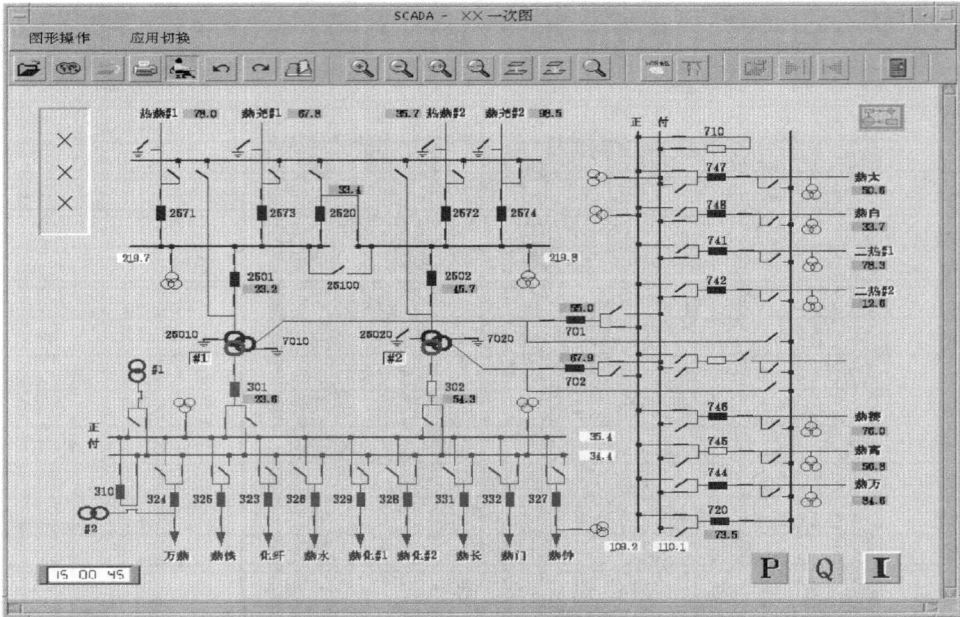

图 7-8　电网一次主接线图

等。可以输入年、月、日具体时间，调出以前的遥测、遥信量，供查询、事故分析、报表打印之用。图 7-9 为历史数据综合查询窗口。

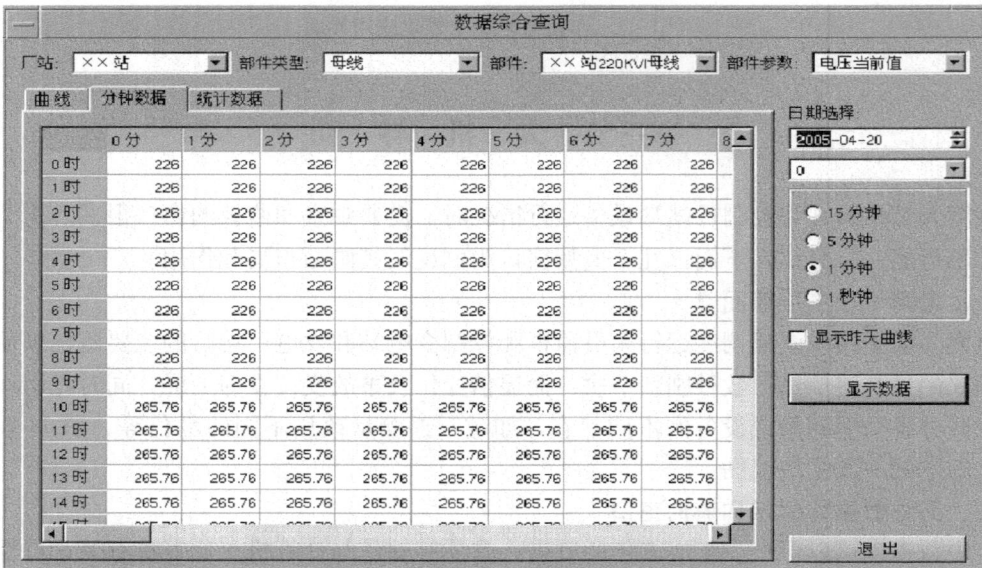

图 7-9　历史数据综合查询窗口

三、实时负荷曲线

实时负荷曲线可实时显示某条线路有功功率在一天 24h 内的实时变化情况，以便调度员能够及时掌握最新情况并能快速处理突发事变。图 7-10 为实时负荷曲线窗口。

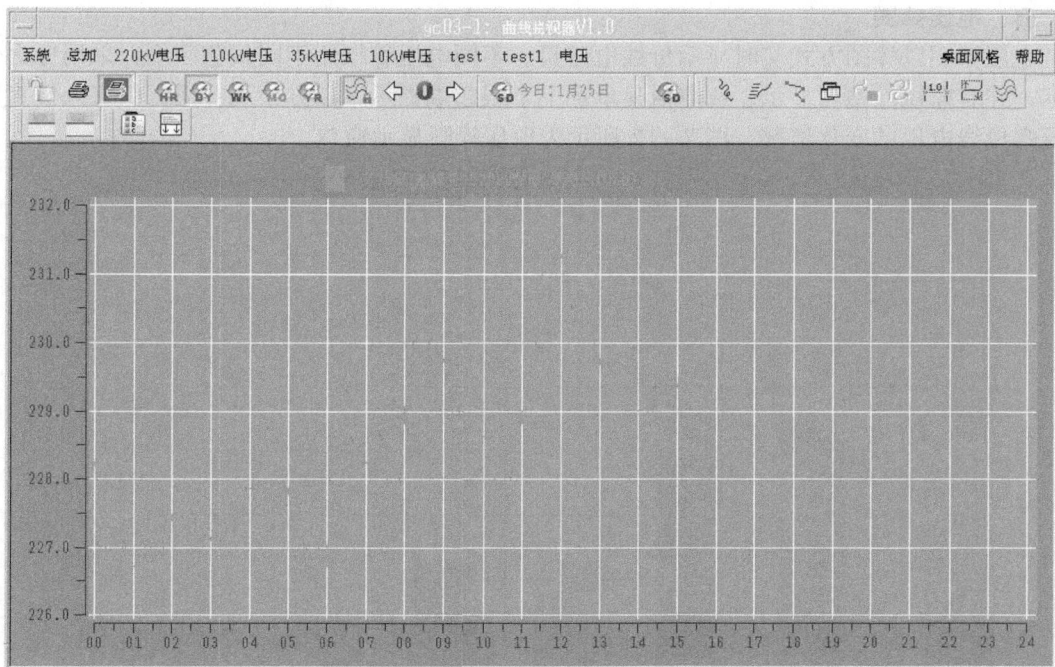

图 7 - 10 实时负荷曲线窗口

四、历史负荷曲线

根据需要，查询的某年、某月、某日的某条线路的有功功率，到历史数据库中调出这些数据，以曲线的形式显示出来，即历史负荷曲线。历史负荷曲线可以方便调度员直观地观察历史的负荷变化情况，为今后的负荷预测提供依据。图 7 - 11 为某条线路的总有功功率在过去的一天内的变化曲线。

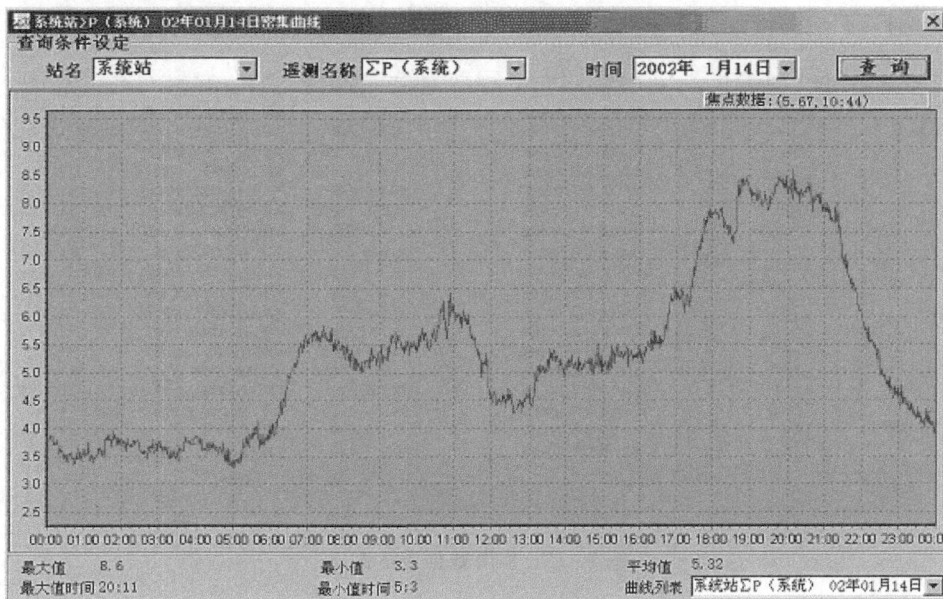

图 7 - 11 历史负荷曲线

五、电压棒图

电压棒图以棒图方式实时显示母线电压量。不同电压等级用不同颜色区别，采用标幺值坐标，并有监视点站名显示、遥测值显示和上下限超限提示，以方便调度运行值班人员直观地观察母线电压的变化情况。图 7-12 所示为电压棒图显示窗口。

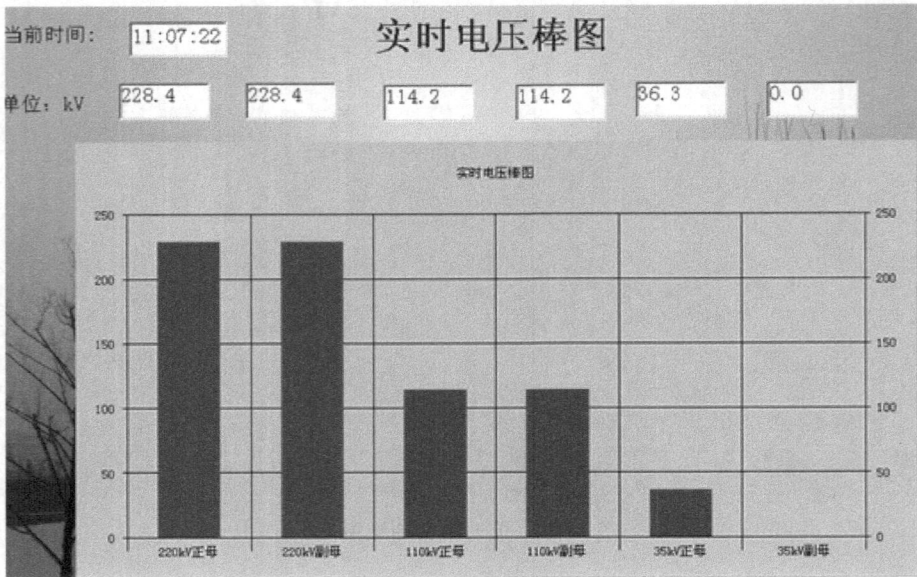

图 7-12　电压棒图

六、实时数据显示窗口

实时数据显示窗口按厂站类型显示所有的实测值，如图 7-13 所示。

图 7-13　实时数据显示窗口

图7-13中选项如下：

厂号：当前查询的厂站编号，输入厂号可自动查找。

参数重载：在修改量测参数后（如点号），重读遥测、遥信定义表。

浏览节点：指定服务器浏览该节点的数据。

刷新周期：1秒、2秒、5秒、10秒、暂停刷新。

厂站列表：显示有实测值的厂站，点击"厂号"、"厂名"可排序。

实时数据表：按遥测、遥信、遥脉分页显示。

七、地理接线图

显示某地区的电网地理接线图，图中显示了该地区的地理形状和位置，标明了输电线路的地理走向和电压等级以及各个发电厂和变电站所处的地理位置，如图7-14所示。

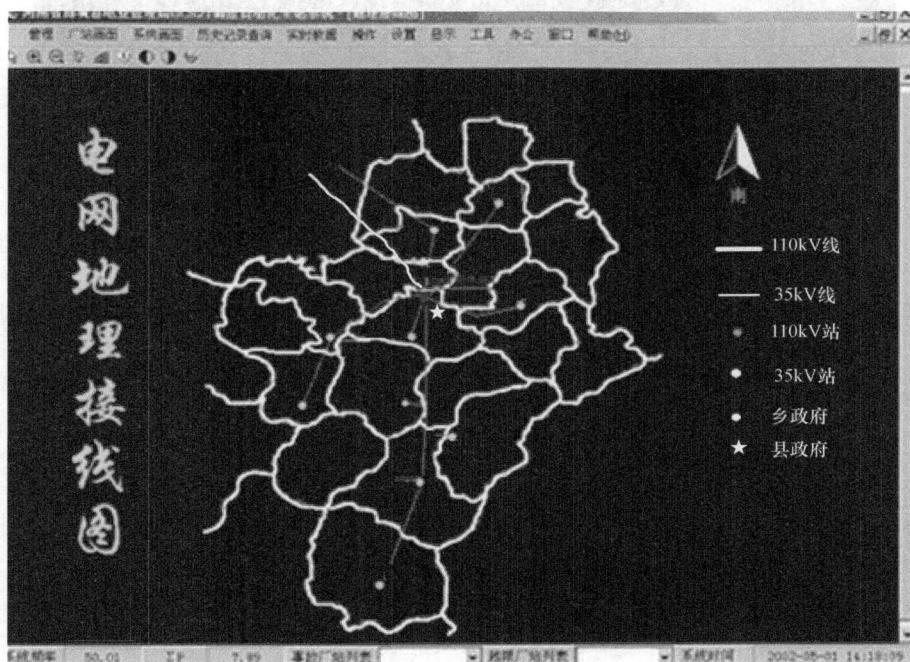

图7-14 地理接线图

八、系统工况图

系统工况图显示SCADA系统中主站端和厂站端各台计算机和RTU或综合自动化装置的工作状况。正常工作时，主站计算机和厂站RTU或综合自动装置相对应的图标闪烁，若主、厂端通信中断或某台设备出现故障，则图中所对应的图标就会停止闪烁，以提醒调度运行值班人员注意，以便快速发现故障，排除故障。系统工况监视图如图7-15所示。

九、规约定义图

前置子系统中用于定义各种通信规约的具体技术参数如图7-16所示。

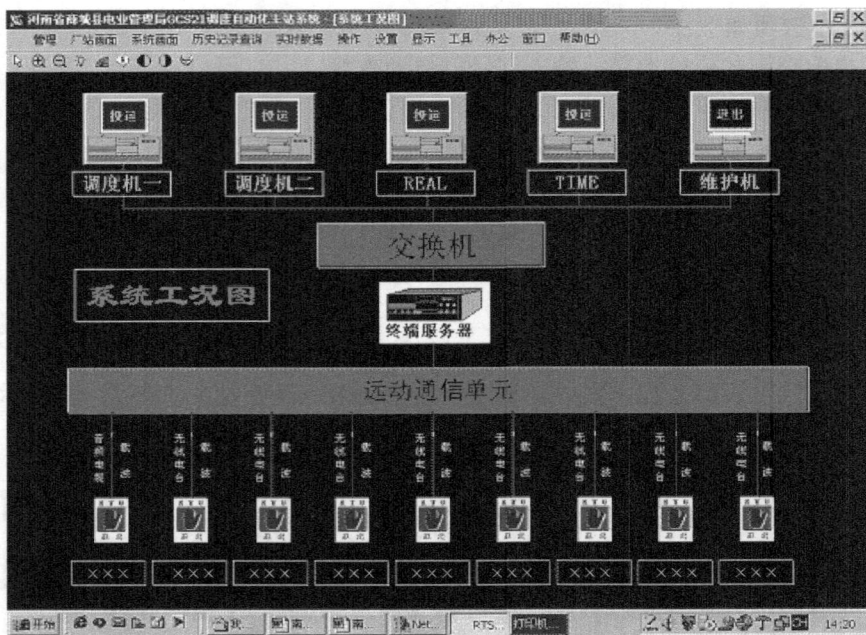

图 7-15　系统工况监视图

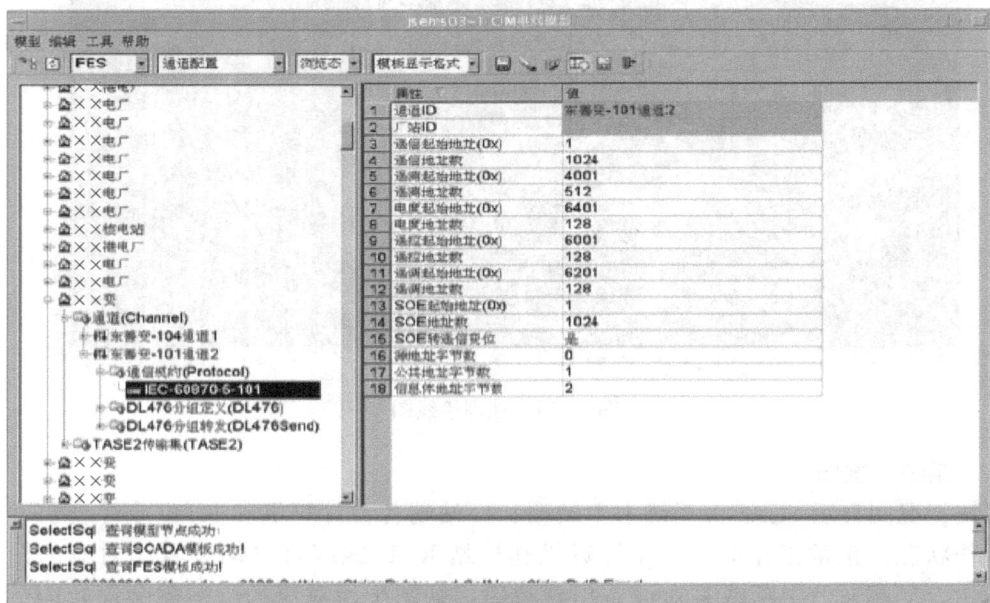

图 7-16　规约定义图

第四节　报　表　打　印

一、概述

报表打印是电网调度自动化主站系统的一项重要功能，它能给电网调度部门提供各时段统计数据报表、实时数据报表、各类图形数据报表，能保存年月历史报表（历史数据）以供查询、同期比较和事故分析等。报表的数据来自历史数据、应用数据和用户自定义数据。数据库中数据的修改能自动地反映在报表中。生成新的报表时，每次生成的报表在历史数据库中分别保存。系统提供报表生成工具和调用机制，且为汉化界面。

报表系统具有全图形的人机界面、所见即所得的电子制表功能，能方便地生成各种表格。系统具有基于 Microsoft Excel 的报表管理系统，运行于 PC 报表服务器上。报表服务器具有报表定义编辑、显示、存储、打印等功能，并且在 Microsoft Excel 的基础上增加便于制作电力系统报表的数据定义功能。报表系统支持对历史数据的修改功能，该功能需要在报表服务器上完成。曲线、棒图和饼图能添加到报表上，与电力系统运行相关的说明和注释也能由调度员在线写入到报表中并且能支持汉字，同时报表系统提供调度员备忘录功能。由于报表系统采用的格式是通用的 Microsoft Excel 格式，所以便于用户的进一步开发、再加工、综合利用和今后的表格再现。系统提供的各种查询工具，其结果均能通过报表显示和打印。

二、报表打印功能

1. 报表打印内容

报表打印内容包括时报、日报、周报、月报、季报及年报等。报表的生成时间、内容、格式和打印时间可由用户定义。报表打印的具体内容如下：

（1）运行和计划数据。

（2）主要趋势曲线。

（3）SOE 和 PDR。

（4）电网设备运行状态。

（5）SCADA 设备运行状态。

（6）对电网设备的操作命令。

（7）对 SCADA 设备的操作。

（8）各级、各类报警信息。

（9）各类数据库中用户需要的其他数据。

（10）各类统计数据。

（11）各种查询结果（如最大值、最大值时间及其他数据等）。

2. 报表调用

采用由菜单驱动的对话窗对报表进行调用（增加、删除、修改等），支持请求操作（调度员请求，且报表中的数据可由任意时间起至制表时间止，或当月和本周起始日至指定时间止）和周期操作（指定的时间间隔，如时、天、星期、月和年）。

3. 报表管理

（1）计算功能。

1）具备丰富的运算符、运算函数以及可自定义函数、公式。

2）数学计算。

3）逻辑计算。

4）统计计算。

5）任意组合的计算公式。

（2）编辑功能。

1）可在线简单、方便建立和修改报表的各种格式及数据。

2）可定义各种运算、函数、表达式，任意插入、删除表格各项目，具有剪贴板功能。

3）图文混排，有专用的图形编辑器，用以生成曲线、棒图、饼图等，并能够嵌入报表，还可以嵌入位图。

4）可以方便选择各种常用字体、大小、修饰。

5）生成各种与数据库有关的前景。

6）新增的报表内容能从实时或历史数据库内调出，报表内各种数据能提供给其他报表引用，而不是数据以报表的形式存储，无报表则无数据。

7）提供报表模板向导，同一模板下的报表能按厂站等条件自动生成。能从现有报表提取模板，修改后生成新模板。

（3）显示功能。

1）提供用关系型数据库开发的基于历史数据的电网运行报表。

2）在主站运行的计算机上，特别在调度员使用的操作控制台上，能方便地调出电网运行报表画面。

3）可在线从画面系统中调出所需的报表并可修改数据。

4）用户能通过相应画面，对历史数据进行修改，在电网运行报表上可直接对历史数据库进行修改。

5）对人工修改过的报表数据，可加以标识。

（4）查询、存储功能。

1）用户可任意查询任何时段的报表数据。

2）报表数据可按日、月、季、年度进行存放，报表存放的数据可按用户定义的时间间隔进行。

3）一次性得到多次同比确定时段最值，例如某一段日期内负荷高峰时段的最大负荷值。

（5）打印功能。

1）支持常用的各种打印机。

2）支持打印预览。

3）定时及召唤打印。

4）可打印到最大为 A3 幅各种规格尺寸的报表。

5）可定义到指定打印机上打印输出。

6）汉字编辑、显示和打印。

三、报表打印方式

1. 定时打印

定时打印属正常打印，定时启动生成各种报表，如整点记录、日报表、月报表、年报表等，打印时间可由调度员设定。

2. 事件驱动打印

事件驱动打印属异常打印，由系统实时事故信息启动，主要包括：

（1）RTU 的投入/退出（远动状态）。

（2）遥测越限。

（3）遥信变位。

（4）事件顺序记录。

（5）遥控操作记录。

（6）事故追忆。

3. 召唤打印

操作人员可通过人机界面召唤启动打印已有的报表。重要运行表格可先在屏幕上预览，由操作人员确认或修改误差后存入数据库，再执行打印。

报表打印窗口如图 7-17 和图 7-18 所示。

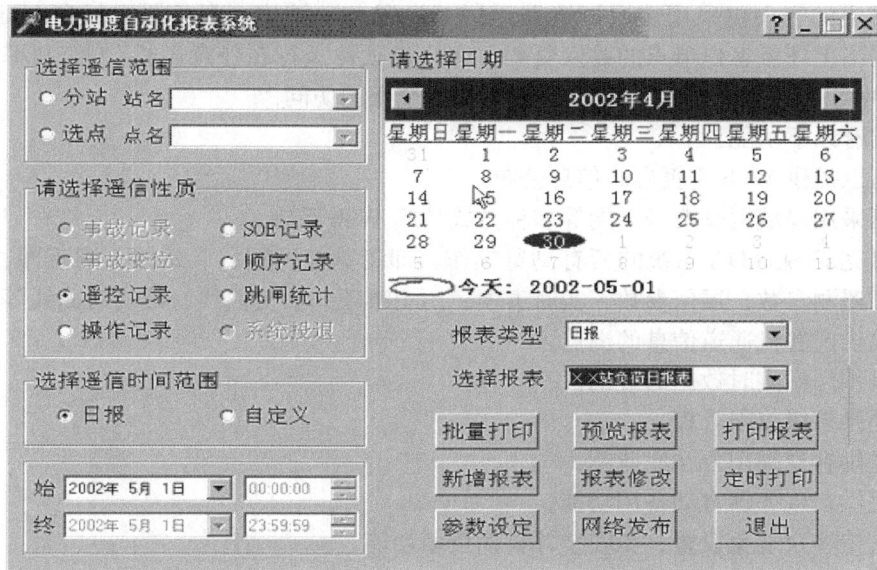

图 7-17 报表类型时间选择

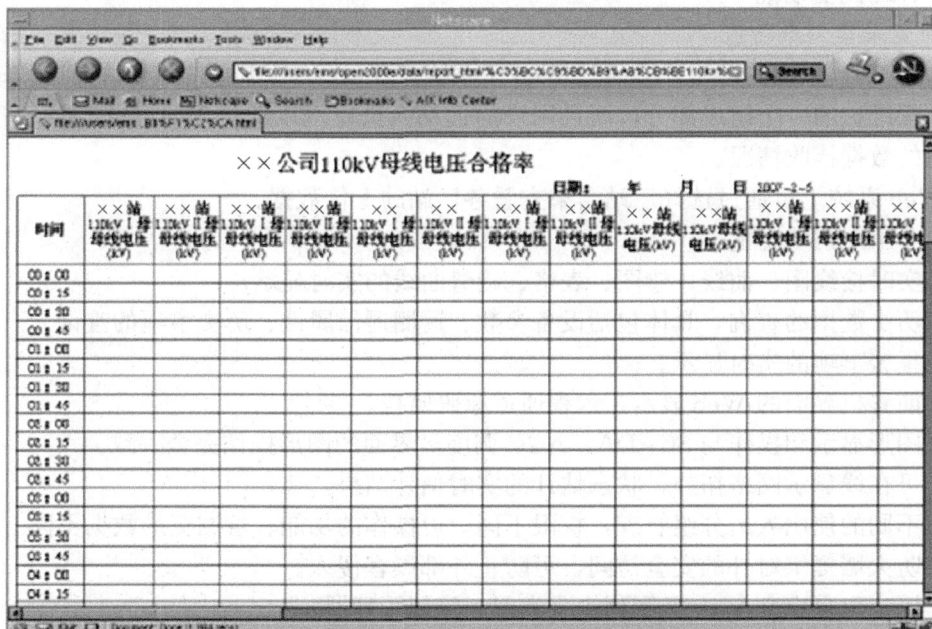

图 7-18 报表打印内容预览

第五节　Web 浏览服务

一、概述

电网调度自动化系统 Web 浏览的出现，不仅方便了局域网内工作人员对自动化系统信息的了解，而且随着办公自动化条件的提高，一些办公及管理部门也可以有效地掌握自动化系统信息并将之作为重要的信息来源。

MIS 网上的客户机采用多层浏览器/服务器（B/S）结构。服务器运行在 Unix 工作站上，提供网络上任意客户节点的并发服务。客户机软件运行在任意微机/工作站平台，主要提供 MIS 网络等用户对本 SCADA/EMS 系统的全面的访问。

系统具有以下功能：

（1）可以提供 Web 主页实时信息公布。

（2）可采用局域网获拨号上网等多种方式访问 Web 系统。

（3）可完成 SCADA 系统的所有浏览操作，即浏览电网图、厂站图、潮流图、地理图、设备参数、遥测参数、遥信参数、实时事项、历史事项、历史曲线、准实时曲线等。

（4）提供前置机通道信息的浏览。

（5）提供厂站实时数据的查询。

（6）提供多级权限管理。

（7）提供客户端用户在线监测。

（8）提供双服务器自动备用功能。

（9）支持客户端免设置、免安装并自动更新功能。

（10）提供安全认证服务功能。

二、Web 浏览功能

1. 前置采集浏览功能

作为对 Web 系统的扩展，能通过 Web 子系统实现远程维护的功能。查看前置采集通道信息是远程维护的一个组成部分，而且用户的远动人员也可以通过 Web 系统在厂站端查看主站系统的数据接收情况。

在 Web 系统上可通过选择厂站名来查看各厂站的上传数据。

2. SCADA 浏览功能

（1）实时接线图、曲线、棒图、表格、趋势曲线的实时显示。

（2）历史数据的查询，具体包括设备参数、遥测遥信属性、历史事项的查询。

（3）报警事项的实时显示。

（4）前置机界面的 Web 显示，远程通道原码监视。

（5）图形显示和操作与 SCADA、AGC 调度员界面的图形操作完全一致。

（6）可在线显示网络拓扑、状态估计的实时估计结果。

（7）不同的使用人员分组管理，权限不同，可操作的功能、可浏览的数据不同。

（8）防火墙提供对外的安全访问，可防止外部黑客侵入。

（9）用户可自定义 Web 调图列表（类似于资源管理器）。

（10）支持所有设备参数的在线查询，包括发电机、变压器、母线、线路、断路器、隔离开关、电容器、电抗器、负荷等。

图 7 - 19 为在 MIS 网的 PC 机上看到的与调度主站机上完全相同的界面。

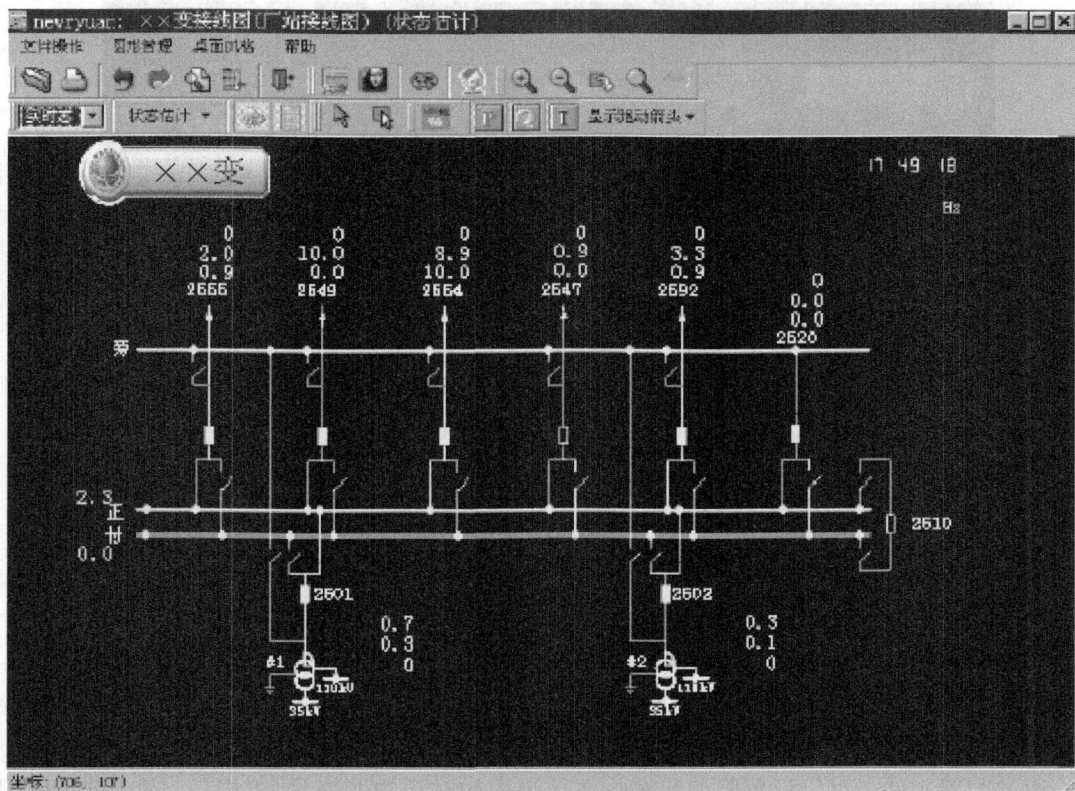

图 7 - 19　完全相同的界面

3. 图形和报表浏览

所有在 Web 客户端显示的调度员画面、电网接线图和报表，均可以按照选定的纸张和输出方式打印输出。

由于报表子系统采用纯 Java 语言实现，具有跨平台的特征，既可以以 C/S 程序方式运行，也可作为 Applet 在浏览器上运行。

报表同时支持跨平台的 C/S 和 B/S 两种方式。

4. 客户端完全免维护

客户端不需要安装，浏览器不需要设置，客户端控件会自动下载，并根据客户端的实际情况实现自动安装（第一次运行），并自动从服务器下载所有所需的文件。

由于 Web 服务是面向整个企业内部各个不同的部门，对功能需求很难统一，程序变更在所难免。为此系统开发了相应功能保证在服务器端的控件更新后客户端的控件可以实现自动更新，真正做到免维护。

图 7 - 20 为免维护的 Web 信息发布界面。

5. Web 浏览系统的安全管理体系

Web 子系统的安全管理体系分两部分，即服务器端的安全管理模块和客户端的安全模

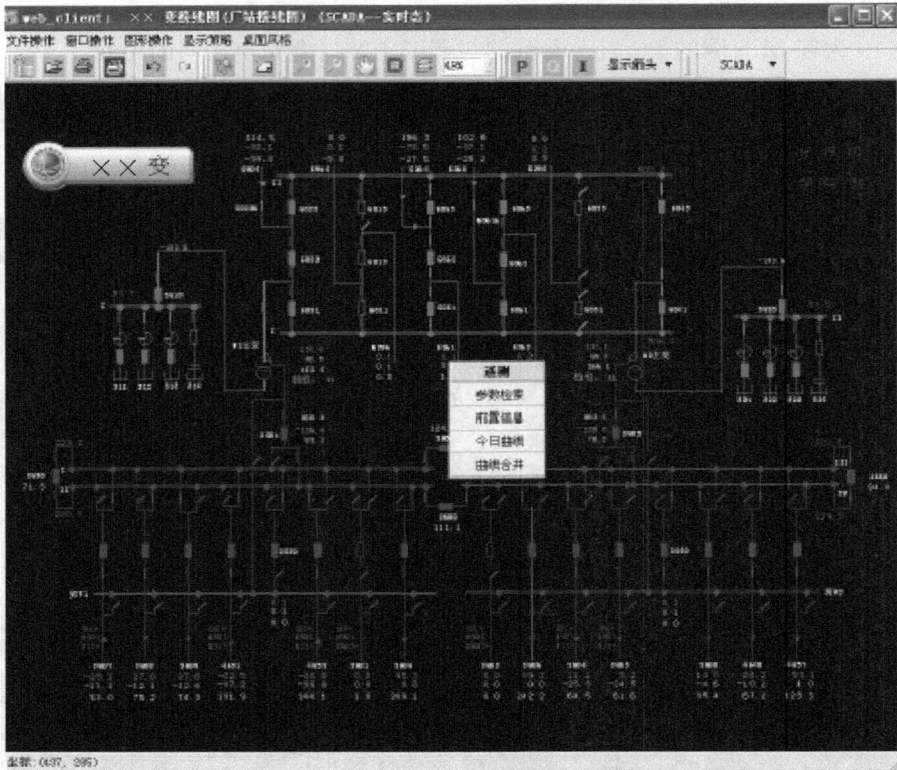

图 7-20　免维护的 Web 信息发布界面

块。通过配置文件，可以设置服务器接收连接请求的客户的网络号/主机号、连接时间、服务时间长度等参数，从而有效防止外部网络黑客的侵入以及系统用户的非法/违规使用。对于重要数据（如报表等），在客户端又加了一层安全管理，通过分级以及用户/口令管理措施，进一步加强安全管理。

思　考　题

1. 调度自动化主站系统上电网一次主接线图的作用是什么？
2. 负荷曲线有几种形式？分别有什么作用？
3. 地理接线图的作用是什么？
4. 系统工况图的作用是什么？
5. 报表打印的内容有哪些？
6. 报表打印的方式有几种？
7. 在事件驱动打印中，有哪些事件会引起打印报表？
8. 利用 Web 浏览功能可以看到哪些信息？

第八章 计算机网络通信技术

第一节 计算机网络的组成

计算机网络最简单的定义是一些互相连接的、自治的计算机的集合。组成计算机网络必须有以下 3 个要素：

（1）两台或两台以上独立的计算机互相连接起来才能构成网络，以达到资源共享的目的。

（2）计算机之间需要使用通信设备和传输介质连接起来。

（3）计算机之间要进行信息交换，彼此需要一个统一的规则，这个规则称为网络协议（Protocol）。网络中的计算机必须有网络协议。

计算机网络系统是由通信子网、资源子网及一系列协议组成。图 8-1 为一个典型的计算机网络系统示意图。资源子网负责信息处理，通信子网负责全网中的信息传递，一系列的协议则是为在主机之间或主机和子网之间的通信而用的。

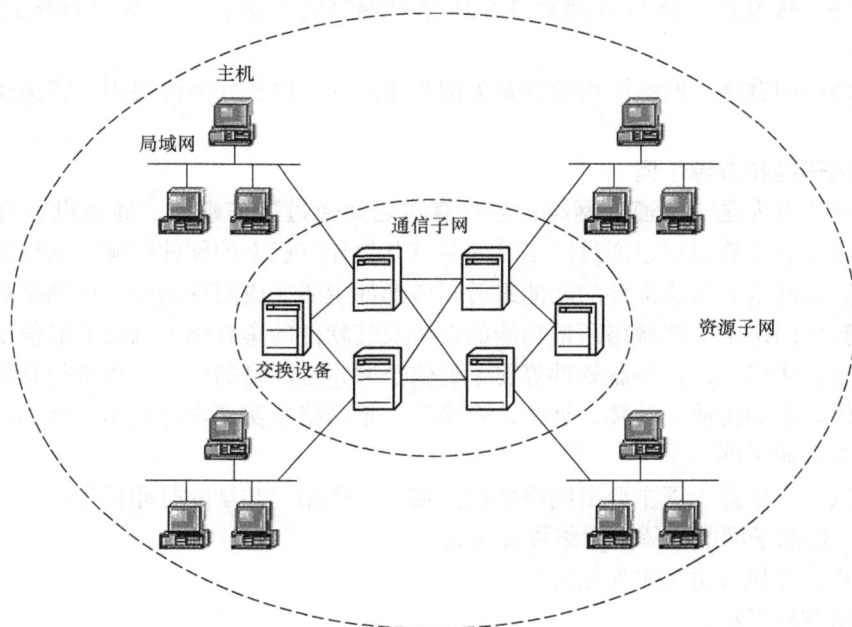

图 8-1 一个典型的计算机网络系统示意图

网络软件系统和网络硬件系统是网络赖以存在的基础。在网络系统中，网络硬件对网络的选择起着决定性作用，而网络软件则是挖掘网络潜力的工具。

一、计算机网络的硬件组成

计算机网络硬件是计算机网络系统的物质基础。要构成一个计算机网络系统，首先要将计算机及其附属硬件设备与网络中的其他计算机系统连接起来。不同的计算机网络系统，在硬件方面是有差别的。随着计算机技术和网络技术的发展，网络硬件日趋多样化，功能更加强大，更加复杂，通常包括分组交换设备（Packet Switching Exchanger，PSE）、分组装配/拆卸设备（Packet Assembler Disassemble，PAD）、网络控制中心（Network Control Center，NCC）、网间连接器（Gateway，G）、主机（Host Computer，HOST）、终端（Terminal，T）、集中器（Concentrator，C）、多路选择器（Multiplexer，MUX），一般是通过通信线路分别和多个远程终端连接的设备。

二、计算机网络的软件组成

在网络系统中，网络上的每个用户都可享用系统中的各种资源，所以系统必须对每个用户进行控制，否则，就会造成系统混乱、信息数据的破坏和丢失。为了协调系统资源，系统需要通过软件工具对网络资源进行全面管理、调度和分配，并采用一系列的安全保密措施，防止用户不合理的对数据和信息的访问。网络软件是实现网络功能不可缺少的软件环境。通常，网络软件包括以下部分：

（1）网络通信软件和协议软件。它控制自己的应用程序与多个站点进行通信，并对大量的通信数据进行加工和处理，是计算机网络中各部分所遵守的规则的集合。

（2）网络操作系统。网络操作系统是用以实现系统资源共享、管理用户对不同资源访问的应用程序，它是最主要的网络软件。

（3）网络管理软件。网络管理软件是用来对网络资源进行管理和对网络进行维护的软件。

（4）网络应用软件。网络应用软件是为网络用户提供服务并为网络用户解决实际问题的软件。

三、通信子网和资源子网

计算机网络首先是一个通信网络，各计算机之间通过通信媒体、通信设备进行数字通信，在此基础上各计算机可以通过网络软件共享其他计算机上的硬件资源、软件资源和数据资源。从计算机网络各组成部件的功能来看，各部件主要完成两种功能，即网络通信和资源共享。把计算机网络中实现网络通信功能的设备及其软件的集合称为网络的通信子网，通信设备、网络通信协议、通信控制软件等属于通信子网，是网络的内层，负责信息的传输，主要为用户提供数据的传输、转接、加工、变换等。把网络中实现资源共享功能的设备及其软件的集合称为资源子网。

在局域网中，资源子网主要由网络的服务器、工作站、共享的打印机和其他设备及相关软件所组成。资源子网的主体为网络资源设备，包括：

（1）用户计算机（也称工作站）。

（2）网络存储系统。

（3）网络打印机。

（4）独立运行的网络数据设备。

（5）网络终端。

（6）服务器。

（7）网络上运行的各种软件资源。

（8）数据资源等。

第二节　网络体系结构及网络协议

一、网络体系结构及网络协议的概念

计算机网络是一个非常复杂的系统，需要解决的问题很多并且性质各不相同。所以，在美国高级研究计划署（Advanced Research Project Agency，ARPANET）设计网络时，就提出了"分层"的思想，即将庞大而复杂的问题分为若干较小的易于处理的局部问题。

1974 年，美国 IBM 公司按照分层的方法制定了系统网络体系结构（System Network Architecture，SNA）。现在 SNA 已成为世界上较广泛使用的一种网络体系结构。

早期，各个公司都有自己的网络体系结构，就使得各公司自己生产的各种设备容易互联成网，有助于该公司垄断自己的产品。但是，随着社会的发展，不同网络体系结构的用户迫切要求能互相交换信息。为了使不同体系结构的计算机网络都能互联，国际标准化组织 ISO 于 1977 年成立专门机构研究这个问题。1978 年 ISO 提出了"异种机联网标准"的框架结构，这就是著名的开放系统互联参考模型 OSI。

OSI 得到了国际上的承认，成为其他各种计算机网络体系结构依照的标准，大大推动了计算机网络的发展。20 世纪 70 年代末到 80 年代初，出现了利用人造通信卫星进行中继的国际通信网络。网络互联技术不断成熟和完善，局域网和网络互联开始商品化。

OSI 参考模型用物理层、数据链路层、网络层、传输层、对话层、表示层和应用层七个层次描述网络的结构，它的规范对所有的厂商是开放的，具有指导国际网络结构和开放系统走向的作用。它直接影响总线、接口和网络的性能。目前常见的网络体系结构有 FDDI、以太网、令牌环网和快速以太网等。从网络互联的角度看，网络体系结构的关键要素是协议和拓扑。

二、ISO/OSI 开放系统互联参考模型

OSI 七层网络模型称为开放式系统互联参考模型，是一个逻辑上的定义、一个规范。它把网络从逻辑上分为了七层，每一层都有相关、相对应的物理设备，如路由器、交换机。OSI 七层模型是一种框架性的设计方法，建立七层模型的主要目的是为解决异种网络互联时所遇到的兼容性问题，其最主要的功能就是帮助不同类型的主机实现数据传输。它的最大优点是将服务、接口和协议这三个概念明确地区分开来，通过七个层次化的结构模型使不同的系统不同的网络之间实现可靠通信。图 8 - 2 为 OSI 七层模型。

| 应用层 |
| 表示层 |
| 会话层 |
| 传输层 |
| 网络层 |
| 数据链路层 |
| 物理层 |

图 8 - 2　OSI 七层模型

1. 第一层：物理层（Physical Layer）

物理层规定通信设备的机械的、电气的、功能的和规程的特性，用以建立、维护和拆除物理链路连接。具体讲，机械特性规定了网络连接时所需接插件的规格尺寸、引脚数量和排列情况等，电气特性规定了在物理连接上传输 bit 流时线路上信号电平的大小、阻抗匹配、传输速率、距离限制等；功能特性是指对各个信号先分配确切的信号含义，即定义了数字终端设备（Data Terminal Equipment，DTE）和数字通信设备（Data Circuit-terminating Equipment，DCE）之间各个线路的功能；规程特性定义了利用信号线进行 bit 流传输的一组操作规程，

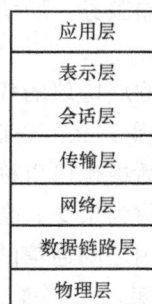

是指在物理连接的建立、维护、交换信息时，DTE 和 DCE 双方在各电路上的动作系列。

在这一层，数据的单位称为比特（bit）。

物理层的主要设备为中继器、集线器。

2. 第二层：数据链路层（Data Link Layer）

在物理层提供比特流服务的基础上，建立相邻节点之间的数据链路，通过差错控制提供数据帧（Frame）在信道上无差错传输，并进行各电路上的动作系列。

数据链路层在不可靠的物理介质上提供可靠的传输。该层的作用包括物理地址寻址、数据的成帧、流量控制、数据的检错、重发等。

在这一层，数据的单位称为帧（frame）。

数据链路层主要设备有交换机、网桥。

3. 第三层：网络层（Network Layer）

在计算机网络中进行通信的两个计算机之间可能会经过很多个数据链路，也可能还要经过很多通信子网。网络层的任务就是选择合适的网间路由和交换节点，确保数据及时传送。网络层将数据链路层提供的帧组成数据包，包中封装有网络层包头，其中含有逻辑地址信息——源站点和目的站点地址的网络地址。

如果在谈论一个 IP 地址，那么就是在处理第 3 层的问题，这是"数据包"问题，而不是第 2 层的"帧"。IP 是第 3 层问题的一部分，此外还有一些路由协议和地址解析协议（ARP）。有关路由的一切事情都在第 3 层处理。地址解析和路由是第 3 层的重要目的。网络层还可以实现拥塞控制、网际互联等功能。

在这一层，数据的单位称为数据包（packet）。

网络层协议的代表包括 IP、IPX、RIP、ARP、RARP、OSPF 等。

网络层主要设备为路由器。

4. 第四层：传输层（Transport Layer）

第四层为称作处理信息的传输层，负责跟踪数据单元碎片、乱序到达的数据包和其他在传输过程中可能发生的危险，为上层提供端到端（最终用户到最终用户）的透明的、可靠的数据传输服务。所谓透明的传输，是指在通信过程中传输层对上层屏蔽了通信传输系统的具体细节。

传输层协议的代表包括 TCP、UDP、SPX 等。

5. 第五层：会话层（Session Layer）

会话层也可以称为会晤层，在会话层及以上的高层次中，数据传送的单位不再另外命名，统称为报文。会话层不参与具体的传输，它提供包括访问验证和会话管理在内的建立和维护应用之间通信的机制。如服务器验证用户登录便是由会话层完成的。

6. 第六层：表示层（Presentation Layer）

表示层主要解决用户信息的语法表示问题。它将欲交换的数据从适合于某一用户的抽象语法，转换为适合于 OSI 系统内部使用的传送语法，即提供格式化的表示和转换数据服务。数据的压缩和解压缩、加密和解密等工作都由表示层负责。例如图像格式的显示，就是由位于表示层的协议来支持。

7. 第七层：应用层（Application Layer）

应用层为操作系统或网络应用程序提供访问网络服务的接口。

应用层协议的代表包括 Telnet、FTP、HTTP、SNMP 等。

第三节　网　际　协　议　IP

TCP/IP（Transmission Control Protocol/Internet Protocol）即传输控制协议/网际协议，是一组用于实现网络互联的通信协议，是 Internet 上所使用的基础协议。

虽然过去有许多网络通信协议，但是只有少数被保留了下来。当今局域网中最常见的 3 个协议是 Miscrosoft 公司的 Netbeui、Novell 公司的 IPX/SPX 和交叉平台 TCP/IP。

每种网络协议都有自己的优点，但是只有 TCP/IP 允许与 Internet 完全连接。TCP/IP 是在 20 世纪 60 年代由美国麻省理工学院和一些商业组织为美国国防部开发的，ARPANET 就是基于协议开发的，并发展成为作为科学家和工程师交流媒体的 Internet。

TCP/IP 同时具备了可扩展性和可靠性的需求，但牺牲了速度和效率。

Internet 公用化以后，人们开始发现全球网的强大功能。Internet 的普遍性是 TCP/IP 至今仍然使用的原因。用户常常无意识地就在自己的 PC 上安装了 TCP/IP 协议栈，从而使该网络协议在全球应用最广。特别是 TCP/IP 在一些问题的处理上有独到之处，也是在全球被推广的原因之一。例如：

（1）TCP/IP 一开始就考虑到多种异构网的互联问题，并将网际协议（IP）作为 TCP/IP 的重要组成部分。

（2）TCP/IP 一开始就对面向连接服务和面向无连接服务给予同等重视，面向无连接服务的数据报对于互联网中的数据传输以及分组语音通信（即在分组交换网里传输语音信息）十分方便。

（3）TCP/IP 有较好的网络管理功能。

一、TCP/IP 分层原理

由于 Internet 已经得到了全世界的公认，因此 Internet 所使用的 TCP/IP 体系在计算机网络领域中就占有特别重要的地位。

网络是分层的，每一层分别负责不同的通信功能。TCP/IP 通常被认为是一个四层协议系统，如图 8-3 所示。由于 TCP/IP 在设计时考虑到要与具体的物理传输介质无关，因此在 TCP/IP 的标准中并没有对数据链路层和物理层作出规定，而只是将最低的一层取名为数据链路层或者称作网络接口层。这样，如果不考虑没有多少内容的数据链路层，那么 TCP/IP 体系实际上就只有三个层次，即应用层、传输层和网络层。

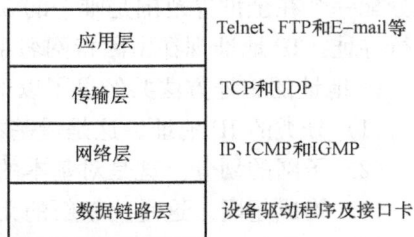

应用层	Telnet、FTP和E-mail等
传输层	TCP和UDP
网络层	IP、ICMP和IGMP
数据链路层	设备驱动程序及接口卡

图 8-3　TCP/IP 协议的四个层次

二、虚拟互联网络

互联在一起的网络要进行通信，会遇到许多问题需要解决，如不同的寻址方案、不同的最大分组长度、不同的网络接入机制、不同的超时控制、不同的差错恢复方法、不同的状态报告方法、不同的路由选择技术、不同的用户接入控制、不同的服务（面向连接服务和无连接服务）、不同的管理与控制方式等。

为了解决上述的许多问题，因特网在 IP 层采用了标准化协议。图 8-4（a）表示有许多

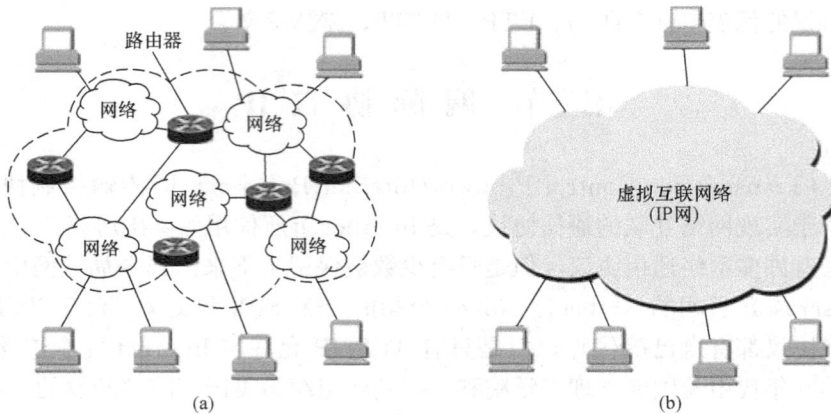

图 8-4　互联网络的概念

(a) 互联网络；(b) 虚拟互联网络

计算机网络通过一些路由器进行互联。由于参加互联的计算机网络都使用相同的网际协议 IP，因此，可以将互联以后的计算机网络看成一个虚拟互联网络，如图 8-4（b）所示。

所谓虚拟互联网络，也就是逻辑互联网络，它的意思就是互联起来的各种物理网络的异构性本来就是客观存在的，但是利用 IP 就可以使这些性能各异的网络从用户看起来好像是一个统一的网络。这种使用 IP 的虚拟互联网络可简称为 IP 网。使用虚拟互联网络的好处是当互联网上的主机进行通信时，就好像在一个网络上通信一样，它们看不见互联的各个具体的网络的异构细节。本章讨论的所有问题都是在这样的虚拟网络上进行的，这种虚拟网络现在也称为互联网。

三、IP 地址分类

在 TCP/IP 体系中，IP 地址是一个最基本的概念。

1. IP 地址及其表示方法

把整个因特网看成一个单一的、抽象的网络。IP 地址就是给每个连接在因特网上的主机分配一个在全世界范围是唯一的 32 位的标识符。有了 IP 地址，可以在因特网上很方便地进行寻址。IP 地址现在由因特网名字与号码指派公司进行分配。

IP 地址的编址方法共经过了以下 3 个历史阶段：

（1）分类的 IP 地址。这是最基本的编址方法，在 1981 年就通过了相应的标准协议。

（2）子网的划分。这是对基本的编址方法的改进，其标准 RFC950 在 1985 年通过。

（3）构成超网。这是比较新的无分类编址方法。1993 年提出后很快就得到推广和应用。

所谓分类的 IP 地址，就是将地址划分为若干个固定类，每一类地址都由两个固定长度的字段组成，其中第一个字段是网络号，它标志主机所连接到的网络，而第二个字段是主机号，它标志该主机。或者说，这种两级的 IP 地址可以记为：

IP 地址：：＝｛＜网络号＞，＜主机号＞＝｝

"：：＝" 表示 "定义为"。

IP 地址的网络字段和主机号字段如图 8-5 所示。

从图 8-5 可以看出：

（1）A 类、B 类和 C 类地址的网络号字段分别为 1 字节、2 字节和 3 字节长，而在网络

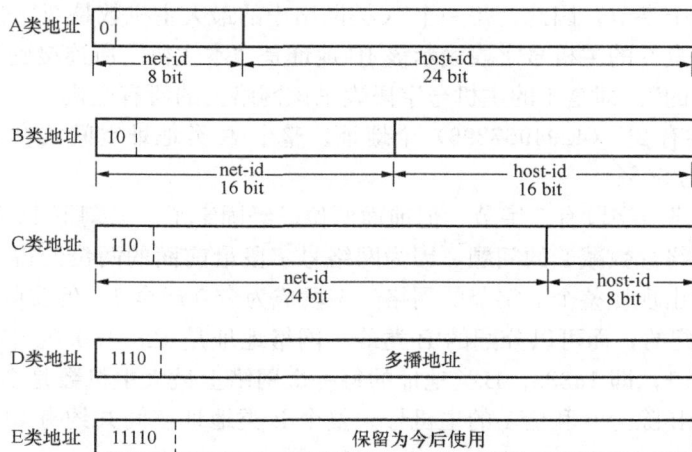

图 8 - 5　IP 地址中的网络号字段和主机号字段

号字段的最前面有 1～3 位的类别位，其数值分别规定为 0、10、110。

（2）A 类、B 类和 C 类地址的主机号字段分别为 3 字节、2 字节和 1 字节长。

（3）A 类、B 类和 C 类是单播地址。

（4）D 类地址用于多播，主要留给因特网体系结构委员会 IAB 使用。而 E 类地址保留为以后用。

在主机或路由器中存放的 IP 地址都是 32 位的二进制代码。为了提高可读性，在写出 IP 地址时，往往每隔 8 位插入一个空格，但这样还是不方便。于是，常常将 32 位的 IP 地址中的每 8 位用其等效的十进制数字表示，并且在这些数字之间加上一个点。这就叫做点分十进制记法。

采用点分十进制记法示例如图 8 - 6 所示。

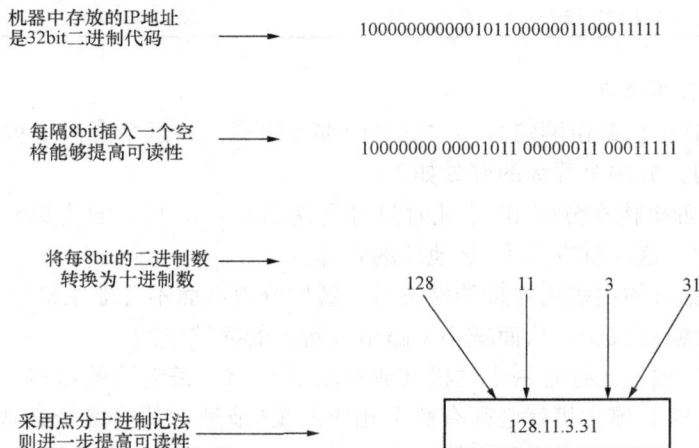

图 8 - 6　采用点分十进制记法示例

A 类地址的网络号字段占一个字节，只有 7 位可供使用，但可提供使用的网络号是 126 （2^7-2）个。减 2 的原因有两个：第一，网络号字段为全 0 的 IP 地址是个保留地址，意思是"本网络"；第二，网络号字段为 127 保留作为本地软件环回测试本主机之用。A 类地址的主机号字段为 3 个字节，因此，每一个 A 类网络中的最大主机数是 $2^{24}-2$，即 16777214。这里减 2 的原因是全 0 的主机号字段表示该 IP 地址是"本主机"所连接到的单个网络地址，而全 1 表示"所有的"，即全 1 的主机号字段表示该网络上的所有主机。

IP 地址空间共有 2^{32}（4294967296）个地址。整个 A 类地址空间共有 2^{31} 个地址，占有整个 IP 地址空间的 50%。

B 类地址的网络号字段有 2 字节，但前面两位已经固定了，只剩下 14 位可以进行分配。虽然这里不存在网络总数减 2 的问题，因为网络号字段最前面的两位使得后面的 14 位无论怎样排列也不可能出现使整个 2 字节的网络号字段成为全 0 或全 1。但实际上 B 类网络地址 128.0.0.0 是不分配的，而可以分配的 B 类最小网络地址是 128.1.0.0。因此，B 类地址的可用网络数为 $2^{14}-1$，即 16383。B 类地址的每一个网络上最大主机数是 $2^{16}-2$，即 65534。这里减 2 是因为要扣除全 0 和全 1 的主机号。整个 B 类地址空间共约有 2^{30} 个地址，占整个 IP 空间的 25%。

C 类地址有 3 个字节的网络号字段，最前面的 3 位是 110，还有 21 位可以进行分配。虽然这里也不存在网络总额减 2 的问题，但 C 类网络地址 192.0.0.0 也是不分配的，可以分配的 C 类最小网络地址是 192.0.1.0，因此，C 类地址的可用网络总数是 $2^{21}-1$，即 2097151。每一个 C 类地址的最大主机数是 2^8-2，即 254。整个 C 类地址空间共约有 2^{29} 个地址，占整个 IP 地址的 12.5%。

这样一来就可以得出表 8-1 所示的 IP 地址使用范围。

表 8-1　　IP 地址的使用范围

网络类别	最大网络数	第一个可用的网络号	最后一个可用的网络号	每个网络中最大的主机数
A	126（2^7-2）	1	126	16 777 214
B	16 383（$2^{14}-1$）	128.0	191.255	65 534
C	2 097 151（$2^{21}-1$）	192.0.0	223.255.255	254

2. IP 地址具有的特点

（1）每一个 IP 地址都由网络号和主机号两部分组成。从这个意义上说，IP 地址是一种分等级的地址结构。分两个等级的好处如下：

1）IP 地址管理机构在分配 IP 地址时只分配网络号，而剩下的主机号则由得到该网络号的单位自行分配。这样就方便了 IP 地址的管理。

2）路由器根据目的主机所连接的网络号来转发分组（而不考虑主机号），这样就可以使路由表中的项目大幅度减少，从而减小了路由表所占的存储空间。

（2）实际上 IP 地址是标志一个主机（或路由器）和一条链路的接口。当一个主机同时连接到两个网络上时，该主机就必须有两个相应的 IP 地址，其网络号必须是不同的。这种主机称为多归属主机。由于一个路由器至少应当连接到两个网络（这样它才能把 IP 数据报从一个网络转发到另一个网络），因此，一个路由器至少应当有两个不同的 IP 地址。

（3）按照因特网的观点，用转发器或网桥连接起来的若干个局域网仍为一个网络，因此，这些局域网都有同样的网络号。

（4）在 IP 地址中，所有分配到网络号的网络都是平等的。

四、IP 地址与硬件地址

在了解 IP 地址时，很重要的一点就是要弄懂主机的 IP 地址和硬件地址的区别。这两种地址的区别如图 8-7 所示。从层次的角度看，物理地址是数据链路层使用的地址，而 IP 地址是虚拟互联网络所使用的地址，即网络层和以上各层使用的地址。

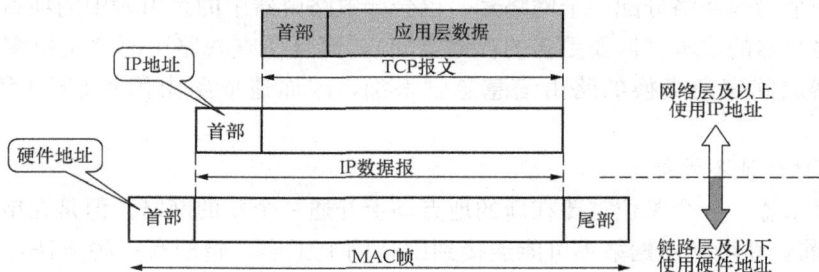

图 8-7　IP 地址与硬件地址的区别

在发送数据时，数据从高层下到低层，然后才到通信链路上传输。使用 IP 地址的 IP 数据报一旦交给了数据链路层，就被封装成 MAC 帧了。MAC 帧在传送时使用的源地址和目的地址都是硬件地址，这两个硬件地址都写在 MAC 帧的首部中。

连接在通信链路上的设备在接收 MAC 帧时，其根据是 MAC 帧首部中的硬件地址。在数据链路层看不见隐藏在 MAC 帧的数据中的 IP 地址，只有在剥去 MAC 帧的首部和尾部，再将 MAC 层的数据上交给网络层后，网络层才能在 IP 数据报的首部中找到源 IP 地址和目的 IP 地址。

总之，IP 地址放在 IP 数据报的首部，而硬件地址则放在 MAC 帧的首部。在网络层和网络层以上使用的是 IP 地址，而数据链路层使用的是硬件地址。当 IP 数据报放入数据链路层的 MAC 帧中以后，整个的 IP 数据报就成为 MAC 帧的数据，因而在数据链路层看不见数据报的 IP 地址。

第四节　划　分　子　网

一、划分子网

（一）从两级 IP 地址到三级 IP 地址

在今天看来，ARPANET 的早期、IP 地址的设计有不够合理的地方。

1. IP 地址空间的利用率有时很低

每一个 A 类地址网络可连接的主机数超过 1000 万个，而每一个 B 类地址网络可连接的主机数也超过 6 万个。然而有些网络对连接在网络上的计算机数目有限制，根本达不到这样大的数值。例如 10BASE-T 以太网规定其最大节点数只有 1024，这样的以太网若使用一个 B 类地址就浪费 6 万多个 IP 地址，地址空间的利用率还不到 2%，而其他单位的主机无法使用这些被浪费的地址。据统计，超过半数的 B 类地址网络所连接的主机还不到 50 台，而这些单位并不愿意申请一个足够使用的 C 类地址（理由是要考虑今后可能的发展）。IP 地址的浪费，还会使 IP 地址空间的资源过早地被用完。

2. 网络性能差

给每一个物理网络分配一个网络号，会使路由表变得太大因而使网络性能变差。

每一个路由器都应当能够从路由表查出应怎样到达其他网络的下一跳路由器。因此互联网中的网络数越多，路由器的路由表的项目数也就越多，这样即使拥有足够多的 IP 地址资源可以给每一个物理网络分配一个网络号，也会导致路由器中的路由表中的项目数过多。这不仅增加了路由器的成本（需要更多的存储空间），而且使查找路由时耗费更多的时间，同时也使路由器之间定期交换的路由信息急剧增加，因而造成路由器和整个因特网的性能下降。

3. 两级 IP 地址不够灵活

有时情况紧急，一个单位需要在新的地点马上开通一个新的网络。但是在申请到一个新的 IP 地址之前，新增加的网络不可能连接到因特网上工作。希望有一种方法，使一个单位能随时灵活地增加本单位的网络，而不必事先到因特网管理机构去申请新的网络号。原来的两级 IP 地址无法做到这一点。

为解决上述问题，从 1985 年起在 IP 地址中又增加了一个"子网号字段"，使两级 IP 地址变成为三级 IP 地址，它能够较好地解决上述问题，并且使用起来也很灵活。这种做法叫做划分子网，或子网寻址或子网路由选择。划分子网已成为因特网的正式标准协议，划分子网的基本思路如下：

（1）一个拥有许多物理网络的单位，可将所属的物理网络划分为若干个子网。划分子网纯属一个单位内部的事情。本单位以外的网络看不见这个网络是由多少个子网组成，因为这个单位对外仍然表现为一个没有划分子网的网络。

（2）划分子网的方法是从网络的主机号借用若干位作为子网号，而主机号也就相应减少了若干位。于是，两级 IP 地址在本单位内部就变为三级 IP 地址，即网络号、子网号和主机号，或者可以用以下记法来表示：

IP 地址∷＝｛＜网络号＞，＜子网号＞，＜主机号＞｝

（3）凡是从其他网络发送给本单位某个主机的 IP 数据报，仍然是根据 IP 数据报的目的网络号找到连接在本单位网络上的路由器。但此路由器在收到 IP 数据报后，再按目的网络号和子网号找到目的子网，将 IP 数据报交付给目的主机。

例如，某单位拥有一个 B 类 IP 地址，网络地址是 145.13.0.0（网络号是 145.13），子网划分如图 8-8 所示。凡是目的地址为 145.13.×.× 的数据报都被送到这个网络上的路由器 R1。

现把图 8-8 的网络划分为 3 个子网，如图 8-9 所示。这里假定子网号占用 8 位，因此在增加了子网号后，主机号就只有 8 位。所划分的 3 个子网分别是：145.13.3.0，145.13.7.0 和 145.13.21.0。在划分子网后，整个网络对外部仍表现为一个网络，其网络地址仍为 145.13.0.0。但网络 145.13.0.0 上的路由器 R1 在收到数据报后，再根据数据报的目的地址将其转发到相应的子网。

总之，当没有划分子网时，IP 地址是两级结构，地址的网络号字段也就是 IP 地址的因特网部分，而主机号字段是 IP 地址的本地部分。

划分子网后 IP 地址就变成了三级结构。注意，划分子网只是将 IP 地址的本地部分进行再划分，而不改变 IP 地址的因特网部分。

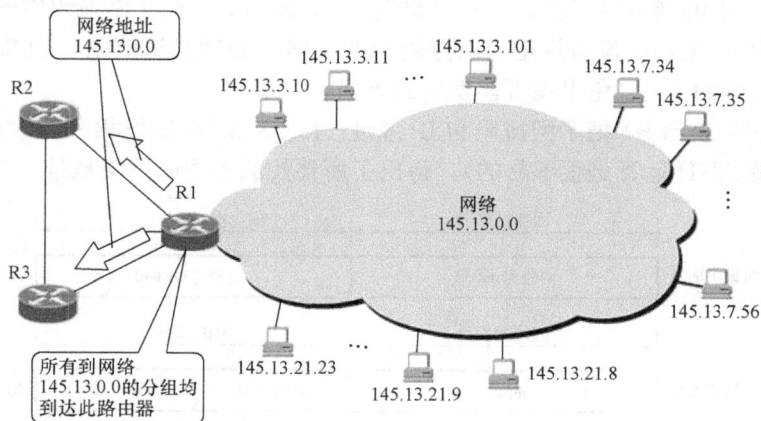

图 8 - 8　一个 B 类网络 145.13.0.0

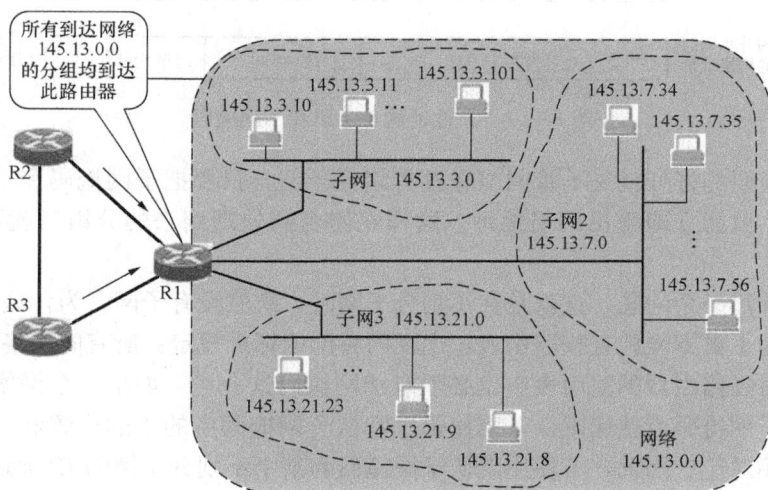

图 8 - 9　划分为 3 个子网后对外仍是一个网络

（二）子网掩码

从 IP 数据报的首部并不知道源主机或目的主机所连接的网络是否进行了子网划分。这是因为 32 位的 IP 地址本身以及数据报的首部都没有包含任何有关子网划分的信息。因此必须另外想办法，这就是使用子网掩码。

IP 地址的各字段和子网掩码如图 8 - 10 所示。图 8 - 10（a）是 IP 地址为 145.13.3.10 的主机本来的两级 IP 地址结构。

图 8 - 10（b）是同一主机的三级 IP 地址的结构，也就是说，现在从原来 16 位的主机号中拿出 8 位作为子网号 subnet-id，而主机号减少到 8 位。虽然 IP 地址变为了三级，但数据报的转发仍然是分两步走，即先按网络地址找网络，然后再找主机。现在网络地址是 145.13.3.0（既不是原来的网络地址 145.13.0.0，也不是子网号 3）。为了方便地从数据报中的目的 IP 地址中提取出所要找的子网的网络地址，路由器 R1 就要使用子网掩码。

图 8 - 10（c）是子网掩码，它也是 32 位，由一串 1 和跟随的一串 0 组成。子网掩码中

的 1 对应 IP 地址中的网络号（注意，一定要包括 subnet-id），而子网掩码中的 0 对应现在的主机号。虽然 RFC 文档中没有规定子网掩码中的一串 1 必须是连续的，但却极力推荐在子网掩码中选用连续的 1，以免出现可能发生的差错。

图 8-10（d）表示 R1 把子网掩码和 IP 地址 145.13.3.10 逐位相"与"（AND）（计算机进行这种逻辑 AND 运算是很容易的），得出了所要找的子网的网络地址 145.13.3.0。

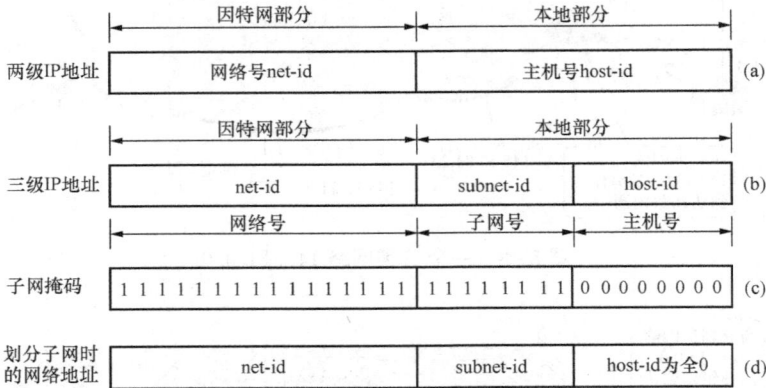

图 8-10　IP 地址的各字段和子网掩码

使用子网掩码的好处就是不管网络有没有划分子网，只要把子网掩码和 IP 地址进行逐位"与"运算，就能立即得出网络地址。这样在路由器处理到来的分组时就可采用同样的算法。

这里还要弄清一个问题，这就是在不划分子网时，既然没有子网，为什么还要使用子网掩码。这就是为了更方便地查找路由表。现在因特网的标准规定：所有的网络都必须有一个子网掩码，同时在路由器的路由表中也必须有子网掩码这一栏。如果一个网络不划分子网，那么该网络的子网掩码就使用默认子网掩码。默认子网掩码中的 1 的位置和 IP 地址中的网络号字段正好相对应。因此，若使用默认子网掩码和某个不划分子网的 IP 地址逐位相"与"（AND），就得出该 IP 地址的网络地址。这样做可以不用查找该地址的类别位就能知道这是哪一类的 IP 地址。

A 类地址的默认子网掩码是 255.0.0.0，或 FF000000H。

B 类地址的默认子网掩码是 255.255.0.0，或 FFFF0000H。

C 类地址的默认子网掩码是 255.255.255.0，或 FFFFFF00H。

子网掩码是一个网络或一个子网的重要属性。在 RFC950 成为因特网的正式标准后，路由器在和相邻路由器表中的信息比较时，必须把自己所在网络（或子网）的子网掩码告诉相邻路由器。在路由器的路由表中的每一个项目，除了要给出目的网络地址外，还必须同时给出该网络的子网掩码。若一个路由器连接在两个子网上，就拥有两个网络地址和两个子网掩码。

可以看出，若使用较少位数的子网号，则每一个子网上可连接的主机数就较大。反之，若使用较多位数的子网号，则子网的数目较多而每个子网上可连接的主机数就较小。因此可根据网络的具体情况（一共需要分多少个子网，每个子网中最多有多少个主机）来选择合适的子网掩码。

二、使用子网时分组的转发

使用子网划分后，路由表必须包含以下 3 项内容，即目的网络地址、子网掩码和下一跳地址。

在划分子网的情况下路由器转发分组的步骤如下：

（1）从收到数据报的首部提取的 IP 地址 D。

（2）先判断是否为直接交付。对路由器直接相连的网络逐个进行检查：用各网络的子网掩码和 D 逐位相"与"（AND 操作），看结果是否和相应的网络地址匹配。若匹配，则把分组进行直接交付（当然还需要把 D 转换成物理地址，把数据报封装成帧发送出去），转发任务结束。否则就是间接交付，执行步骤（3）。

（3）若路由表中有目的地址为 D 的特定主机路口，则把数据报传送给路由表中所指明的下一路由器，否则执行步骤（4）。

（4）对路由表中的每一行（目的网络地址、子网掩码、下一跳地址），用其中的子网掩码和 D 逐位相"与"（AND 操作），其结果为"N"。若"N"与该行的目的网络地址匹配，则把数据报传送给该行指明的下一跳路由器；否则执行步骤（5）。

（5）若路由表中有一个默认路由，则把数据报传送给路由表中指明的默认路由器；否则，执行步骤（6）。

（6）报告转发分组出错。

第五节　虚拟专用网 VPN 和网络地址转换 NAT

一、虚拟专用网 VPN

由于 IP 地址的紧缺，一个机构能够申请到的 IP 地址数往往远小于本机构所拥有的主机数。实际上，出于安全等原因，一个机构内的很多主机并不需要接入到外部的因特网，它们主要是和内部的其他主机进行通信。假定在一个机构内部的计算机通信也是采用 TCP/IP，那么从原则上讲，对于这些仅在机构内部使用的计算机就可以由本机构自行分配其 IP 地址。这就是说，让这些计算机使用仅在本机构有效的 IP 地址（这种地址称为本地地址），而不需要向因特网的管理机构申请全球唯一的 IP 地址（这种地址称为全球地址）。这样就可以大大节约宝贵的全球 IP 地址资源。

但是，如果任意选择一些 IP 地址作为本地地址，那么在某种情况下可能会引起一些麻烦。例如，一个不连接因特网的主机 A 分配到一个本地地址 150.1.2.3，这个地址不需要在因特网地址管理机构登记，但在本机构内必须是唯一的。然而正巧因特网上有一个主机，其 IP 地址就是 150.1.2.3，而且这个主机要和本机构的某个具有全球地址的主机通信，这样就会出现地址的二义性问题。

为了解决这一问题，RFC1918 指明了一些专用地址。这些地址只能用于一个机构的内部通信，而不能用于和因特网上的主机通信。换言之，专用地址只能做本地地址而不能用做全球地址。在因特网中的所有路由器对目的地址是专用地址的数据报一律不进行转发。RFC1918 指明的专用地址是：

（1）10.0.0.0～10.255.255.255（共有 2^{24} 个地址）。

（2）172.16.0.0～172.31.255.255（共有 2^{20} 个地址）。

（3）192.168.0.0～192.168.255.255（共有 2^{16} 个地址）。

上面的 3 个地址块分别相当于一个 A 类网络、16 个连续的 B 类网络和 65536 个连续的 C 类网络。A 类地址本来早已用完了，而上面的地址 10.0.0.0 本来是分配给 ARPANET 的，因为 ARPANET 已经关闭停止运行了，所以这个地址就用做专用地址。

采用这样的专门 IP 地址的互联网络称为专用网络或本地互联网，更简单些说，就叫做专用网。显然，全世界可能有很多的专用互联网络具有相同的专用 IP 地址，但这并不会引起麻烦，因为这些专用地址仅在本机构内部使用。专用 IP 地址也叫做可重用地址。

有时一个很大的机构有很多部门分布在相距很远的一些地点，而在每一个地点都有自己的专用网。假定这些分布在不同地点的专用网需要经常进行通信，可以有两种方法：第一种方法是租用电信公司的路线为本机构专用，这种方法的好处是简单方便，但线路的租金太高；第二种方法是利用因特网（即公用互联网）来实现本机构的专用网，因此这样的专用网又称为虚拟专用网 VPN。"虚拟"即"好像是"，但实际上不是，因为现在是因特网（而不是专线）来连接分散在各地的本地网络。VPN 只是在效果上和真正的专用网一样。

假定某个机构在两个相隔较远的部门 A 和部门 B 建立了专用网，其网络地址分别为专用地址 10.1.0.0 和 10.2.0.0。现在这两个部门需要通过因特网进行通信。

显然，每一个部门至少要有一个路由器具有合法的全球 IP 地址，如图 8-11 所示的路由器 R1 和 R2。这两个路由器和因特网的接口地址必须是合法的全球 IP 地址。路由器 R1 和 R2 与专用网内部网络的接口地址则是专用网的本地地址。

现在设部门 A 的主机 X 要向部门 B 的主机 Y 发送数据报，源地址是 10.1.0.1，而目的地址是 10.2.0.3。这个数据报作为本机构的内部数据报从 X 发送到与外界连接的路由器 R1。路由器 R1 收到内部数据后把整个的内部数据报进行加密，然后重新添加上数据报的首部封装成为在因特网上发送的外部数据报，其源地址是路由器 R1 的全球地址 125.1.2.3，而目的地址是路由器 R2 的全球地址 194.4.5.6。路由器 R2 收到数据报后将其数据部分取出进行解密，恢复出原来的内部数据报，并转发给主机 Y。

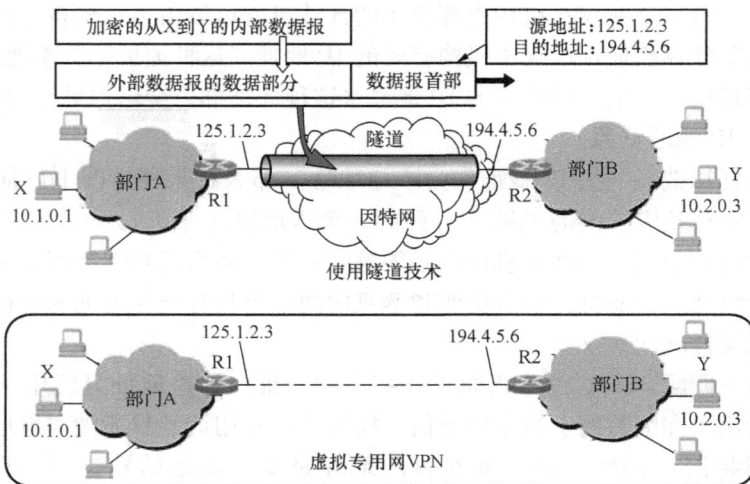

图 8-11　用隧道技术实现虚拟专用网

二、网络地址转换 NAT

下面讨论另一种情况，就是在专用网内部的一些主机本来已经分配到了本地 IP 地址，但现在又想和因特网上的主机通信（并不需要加密），那么应当采取什么措施呢？

最简单的办法就是设法再申请一些全球 IP 地址。但这在很多情况下是不容易做到的，因为全球 IP 地址已所剩不多了。目前使用的最多的方法是采用网络地址转换。

网络地址转换 NAT 方法是在 1994 年提出的。这种方法需要在专用网连接到因特网的路由器上安装 NAT 软件。装有 NAT 路由器，它至少有一个有效的外部全球地址 IPG。这样，所有使用本地地址的主机在和外界通信时，都要在 NAT 路由器上将其本地地址转换成 IPG 才能和因特网连接。

例如，当内部主机 X 用其本地地址 IPX 和因特网上的主机 Y 通信时，它所发送的数据报必须经过 NAT 路由器。NAT 路由器将数据报的源地址 IPX 转换成自己的全球地址 IPG，但目的地址 IPY 保持不变，然后发送到因特网。当因特网上的主机 Y 与内部主机 X 通信时，NAT 路由器从因特网收到主机 Y 发回的数据报，知道数据报中的源地址是 IPY，而目的地址是 IPG。根据原来的记录（这个记录叫做 NAT 转换表），NAT 路由器知道这个数据报是要发送给主机 X 的，因此，NAT 路由器将目的地址 IPG 转换为 IPX，转发给最终的内部主机 X。

如果 NAT 路由器具有多个全球 IP 地址，那么就可以同时将多个本地地址转换为全球 IP 地址，因而可以多个拥有本地地址的主机能够和因特网的主机进行通信。

还有一种 NAT 转换表将运输层的端口号也利用上，这样就可以用一个全球 IP 地址使多个拥有本地地址的主机同时和因特网上的不同主机进行通信。

第六节　电力调度数据网

电力调度数据网是电力生产实时信息传输的网络，网络传输的主要信息是电力调度实时数据、生产管理数据、通信监测数据等，是电力指挥安全生产和调度自动化的重要基础，在协调电力系统发、送、变、配、用电等组成部分的联合运转及保证电网安全、经济、稳定、可靠的运行方面发挥重要的作用。

一、电力调度数据网的功能和要求

我国电力调度系统发展的指导思想是"安全第一、预防为主"，确保电网安全。电网调度最根本的职责在于保证电网的安全稳定运行，作为电力调度系统的承载网，电力调度数据网的首要要求就是可靠稳定、安全的运行，保证调度自动化系统对电网的监控准确、不间断进行。

1. 调度数据网承载的调度业务

调度数据网承载的调度业务主要有以下两类：

（1）实时监控业务。

1）EMS 与 RTU 或变电站自动化系统的实时数据。

2）EMS 之间交换的实时数据。

3）DTS 系统之间交换的实时数据。

4）水库调度自动化数据。

5）电力市场运营数据。

6）实时电力市场报价数据。

7）电力系统动态测量数据。

8）保护信息远传数据。

（2）调度生产直接相关业务。

1）发电及联络线交换计划、联络线考核。

2）调度票、操作票、检修票等。

3）调度生产运行报表（日报、月报、季报）。

4）电能量计量计费数据。

5）故障录波、保护和安全自动装置有关管理数据。

6）电力市场申报数据和交易计划数据。

7）雷电定位数据。

调度自动化数据是电力调度系统中最重要的业务数据，还有电力市场技术支持系统需要的数据，这些数据都需要很高的实时性。因此为了满足电网的实时监控和电力市场等实时业务需求，电力调度数据网必须是一个高实时性网络。电网调度技术不断发展，电力调度数据网承载的业务也在不断发展。目前在电网调度自动化领域已建立了比较完善的能量管理系统（EMS），传统上使用专用通道传输的电网事故信息和继电保护信息，开始向数据网络转移。此外电能量计量（TMR）系统、调度生产管理系统、水库调度自动化系统、电力市场技术支持系统都需要电力数据网承载。业务系统的不断发展对调度数据网络提出更高要求，多个重要系统在同一数据网络承载，保证不同业务系统间的有效隔离、满足实时性要求、保证业务系统的安全，是调度数据网建设的重要要求。

2. 调度数据业务的特点

调度数据网的建设必须考虑调度数据业务的特点，这些特点是组建调度数据网应考虑的基本要素。

（1）数据信息是网络承载的主要业务。目前调度系统数据通信业务大致可分为两类，即以 EMS、广域相量测量系统等为代表的实时监控业务和以电力交易支持系统、调度日报传输、TMR 等为代表的调度运行管理的相关业务。这两类业务的共同特点是以数据处理为主，周期性传输，所占用信道带宽不大。数据具有分布采集、分层传输、集中汇聚的特点。数据一般在调度对象（发电厂、变电站）产生，送至对其直接调度的上一级调度部门，处理后按需向更高一级调度转发。

（2）实时性要求。实时监控业务的数据传输周期为秒级。例如遥测数据传送时间不大于3s，遥信数据变化传送时间不大于 2s，遥控、遥调命令传送时间不大于 4s，自动发电控制命令发送周期为 3～15min。这些实时性要求，除了数据网必须具有较短的延迟，如网络延迟小于 30ms，全网路由时间小于 5s。还需要有优先级机制来保证这些时间敏感数据的可靠传输。

（3）可靠性要求。实时监控业务除了反映电网运行工况外，更重要的是控制电气设备的投入和退出，下达功率调节命令，对电力系统运行产生直接影响。这类业务的可靠性至关重要，因此数据网络必须满足所承载业务可靠性的要求。在网络设计时应该考虑单点设备或通道故障时网络不分裂，不影响业务系统的数据传输。

（4）安全性要求。调度系统相关业务的安全是调度安全生产的基础，部分业务具备实时监控功能，直接关系到调度生产安全，此类业务对网络的安全性提出了高要求。

二、电力调度数据网的组网方式

电力调度数据网主要分为骨干网和省网两级，国家骨干调度数据网由国家电力调度中心负责网络的运行管理，覆盖了国家电力调度数据中心（国调）、各级备用调度中心（简称备调）、各大网调（华中、华东、华北、东北、西北）、各省（直辖市、自治区）调、各直调发电厂站、变电站（换流站）。省网由各省调负责运行管理，覆盖了各省管辖范围内的地调、220 kV 及以上厂站。骨干网和省网两级网络内部均按核心、骨干（汇聚）、接入三层设计，调度端与厂站端之间数据传输方式以网络方式为主，备用专线方式。图 8-12 为国家电网调度数据网网络结构示意简图。

图 8-12 国家电网调度数据网网络结构示意简图

图 8-13 为国家电网调度数据网第二平面的网络结构。

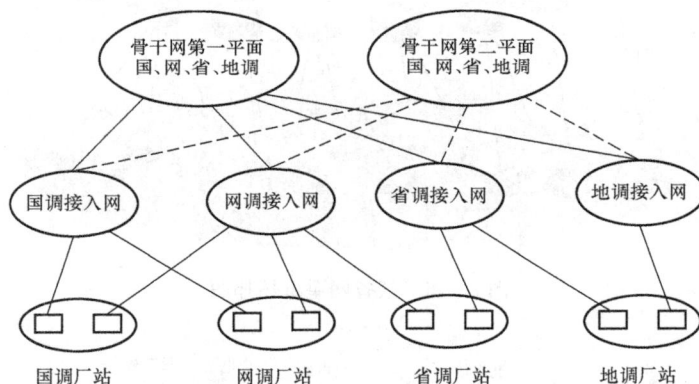

图 8-13 国家电网调度数据网第二平面的网络结构

目前各省也在建设地区调度数据网，地区调度数据网覆盖所属县调、集控站以及 110、35kV 变电站。

纵观骨干数据网络技术体制，存在四种典型模式：IP＋SDH＋ATM＋Fiber、IP＋ATM＋Fiber、IP＋SDH＋Fiber 和 IP＋Fiber。四种体制在技术发展的不同周期各占有一定的主导地位。从目前的趋势来看，IP＋SDH＋ATM＋Fiber 和 IP＋SDH＋Fiber 并存的时代即将过去，现已逐步发展为以 IP＋SDH＋Fiber 为主的局面。从长远来看，随着光通信技术的发展，IP＋Fiber 将是 IP 骨干网的发展方向。

对于调度组网的技术体制选择，从技术的成熟性和建网的经济性上讲，采用 IP＋SDH＋Fiber 模式更适合调度业务的需求和电力通信的现状。

三、电力调度数据网的拓扑结构

电力调度数据网内部，网络均分为三层，即核心层、骨干（汇聚）层和接入层。核心层为网络业务的交汇中心，通常情况下核心层只完成数据交换功能；骨干层位于核心层和接入层之间，主要完成业务的汇聚和分发；接入层主要将用户业务接入网络，实现质量保证和访问控制。图 8-14 为电力调度数据网络结构示意图。

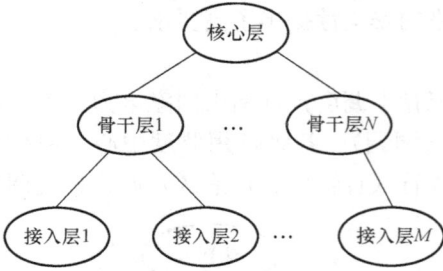

图 8-14　电力调度数据网络结构示意图

目前电力调度数据网网络拓扑结构有：

（1）星型拓扑。星型拓扑结构简单，单链路、单机、单出口，对传输资源要求低，可靠性差，会发生单点故障。图 8-15 所示为某省网星型拓扑图。

（2）网状拓扑。网状拓扑结构复杂，核心采用半/全网状连接，骨干到核心双出口，对传输资源要求高，可靠性较高，单机组仍然存在单点故障。图 8-16 所示为某省调网状拓扑图。

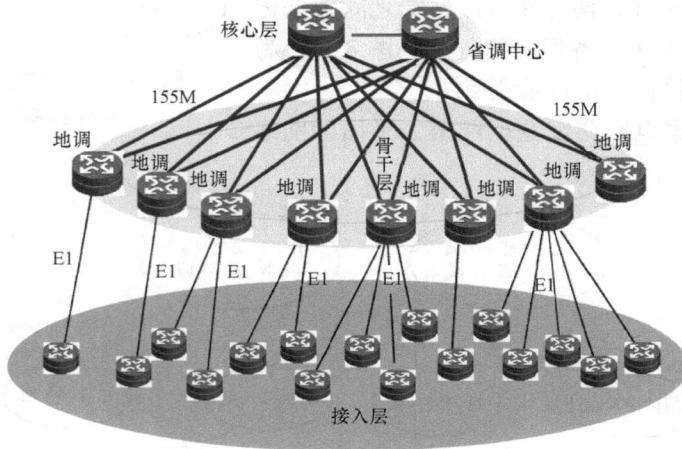

图 8-15　某省网星型拓扑图

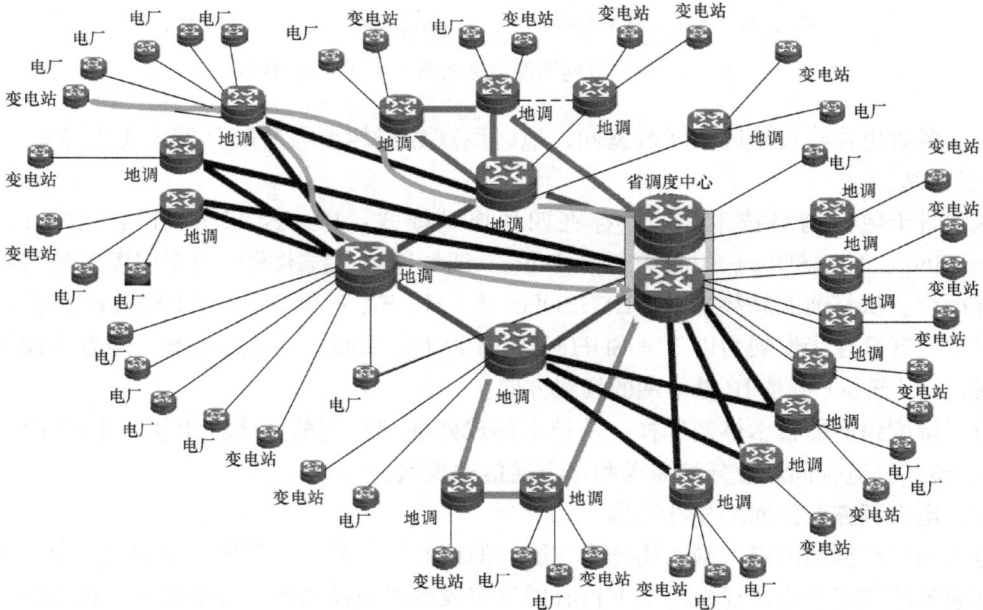

图 8-16　某省调网状拓扑图

（3）双机星型拓扑。双机星型拓扑结构简单，双链路、双机、双出口，对传输资源要求较高，可靠性最高。图8-17所示为某省调双机星型拓扑图。

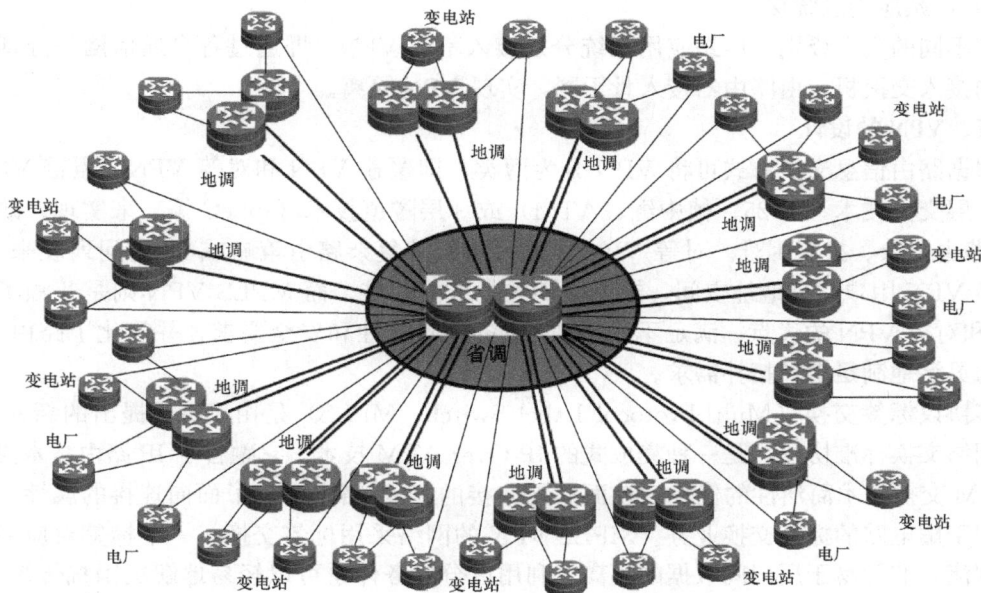

图8-17 某省调双机星型拓扑图

四、地址编码和网络的接入

1. 地址编码

网络设备及互联的地址全部采用国家电力系统内部统一分配使用的合法地址。地址编码的基本原则是满足地址的唯一性，调度数据网的IP地址应依据《全国电力系统信息网络IP地址编码规范（试行）》集中管理，统一分配。为使寻址更加有效且保证地址唯一性，网络地址编码应与网络拓扑（分区）及路由结构相结合，充分考虑自治域间及域内分片分区地址聚合的可能，使路由精简有效。同时，网络地址和应用地址应有所区别，方便管理和网络扩展。

按照地址功能要求，地址将分为三部分：①路由器三层交换机标志地址；②广域网地址；③局域网地址。

其中，路由器（三层交换机）标志地址与广域网地址用于网络（节点、电路）管理、监视和诊断，为网络内部地址；局域网地址用于应用系统接入，为网络业务地址。在局域网地址中，将增设一个特定网段，作为广域网络的边界地址。

2. 网络接入

（1）调度中心应用系统接入。调度中心须接入的应用系统较多，按照安全级别的不同，各应用系统划分为不同的虚拟专用网（VPN），由通信网关分别接入不同的3层交换机。目前主机可以静态、动态或默认路由的方式接入网络。

（2）厂站接入。

1）厂站节点接入骨干网。厂站节点应依据调度关系、网络拓扑和链路状况就近接入骨干节点。为保障接入的可靠性，应视厂站的重要程度采取两点或单点接入骨干网，两点接入应由不同物理路由接入骨干网不同节点。厂站为网络的接入层节点，采用静态路由方式，以不影响骨干网路由为原则。

2）厂站应用系统接入。

按不同的安全级别，厂站应用系统分别接入不同 VPN，即通过各自通信网关分别连接不同的接入交换机，由路由器接入骨干网，实现 VPN 隔离。

五、VPN 的设计

根据路由信息交换方式可将 VPN 分为两类，即覆盖 VPN 和对等 VPN。覆盖 VPN 可通过 2 层交换技术（X.25、帧中继、ATM）或 3 层隧道技术（IpSeC 等）来实现，缺点是 VPN 路由复杂、扩展困难。对等 VPN 可通过传统的复杂路由策略或 IP 访问列表来实现，缺点是 VPN 用户共享地址空间，缺乏隔离性，维护困难。而 MPLS VPN 则是兼顾了覆盖 VPN 和对等 VPN 的优点，满足不同 VPN 业务的隔离性和安全要求，并简化了路由工作，能较为灵活地满足多种拓扑需求。

多协议标签交换（Multi-Protocol Label Switch，MPLS）是由 IETF 提出的新一代 IP 骨干网络交换标准协议，是一种集成式的 IP Over ATM 技术。它融合了 IP 路由技术灵活性和 ATM 交换技术简洁性的优点，在面向无连接的 IP 网络中引入了面向连接的属性，提供了类似于虚电路的标签交换业务。MPLS VPN 的网络采用标签交换，一个标签对应一个用户数据流，非常易于用户间数据的隔离，利用区分服务体系可以轻易地解决困扰传统 IP 网络的 QoS/CoS 问题。MPLS 自身提供流量工程的能力，可以最大限度地优化配置网络资源，自动快速修复网络故障，提供高可用性和高可靠性。MPLS 是除了 ATM 外目前唯一可以提供高质量的数据、语音和视频相融合的多业务传送、包交换的网络平台。因此基于 MPLS 技术的 MPLS VPN，在灵活性、扩展性、安全性各个方面是当前技术最先进的 VPN。此外，MPLS VPN 提供灵活的策略控制，可以满足不同用户的特殊要求，快速实现增值服务（VAS），在带宽价格比、性能价格比上，相比其他广域也具有较大的优势。

1. MPLS VPN 的模型

BGP/MPLS VPN 通过 BGP（Border Gateway Protocol-Multiprotocol）发布 VPN 路由信息，并使用 MPLS 转发 VPN 流量。一个 BGP/MPlS VPN 网络由客户边缘设备（Customer Edge device，CE）、业务提供商边缘设备（Provider Edge router，PE）和业务提供商骨干网设备（Provider router，P）组成，如图 8-18 所示。

客户边缘设备 CE 是直接与服务提供商相连的用户设备。CE 设备驻留在客户网络中，拥有一个或多个网络接口直接与服务提供商相连。它可以是一个路由器、交换机或主机，通常是一个路由器。它既不能够感知 VPN 的存在，也不需要任何支持 MPLS。当一个 CE 设备与它邻接的 PE 设备建立连接后，它发布它的 VPN 路由到 PE 设备并从 PE 学习远端 VPN 路由。一个 CE 与 PE 之间使用 BGP/IGP 路由协议来交换路由信息。

路由器 PE 是服务提供商边缘路由器，指核心网上的边缘设备（如路由器、ATM 交换机、帧中继交换机等），与 CE 相连，主要负责 VPN 业务的接入。一个 PE 驻留在服务提供商网络中，并与一个或多个 CE 直接相连。在 MPLS 网络中，VPN 的所有进程都发生在 PE，PE 也是 MPLS 网络中的标签边缘路由器（LER），它根据存放的路由信息将来自 CE 路由器或标签交换路径（LSP）的 VPN 数据处理后进行转发，同时负责和其他 PE 路由器交换路由信息，当一个 PE 设备学习到 CE 设备的路由信息，它使用 BGP 路由协议来交换其

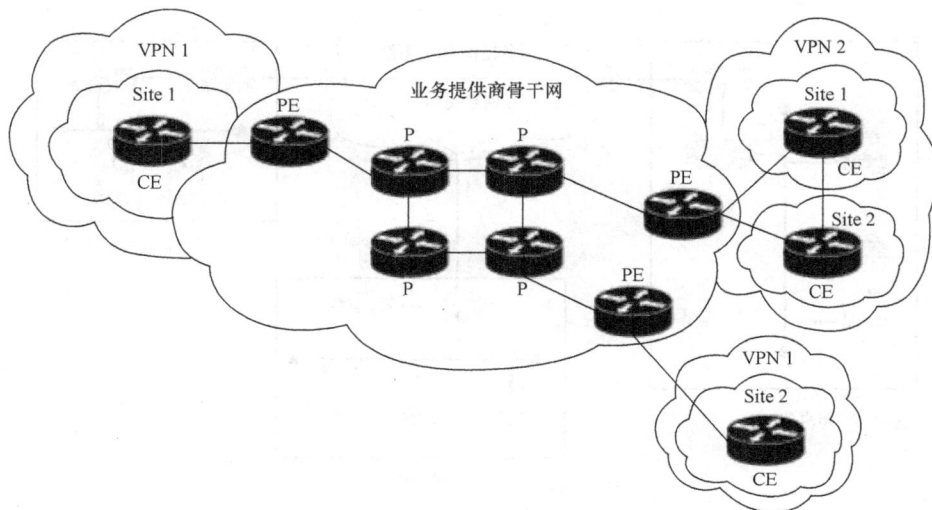

图 8 - 18　MPLS VPN 的模型图

他 PE 设备的 VPN 路由信息。一个 PE 设备只维护与路由直接连接的 VPN 网络信息，而不是所有的 VPN 路由信息。

路由器 P 是服务提供商网络主干路由器，也就是 MPLS 网络中的标签交换路由器（LSR），它根据分组的外层标签对 VPN 数据进行透明转发，路由器 P 只维护 PE 的路由信息，它并不需要知道任何关于 VPN 内部路由信息。

MPLS/VPN 的实现过程：客户的边界路由器 CE 连接到 MPLS 的 PE 路由器，通过 MPLS 内部创建的 VPN，客户的数据被封装并透明地传送到其他的 CE 路由器。CE 路由器向 VPN 广播包含它下属节点的所有设备的路由表。

一个 MPLS/VPN 网络由一些分离的站点组成，这些站点通过 MPLS 服务提供商的骨干网络互联。在每一个站点有一个或多个 CE 路由器，每个 CE 连接一个或多个 PE 路由器。相关联的 PE 之间使用 MP-BGP 协议通信。

VPN 的 IP 地址范围独立定义，任意两个 VPN 的 IP 地址集可以有重叠。在同一个 VPN 专网中使用的 IP 地址必须是一个单独地址集。另外，在所有 VPN 中的 PE 路由器的 IP 地址不能重复。

2. MPLS 支持的路由协议

MPLS 内部（PC-PC、PC-PE 或 PE-PE 之间）的路由通过标准的第三层路由协议来实现，如 OSPF、BGP 等，第三层路由协议维护的信息将用于给相邻节点分配标签。

MPLS 与用户之间（PE 与 CE 之间）的路由协议可以是 OSPF、IS-IS、RIP、BGP 或静态路由。

MPLS 骨干网内部的路由协议，即 PE-P-PE 的 IGP 路由可以是 OSPF 或 IS-IS。为传送用户 VPN 的路由信息，在对应的 PE 之间使用 MP-BGP 路由协议。

从用户的观点看，虽然要穿过服务提供商管理的 VPN 通道，但用户看到的是 CE 之间直接互联，并通过 CE 将每一个站点的用户内部路由器连接起来。服务提供商的 MPLS 网络对用户是透明的，看不到内部的结构，也看不到 MPLS 内部传输的路由，如图 8 - 19 所示。

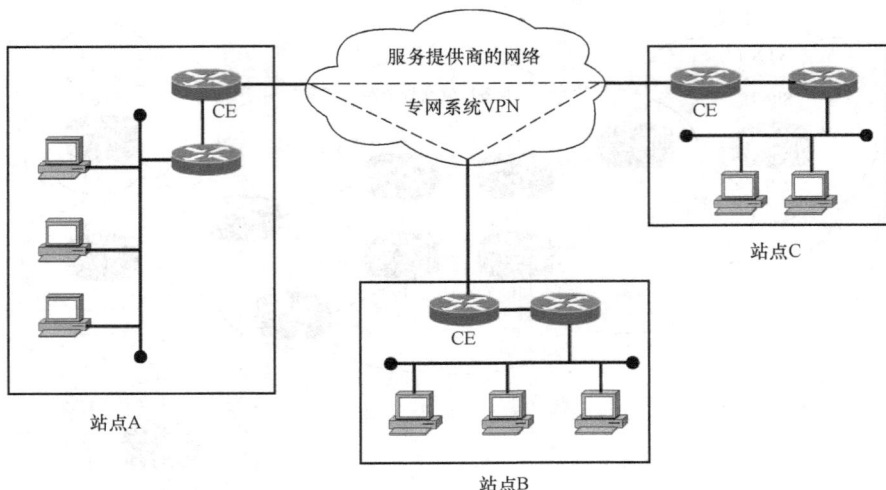

图 8 - 19　用户所看到的 VPN 网络

3. VPN 的设计

在调度数据网内，CE 为各调度节点的三层交换机以及各厂站接入交换机，PE 为各调度节点和厂站的路由器。骨干网内全网部署 MPLS VPN。

电力调度生产业务可分为两类，实时监控和非控制生产类。二类业务按安全要求纵向上划分为不同的 VPN，实现安全隔离。对于同一业务，即使安全等级一样，由于地理位置、所属行政管理区域不一致，业务上没有互通的需要，也采取一定的隔离措施，把其划为不同的 VPN，以获得更多的安全性。

一般有四类 VPN：

（1）VPN1：实时监控系统或具有实时监控功能系统的监控功能部分、功角测量、安全自动装置控制系统等（数据交换频繁，数据实时要求高，数据量不大，优先级为1）。

（2）VPN2：水库调度自动化系统及未来的电力市场技术支持系统（通信对象是变电站、地调和电厂，数据交换不频繁，数据实时性要求不高，数据量大，优先级为2）。

（3）VPN3：继电保护故障录波远传与信息管理系统、DTS 系统、电能量计量系统（优先级为3）。

（4）VPN4：同步时钟系统、通信监控系统（数据交换频繁，数据实时性要求高，数据量小，优先级为4）。

常规技术部署 MPLS VPN 之后，整个 VPN 内部路由为平面结构，无层次概念，网内路由任何变化将会导致全 VPN 路由振荡和收敛。对于骨干网，应用点涉及国、网、省调及厂站，即 VPN 业务需部署到厂站，而厂站一般采用低端网络设备，其处理能力与国、网、省调的中、高端设备相差较远，全网路由用户同步将依赖于低端设备的计算能力，低端设备势必减慢 VPN 内路由收敛速度，降低网络稳定性，甚至产生循环路由，导致通信异常。

分层 PE 技术可减少厂站路由器的 VPN 路由处理压力，符合网络总体层次结构设计。连接厂站的国、网、省调节点设备称为上层 PE（SPE），厂站路由器称为下层 PE（UPE），其他核心和骨干层路由器为普通 PE。UPE 仅维护其直接连接的 VPN 节点的路由器，不维护 VPN 中其他远程节点的路由器，SPE 维护 VPN 中的所有路由器，SPE 只发布 VPN 默认路由给 UPE。

采用分层 PE，VPN 路由信息更新仅在核心骨干层路由器（SPE 和 PE）间进行，收敛时间更快，各厂站路由器（UPE）仅需知道直连的 VPN 路由，不需要知道和处理所有的 VPN 的信息，这样大大减少了直调厂站节点路由器的处理压力。

六、网络管理和网络安全

网络管理可通过带内和带外两种方式实现，从成本和技术角度考虑，调度网宜采用带内管理方式。

从调度管理体制出发，调度骨干网宜采用分级管理模式，可设置 1 个全域管理中心和 6 个分区管理中心，全域管理中心设在国调，分区管理中心设在 6 个网调，即国调负责骨干网主干区的管理，各网调负责相关子区的管理。

除满足 ISO 标准五大基本功能（配置、性能、故障、安全、统计计费管理）外，根据调度具体的运行管理需求，网管还应该包括其他一些功能，如报表管理、告警输出等。

电力二次系统安全是全方位的整体工程，网络安全是系统安全的一部分。电力调度数据网内部由于网络覆盖面大，承载业务较多，需有相应的安全设计和相应措施，做到有备无患。网络安全主要考虑以下几个方面：

（1）路由安全：路由协议在对等体之间的认证；关闭网络边缘动态路由协议；确保 VPN 内部路由和骨干网路由不能相互泄露。

（2）业务隔离：通过 VPN 对安全等级不同的业务进行纵向有效隔离。对于同一业务，即使安全等级一样，由于地理位置、所属行政管理区域不一致，业务上没有互通的必要，也可采取一定的隔离措施，划属为不同的 VPN。

（3）接入安全：接入端口是网络安全中的薄弱环节，应采用必要的接入认证机制和流量控制手段。

（4）访问控制和监测：限定用户的访问级别，网管、远程登录用户应有监控的手段。

（5）网络管理：应采用安全增强的 SNMPv2 及以上版本网管系统。

（6）应用系统：应用系统本身应该是安全、可控的，由专用的通信网关接入网络，通信网关的动态路由功能应关闭。

思　考　题

1. 计算机网络由哪几部分组成？
2. 面向连接服务与无连接服务各自的特点是什么？
3. OSI 七层网络模型各层的作用是什么？
4. 试将 TCP/IP 和 OSI 的体系结构进行比较。讨论其异同之处。
5. 什么是分类的 IP 地址？
6. 以下 IP 地址各属于哪一类？

   20.250.1.139

   202.250.1.139

   120.250.1.139

7. 已知子网掩码为 255.255.255.192，下面各组 IP 地址是否属于同一子网？

（1）200.200.200.224 与 200.200.200.208。

（2）200.200.200.224 与 200.200.200.160。

（3）200.200.200.224 与 200.200.200.222。

8. VPN 是什么意思？

9. 电力调度数据网承载的业务主要有哪些？

10. 电力调度数据网内部网络拓扑结构有哪些？各有哪些优缺点？

11. MPLS VPN 是什么概念？

12. 电力调度数据网 VPN 有哪几类？

第九章　调 度 模 拟 屏

电网调度自动化模拟屏是电网调度自动化系统的一个重要组成部分。调度自动化系统中的主站将收集到的电网运行的实时信息，通过模拟屏控制器送到模拟屏上，进行实时遥测、遥信量显示。它为调度人员提供了直观的电网主接线图和现场运行情况，可以直接在屏上实时显示发电厂出力、厂站的主变压器功率、主要联络线功率、电网频率波等的遥测量数字显示，以及厂站开关位置信号的遥信量灯光显示，是目前调度人员进行电网监控调度的必要设备。为调度人员提供了一个直观的实时电网信息，模拟屏在电网安全、经济、稳定运行中发挥着重要作用。

第一节　马赛克调度模拟屏

一、调度模拟屏简述

马赛克调度模拟屏（简称模拟屏）由模拟屏本体、模拟屏控制器、遥测驱动盒、遥信驱动盒、遥测显示器和遥信显示器等部件构成。

1. 模拟屏本体

模拟屏本体由模拟屏框架以及许多方形阻燃工程马赛克模块拼装而成。屏架采用冷轧板制作，内外经酸洗、磷化、除锈工艺处理后，上防锈漆烘烤和静电喷塑，颜色为国际流行灰色。整个屏面由 25×25、20×20 和 50×50 等不同尺寸的活动型马赛克塑料模块组合而成，采用进口 PPO 或 ABS 高强度、耐老化的工程塑料制作，模块颜色为国际流行灰及 PPO 本色。模拟屏上画有电网的一次系统主接线图，并镶嵌有许多遥测显示器、遥信显示器、隔离开关的模拟把手等元件。模拟屏外观照片如图 9-1 所示。

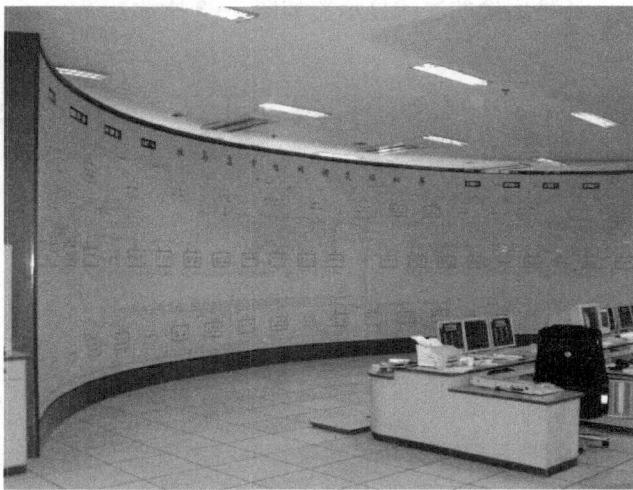

图 9-1　模拟屏外观照片

2. 模拟屏控制器和驱动盒

模拟屏控制器是调度模拟屏的核心部分，它通过一个接口与主站通信，接收主站发来的信息和命令，并进行应答。同时将收到的遥测、遥信信息通过遥测、遥信驱动盒送到遥测、遥信显示器进行显示。图 9-2 所示是调度模拟屏控制系统框图。

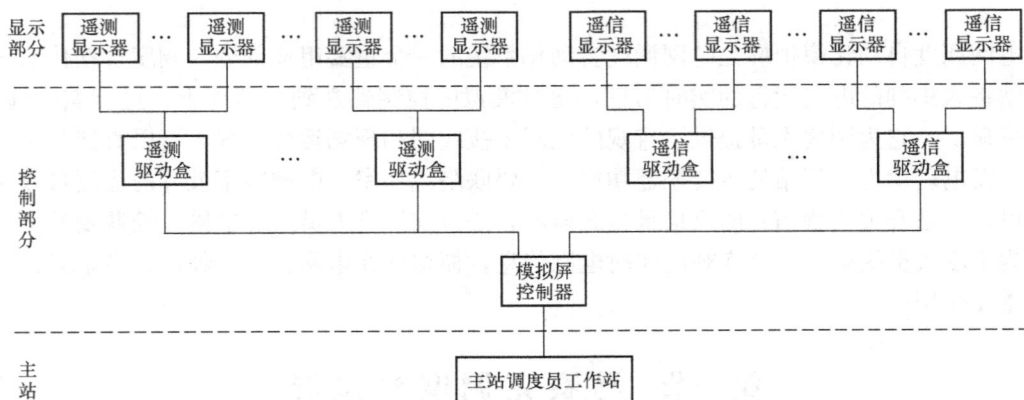

图 9-2　调度模拟屏控制系统框图

遥测驱动盒用来驱动遥测显示器，一些大型调度中心中，需要显示的遥测量较多，而且分布的范围也较大，用模拟屏控制器去直接驱动所有的遥测显示器不太合理。采用遥测驱动盒可以分散驱动，比较合理。

遥信驱动盒的作用与遥测驱动盒类似。由于遥信显示器内部不带锁存器，所以它是锁存后再驱动遥信显示器。

3. 遥测显示器

遥测显示器用来在调度模拟屏上显示电网的实时潮流，各电厂的有功、无功出力，各地区的有功、无功负荷，以及母线电压等参数。

遥测显示器采用发光二极管（LED）八段显示器件，它可以显示多位十进制数以及一位符号数（或潮流方向）。各种用途的遥测显示器如图 9-3 所示。

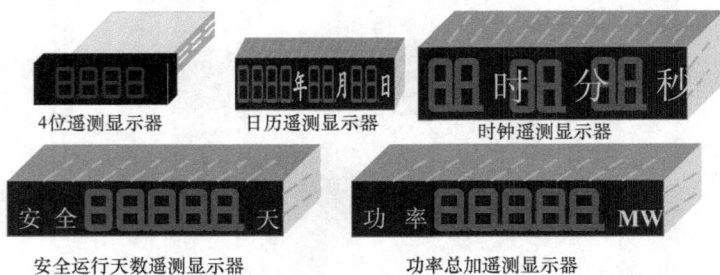

图 9-3　各种用途的遥测显示器

4. 遥信显示器

遥信显示器用来显示断路器和隔离开关的位置等状态信息。有灯光显示、机械对位等工作方式。灯光显示采用发光二极管显示器，红色表示合闸状态，绿色表示分闸状态；机械对位由微型直流电动机、旋转手柄、红绿两个发光二极管及驱动电路组成。当电动机带动手柄旋转到垂直状态同时红色发光二极管亮时表示为合闸状态，当电动机带动手柄旋转到水平状态同时绿色发光二极管亮时表示为分闸状态。各种工作方式的遥信显示器如图9-4所示。

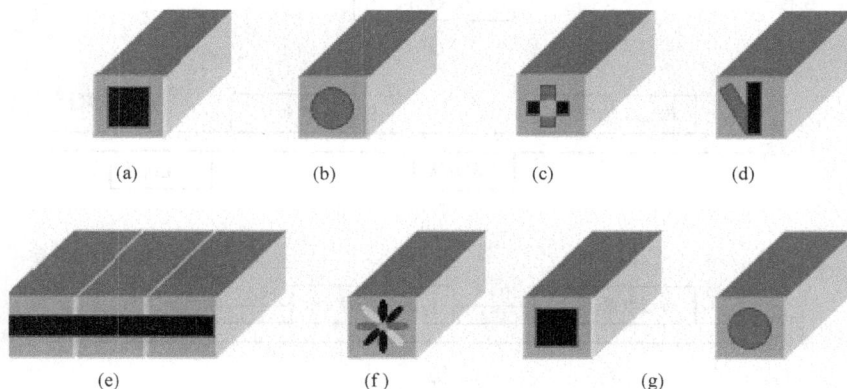

图9-4　各种工作方式的遥信显示器

（a）方形指示灯，有红、绿、橙、灭四种状态；（b）圆形指示灯，有红、绿、橙、灭四种状态；（c）十字灯，由长方形发光体组成的"+"字形指示灯，有红、绿、灭三种状态；（d）Y型灯，有红、绿、灭三种状态；（e）光带灯，光带有多种规格，可拼接为任意长；（f）旋转灯，通过红绿交互显示达到旋转效果，以更形象地表示设备运转，它有旋转和灭两种状态；（g）手动触摸灯，有方型二态触摸灯和圆形二态触摸灯

二、主站与调度模拟屏通信方式和通信报文

（一）通信方式

模拟屏控制器需要与调度中心的主站进行通信，以接收主站的信息和命令，并给主站发送应答信息。两者之间的通信可以采用RS232/RS485串行通信或者局域网通信方式。具体情况视不同生产厂家的产品而有所变化。

下面以某主流厂家的产品为例来进行介绍。

两者间采用RS232异步串行通信，信息格式为1200 ～ 9600波特率（可选）、1为起始位、8位数据位、1位校验位、1位停止位，字节校验采用奇校验或偶校验，报文校验采用异或方式（LPC）。通信方式示意图如图9-5所示。

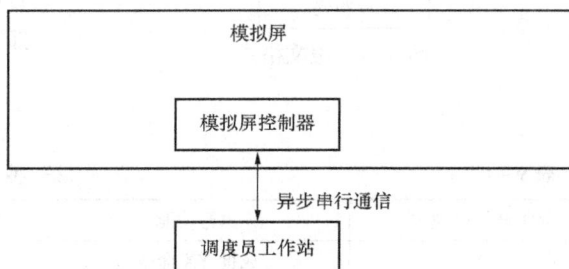

图9-5　通信方式示意图

（二）传送序列

传送序列有正常序列、失败序列和超时序列等几种情况，如图9-6所示。

（1）正常序列。主站向模拟屏控制器发送的数据和命令被正确接收，模拟屏控制器向主站返送的接收确认的应答信息也被主站正确接收。这表示主站向模拟屏控制器发送数据和命令的过程正确完成。

（2）失败序列。主站向模拟屏控制器发送数据和命令后，收到的是否定确认的应答信息，重新传输一遍后，仍然收到否定确认的应答信息。这表示由于传输系统的故障，数据或命令没有能被模拟屏控制器正确接收，因而主站系统发出告警信息。

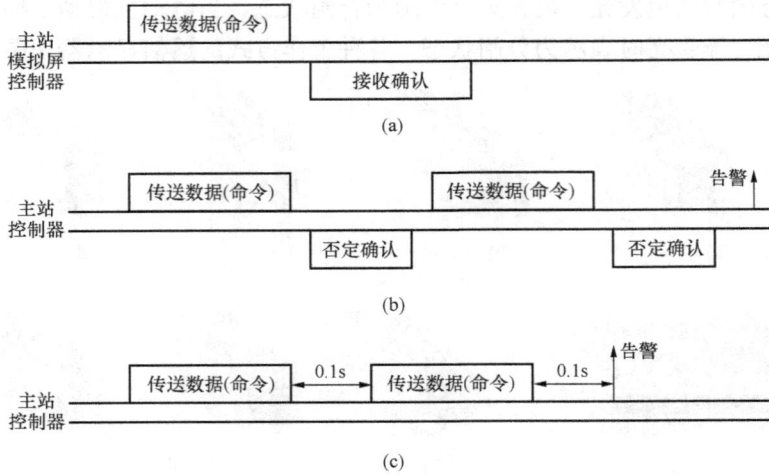

图 9-6　传送序列
(a) 正常序列；(b) 失败序列；(c) 超时序列

　　（3）超时序列。主站向模拟屏控制器发送数据和命令后，没有收到任何应答信号，延迟 0.1s 后重发，仍然没有应答，主站就报警。

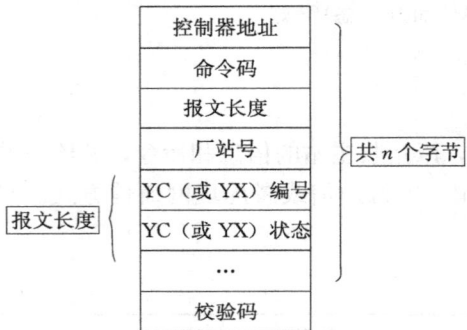

图 9-7　报文格式

（三）通信报文

1. 数据传送：主站→模拟屏

（1）报文格式如图 9-7 所示。

（2）说明。

1）报文中每个单元的长度为一个字节，即 8 位二进制数。

2）控制器地址随不同生产厂家的产品而有所变化，但产品确定后该值即固定不变。如某厂家产品的控制器地址为 0F2H。

3）命令码种类见表 9-1。

表 9-1　　　　　　　　　　　　命 令 码 种 类

命令码（16 进制）	执行功能	命令码（16 进制）	执行功能
01	成批 YX 命令	09	成批 YC 命令
02	单个 YX 正常变位	0A	单个 YC
03	单个 YX 事故变位	0D	单个 YC 越限
04	全屏操作	8D	正确接收返送命令
05	局部屏操作	8E	校验码错误返送命令

　　4）YX 表示方法。一个字节为 4 组 YX，即一个 YX 灯占用 2 位（2 进制数），其含义为：01B——YX 合，红灯亮；10B——YX 分，绿灯亮；11B——用户定义，黄灯亮；00B——灯不亮。

5）YC 表示方法。YC 用 BCD 码表示，2 个字节为一组 YC 量，即用 4 位 BCD 码来表示一个 YC 量。YC 表示方法如图 9-8 所示。

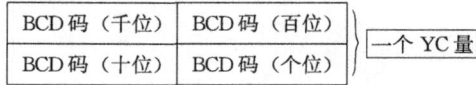

| BCD 码（千位） | BCD 码（百位） | ⎫ |
| BCD 码（十位） | BCD 码（个位） | ⎬ 一个 YC 量 |

图 9-8　YC 表示方法

6）全（或局部）屏操作格式见表 9-2。

表 9-2　　　　　　　　　　全（或局部）屏操作格式

命令码	亮屏	暗屏	全屏合	全屏分	全屏闪	复位
04H（全屏）	01	02	03	04	05	06
05H（局部屏）	01	02	03	04	05	06

7）校验码。采用异或校验，校验码从第一个字节开始到倒数第二个字节进行异或运算，得出校验值 LPC 放在最后一个字节中。

（3）报文实例。

1）单个 YX 正常变位报文如图 9-9 所示。

2）单个 YC 报文如图 9-10 所示。

| F2H |
| 02H |
| 03H |
| YX 地址号高 8 位 |
| YX 地址号低 8 位 |
| YX 状态 |
| LPC |

字节长度=3　　异或运算得 LPC

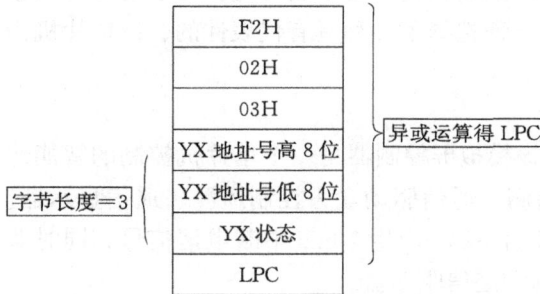

图 9-9　单个 YX 正常变位报文

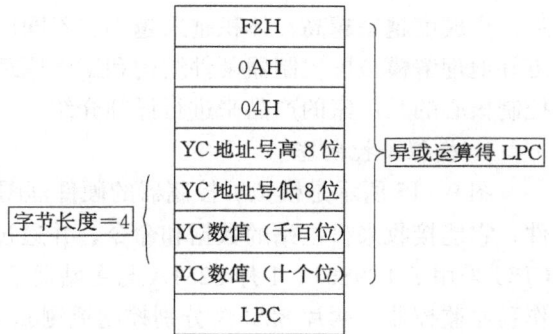

| F2H |
| 0AH |
| 04H |
| YC 地址号高 8 位 |
| YC 地址号低 8 位 |
| YC 数值（千百位） |
| YC 数值（十个位） |
| LPC |

字节长度=4　　异或运算得 LPC

图 9-10　单个 YC 报文

3）全屏合报文如图 9-11 所示。

4）全屏闪报文如图 9-12 所示。

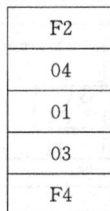

| F2 |
| 04 |
| 01 |
| 03 |
| F4 |

图 9-11　全屏合报文

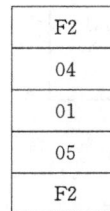

| F2 |
| 04 |
| 01 |
| 05 |
| F2 |

图 9-12　全屏闪报文

2. 返送报文：主站←模拟屏

（1）正确接收返送报文如图 9-13 所示。

（2）错误接收返送报文如图 9 - 14 所示。

F2
8D
00
80

图 9 - 13　正确接收返送报文

F2
8E
00
83

图 9 - 14　错误接收返送报文

（四）工作过程简述

模拟屏既可以接收来自主站的实时信息，又可以接收调度员工作站上调度员发出的命令。

正常运行的成组遥测按 3～10s 的周期刷新模拟屏上遥测显示器的实时数据，而成组遥信的刷新周期为 1～3s，这是考虑到事故遥信和变位遥信能随时在模拟屏上得到反映。事故遥信报文到来时，若模拟屏原处于暗屏方式运行，则立即转入亮屏方式，事故跳闸断路器对应的遥信显示器作快速闪烁，直到调度员下达清闪命令后才停止闪烁。变位遥信报文到来时，对应的遥信显示器做慢速闪烁，闪烁 10 次后自动停闪。

三、调度模拟屏控制器硬件结构

随着微电子技术、计算机技术和通信技术的飞速发展，调度模拟屏控制器的功能越来越强，集成度越来越高，体积越来越小。不同厂家产品的结构也是千变万化。为了使读者能够更好地理解模拟屏控制器硬件结构和工作原理，下面选择了一种具有代表性的、以单片机为控制核心的某厂家的产品来进行详细介绍。

1. 模拟屏控制器

图 9 - 15 所示是模拟屏控制器的硬件框图。该模拟屏控制器是一个单片机控制的智能部件，它能接收来自主站的数据和命令，并通过遥测、遥信驱动盒去控制遥测、遥信显示器。CPU 采用 AT89S51，1 片 8251A 与主站通信，1 片 8253 产生 10ms 中断申请信号，同时兼作程序监控器，两片 8255A 分别控制遥测驱动盒和遥信驱动盒。

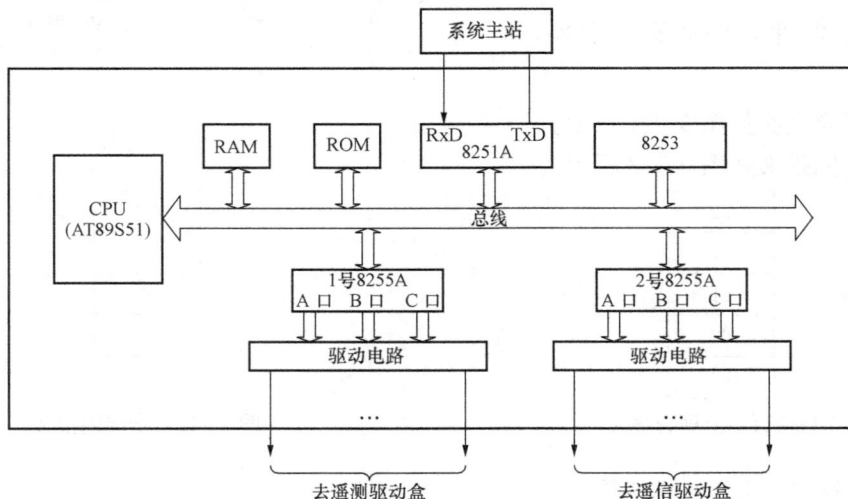

图 9 - 15　模拟屏控制器硬件框图

2. 遥测显示器

图 9-16 所示是 3 位带符号位的遥测显示器原理图。遥测显示器通过扁平电缆与遥测驱动盒相连。每只遥测显示器有 8 根地址线、12 根数据线（3 位 BCD 码）、1 根符号位线、1根锁存脉冲线以及电源和地线。

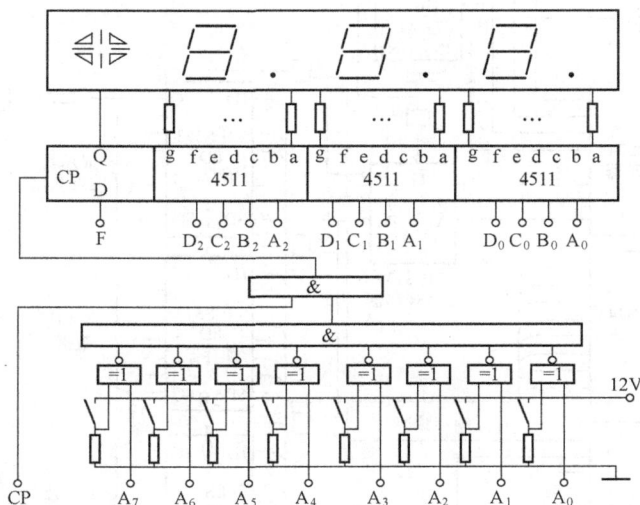

图 9-16 遥测显示器原理图

遥测显示器内部由以下电路组成：

（1）地址选择电路。遥测驱动盒引出的扁平电缆上挂了许多遥测显示器，每个遥测显示器有自己的地址选择电路。只有当输入的地址和地址选择电路设置的地址相符时，锁存脉冲才能通过，将显示码锁存在遥测显示器中。地址选择电路包括 8 位地址和排码开关、8 根地址输入线和异或非门构成的比较器。当输入的 8 位地址和排码开关设置的 8 位地址相符时，异或非门输出均为逻辑"1"，因而输入的锁存脉冲能通过与将显示码锁存。

（2）数据锁存、译码和驱动电路。数据的锁存、译码和显示驱动电路采用 CD4511 芯片。从遥测驱动盒输出的 3 位 BCD 码和 1 位符号位，在锁存脉冲的作用下锁存在 3 片CD4511 和 1 个 D 触发器中，经 8 段译码后驱动 LED 显示器。显示器的符号位采用"米"字显示器，可根据需要改变内部跳线，使其显示"+"、"—"或"←"、"→"、"↑"、"↓"，用箭头表示潮流方向比较直观。

3. 遥测驱动盒

遥测驱动盒是用来驱动遥测显示器的，图 9-17 所示是遥测驱动盒原理图。

遥测驱动盒由以下几个部分组成：

（1）驱动盒地址比较和芯片地址译码电路。模拟屏控制器中 1 号 8255 的 A 口高 4 位输出遥测驱动盒的地址，低 2 位输出遥测驱动盒中 3 片 8D 触发器的芯片地址。当输入的盒地址和用开关设置的盒地址相符时，4 位比较器的输出为 1，使 2—4 译码器输出有效，将低 2位的芯片地址译码输出。

（2）显示器地址和显示数据锁存电路。显示器地址和显示数据都从模拟屏控制器的 1 号8255 的 B 口输出，1 号 8255 的 C 口的 PC_7 输出锁存脉冲。其具体工作过程如下：

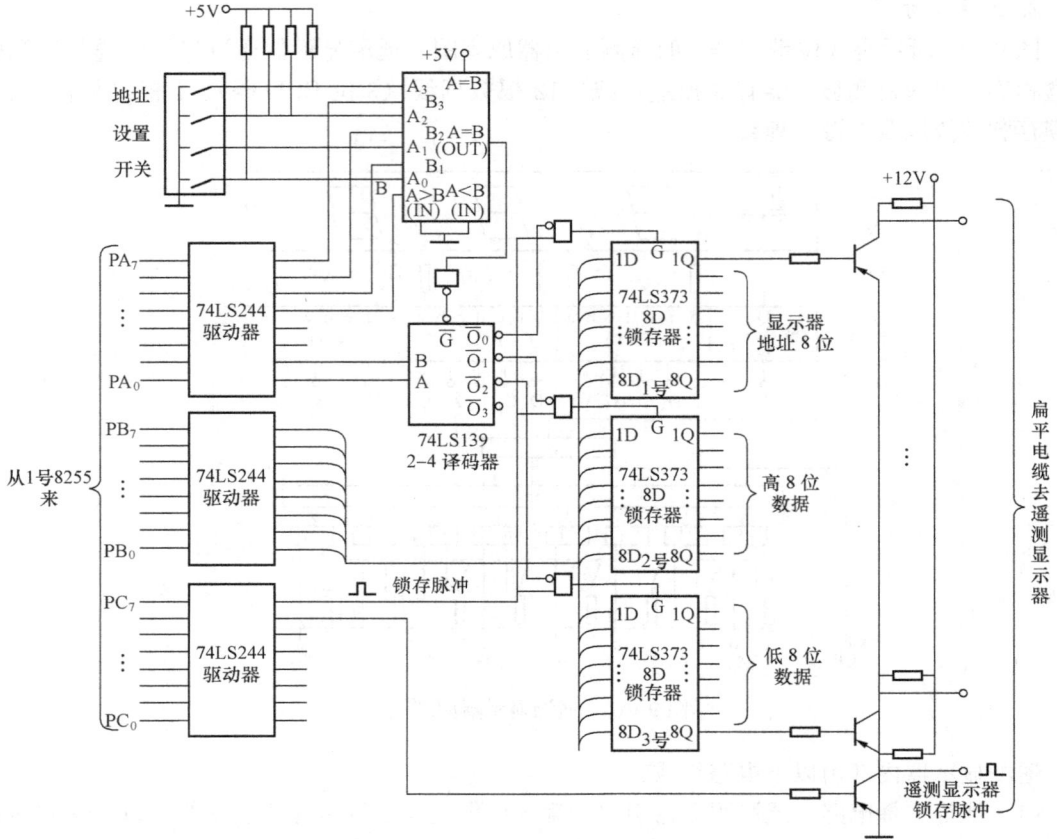

图 9-17　遥测驱动盒原理图

1）从 1 号 8255A 口输出盒地址和 1 号锁存器的芯片地址，从 B 口输出显示器的地址，从 C 口的 PC_7 输出锁存脉冲，并将 8 位显示器地址锁存在 1 号锁存器中。

2）输出高 8 位数据，并锁存在 2 号锁存器中。

3）输出低 8 位数据锁存在 3 号锁存器中，此时遥测驱动盒的输出扁平电缆中已具有遥测显示器的地址和显示码。

4）从 1 号 8255C 口的 PC_6 输出一个遥测显示器锁存脉冲，将遥测显示码锁存到地址符合的显示器中。

4. 遥信显示器

图 9-18 所示是机械对位方式遥信显示器的原理图。遥信显示器包括灯光显示电路和电动手柄机械对位电路两部分。

当红灯控制电平为"1"时，显示红色；绿灯控制电平为"1"时，显示绿色；两者均为"0"时，灯灭；两者均为"1"时，红灯和绿灯均亮，此时显示橙色。

当顺时针控制电平为"1"时，通过 C1 的电流使 V4 短时间导通，同时 V5 的射极为高电平，电动机顺时针旋转，将手柄转至水平位置（有限位装置，使其不能继续旋转）。同理，当逆时针控制电平为"1"时，将手柄旋转至垂直位置。

每个遥信显示器除电源盒地线外，还有四个控制端，以使控制更方便和灵活。

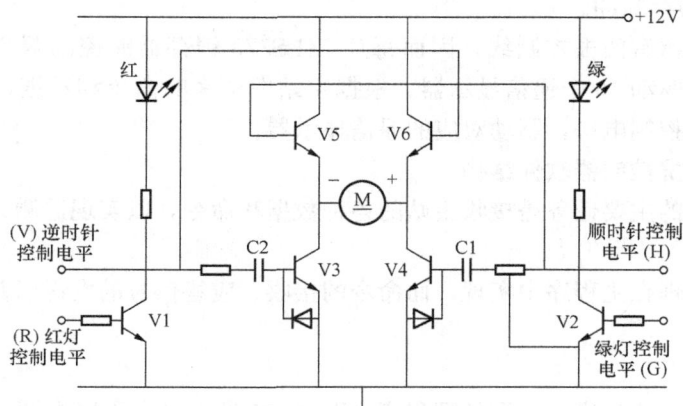

图 9 - 18　遥信显示器原理图

5. 遥信驱动盒

遥信驱动盒的工作原理和遥测驱动盒类似，图 9 - 19 所示是遥信驱动盒的原理图。

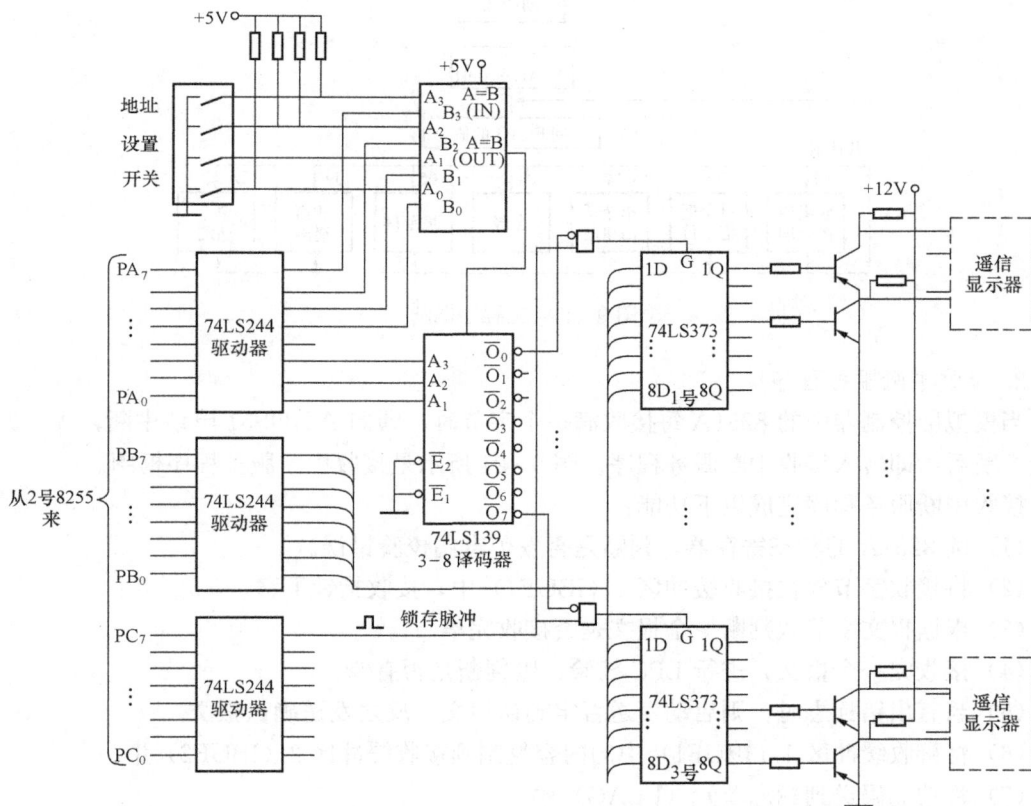

图 9 - 19　遥信驱动盒原理图

遥信驱动盒也由盒地址比较电路和芯片地址译码电路以及显示数据锁存电路等部分构成。从模拟屏控制器中的 2 号 8255A 口输出盒地址和芯片地址，从 B 口输出显示数据，而从 C 口 PC$_7$ 输出锁存脉冲。

每个遥信显示器有四根控制线，因而每片 74LS373 锁存器能控制两个遥信显示器，每个遥信驱动盒可以驱动 16 个遥信显示器。根据主站发送来的命令和数据，经模拟屏控制器处理后产生对应的控制电平，驱动对应的遥信显示器。

四、调度模拟屏控制器软件结构

模拟屏控制器的主要任务是接收主站的各种数据和命令，以实现遥测、遥信的实时上屏显示。

各种任务的处理在主程序中实现，而命令的接收、应答信号的发送以及实时时钟等均用中断方法实现。

1. 主程序

主程序包括初始化程序和查询处理程序，图 9-20 所示是主程序框图，主程序在通电和复位时执行。程序监控器工作时，从头开始执行主程序。主程序除完成初始化任务外，还按标志单元中的功能码执行相应的处理程序。

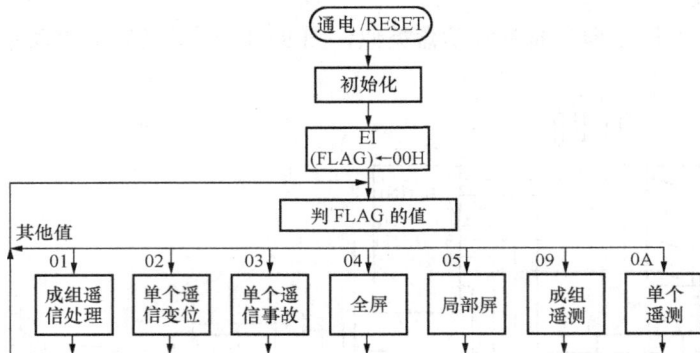

图 9-20　主程序框图

2. 接收中断服务程序

当模拟屏控制器中的 8251A 每接收满一个字节时，即向 AT89S51 申请中断，AT89S51 响应中断后，即转入接收中断服务程序。图 9-21 所示是接收中断服务程序框图。

接收中断服务程序完成以下功能：

（1）读 8251A 的状态寄存器，判断是否发生奇偶校验错误。

（2）将接收字节放在接收缓冲区 1（IBUF1）中，接收指针下移。

（3）根据报文字节数判断一个报文是否接收完毕。

（4）接收完一个报文，进行 LPC 校验，以判断是否有错。

（5）当有出错标志时，则启动发送否定确认报文，反之发送确认报文。

（6）将接收缓冲区 1（IBUF1）中的内容复制到接收缓冲区 2（IBUF2）中。

（7）将功能码送到标志单元（FLAG）中。

（8）将接收指针恢复指向接收缓冲区 1（IBUF1）首地址，为接收下一个报文做好准备。

3. 发送中断服务程序

启动发送后，发送中断程序将按发送指针发送报文。当一个报文发送完毕后，禁止

8251发送，并将指针初始化，为发送下一个报文做好准备。图9-22所示是发送中断服务程序框图。

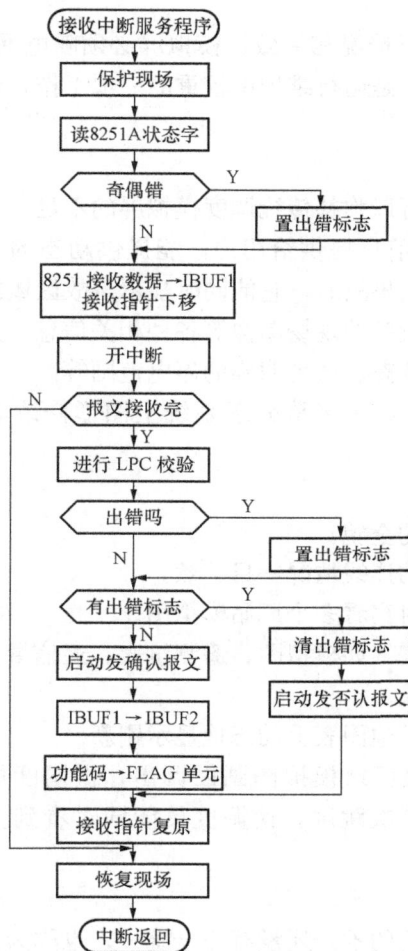

图9-21 接收中断服务程序框图

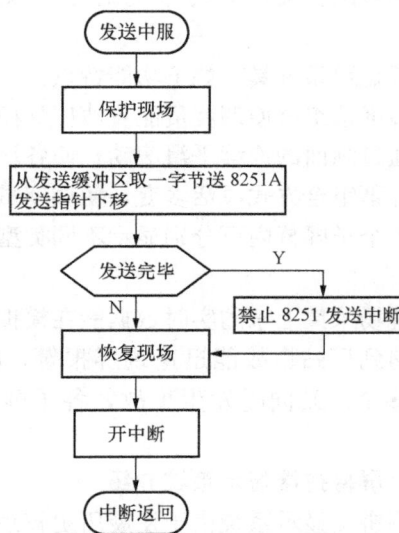

图9-22 发送中断服务程序框图

第二节 大屏幕拼接显示系统

大屏幕拼接显示系统作为当今最现代的视信工具之一，已经广泛应用于我国国民经济生产的各个领域，如媒体、通信、交通等行业。随着整套系统技术的不断完善和成本逐步降低，电力行业自20世纪90年代以来，国家调度中心、部分网调、省调及地调调度中心也逐渐开始使用大屏幕技术替代传统的调度模拟屏，大屏幕在电力系统中已得到实用并显示出良好的应用前景。

一、传统调度模拟屏的不足以及大屏幕拼接显示系统的优势

1. 传统调度模拟屏的不足

虽然传统调度模拟屏在显示电网主接线图、实时显示遥测、遥信信息和展示全网运行情况等方面起着重要的作用。但由于自身的技术局限性，也存在以下不足：

（1）提供的信息量小，显示的内容固定，不能在系统接线图上区分停电部分和不停电部分，不能在模拟屏上进行直接的交互操作。

（2）为使调度模拟屏显示内容与电网实际运行情况相一致，模拟屏必须随电网的改造、扩建、新建而改造，调度模拟屏改动量大且频繁，是运行维护中较重的一项工作，而且模拟屏改造工作受较多因素制约，很不方便。

2. 大屏幕拼接显示系统的优势

采用多屏幕拼接技术构成的大屏幕显示系统可以弥补传统调度模拟屏的不足。

大屏幕显示系统能以灵活多样的显示方式将信息提供给用户，能提供动态的、可交互的、高分辨率的大屏幕图形，特别是在电网出现大事故时，它能同时显示事故区域的多个变电站的情况，能同时多窗口显示包括变电站事故设备的现场图像等各种相关信息。大屏幕显示系统也适合配电网，能显示带地理信息的电网状态、清楚明确的停电范围等。

当实际电网变化时，与传统调度模拟屏不同，大屏幕显示系统上图形修改非常容易实现。

大屏幕显示系统具有如下功能特点：

（1）多屏幕组合使调度员能看清厂站模拟图的全貌。

（2）通过画面的连续平滑滚动，使各厂站间的连线情况一目了然。

（3）屏幕组合方式灵活多变，使调度员能同时察看多个厂站模拟图。

（4）各个子屏幕内可分别显示不同类型的图表（如模拟图、遥测量表、遥信量表、潮流图等）。

（5）现场采集上来的实时数据能在模拟图及其他图表上动态地显示刷新。

（6）遇到厂站事故能迅速跳屏报警，将事故厂站模拟图画面调出，供调度员察看分析。若有多个厂站同时发生事故，各子屏幕能依次跳屏，使调度员能同时看到多个事故现场。

二、大屏幕拼接显示系统介绍

大屏幕拼接显示系统由于发展历史较短，目前的术语还没有完全统一，也称为大屏幕拼接墙、大屏幕拼接屏、电视墙大屏幕组合显示系统、大屏幕显示系统、大屏幕投影系统、大屏幕投影显示屏、大屏幕背投拼接显示系统等。从名称的角度来看，主要分为以玻璃屏幕为主的拼接显示系统及以屏幕为主的拼接显示系统两类，大屏幕拼接显示系统则可以代表两种名称的统称。

大屏幕拼接显示系统中的拼接的含义是指把多个显示单元整齐地堆叠起来，构成一个类似砖体墙的显示墙体结构。大屏幕拼接显示系统的硬件系统由电视墙单元或投影机单元、大屏幕拼接处理器、大屏幕拼接接口设备三部分组成。广义上来讲，任何一个显示设备都可以来做电视墙单元。大屏幕拼接处理器是把一个完整的标准视频信号，经过图像处理（分割、放大）输出 $M \times N$ 个标准的显示设备的图形处理设备。大屏幕拼接接口设备是指视频信号传送到电视墙的信号切换和传输设备。

大屏幕的主要作用是显示视频、数据和图像信号，这些信号可以来自 PC 机、工作站、摄像机、影碟机、视频展示台等。由于显示尺寸大，可以实现计算机数据、图像、视频图像的切换显示或混合显示，可以实现多个窗口信号的显示，以实现信息综合。因此大屏幕显示系统即是一个信息综合平台。

三、大屏幕拼接显示系统的功能

1. 多路输入统一输出

输入的信号有多个，由控制器选择其中的一部分进行显示。而被显示在大屏幕上的图像，也不只由一路信号源提供信号，即屏幕上可以显示多幅图像。

2. 接收多种信号的输入

它既可以接收视频信号，又可以接收数字信号，包括 AV 信号、VGA 信号、HDMI 信号等。

3. 集中控制

哪些信号将被显示出来，将在何时显示，显示在何处，这些都在集中控制系统中被决定。

4. 信号预览

在集中控制台旁，有一些独立于大屏幕的监视器，用来监测一些即将被输出显示的信号，以确保其正确无误。

5. 即时信号源切换

屏幕上已经显示出了多幅图像，可以按照需求，对其中的一部分图像窗口对应的信号源进行切换，而不影响当前正在显示的其他图像。

6. 图像拼接功能

这是大屏幕拼接系统与一般的大屏幕显示系统最主要的区别。一般的大屏幕显示系统，一台显示设备只能显示一个信号源的图像，一个信号源的图像也只能由一台显示设备显示输出，显示出来的是一个个独立的画面。而在大屏幕拼接系统中，所显示出来的是一幅整体的画面，它由各信号源的图像拼接而成。一个信号源的图像也不一定由一台显示设备显示，它可以由数台设备形成的矩阵显示，每一台设备只显示图像的一部分；一台显示设备也不一定只显示一个信号源的图像，它可以显示若干个信号源的图像，也可以显示其图像的一部分。常见的"画中画"就是一种拼接效果。图 9-23 所示为大屏幕上整屏显示一路计算机信号，图 9-24 所示为大屏幕上同时显示不同的计算机信号，图 9-25 所示为大屏幕单屏显示 1 路计算机信号，同时打开大小不同的视频或者计算机窗口实现漫游、叠加。

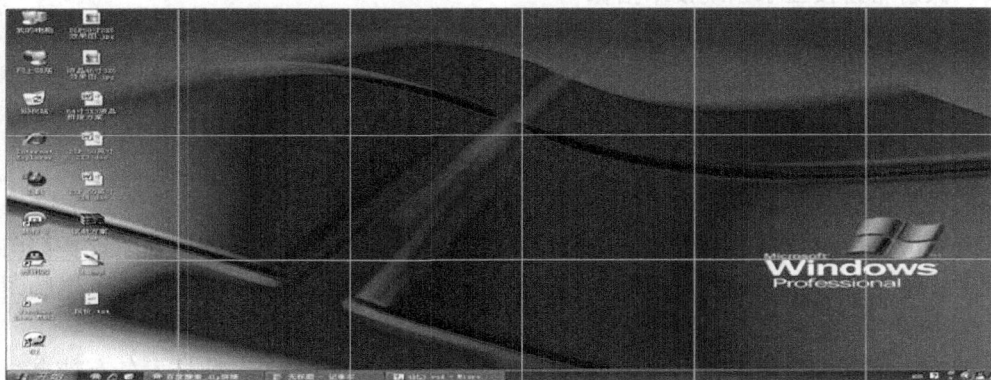

图 9-23　大屏幕上整屏显示一路计算机信号

图 9-24　大屏幕上同时显示不同的计算机信号

图 9-25　大屏幕上同时打开大小不同的窗口

7. 图像具有动态效果

每个信号源对应的图像窗口是可以调整的，窗口可以进行缩放和移动。

四、大屏幕拼接显示系统技术指标

1. 显示尺寸

该尺寸的选择应结合房间的长、宽、高以及观看人数和座位安排来考虑，同时还要考虑显示的内容，是计算机图文、数据还是视频图像。

2. 显示分辨率

目前投影设备对显示视频图像（DVD、电视等）都没有问题，主要是考虑电脑显示分辨率，一般应使显示设备的分辨率与电脑显示分辨率相同，绝大多数投影显示设备都向上兼容一挡，如物理分辨率为 800 像素×600 像素，可以显示 1024 像素×768 像素的电脑图像。

3. 显示技术

目前商用投影机使用的技术主要为 LCD、PDP 和 DLP 技术，三种技术各有特点，可结合用途选择不同类型的投影机。

4. 屏幕类型

在投影显示设备中，屏幕是很重要的，屏幕与投影设备的匹配也是很重要的，不同的屏幕类型，显示的效果相差很大。

5. 屏面亮度

对屏幕表面亮度的要求主要根据环境的亮度和显示的内容来考虑，并非越亮越好。屏表面的亮度由投影设备输出的光通量、传输系统效率和屏幕类型和技术指标决定。

6. 颜色和对比度

对比度在观看中很重要，对比度主要取决于投影设备和屏幕，颜色的重要性在一些场合也是必须考虑的，例如显示地图就需要颜色还原性好的设备。

7. 输入/输出接口

接口越多，使用就越方便。

五、大屏幕显示系统的分类

目前大屏幕显示系统没有统一的标准，产品种类繁多，采用的技术也不相同。根据不同的方式，大屏幕显示系统可以有以下几种分类方法：按拼接方式分类、按显示方式分类、按投影机的工作原理分类。

（一）按拼接方式分类

大屏幕拼接系统，经过多年的发展，按拼接方式分，主要分为四大种类：

（1）硬件拼接系统。硬件拼接系统是较早使用的一种拼接方法，可实现的功能有分割、分屏显示、开窗口，即在多屏组成的底图上，用任意一屏显示一个独立的画面。

1）优点。由于采用硬件拼接，图像处理完全是实时动态显示，安装操作简单。

2）缺点。拼接规模小，扩展很不方便，不适应多屏拼接的需要。所开窗口固定为一个屏幕大小，不可放大、缩小或移动，屏幕和画面部分有着物理拼缝和光学拼缝。

（2）软件拼接系统。软件拼接系统是用软件来分割图像。

1）优点。采用软件方法拼接图像，可十分灵活地对图像进行特技控制，如在任意位置开窗口，任意放大、缩小，利用鼠标即可对所开的窗口任意拖动，在控制台上控制屏幕墙，如同控制自己的显示器一样方便。

2）缺点。在构成一个几十台投影机组成的大系统时，其相应的硬件部分显得繁杂。

（3）软件和硬件相结合的拼接系统。可综合软件与硬件拼接系统两种方法的优点，实现显示多个 RGB 模拟信号及 X-Windows 的动态图形，是为多通道现场即时显示专门设计的。通过硬件和软件以及控制与接口，来实现不同窗口的动态显示。它具有以下优点：

1）透明度高。图像叠加透明显示，共有 256 级透明度，令动态图像和背景活灵活现。

2）并联扩展性极好。系统采用并联框结构，可控制上千个投影机同时工作。

（4）无缝拼接系统。大屏幕无缝投影也称边缘融合技术，边缘融合技术就是将一组投影机投射出的画面进行边缘重叠，并通过融合技术显示出一个没有缝隙，更加明亮，超大、高分辨率的整幅画面，画面的效果就好像是一台投影机投射的画质。当两台或多台投影机组合投射一幅画面时，会有一部分影像灯光重叠，边缘融合的最主要功能就是把两台投影机重叠部分的灯光进行渐变调整，使重叠区的亮度、对比度与周边图像一致，从而使整幅画面完整统一，丝毫看不出是多台投影机拼接的结果。

边缘融合大屏幕显示系统可以精确细致地显示每个精细而且微小的画面，整套系统展现出来是整幅无缝的画面，不会存在光学拼缝还是物理拼缝，带给观众震撼的视觉冲击和享受，让一切数据完美再现。无缝拼接技术是当今大屏幕显示系统的发展趋势。

（二）按显示方式进行分类

（1）镶嵌式 LCD 平板单元。镶嵌式 LCD 平板单元采用二维的平面排列方式，如电视墙、电视桌、曲面电视墙等。镶嵌式 LCD 平板方式能够显示高达一亿个像素。镶嵌式 LCD 平板方式的特点如下：

1）与投影方式相比，更容易分割画面及对画面校正。

2）与投影方式相比更便宜，因为投影方式中的灯泡寿命较短。

3）占用的空间小，不用预留一段投影距离。

4）屏幕之间有间隙，这种间隙影响文字的显示效果，对图像影响不大。

（2）投影机阵列。投影方式的大屏幕显示系统可分为正投（图 9-26）和背投（图 9-27）两种。正投安装简单，占地面积小，但对环境亮度反差要求较高，这也是大多电影院在放映的时候会关闭所有大功率照明装置的原因，不适合在露天环境下使用。现在较为多见的是背投式大屏幕，即把投影机设置在屏幕后面，而观察者在屏幕前面。

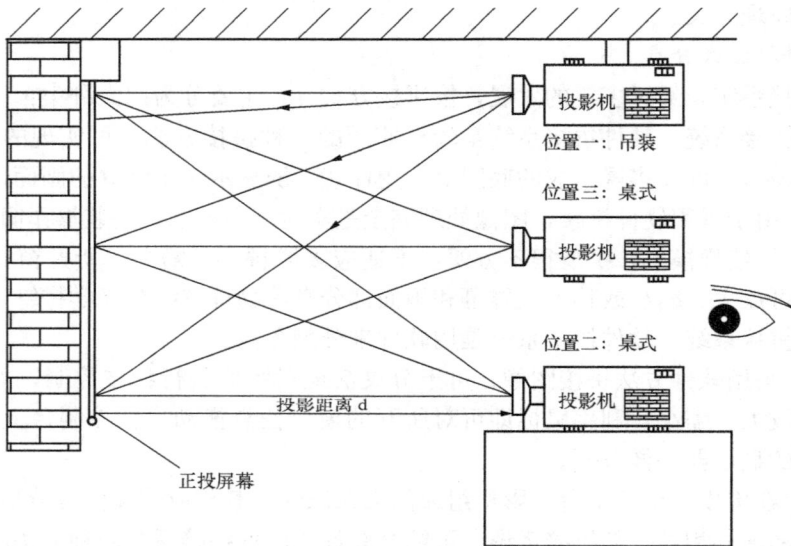

图 9-26 正投大屏幕投影系统

背投按结构分为箱式和分离式。箱式大屏幕由投影机、显示屏和外框组成。为了缩短投影距离，箱体内都衬有反射系统。屏幕对角线长度一般小于 84 英寸，超过 84 英寸的都选择分离式。分离式为投影机与显示屏分开，相当于将整个房间作为"箱体"。由于投影距离长，屏幕可以做得很大。如果要用分离式而空间不够，可以采用反射系统缩短投影距离。

（三）按投影机的工作原理分类

大屏幕拼接显示系统主要由背投式投影机、大屏幕拼墙、多屏图形生成控制器及基本图形控制管理软件等组成。其中背投式投影机是显示系统的关键设备．从出现至今的发展过程中相继出现了五种不同类型的产品：CRT 投影机、DLP 投影机、PDP 等离子投影机、LCD 液晶投影机和 LCOS 投影机。

1. CRT 投影机

基于阴极射线管（Cathode Ray Tube，CRT）显示技术的 CRT 投影机，把输入的电压

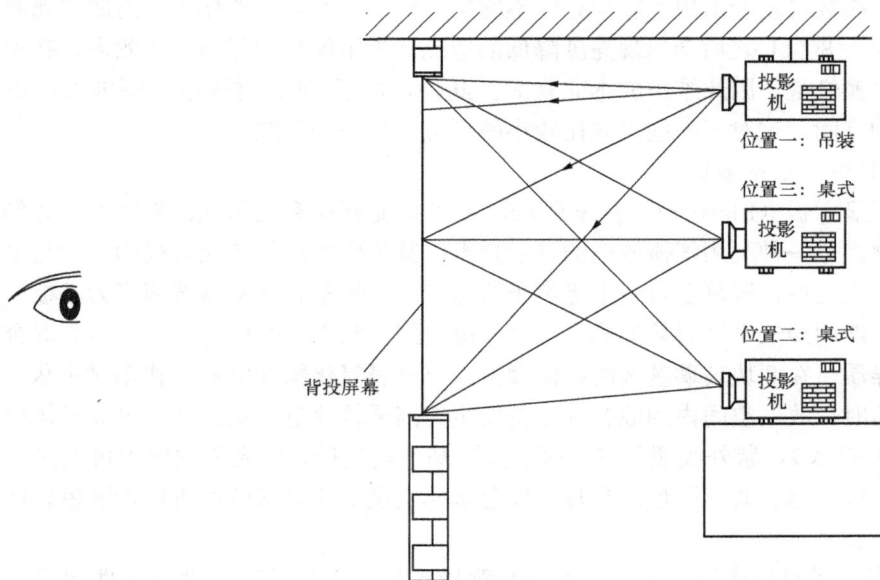

图 9-27　背投大屏幕投影系统

或图形信号送到 3 个电子枪上。每个电子枪发射一束电子，每一个对应于一种基本颜色。电子束的强度被输入信号所控制，通过一个遮蔽屏来保持精确地排列。当电子撞击在涂有荧光物质屏的内表面时，荧光物质发出光来。利用磁性偏转线圈来改变电子束的路径，屏幕通常以每秒 60 次或更多次数被重画或刷新。

CRT 不能以数字方式显示，而是模拟方式显示，当分辨率增加时 CRT 的亮度会降低。现今 CRT 投影机应用范围和用户量在逐渐减少，已不宜用于大屏幕投影显示系统。

2. DLP 投影机

数字光处理（Digital Lighting Progress，DLP）技术是先把影像信号经过数字处理，然后再把光投影出来。它是基于德仪公司开发的数字微反射镜器件 DMD（Digital Micromirror Device，即数字微镜器件）作为光阀成像器件，采用数字光处理技术调制计算机和视频信号，驱动 DMD 光路系统，通过投影透镜获得大屏幕图像。

DMD 芯片中有数百万个微镜，每个对应一个像素。DLP 用一个积分器（Integrator）将光源均匀化，通过一个高速旋转的由红、绿、蓝等分色滤光片组合色轮（COLOR WHEEL），将透过的白光进行分色，并通过高速电动机使其转动，然后顺序分出不同单色光于指定的光路上，最后经由其他光机元件合成并投射出全彩影像。

DLP 拼接墙由多个背投显示单元拼接而成，其最主要的特点是屏体大尺寸，目前在市场上的主流尺寸为 50、60、67in，随着用户对大屏幕尺寸需求的提高，80、84、100、120in 的也逐渐使用。DLP 拼接墙的分辨率由各显示单元的分辨率叠加而来，可以获得超高的分辨率。如：单体为 1024 像素×768 像素的 3×2 拼接墙，拼接后的整墙分辨率高达 1024 像素×3 像素、768 像素×2 像素。除了尺寸大之外，DLP 拼接墙的另一大特点就是拼缝小，虽然各显示单元之间会有屏幕拼缝，但目前单元箱体之间的物理拼缝已经控制在了 0.5mm 之内。

但 DLP 背投拼接系统仍存在一些致命缺点，由于 DLP 显示器采用多个显示单元拼接，达到一定拼接数目就会出现色彩与亮度不均匀的情况，而且其功耗大，内部发光的灯泡在连续工作 6000～8000h 之后会出现亮度降低的情况，为了保持较好的显示效果，在项目应用后期就需要更换灯泡，因此维护成本非常大。此外，由于 DLP 拼接单元厚度大，还要在背部留下足够的空间，这对于一些空间比较小的环境也是一个问题。

3. PDP 等离子投影机

等离子显示板（Plasma Display Panel，PDP）是指所有利用气体放电而发光的平板显示器件的总称。是一种利用气体放电的显示技术，其工作原理与荧光灯很相似。它采用了等离子管作为发光元件，屏幕上每一个等离子管对应一个像素，屏幕以玻璃作为基板，基板间隔一定距离，四周经气密性封接形成一个个放电空间。放电空间内充入氖、氙等混合惰性气体作为工作媒质。在两块玻璃基板的内侧面上涂有金属氧化物导电薄膜作激励电极。当向电极上加入电压时，放电空间内的混合气体便发生等离子体放电现象。气体等离子体放电产生真空紫外线（VUV），紫外线照射红、绿、蓝三基色荧光粉，荧光屏发射出可见光，荧光屏发出的光则呈红、绿、蓝三原色。当每一原色单元实现 256 级灰度后再进行混色，便实现彩色显示图像。

PDP 是一种自发光显示技术，不需要背景光源，因此没有亮度均匀性问题。而三色荧光粉共用同一个等离子管的设计也使其避免了聚焦和汇聚问题，可以实现非常清晰的图像。但是等离子高电压、高耗电，能耗大，寿命先天不足，使用一段时间后屏幕会加速老化，亮度持续降低。PDP 内部气压为 0.5 个大气压，随着海拔升高大气压持续降低，屏幕内外气压比值越来越大，等离子管稳定性变得更差，所以高海拔地区难以正常使用。

等离子显示屏机身超薄，占地面积小，适合壁挂，从而适合在任何面积的场所安装，就安装空间来说，比 DLP 要节省得多。但是等离子屏产品像素点缝隙大，可靠性能相对于其他产品较低，耗电也比较高，且使用 5000～10 000h 后屏幕亮度就会衰减一半，并难以在海拔 2500m 以上的地方正常工作，其最致命的弱点就是在长时间显示计算机图像或静态图像时容易灼烧（所谓灼烧是指等离子电视在长期处于图像静止状态时屏幕内部等离子体发生变化导致不能正常工作，直观表现为在屏幕的特定位置会留有图像的残影，且无论更换任何片源都无法去除）。

4. LCD 投影机

液晶（Liquid Crystal Display，LCD）利用了液状晶体在电压的作用下发生偏转的原理。由于组成屏幕的液状晶体在同一点上可以显示红、绿、蓝三基色，或者说液晶的一个点是由三个点叠加起来的，它们按照一定的顺序排列，通过电压来刺激这些液状晶体，就可以呈现出不同的颜色，不同比例的搭配可以呈现出千变万化的色彩。液晶本身是不发光的，它靠背光管来发光，因此液晶屏取决于背光管。由于液晶采用点成像的原因，因此屏幕里面构成的点越多，成像效果越精细，纵横的点数就构成了液晶的分辨率，分辨率越高，效果越好。

LCD 投影机分为液晶板和液晶光阀两种，下面分别说明两种 LCD 投影机的原理。

（1）液晶光阀投影机。它采用 CRT 管和液晶光阀作为成像器件，是 CRT 投影机与液晶光阀相结合的产物。为了解决图像分辨率与亮度间的矛盾，它采用外光源，也叫被动式投影方式。它是目前为止亮度、分辨率较高的投影机，分辨率可达 2500 像素×2000 像素，适用于环境光较强、观众较多的场合，如超大规模的指挥中心、会议中心及大型娱乐场所，但其价格高，体积大，光阀不易维修。

（2）液晶板投影机。它的成像器件是液晶板，也是一种被动式的投影方式，利用的是外光源金属卤素灯或 UHP（冷光源）。若是三块 LCD 板设计，则把强光通过分光镜将 RGB 三束光分别透射过 RGB 三色液晶板，信号源经过模—数转换，调制加到液晶板上，控制液晶单元的开启、闭合，从而控制光路的通过，再经镜子合光，由光学镜头放大，显示在大屏幕上。

LCD 拼接是继 DLP 拼接、PDP 拼接之后，近几年兴起的一项新的拼接技术，LCD 液晶拼接墙具有低功耗、质量轻、寿命长、无辐射、画面亮度均匀等优点，但其缺点就是不能做到无缝拼接，对显示画面要求非常精细的行业用户来说，稍微有一点遗憾。由于液晶屏在出厂时就会有一条边框，液晶拼接起来就会出现边框（缝），如单个 60in 的液晶屏的边框一般为 2.4～4.1mm，两个液晶屏接起来的缝有 6.5mm 左右。

目前，LCD 液晶拼接墙常见的液晶尺寸有 46、47、55、60in，它可以根据客户需要任意拼接，最大可达到 10×10 拼接，采用背光源发光，寿命长达 50 000h。并且，液晶的点距小，物理分辨率可以轻易达到高清标准；另外，液晶屏功耗小，发热量低，46in 以上的液晶屏，其功率也不过 150W 左右，大约只有等离子的 1/4，且运行稳定，维护成本低。

六、大屏幕拼接显示系统在电网调度自动化系统中的应用

1. 建设原则

设立调度大屏，主要是通过超大屏幕为调度员提供一个更清晰、更逼真、更灵活的人机交互界面，使调度人员更方便地从整体了解电网实时运行情况，更好地进行电网调度。为此大屏幕系统建设要以电力调度系统需求为依据进行建设，包括：

（1）可靠性。大屏幕投影显示系统能适应电力调度 7×24h 调度运行管理的需要。

（2）实用性。能满足 SCADA/EMS 系统任何网络信息显示，同时还可接入视频、RGB 信号等其他信号显示。

（3）先进性。大屏幕投影显示系统采用高亮度、三基色数字补偿等先进技术投影显示系统，保证信息显示的清晰、逼真、明亮。

（4）易维护性。大屏幕投影显示系统的重要部件（如显示单元、多屏拼接器、系统控制软件等）能方便地维护和日常清洁。

（5）灵活性。由于要显示多种信息信号，因此在整个大屏设计时要充分考虑操作的灵活性，使得信息可以根据需要灵活切换，灵活地以任意大小在任意位置显示。即可以根据预先设定的规则自动设置，也可以在某些情况下手动操作显示特定的信息。

（6）协调性。结合调度大厅大小、格式布局等综合考虑，从而使得整个调度大厅布局合理，整体格调统一。

2. 系统的组成和结构

为实现电力调度自动化系统数据以及图形数据信息清晰、灵活显示，需要提供一个综合有效、可靠稳定、实时性强、响应速度快的综合显示方案。

整个大屏幕显示系统整体上由四大部分组成：

（1）投影显示部分。物理上整套组合显示屏由模块化、标准化、一体化的投影箱体叠加组成。每个封闭式投影箱体均包括投影机和专业投影屏幕组成。具体显示单元的规格、拼接规模，取决于要显示的信息、调度大厅的大小、投资等综合因素。另外显示单元配置相应的内置图像处理器，以便紧急情况下信息源可以直接上墙显示。

（2）拼接墙处理器。拼接墙处理器是拼接墙的核心，是将一个完整的图像信号划分后分配给视频显示单元，完成用多个普通视频单元组成一个超大屏幕动态图像显示屏。拼接墙处理器可以实现多个物理输出组合成一个分辨率叠加后的显示输出，使拼接墙构成一个超高分辨率、超高亮度、超大显示尺寸的逻辑显示屏，完成多个信号源在屏幕墙上的开窗、移动、缩放等方式的显示功能。

（3）拼接墙接口设备部分。包含音视频、VGA、网络、控制接口，主要连接各类输入/输出设备，对拼接墙的显示内容进行控制和编辑，如音/视频矩阵等。

（4）系统控制软件。负责控制投影机的图像拼接、色彩和显示效果的调整，对需要显示的信号和图像进行预案处理等。实现通过软件控制方式实现输入信号的灵活显示控制。

3. 具体功能

（1）通过和调度自动化系统接口，实现了调度系统中高分辨率实时图形画面显示，如全区实时潮流图、地理接线图、厂站实时工况图、厂站电压考核图、厂站负荷、频率及计划曲线图等，可以显示相应的遥测量、遥信量、累计量、考核量等动态值和其他静态参数的显示，而且通过图形、图表窗口灵活移动，扩大和缩放以及背景色改变和字形、字体任意设置等，最大限度为调度人员实现了各种实时信息的共享，为电网调度提供了一个灵活、直观的展示平台。

（2）事故处理辅助功能，可以将事故追忆的内容在大屏幕上进行回放，为调度人员和相关专家事故分析和讨论提供了一个高分辨率、大画面、多信息的交互式显示平台。

（3）培训功能，可以将 DTS 信息在大屏幕上显示，为调度员的培训和技能提高提供了一个现代化的演示平台。

（4）和遥视系统接口，可以实现任何一个网络工作站上的遥视信息通过网络信号或者视频线方式进行多图形、多信息同时显示，实现遥视的集中监控功能，为"少人值守"、"无人值守"提供支持。

（5）可以把放置在调度室配网调度工作台上的配网管理远程终端上显示的配网信息，通过网络信号或者视频线的方式进行多图形、多信息的同时显示，从而把配网系统中的各种信息与反映空间位置的图形信息有机地结合在一起，为配网调度和决策人员提供了表现力丰富的三维地图。

七、某大型地调大屏幕拼接显示系统实例介绍

1. 大屏幕投影系统的构成

大屏幕投影系统由大屏幕显示系统和人机界面支持平台构成。大屏幕显示系统协调大屏幕墙各显示器的图像拼接，并为人机界面支持平台提供标准的 X-Windows 和多鼠标操作接口。在一个调度员工作站上放置 2 块网卡，一块网卡连接 EMS 网络，另一块网卡连接大屏幕显示系统网络，其连接示意如图 9-28 所示，外观如图 9-29 所示。

大屏幕显示系统是高精度多屏显示系统之一，它为人机界面平台提供 X-Windows 支持及多鼠标协调功能，可满足人机界面支持系统的所有需求。大屏幕显示系统由显示服务器系统、大屏幕墙及内部网络构成，显示服务器系统由若干台显示控制机构成。

大屏幕显示系统的显示服务器系统为一组 PC 工作站，它们各有分工，相互协调管理大屏幕墙的若干投影机将多个显示卡输出的图像拼接成无缝、高分辨率、清晰的图像。这些工

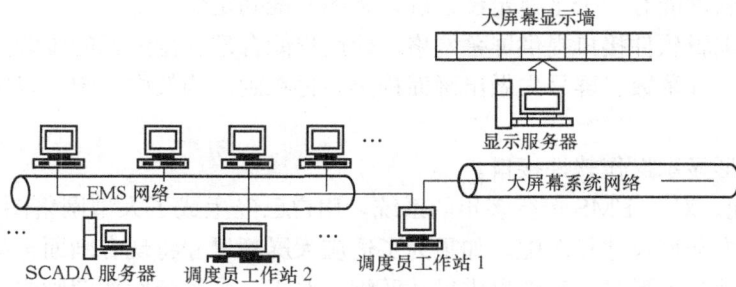

图 9-28　大屏幕显示系统与 EMS 连接示意图

图 9-29　地调大屏幕拼接显示系统外观

作站按照一定策略互为备用，保证了整个大屏幕显示系统安全、稳定、可靠运行。大屏幕显示系统对人机界面软件提供的 X-Windows 支持平台也在此工作站上运行。X-Windows 支持平台符合 X 标准，所有遵循 X 标准的指令都能被支持平台解析，为人机界面系统提供了强有力的支撑。

大屏幕显示系统的工作站还运行有鼠标管理软件，可将调度员工作站的鼠标投影到大屏幕，因此每个调度员都可实现不下位操作。

电网调度中心使用的大屏幕墙由 30 个小显示屏无缝拼接而成，排列方式为 10 列 3 行。每个小显示屏的像素为 1024 像素×768 像素，整个大屏幕的像素为 10 240 像素×2304 像素。

2. 大屏幕人机界面支持功能接口

（1）图形编辑软件接口。大屏幕显示空间巨大，约为工作站单屏方式的 30 倍，使得在工作站窗口上不能显示的画面在大屏幕显示器上可以完全显示出来。大屏幕显示器用于调度员在线操作有很大的优越性，但是在图形编辑方面不具优势，因此必须在 EMS 工作站上编辑大型画面。大型画面在工作站显示器上不能完全显示，图形编辑人员在生成画面时无法了解正在编辑的画面在大屏幕显示器上的显示效果。通常图形工作站显示器的分辨率是 1028 像素×1024 像素，而大屏幕的分辨率为 10 240 像素×2304 像素，它们之间并不成比例。若没有对大屏幕的准确定位，现有图形编辑软件不能将画面空间与大屏幕显示空间相匹配，因此要求图形编辑软件能有一个坐标定位系统，将图元准确定位。

大屏幕图形编辑软件接口提供屏幕网格，使用户能合理安排图元的位置。用户可通过定义单屏网格大小、屏幕数、屏号先做出画面构架，再在画面构架内作图，以保证图元的准确定位。

（2）在线图形显示操作软件接口。

1）尺寸匹配。对于 EMS 运行多年的系统，用户已经生成了大型网络图和数千幅画面，但其大小并不与大屏幕尺寸相匹配。如果为了适应大屏幕尺寸将现有画面全部推翻，将增加工作量，因此必须为图形显示软件提供尺寸匹配。对于一个系统网络图画面，由用户指定窗口的大小、位置、比例系数，人机界面子系统图形显示软件按照用户指定的参数在大屏幕上显示该画面，此功能使用户维护工作量降低。

2）画面自适应。一般画面（在工作站显示屏上可显示完全的画面）在大屏幕上显示时窗口大小为 3×3 个屏，画面显示的比例系数自动适应窗口的大小。

3）菜单字体自适应。画面显示主窗口的菜单及按钮上的字体，对于大屏幕用系统中最大点阵字体来显示。

4）上大屏接口。提供调度员将本地工作站的画面上大屏的功能，调度员在工作站操作显示界面的主窗口上用鼠标单击"上大屏"，就可在大屏幕上显示与本地工作站相同的画面。各调度员工作站可同时进行该操作，互不干扰，因此可方便交流。

5）自动上大屏画面接口。系统常态时，大屏幕上一般显示系统主接线图、稳定断面控制等重要画面。

6）大屏幕显示策略接口。提供大屏幕系统参数的配置，包括允许上大屏工作站、大屏幕控制机节点名、大屏幕尺寸、大屏幕画面默认尺寸、大屏幕画面尺寸、自动上大屏画面等。光敏区等调画面的方式仍然适用于在大屏幕上已显示的画面。

7）曲线显示系统接口。对于大屏幕，由曲线显示工具自动将显示窗口大小设置为 3×3 个屏，窗口内的曲线及文本也按比例放大。

思　考　题

1. 调度模拟屏由哪几个部分组成？简介各部分功能。
2. 试画出调度模拟屏控制系统框图，并说明各部分功能。
3. 调度中心的主站与模拟屏通信时采用哪几种通信方式？
4. 调度中心的主站与模拟屏之间传送报文时有几种传送序列？并说明其工作方式。
5. 写出单个遥信和成批遥信的报文格式。
6. 写出单个遥测和成批遥测的报文格式。
7. 写出全屏操作的报文格式。
8. 画出模拟屏控制器硬件框图，并说明各个部分的作用。
9. 说明遥测显示器显示数据的工作原理。
10. 说明遥信显示器的工作原理。
11. 画出调度模拟屏控制器主程序框图，说明其工作过程。
12. 大屏幕拼接显示系统应用在电网调度中有哪些优势？

13. 大屏幕拼接显示系统可以实现哪些功能？
14. 大屏幕显示系统有哪几种拼接方式？简介各种方式的特点。
15. 按照投影机的工作原理分类，有哪几种投影机？各有何特点？
16. 大屏幕拼接显示系统由哪几个部分组成？简介各部分作用。

第十章 视频监控技术

第一节 概　　述

一、视频监控的应用

随着科技技术的发展和人们生活水平的提高，人们的安全防范意识逐渐加强。视频监控系统以其直观、方便、信息内容丰富的特性来显示被监控对象，在智能交通、公共安全、金融、电力工业等领域得到广泛应用和推广。视频监控系统是安全技术防范体系中的一个重要组成部分，是一种先进的综合性系统，它可通过遥控摄像机及其辅助设备（镜头、云台等）直接观看被监视场所的一切情况。随着网络的不断发展与视音频处理、存储、智能化等技术的不断提高，其功能也越来越强大，同时还可以与安全技术防范系统中的其他系统（如防盗报警系统等）联动运行，使其防范范围与能力更加强大与智能。

在全国电力行业迅速发展的条件下，变电站"四遥"功能（遥测、遥信、遥控、遥调）得以充分体现，随着无人值班管理模式的推广，其中所涉及的数字式和简单图形化的监控已不能完全满足对变电站内设备的监控，人们越来越迫切希望能够通过视频图像实现对变电站内设备及周边环境的监视，以及实现无人值班环境下的安全防卫。远程图像监控系统，即遥视，它能监视并记录变电站的安全以及设备的运行情况，并提供事后分析事故的有关图像资料，同时它还具有防火、防盗、门禁、设备联动等功能。因此遥视越来越多地应用在电网调度自动化系统中。随着各种通信媒介的铺设和多媒体压缩技术以及网络传输技术的发展，传统变电站的"四遥"功能已发展为现在的"五遥"功能（遥测、遥信、遥控、遥调、遥视）。图 10-1 所示为视频监控应用截图。

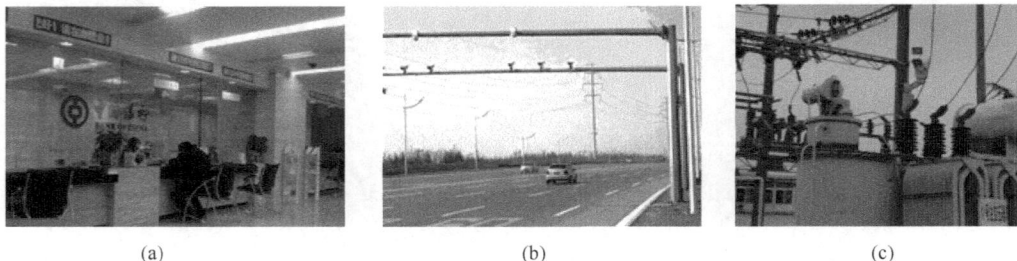

图 10-1　视频监控应用截图
(a) 银行；(b) 道路；(c) 变电站

二、视频监控的发展

1. 本地模拟信号监控

本地视频监控系统主要由摄像机、视频矩阵、监视器、录像机等组成，利用模拟视频线将来自摄像机的视频连接到监视器上，利用视频矩阵主机，采用键盘进行切换和控制，录像采用使用磁带的长时间录像机；远距离图像传输采用模拟光纤，利用光端机进行视频的传输。传统的模拟闭路电视监控系统存在诸多缺点和应用局限性：首先有线模拟视频信号的传输对距离十分敏感；其次有线模拟视频监控无法联网，只能以点对点的方式监视现场，并且使得布线工程量极大；另外有线模拟视频信号数据的存储会耗费大量的存储介质（如录像带），查询取证时十分烦琐。图 10‐2 所示为模拟信号视频监控结构图。

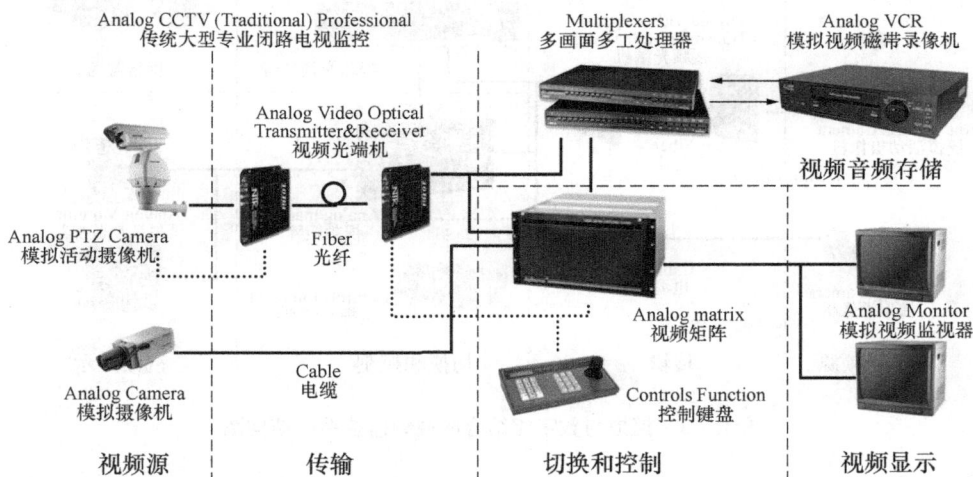

图 10‐2　模拟信号视频监控结构图

2. 模拟与数字相结合的监控系统

20 世纪 90 年代中期，多媒体监控随着数字视频压缩编码技术的发展而产生。系统在远端有若干个摄像机、各种检测和报警探头与数据设备，获取图像信息，并通过各自的传输线路汇接到多媒体监控终端上，然后再通过通信网络，将这些信息传到一个或多个监控中心。监控终端机可以是一台 PC，也可以是专用的工业控制机。这种系统结构在摄像机与编码设备间采用模拟信号方式，经过编码设备实现视频监控数字化，整个系统为模拟、数字相结合方式。

（1）优点。模拟与数字相结合的监控系统功能较强，便于现场操作。

（2）缺点。模拟与数字相结合的监控系统稳定性不够好，结构复杂，视频前端（如 CCD 等视频信号的采集、压缩、通信）较为复杂，可靠性不高；功耗高，费用高；需要有多人值守；同时软件的开放性也不好，传输距离明显受限。

图 10‐3 为模拟与数字相结合的视频监控系统结构图。

3. 数字化视频监控系统

从视频监控的发展趋势看，数字化、网络化、标准化是主要的发展趋势。视频监控系统的数字化首先应该是将系统中所有信息流（包括视频、音频、控制等）从模拟状态转为数字状态，从根本上改变视频监控系统从信息采集、信息处理、传输、系统控制等的方式和结构。系统的网络化可在保证网络带宽的前提下，彻底打破监控区域和数量的限制。标准化是将设备与应用相分离，降低视频监控应用功能对设备的依赖性。图 10‐4 所示为数字化视频监控系统结构图。

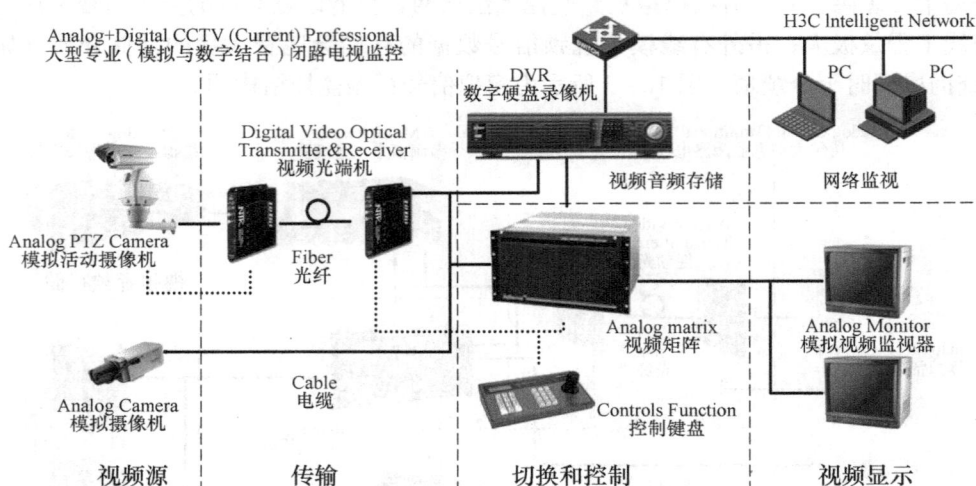

图 10-3　模拟与数字相结合的视频监控系统结构图

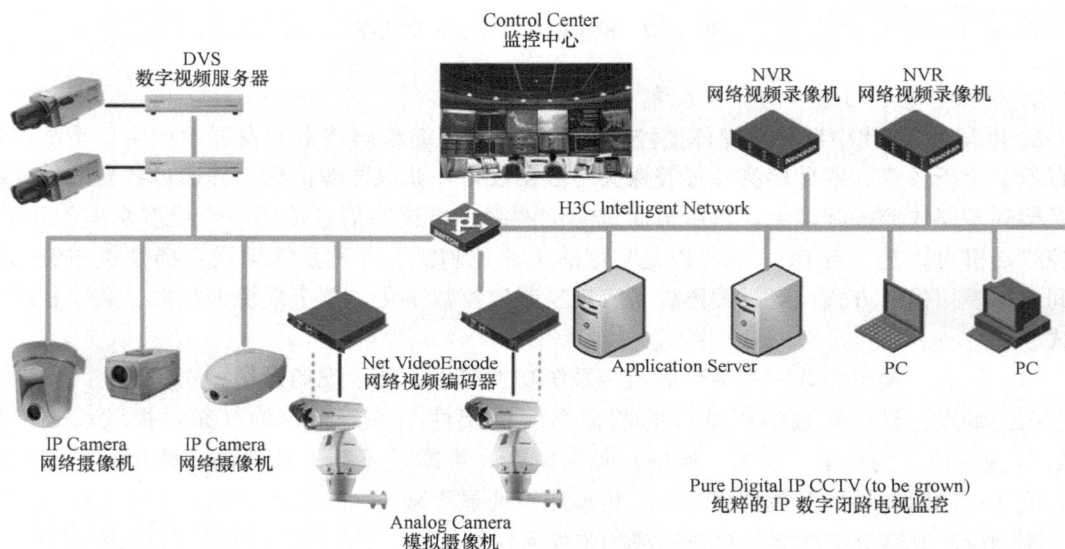

图 10-4　数字化视频监控系统结构图

第二节　视频监控系统的构成

一、基本结构

典型的视频监控系统主要由采集、传输、控制和显示四部分组成，如图 10-5 所示。采集部分包括视频源、音/视频编码设备，传输部分包括光纤、电缆、网络等设备，显示部分包括视频显示的监视器，控制部分包括矩阵、键盘等设备。

典型视频监控系统组成框图如图 10-6 表示，采集部分将采集到的视频等相关数据通过

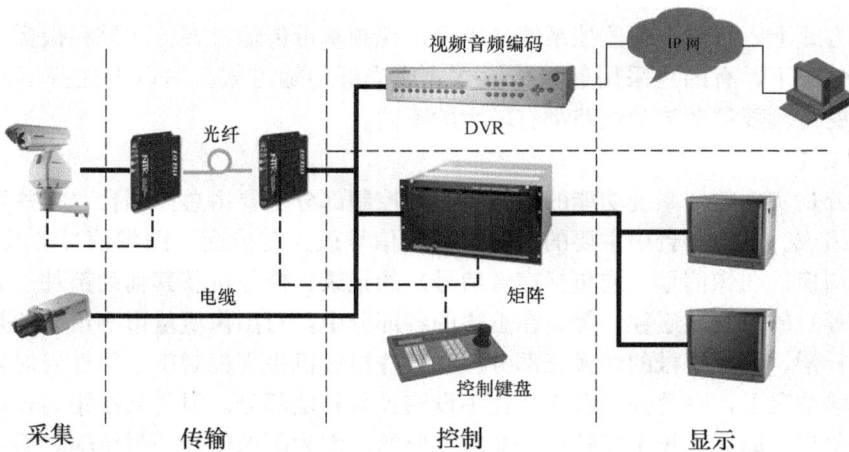

图 10 - 5 典型视频监控结构图

传输部分发送显示部分进行画面显示，控制部分对采集、显示设备进行相应切换、分割、组合控制。

1. 采集部分

采集部分主要包括摄像设备和编码设备。摄像部分是电视监控系统的前沿部分，是整个系统的"眼睛"。它布置在被监视场所的某一位置上，使其视场角能覆盖整个被监视的各个部位。有时被监视场所面积较大，为了节省摄像机所用的数量、简化传输系统及控

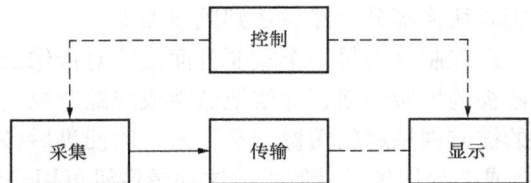

图 10 - 6 视频监控组成框图

制与显示系统，在摄像机上加装电动的（可遥控的）可变焦距（变倍）镜头，使摄像机所能观察的距离更远、更清楚；有时还把摄像机安装在电动云台上，通过控制台的控制，使云台带动摄像机进行水平和垂直方向的转动，从而使摄像机能覆盖的角度、面积更大。总之，摄像机把它监视的内容变为图像信号，传送给控制中心的监视器上。由于摄像部分是系统的最前端，并且被监视场所的情况是由它变成图像信号传送到控制中心的监视器上，所以从整个系统来讲，摄像部分是系统的原始信号源。因此，摄像部分的好坏以及它产生的图像信号的质量将影响着整个系统的质量。

2. 传输部分

传输部分就是系统的图像信号通路。一般来说，传输部分单指的是传输图像信号。但是由于某些系统中除图像外，还要传输声音信号，同时，由于需要有控制中心通过控制台对摄像机、镜头、云台、防护罩等进行控制，因而在传输系统中还包含有控制信号的传输，所以这里所讲的传输部分，通常是指所有要传输的信号形成的传输系统的总和。

传输部分主要传输的内容是图像信号，因此重点研究图像信号的传输方式及传输中有关问题是非常重要的。对图像信号的传输，重点要求是在图像信号经过传输系统后，不产生明显的噪声、失真，保证原始图像信号（从摄像机输出的图像信号）的清晰度和灰度等级没有明显下降等。这就要求传输系统在衰减方面、引入噪声方面、幅频特性和相频特性方面有良

好的性能。

在传输方式上，目前电视监控系统多半采用视频基带传输方式。如果在摄像机距离控制中心较远的情况下，有的也采用射频传输方式或光纤传输方式。对以上这些不同的传输方式，所使用的传输部件及传输线路都有较大的不同。

3. 控制部分

控制部分是实现整个系统功能的指挥中心。控制部分主要由总控制台（有些系统还设有副控制台）组成。总控制台中主要的功能有视频信号放大与分配、图像信号的校正与补偿、图像信号的切换、图像信号（或包括声音信号）的记录、摄像机及其辅助部件（如镜头、云台、防护罩等）的控制（遥控）等。在上述的各部分中，对图像质量影响最大的是放大与分配、校正与补偿、图像信号的切换三部分。在某些摄像机距离控制中心很近或对整个系统指标要求不高的情况下，在总控制台中往往不设校正与补偿部分。但对某些距离较远，或由于传输方式的要求等原因，校正与补偿是非常重要的。因为图像信号经过传输之后，往往其幅频特性（由于不同频率成分到达总控制台时，衰减是不同的，因而造成图像信号不同频率成分的幅度不同，此称为幅频特性）、相频特性（不同频率的图像信号通过传输部分后产生的相移不同，此称为相频特性）无法绝对保证指标的要求，所以在控制台上要对传输过来的图像信号进行幅频和相频的校正与补偿。经过校正与补偿的图像信号，再经过分配和放大，进入视频切换部分，然后送到监视器上。

总控制台的另一个重要方面是能对摄像机、镜头、云台、防护罩等进行遥控，以完成对被监视的场所全面、详细地监视或跟踪监视。总控制台上设有的录像机，可以随时把发生情况的被监视场所的图像记录下来，以便事后备查或作为重要依据。目前，有些控制台上设有1台或2台长延时录像机，这种录像机可用一盘60min带长的录像带记录长达几天的图像信号，这样就可以对某些非常重要的被监视场所的图像连续记录，而不必使用大量的录像带。还有的总控制台上设有多画面分割器，如4画面、9画面、16画面等。也就是说，通过这个设备，可以在1台监视器上同时显示出4个、9个、16个摄像机送来的各个被监视场所的画面，并用1台常规录像机或长延时录像机进行记录。

目前生产的总控制台，在控制功能上，控制摄像机的台数上往往都做成积木式的，可以根据要求进行组合。另外，在总控制台上还设有时间及地址的字符发生器，通过这个装置可以把年、月、日、时、分、秒都显示出来，并把被监视场所的地址、名称显示出来。在录像机上可以记录，这样对以后的备查提供了方便。

总控制台对摄像机及其辅助设备（如镜头、云台、防护罩等）的控制一般采用总线方式，把控制信号送给各摄像机附近的终端解码箱，在终端解码箱上将总控制台送来的编码控制信号解出，成为控制动作的命令信号，再去控制摄像机及其辅助设备的各种动作（如镜头的变倍、云台的转动等）。在某些摄像机距离控制中心很近的情况下，为节省开支，也可采用由控制台直接送出控制动作的命令信号，即"开/关"信号。

4. 显示部分

显示部分一般由几台或多台监视器（或带视频输入的普通电视机）组成。它的功能是将传送过来的图像一一显示出来。在电视监视系统中，特别是在由多台摄像机组成的电视监控系统中，一般都不是一台监视器对应一台摄像机进行显示，而是几台摄像机的图像信号用一台监视器轮流切换显示。这样做一是可以节省设备，减少空间的占用；二是没有必要一一对应显示。因为被监视场所的情况不可能同时发生意外情况，所以平时只要隔一定的时间（如几秒、十几秒或几十秒）显示一下即可。当某个被监视的场所发生情况时，可以通过切换器将这一路信号切换到某一台监视器上一直显示，并通过控制台对其遥控跟踪记录。所以，在一般的系统中，通常都采用 4∶1、8∶1，甚至 16∶1 设置监视器的数量。另外，由于画面分割器的应用，在有些摄像机台数很多的系统中，用画面分割器把几台摄像机送来的图像信号同时显示在一台监视器上，也就是在一台较大屏幕的监视器上，把屏幕分成几个面积相等的小画面，每个画面显示一个摄像机送来的画面。这样可以大大节省监视器，并且操作人员观看起来也比较方便。但是，对于这种方案，不宜在一台监视器上同时显示太多的分割画面，否则会使某些细节难以看清楚，影响监控的效果。一般情况下，4 分割或 9 分割较为合适。

为了节省开支，对于非特殊要求的电视监控系统，监视器可采用有视频输入端子的普通电视机，而不必采用造价较高的专用监视器。监视器（或电视机）的屏幕尺寸宜采用 14～18in，如果采用了画面分割器，则可选用较大屏幕的监视器。

监视器应放置在适合操作者观看的距离、角度和高度。一般是在总控制台的后方，设置专用的监视架子，把监视器摆放在架子上。

监视器的选择，应满足系统总的功能和总的技术指标的要求，特别是应满足长时间连续工作的要求。

二、视频监控主要设备

1. 采集设备

采集设备中的主要器件是摄像机，它把视频监视的内容变为图像信号，并输出给其他设备，它是电视监控系统的前沿部分，是整个系统的眼睛，也是视频监控中的最主要、应用最广泛的设备之一。摄像部分是系统的原始信号源，摄像部分的好坏以及它产生的图像信号的质量将影响着整个系统的质量。

目前典型的摄像机有：

（1）智能球型摄像机。智能球型摄像机简称智能球机，是现代电视监控发展的代表，安装方便、使用简单但功能强大，广泛应用于开阔区域的监控，不同的场合都可以使用。

智能球型摄像机是一种集成度相当高的产品，集成了云台系统、通信系统和摄像机系统。云台系统是指电动机带动的旋转部分，通信系统是指对电动机的控制以及对图像和信号的处理部分，摄像机系统是指采用的一体机机心。图 10-7 所示为球型摄像机外观。

（2）枪型摄像机。枪型摄像机又称为枪机，近年来随着安防监控摄像机广泛深入的应用，枪型摄像机高清的成像技术及高清透雾功能、红外侦测锁定、日夜转换红外摄像功能等已在电视监控工程中被广泛使用。枪型摄像机的日夜转换红外摄像功能使摄像机在日夜转换模式下能够实现探测红外线的滤光片的自动切换，解决普通日夜型摄像机出现的频繁日夜转换问题，从而有效降低夜间低照度环境下的图像噪点，提升画面质量。

枪型摄像机不具有云台控制功能，应用于监控场景固定或场景不需要频繁变换的情

吊装型　　嵌入型　　吸顶型　　壁装型

图 10-7 球型摄像机外观

红外摄像机　　　云台解码器摄像机　　　一体化摄像机

图 10 - 8　枪型摄像机外观

况，若需要旋转控制摄像机角度时，需另配合增加云台解码器设备。图 10 - 8 为枪型摄像机外观。

2. 编码设备

编码设备是视频监控中主要设备之一，集录像机、画面分割器、云台镜头控制、报警控制、网络传输等多功能为一体，是实现模拟视频监控到数字视频监控，并发展至远程视频监控的核心设备，该设备主要实现的功能包括实时视频、录像回放、云台镜头控制、语音对讲和报警上报等视频监控的功能。图 10 - 9 所示为视频编码设备输入/输出结构框图。

实时视频功能是对输入的音/视频数据进行采集，按音视频压缩算法进行压缩，并将压缩后的数据根据需要通过网络进行传输，从而实现远程视频监控、实时视频浏览和调阅功能。不同设备采用的编码方式也会不同，常见的视频编码标准有 JPEG 静态图像压缩方式、MPEG-X 和 H.26X 系列运动

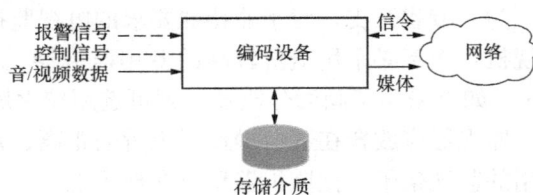

图 10 - 9　视频编码设备输入/输出结构框图

图像压缩标准。根据接入摄像机数量不同可分为单路、4 路、8 路、16 路、32 路甚至更高视频路数的同时接入。根据接入设备和功能不同，可分为无音频编码设备和音/视频混合编码设备。

录像回放功能是将音/视频媒体数据进行编码压缩并将编码压缩后的录像文件数据保存到存储介质，常见的存储介质包括硬盘和 SD 存储卡，用户可根据需要保存的录像时间长短选择不同数量和容量存储介质。可通过编码设备进行本地或网络录像文件按时间、地点、类型等条件进行录像文件的检索，并播放任一检索后的录像文件，录像文件播放可实现快放、慢放、拖曳等录像回放控制功能。

云台镜头控制功能是通过接收网络信号，并对该信号进行解析，实现对接入至该设备的摄像机云台或镜头进行上、下、左、右、变倍、变焦等控制功能。

语音对讲功能实现外接语音输入/输出设备并与远程监控人员间的语音对讲功能。

报警上报功能是实现对接入至编码设备的报警信号进行实时采集，若采集并判断信号产生报警后，可将报警信号实时上报给远程监控人员。同时可实现根据报警信号进行如自动录像、自动旋转摄像机至指定位置、触发开关、警铃等报警联动功能。

视频监控中编码设备主要包括数字硬盘录像机、网络视频服务器、IP 摄像机和网络视频录像机。

（1）硬盘录像机。

1）PC 式硬盘录像机。PC 式硬盘录像机（Digital Video Recorder，DVR）以传统的 PC 为基本硬件，以 Windows、Vista、Linux 为基本软件，配备图像采集压缩卡和视频监控软件成为一套完整的系统。PC 是一种通用的平台，PC 的硬件更新换代速度快，因而 PC 式 DVR 的产品性能提升较容易，同时软件修正、升级也比较方便。PCDVR 各种功能的实现都依靠各种板卡来完成，如音/视频压缩卡、网卡、声卡、显卡等，这种插卡式的系统在系

统装配、维修、运输中很容易出现不可靠的问题，不能用于工业控制领域，只适合于对可靠性要求不高的商用办公环境。

2）嵌入式硬盘录像机。嵌入式系统一般指非 PC 系统，有计算机功能但又不称为计算机的设备或器材。它是以应用为中心，软硬件可裁减的，对功能、可靠性、成本、体积、功耗等严格要求的微型专用计算机系统。简单地说，嵌入式系统集系统的应用软件与硬件于一体，类似于 PC 中 BIOS 的工作方式，具有软件代码小、高度自动化、响应速度快等特点，特别适合于要求实时和多任务的应用。

嵌入式 DVR 就是基于嵌入式处理器和嵌入式实时操作系统的嵌入式系统，它采用专用芯片对图像进行压缩及解压回放，嵌入式操作系统主要是完成整机的控制及管理。此类产品没有 PC 式 DVR 那么多的模块和多余的软件功能，在设计制造时对软、硬件的稳定性进行了针对性规划，因此此类产品更稳定，而且在视/音频压缩码流的储存速度、分辨率及画质上都有较大的改善。嵌入式 DVR 系统建立在一体化的硬件结构上，整个视/音频的压缩、显示、网络等功能全部可以通过一块单板来实现，大大提高了整个系统硬件的可靠性和稳定性。

（2）网络摄像机。网络摄像机又叫 IP 摄像机（IP Camera，IPC），它全面采用了数字化处理技术，视频信号从 CCD 或 CMOS 传感器采集并数字化后，后继的处理全部采用数字信号，并采用网络传输各种规格的视频信号。网络摄像机除了具有普通复合视频信号输出接口 BNC 外，还有网络输出接口，可直接将摄像机接入本地局域网。图 10-10 所示为网络摄像机外观。

（3）网络视频录像机。网络视频录像机（Network Video Recorder，NVR）实现记录网络视频流，并提供录像点播等

图 10-10　网络摄像机外观

功能。随着网络视频监控技术的持续发展，以网络摄像机为代表的网络高清监控应用，已成为未来发展的重要方向之一。作为实现网络摄像机优势的关键环节，NVR 在推广和普及网络摄像机、尤其是高清网络摄像机的应用上发挥着重要的作用。

NVR 最主要的功能是通过网络接收 IPC（网络摄像机）、DVR（硬盘录像机）等设备传输的数字视频码流，并进行存储、管理，其核心价值在于视频中间件，通过视频中间件的方式广泛兼容各厂家不同数字设备的编码格式，从而实现网络化带来的分布式架构、组件化接入的优势。

NVR 从产品形态上可划分为 PC 式和嵌入式两大类。PC 式 NVR 基于通用 x86 架构，采用 Windows 或 LINUX 操作系统，配合应用软件即可实现 NVR 的功能。PC 式 NVR 因其硬件资源相对较为丰富、开发周期较短以及功能实现灵活而占有优势。嵌入式 NVR 基于嵌入式架构，采用 Linux 或其他嵌入式操作系统来实现，具有更稳定、可靠的性能。

DVR 与摄像机之间采用模拟方式互联，因受到传输距离以及模拟信号损失的影响，监控点的位置也存在很大的局限性，无法实现远程部署。NVR 作为全网络化架构的视频监控系统，监控点设备与 NVR 之间可以通过任意 IP 网络互联，因此，监控点可以位于网络的任意位置，不会受到地域的限制。同时由于 NVR 与摄像机之间采用网络连接，其工程应用时布线实施工作量小于 DVR 与摄像机间需敷设视频线、音频线、报警线、控制线等多种连

接布线施工。

3．数据传输设备

（1）线缆。

1）同轴电缆。同轴电缆是先由两根同轴心、相互绝缘的圆柱形金属导体构成基本单元（同轴对），再由单个或多个同轴对组成的电缆。

同轴电缆从用途上分可分为 50Ω 基带同轴电缆和 75Ω 宽带同轴电缆（即网络同轴电缆和视频同轴电缆）。基带电缆又分细同轴电缆和粗同轴电缆。基带电缆仅仅用于数字传输，数据率可达 10Mbit/s。基带同轴电缆以硬铜线为芯，外包一层绝缘材料，这层绝缘材料用密织的网状导体环绕，网外又覆盖一层保护性材料。基带同轴电缆具有高带宽和极好的噪声抑制特性，广泛应用于有线和无线电视和某些局域网。宽带同轴电缆指任何使用模拟信号进行传输的电缆网，应用于有线电视电缆进行模拟信号传输。

2）双绞线。双绞线（Twisted Pair）是由两条相互绝缘的导线按照一定的规格互相缠绕（一般以顺时针缠绕）在一起而制成的一种通用配线，属于信息通信网络传输介质。双绞线过去主要是用来传输模拟信号的，但现在同样适用于数字信号的传输。双绞线是综合布线工程中最常用的一种传输介质。

双绞线在很多工业控制（如干扰较大的场合以及远距离传输）中都有使用，应用广泛的局域网也使用了双绞线对，它具有抗干扰能力强、传输距离远、布线容易、节省空间、价格低廉等优点。目前通过采用先进的技术和专用芯片，已经能够在双绞线上传输高质量的图像信号。

双绞线既可用于传输模拟信号，又可用于传输数字信号。美国电气工业协会/电信工业协会（EIA/TIA）制定了双绞线相关标准，并将其分为多个等级，每个等级的传输速率和应用环境不同。其中常见的有 3 类线、5 类线和超 5 类线以及最新的 6 类线。

3）光纤。光纤（Fiber）是光导纤维的简写，是一种利用光在玻璃或塑料制成的纤维中的全反射原理而达成的光传导工具。微细的光纤封装在塑料护套中，使得它能够弯曲而不至于断裂。通常，光纤的一端的发射装置使用发光二极管（Light Emitting Diode，LED）或一束激光将光脉冲传送至光纤，光纤的另一端的接收装置使用光敏元件检测脉冲。光纤是以光脉冲的形式来传输信号，因此材质也以玻璃或有机玻璃为主。其主要由光导纤维纤芯（光纤核心）、玻璃网层（内部敷层）和坚强的外壳组成（外部保护层）。与其他传输介质相比，光纤具有电磁绝缘性能好、信号衰变小、频带宽、传输距离远等特性，在越来越多的场合得到应用。

（2）网络设备。

1）路由器。路由器（Router）是连接因特网中各局域网、广域网的设备，它会根据信道的情况自动选择和设定路由，以最佳路径、按前后顺序发送信号。目前路由器已经广泛应用于各行各业，各种不同规格的产品已成为实现各种骨干网内部连接、骨干网间互联和骨干网与互联网互联互通业务的主要设备。路由器根据一定的转发策略或路由选择（routing）通过路由实现数据的转发。路由器用于连接多个逻辑上分开的网络，当数据从一个子网传输到另一个子网时，可通过路由器来完成。因此，路由器具有判断网络地址和选择路径的功能，它能在多网络互联环境中，建立灵活的连接，可用完全不同的数据分组和介质访问方法连接各种子网，路由器只接受源站或其他路由器的信息，属网络层的一种互联设备。它不关心各子网使用的硬件设备，但要求运行与网络层协议相一致的软件。

2）交换机。交换机（Switch）是一种用于电信号转发的网络设备。它可以为接入交换机的任意两个网络节点提供独享的电信号通路。

交换机的主要功能包括物理编址、网络拓扑结构、错误校验、帧序列以及流控。目前交换机还具备了一些新的功能，如对 VLAN（虚拟局域网）的支持、对链路汇聚的支持，甚至有的还具有防火墙的功能。

交换机除了能够连接同种类型的网络之外，还可以在不同类型的网络（如以太网和快速以太网）之间起到互联作用。如今许多交换机都能够提供支持快速以太网或 FDDI 等的高速连接端口，用于连接网络中的其他交换机或者为带宽占用量大的关键服务器提供附加带宽。

最常见的交换机是以太网交换机，其他常见的还有电话语音交换机、光纤交换机等。交换机的传输模式分为全双工、半双工、全双工/半双工自适应几种类型。按网络类型分，交换机分为广域网交换机和局域网交换机。

3）光端机。光端机是一个延长数据传输的光纤通信设备，它主要是通过信号调制、光电转化等技术，利用光传输特性来达到远程传输的目的。光端机一般成对使用，分为光发射机和光接收机，光发射机完成电/光转换，并把光信号发射出去用于光纤传输；光接收机主要是把从光纤接收的光信号再还原为电信号，完成光/电转换。光端机作用就是用于远程传输数据。传输距离是指光端机实际可传输光信号的最大距离。这是个标称数值，它取决于设备和实际环境等多种因素，双纤的光端机一般可传输 1～120km，单纤的一般可传输 1～80km。光端机的作用示意图如图 10 - 11 所示。

视频采集 —→ 光端机（收）—— 光纤 —— 光端机（发）—→ 视频显示
输入   输出

图 10 - 11　光端机的作用示意图

光端机按用途分为数据光端机、视频光端机、音频光端机、电话光端机、VGA 光端机、DVI 光端机、以太网光端机、开关量光端机；按传输方式不同分为 PDH（Plesiochronous Digital Hierarchy）方式、SPDH（Synchronous Plesiochronous Digital Hierarchy）方式和 SDH（Synchronous Digital Hierarchy）方式；按传输信号的不同分为模拟光端机和数字光端机，与模拟光端机相比较，数字光端机传输距离更长，可达到 120km。

光端机支持视频无损再生中继，因此可以采用多级传输模式，受环境干扰较小，传输质量高，支持的信号容量可达 64 路。

4. 控制设备

（1）视频矩阵。视频监控过程中常常需要通过控制设备将 M 路输入的视频信号任意输出至 N 路显示设备。当 $M > N$ 时，该控制设备称为视频矩阵（Video Matrix）。$N = 1$ 时，该设备称为画面切换器；$M = 1$ 时，该控制设备称为视频分配器。部分视频矩阵也具有音频切换功能，能将视频和音频信号进行同步切换，这种矩阵也叫做视/音频矩阵。图 10 - 12 所示为视频矩阵的作用示意图。

视频矩阵根据处理信号的不同分为模拟矩阵和数字矩阵两类。根据常见的接口类型，可分为 VGA 矩阵、AV 矩阵、RGB 矩阵、HDMI 矩阵、混合矩阵等。

（2）视频切换器。视频切换器（Video Switch）的作用是对系统传输的图像信号进行切

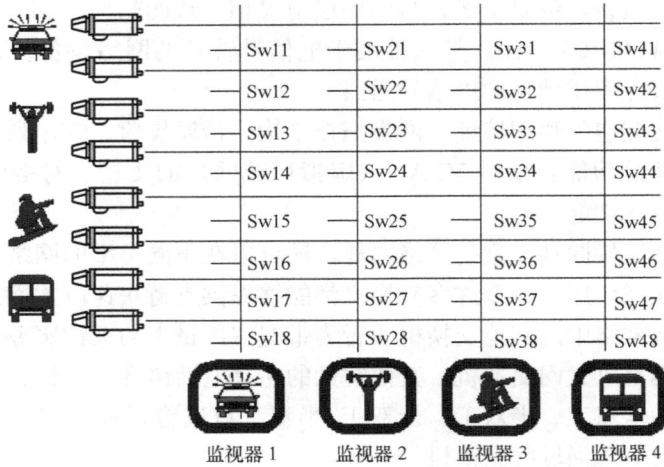

图 10-12　视频矩阵的作用示意图

换、重复、加工和复制。它可以对多路视频信号进行自动或手动控制，使一个监视器能监视多台摄像机信号。切换器有手动切换、自动切换两种工作方式，手动方式是想看哪一路就把开关拨到哪一路；自动方式是让预设的视频按顺序延时切换，切换时间通过一个旋钮可以调节。

（3）遥控键盘。控制键盘是视频监控系统中的控制设备。它不仅可以设置高速球、云台的控制权限以及矩阵主机输出通道的控制权限。同时还可设定操作密码或对键盘进行锁定。操作人员可通过键盘对整个监控系统中的每个单机进行控制。通过遥控键盘可实现快速切换，如矩阵的输入/输出以及通过遥杆方便进行摄像机方位控制。

（4）画面分割器。画面分割器（Quad Multiplex），又称监控用画面分割器，有 4 分割、9 分割、16 分割几种，可以在一台监视器上同时显示 4 个、9 个、16 个摄像机的图像，也可以送到录像机上记录。4 分割是最常用的设备之一，其性能价格比也较好，图像的质量和连续性可以满足大部分要求。9 分割和 16 分割价格偏高，而且分割后每路图像的分辨率和连续性都会下降，录像效果不好。另外还有 6 分割、8 分割、双 4 分割设备，但图像比率、清晰度、连续性并不理想。大部分分割器除了可以同时显示图像外，也可以显示单幅画面，可以叠加时间和字符，设置自动切换，连接报警器材等。图 10-13 所示为画面分割器应用示意图。

（5）视频放大器。视频放大器（Video Amplifier）放大视频信号，用以增强视频的亮度、色度、同步信号。当视频传输距离比较远时，最好采用线径较粗的视频线，同时可以在线路内增加视频放大器增强

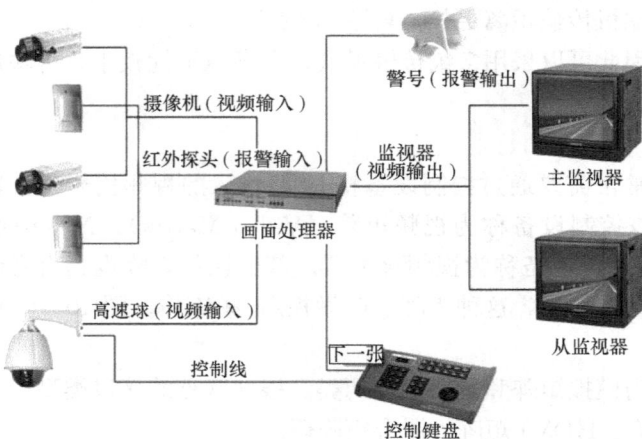

图 10-13　画面分割器应用示意图

信号强度以达到远距离传输的目的。回路中不能串接太多视频放大器，否则会出现饱和现象，导致图像失真。

（6）视频分配器。视频分配器是一种把一个视频信号源平均分配成多路视频信号的设备，实现一路视频输入、多路视频输出的功能，使之可在无扭曲或无清晰度损失的情况下观察视频输出。通常视频分配器除提供多路独立视频输出外，兼具视频信号放大功能，故也成为视频分配放大器。

视频分配器以独立和隔离的互补晶体管或由独立的视频放大器集成电路提供 4～6 路独立的 75Ω 负载能力，包括具备兼容性和一个较宽的频率响应范围，视频输入和输出均为 BNC 端子。图 10 - 14 所示为视频分配器应用示意图。

（7）画面拼接器。画面拼接器（拼接控制器），主要功能是将一个完整的图像信号划分成 N 块后分配给 N 个视频显示单元（如背投单元），完成用多个普通视频单元组成一个超大屏幕动态图像显示屏，可以支持多种视频设备的同时接入，如 DVD、摄像机、卫星接收机、机顶盒、标准计算机信号等。

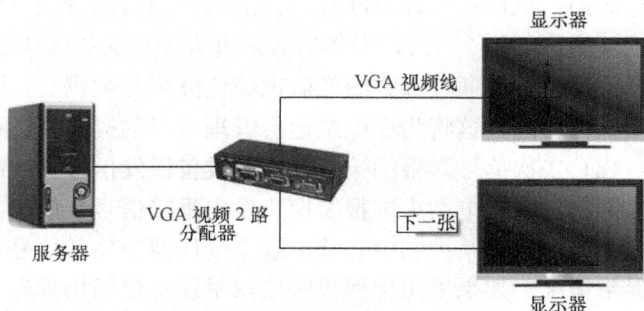

图 10 - 14　视频分配器应用示意图

5. 显示设备

显示设备是一种将一定的电子文件通过特定的传输设备显示到屏幕上再反射到人眼的显示工具，作为常见的画面显示设备，广泛应用于视频监控行业中。常见的显示器有阴极射线管（CRT）显示器、液晶（LCD）显示器、发光二极管（LED）显示器等。随着大屏幕拼接显示系统技术的发展，它已经发展成为视频监控显示的主要设备之一，它集投影墙拼接技术、多屏图像处理技术、多路信号切换技术、网络技术等融合为一体，广泛应用于调度控制中心、监控中心、指挥中心以及会议室、展示室等信息演示场所。通过大屏幕显示系统，能够实现对网络信息和计算机信息、监控视频图像等相关资讯进行实时显示、监控和智能化管理。通常显示大屏由多块显示屏拼接组成，显示大屏输入信号包括 AV 信号、VGA 信号、HDMI 信号等，通过大屏控制器可以实现多路视频信号在大屏幕任意位置以任意大小开窗口显示，多路视频信号叠加、缩放、移动等显示。

第三节　视频监控技术在电力系统中的应用

一、概述

1. 传统无人值守变电站的不足

变电站的无人值守是电网综合自动化发展的必然趋势，国家电力通信调度中心要求现有的变电站在条件成熟时，逐步实现无人值守；新建变电站应按无人值守方式设计。目前无人值守已成为考察电力企业达标创一流的一个重要指标。

各地电力部门在探索变电站无人值守的实践中，基本实现了将变电站设备的运行数据、状态传送到远方的调度中心，同时也能在调度中心对变电站设备进行控制及调节，也即"四遥"（遥测、遥信、遥控、遥调）功能。但是目前制约无人值守变电站发展进程的问题如下：

（1）变电站仍然需要大量的人工巡视。现有的许多调度自动化系统通常只进行电气数据的实时监测，还不能全面、直观地反映变电站的设备运行状况和现场情况，因而在实行变电站无人值守之后，维护人员仍需花费很大精力对所属变电站频繁地进行逐一巡视，维护工作量很大。即使如此，这样的例行巡视也不能确保及时发现事故和事故隐患。一旦事故发生，由于值班调度人员无法准确把握现场环境和设备实际状况，只能赶到现场，查明原因后再回报相关部门及其领导，就会极大地延误事故处理的时机。

（2）一次设备的可靠性问题。设备可靠性问题是制约老变电站无人化改造的决定性因素。例如：从运行统计情况看，目前生产的隔离开关（包括进口隔离开关），其一次隔离开关成功率达不到100%，操作后必须有人到现场确认成功后，才能合上断路器。如果能对隔离开关遥控，并通过远方图像监视确认隔离开关成功，既可减少操作员的工作量，又能大大缩短操作时间，这将为变电站运行管理效率的提高提供可靠和有力的技术保障。

（3）二次信号误报的干扰。报警设备误发信号会扰乱无人值守变电站正常运行和管理秩序。例如：某变电站火灾报警探头发出报警信号，值班人员紧急采取灭火措施，却发现是报警装置误动作；某控制中心曾出现主变压器油位低信号，值班人员立刻赶往现场，发现无任何异常情况。如果采用远程视频监视手段对现场场景进行实时画面跟踪，则在很大程度上可以排除误报信号的干扰，起到事半功倍的效果。

（4）无人值守变电站的安全防范能力急需改善。安全是变电站运行的重要前提，常规的警戒系统一般是通过采用各种不同工作原理的传感器（例如红外线探测器、超声探测器、微波探测器、烟感探测器）等得到警报信号，这些传感器的弊端在于其探测范围受限于一个很小的局部区域。在安全得不到保障的情况下，多数电力公司的无人值守站采用"无人值班，少人值守"的方式，还留有1～2名守卫人员，其职责是变电站的警卫、环境清扫以及紧急情况报警等，未实现真正意义上的无人值守。

2. 遥视系统的作用

通常将变电站远程视频图像监视系统称之为变电站遥视系统。遥视系统是一种新兴的自动化系统，它综合利用了视频技术、计算机技术、通信技术和网络技术，将发电厂和变电站（简称厂站）内采用摄像机拍摄的视频图像远距离传输到调度中心或集控站（简称主站），使主站的运行、管理人员可以借此对厂站电气设备的运行环境进行监控，以保证厂站的安全运行和安全生产。

遥视系统已在许多电力部门变电站逐步得到推广应用，事实证明，在变电站实施遥视系统对提高变电站运行的安全性、可靠性，提高运行和管理的科学性，充分发挥变电站效益，促进管理工作的现代化有着重要的现实意义。

无人值班已经成为变电站运行管理的主要模式，变电站无人值班的主要技术手段是变电站综合自动化技术，实现自动化微机保护、数据采集、测量、设备远方遥控、遥调、参数调节及各类信号监测等功能，即通常所描述的"四遥"（遥测、遥信、遥控和遥调）。随着无人值班变电站的实施，人们不仅要了解变电站设备运行工况，还需要实现变电站一、二次设备的实时图像监视，"四遥"未能满足当今变电站无人值班的全面要求。随着数字通信技术、多媒体图像技术的发展，在变电站实施远程视频图像监视系统就解决了变电站现场的可视化及环境监视问题，为实现"无人值班，少人值守"提供了进一步的可靠保证。

视频监视系统广泛适用于无人值班的场合，能在电力调度中心同时观察下属变电站的监视图像，能够实时和真实地反映被监视对象的画面，并已成为现代管理监控中的一种极为有效的观察工具。

遥视系统同时也是变电站安全运行及安全防范体系中的一个重要组成部分，是一种先进的、防范能力极强的综合系统。它可以通过摄像机及其辅助设备镜头、云台等直接观看被监视的现场，真实直观地反映监视场所的一切，还可进行视频数字录像，亦可与若干烟感探头、围墙周界报警探头联网运行，使其防范能力更加强大。

遥视系统是电力系统自动化技术发展的产物，是因厂站无人值班和安全运行的迫切需求而产生的。因此遥视系统一经应用就受到了电力部门的欢迎，并在短期内大面积普及开来。

遥视系统解决了变电站现场的远程可视化及环境监控问题，系统具有遥测、遥信等监测系统不可替代的直观性，弥补了远方调度中心运行、值班人员不了解现场运行情况的不足。它的主要作用是：

（1）监视运行设备，代替运行人员日常例行巡视。按规定，运行人员需对运行设备进行定期例行巡视，实现无人值班化后，设备的定期巡视一般需每天从远方派人进行，其他时间段设备运行情况无法被看到。用遥视系统代替远方运行人员进行巡视，可做到及时了解现场设备的运行状况。

（2）直观显示远方操作结果。调度人员可通过"四遥"系统对无人值班变电站的断路器、隔离开关进行远方遥控操作，遥信装置反馈操作结果，但断路器的实际到位指示和隔离开关的运动情况只能通过视觉观察。

多年来，遥控操作的可靠性问题一直受到电力部门的重视。一方面，由于很多断路器（特别是 SF_6 断路器）本身存在安全隐患，某些遥控操作也可能引起电气间隔内其他电气设备的安全问题，遥控操作一直以来就是一个电力安全上的突出问题。因此，有人值班变电站在进行控制操作之后，一般都需要瞭望电气间隔，以确信没有安全事故发生。遥视系统的应用，可以使运行人员在进行遥控操作的同时观察相应的电气间隔，保证断路器操作的安全性。另一方面，当前无人值班变电站的遥控是否可以进行操作，是否操作成功，主要通过遥信变位和遥测变化来判断，没有考虑变电站环境因素的影响和操作过程中环境条件的变化。实际上，某些环境因素的变化，如相应电气间隔内有移动物体等，需要立即闭锁遥控。遥视系统可以很容易解决这些问题。另外遥视系统还可以辅助进行隔离开关的遥控操作。由于隔离开关的分/合不到位是目前普遍存在的问题，很多电力公司不敢在大型变电站实现无人值班，就是因为在这些变电站中经常需要利用隔离开关切换运行方式。遥视系统为此提供了一种很好的解决问题的技术手段。如果隔离开关的不到位状态具有一个可见的断口，可以直接利用图像识别技术进行识别判断，从而闭锁断路器操作或提示检修；如果隔离开关的不到位状态不具有可见断口，即动、静触头的距离很近，但不为零或接触不紧密，此时，如果带电运行，表现为动、静触头接触处出现明显的高温。利用红外热成像技术可以探测到该处的高温。将红外热像仪装在一个带有预置位的云台上或一条特殊设计的轨道上，拍摄预置点的红外图像，并将图像传送到主站进行识别处理，就可以判断出隔离开关的动、静触头的接触状况。一旦可以判断隔离开关的分/合到位，就可以在主站遥控隔离开关了。

（3）运行设备外部情况观察。对一些报警情况，需及时通过视觉核实。另外，一些设备外观情况，如变压器漏油、绝缘子脱落、支持绝缘子破损等，只有通过视觉才可观察到。

（4）防火、防盗和防检修走错间隔。无人值班变电站需要一个安全保障系统，遥视系统正好满足这个需求，在出现上述情况时发出警报，通知自动装置阻止事件发生。

（5）事故记录。通过遥视系统对无人值班站的事故现场情况进行录像，记录事故发生、发展、结束的全过程。在事故调查时，可通过这些录像，迅速查清故障原因，提出反事故措施，防范事故的重演。

（6）其他综合应用。

1）支持相关人员及时直观了解变电站现场的情况，为调度中心值班人员提供变电站现场图像，并对关键部位进行报警检查。

2）进一步保证无人值班变电站的可靠运行，减少变电操作班的工作量，提高工作效率。

3）及时监视主变压器、断路器、电流互感器、电压互感器等设备的运行状况，根据实际情况及时派人处理。

4）能够远方观察断路器、隔离开关、接地开关的分/合情况，防止误合、误分断路器、隔离开关事故的发生。

5）能够及时监视设备的发热情况，通过加装红外线装置的摄像机能及时捕捉到设备的发热情况，避免因设备过热造成的事故。

6）能够及时捕捉设备的异常变化，有利于事故的分析，更好地落实好事故的"四不放过"原则，进一步加强事故的防范措施。

7）能够远方监视操作人员的操作程序和步骤，使其严格执行电力生产运行、检修设备上的规范化管理制度。

8）能够加强火灾事故的预防，及时报警，做到防患于未然。

9）与安防报警探头相结合能及时观察到变电站周围环境的变化，自动报警录像，解决防盗问题，具备防盗报警功能。

10）实现变电站无人值班监控、出入门禁控制等功能。

11）与调度自动化、MIS有机结合或融合为一体。

二、视频监控系统的工作原理

1. 视频监控系统的构成

视频监控系统由视频采集、视频传输及视频处理三部分组成。视频采集设备包括各类摄像机，它将图像转换成电信号（数字摄像机同时还对原始图像并进行编码压缩），然后通过相应的传输设备、线缆传输到变电站监控室和调度中心。传输设备包括各类视频光端机（用于模拟摄像机传输）、光纤收发器交换机（用于数字摄像机传输）等，为保证图像质量，所有数据均通过光纤传输。视频处理设备包括站端处理单元（RPU）和工作站等，在监控室对传输回的模拟图像首先进行编码压缩转换成数字图像信息，与数字摄像机传回的数字图像信息一起通过站端平台进行集中管理、存储，并通过地区电网的 IP 通信网传输到地区级监控中心。本地的操作人员通过站端工作站与站端平台连接，实现对本地系统的实时监视、控制、录像回放、信息查询等操作。站端环境监测与报警系统通过站端平台实现与视频监控系统的联动。其他系统，如消防、门禁、变电站自动化等可以通过网络、串口与站端平台连接，实现视频监控系统与这些系统的联动。图 10 - 15 所示为站端处理单元（RPU）工作示意图，图 10 - 16 所示为视频监控系统工作框图。

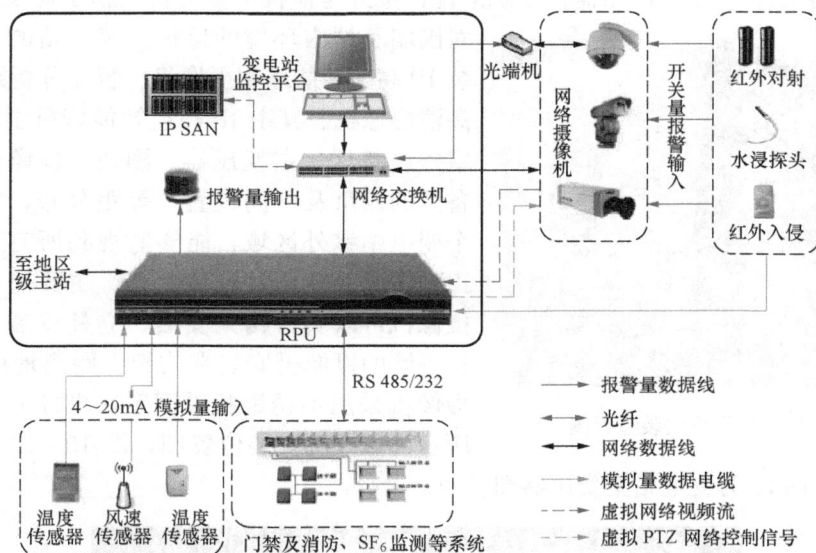

图 10-15 站端处理单元（RPU）工作示意图

（1）视频监控对象。

1）监视变电站大门人员及车辆进出情况。

2）监视变电站区域内场景情况。

3）监视变电站内常规敞开式隔离开关的分、合状态。

4）监视变电站内变压器、断路器、电压互感器、电流互感器、避雷器和瓷绝缘子等重要运行设备的外观状态。

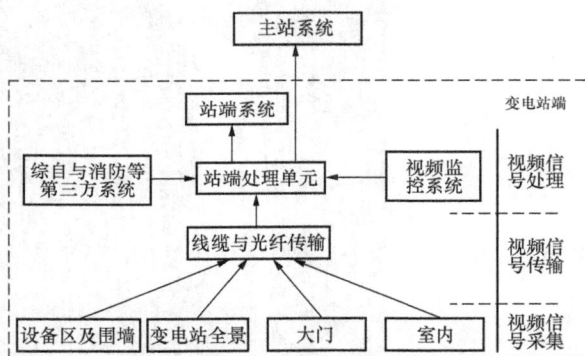

图 10-16 视频监控系统工作框图

5）监视变电站内主要室内（主控室、继电器室、高压室、电缆层、电容器室、独立通信室等）场景情况。

（2）视频采集。图像捕捉设备安装在现场，包括摄像机、镜头、支架等。它主要是将被摄体进行摄像并将其转换成电信号。摄像机是系统的原始信号源，好坏直接影响到整个系统的视频质量。

目前市场上摄像机根据清晰度可以分为普通摄像机和高清摄像机，普通摄像机一般都是模拟摄像机，它的输出信号是模拟信号，通过视频同轴电缆传输，清晰度一般在 480 线 40 万像素；而高清摄像机采用全数字结构，采集到信号后直接在摄像机内进行压缩编码，分辨率可以达到 100 万像素以上，甚至能达到 300 万像素。根据能否旋转可以分为固定摄像机和高速智能摄像机：固定摄像机安装后，其监视角度是固定的，无法监视到镜头的背面；而高速智能摄像机内部有旋转机构，通过摄像机旋转，镜头变倍，可以监视大范围的区域。

根据对摄像机要求的不同，将区域分为室外区域（设备区及围墙）、变电站全景、大门和室内四个区域。

1）室外区域。对于变电站监控系统来说，室外是监控的重点，包括了对设备的监控和对围墙及站内环境的监控。变电站的室外区域安装 IP 高速智能球型摄像机、智能分析跟踪球和 IP 高清摄像机。其中 IP 高速智能球机主要用于监视室外设备区、主变压器、围墙。摄像机安装在设备区的四角及中间位置，等距分布，实现覆盖整个变电站室外区域，能够监视到所有主要设备的工作情况及变电站围墙状态。主要监视设备区的摄像机可以实行构架安装、立柱安装等，主要监视围墙的摄像机安装在构架上距离地面约 4m 处，摄像机采用不锈钢扎带固定在塔杆上。图 10 - 17 所示为摄像机安装位置图，图 10 - 18 为变电站外围墙图，图 10 - 19 为变电站主变压器图。

图 10 - 17　摄像机安装位置图

图 10 - 18　变电站外围墙图

图 10 - 19　变电站主变压器图

2）变电站全景。以往的变电站监控系统受到摄像机性能的限制无法拍摄变电站的全景图像，无法直观、全面地了解整个变电站的整体情况。采用高清全景摄像机可以实现对变电站全景图像的拍摄，形成覆盖整个变电站180°监视场景图像，可以看到设备区、主变压器设备区及其他区域的全景图像，在站端工作站的显示器上显示。图10-20为变电站全景图。

图10-20 变电站全景图

3）变电站大门。变电站大门作为进出变电站的通道，是变电站安全的第一道防线，对于每个进出变电站的人员、车辆都必须进行详细记录，因此需要有专门的摄像机进行24小时不间断监控。综合大门监控的特别要求，可以配置有智能分析模块智能跟踪球，用于对人员、车辆进行统计、分析与监控。

4）室内区域。变电站室内区域的监控有下面几个特点：

a）监控区域小，一般需要进行监控的场所有主控室、继电器室、高压室、电缆层、电容器室、独立通信室等，室内空间有限。

b）监控对象多为固定设备，室内设备大多是各类机柜，除主控室外一般没有人在内活动。

c）只需要监控整体情况。

综上所述，对变电站室内监控根据具体情况选用中速球机或固定摄像机，镜头选用焦距小的广角镜头。对于室内区域分又为3类：①主控室、保护室等，这类房间空间较大，门、窗户等出入口较多，室内设备多，人员出入也较多，需要能够实现全方位监控；②交直流室、蓄电池室等，这类房间空间较小，门窗少，一般无人活动，不需要监视到每个角落，只需监控室内总体状况即可；③电缆层，电缆层内的电缆一般靠近房间顶部布置，摄像机采用从下朝上的安装方式，有助于看清电缆的状态。

图10-21所示为变电站室内视频监控图。

（3）视频传输。视频传输系统的任务是把现场摄像机信号传送到控制室和把控制室的控制信号传送到现场。视频传输分为两类：一类是模拟信号的传输，包括视频信号的传输和控制信号的传输；另一类是数字信号传输，由于网络摄像机在前端将视频信号和控制信号进行混合编码输出数字信号，因此传输系统只是数据传输。

图 10 - 21　变电站室内视频监控图

1）模拟视频信号传输。视频信号的传输是很重要的，它直接影响到监视的效果。目前模拟视频信号的传输介质有许多种，常用的有同轴电缆和光纤。同轴电缆的内导体上用聚乙烯以同心圆状覆盖绝缘，外导体是软铜线编织物，最外层用聚乙烯封包，这种电缆对外界的静电场和电磁波有屏蔽作用，传输损失也小。同轴电缆的优点是不需要额外设备，可以直接与摄像机相连，缺点是传输距离较短，一般小于 300m，在强电磁环境下有时会受到干扰，影响图像质量。随着光技术的发展，光纤开始应用在视频传输中，光纤采用光作为数据载体，具有不受电磁干扰、传输距离远、传输容量大、视频信号和控制信号共光纤传输等优点，缺点是需要配置视频光端机，增加成本。

2）数字视频信号传输。网络高清摄像机采用的是数字信号传输，因此抗干扰能力强，可以直接使用双绞线传输数据，但由于受到网线只能传输 100m 的限制，对于保护室内的网络摄像机距离监控室超过了 100m，因此需要采用光纤传输，以保证数据传输的稳定可靠。网络摄像机通过网线与光纤收发器连接，将电信号转换成光信号通过光纤传输到监控室。

（4）视频处理。变电站视频系统采用模拟加数字的混合结构，因此站端视频处理包括 6 个方面的功能：

1）模拟视频的编码压缩。根据摄像机的数量在监控室配置一台或多台站端处理单元（RPU），光端机传回的模拟信号接入站端处理单元（RPU），通过站端处理单元（RPU）压缩后模拟信号变成数字信号，完成模拟信号到数字信号的转换过程。

2）视频信息的存储。模拟摄像机的图像经过站端处理单元（RPU）存储在站端处理单元（RPU）的硬盘中，网络高清摄像机的图像通过交换机将数据传输到接入服务器，存储在硬盘中。

3）站端系统各类信息的存储，站端的各类设备信息、操作记录、报警信息等都存在接入服务器的数据库中。

4）变电站的接入服务器通过地区电网的 IP 通信网将信息转发给地区电网调度管理部门，在地区电网的 IP 通信网上可以通过 Web 或客户端软件方式浏览变电站的图像、环境监测数据域报警等实时信息。

5）图像显示与控制，在监控室和警务室各配置一台监控工作站，通过交换机与站端处理单元（RPU）连接，将前端高速智能球型摄像机的图像通过站端处理单元（RPU）处理后输出到站端处理单元显示器上，通过鼠标可以实现对图像的切换和摄像机的控制。正常情况下用于对监控点图像的巡回显示。

2. 视频监控系统与综合自动化系统联动

基于 IEC 61850 的智能变电站能够使变电站视频监控系统自动获取并解析综合自动化系统的"四遥"信息，当发生遥信变位、事故告警等事件后，能快速驱动摄像机转向相关的一次、二次设备并进行记录，实现与智能变电站的高度融合。

（1）操作人员在变电站自动化系统中远程操作变电站设备时，在操作前可根据操作票、工作票内容使用视频监控系统对现场被操作设备、现场环境观察，了解相应的设备运行状态。操作完成后，有重要的开关状态变化时，自动化系统可联动相应摄像机画面给操作人员作为视频监控参考。

（2）当变电站自动化系统有重要的开关状态变化、设备故障发生时，该信息可通过联动接口被反映到视频监控系统中，视频监控系统可联动相应摄像机画面给操作人员作为视频监控参考。

（3）变电站自动化系统通过接口可以直接获取和控制视频监控系统的视频，还可以接收视频监控系统接口提供的联动视频源信息，实现"四遥"与视频监控系统的无缝连接。图 10-22 是变电站实现"四遥"联动时的软件截图。

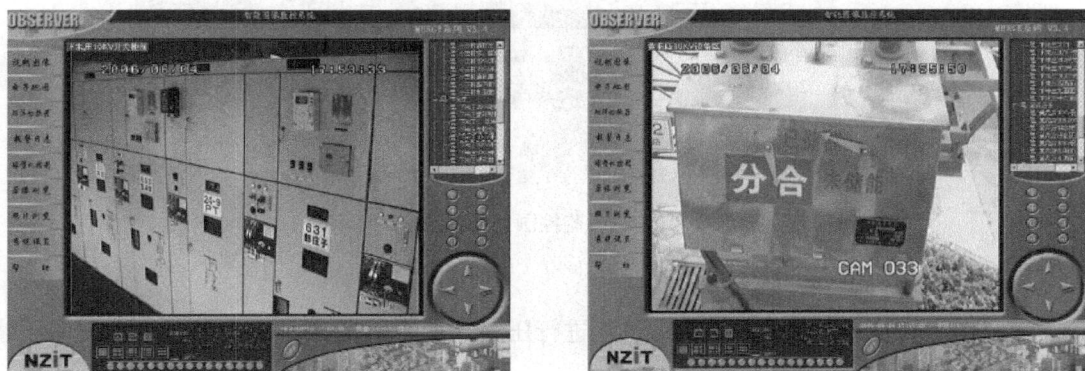

图 10-22 变电站实现"四遥"联动时的软件截图

三、视频监控系统的功能

1. 图像监视功能

（1）采用摄像机进行监控，图像分辨率为：标清，720 像素×576 像素；高清，1280 像素×720 像素，图像窗口可以任意放大、缩小或移动。

（2）监控平台将以树状形式显示各项操作，如枪机、球型机预置位，报警输入，控制输出等。

（3）图像可进行多画面分割和视频拖放，用户可将画面分割为单画面及 4、6、8、9、10、16 等不同的画面。

（4）用户在浏览监控画面时，可单独对某一路的图像效果进行设置，包括图像的亮度、对比度、饱和度、色度等。

（5）对快球摄像机进行 IP 设置，通过网线将摄像机和监控中心连接起来，可对摄像头进行控制，也可进行视频传输。

（6）通过键盘、鼠标，甚至监控画面可控制前端摄像机进行任意旋转，也可控制空调等其他辅助设备，操作简单、方便、灵活。

（7）浏览画面时可对画面进行拍照操作，图片将自动转为 JGP 格式，并自动保存在硬盘中。

（8）视频设置功能十分强大。针对每一路视频都提供了相应的设置面板，用户可根据自身需要设置画面码流、画面传输帧率、画面动态侦测参数、画面录像参数等。

图 10-23 所示为监控画面图像显示。

图 10-23 监控画面图像显示

2. 硬盘录像功能

（1）采用 MPEG-4/H.264 技术对视频进行压缩，视频数据占用硬盘空间小，图像压缩率高，且视频码流可调。

（2）支持多路音频和视频信号，采用独立硬件对每路视频信号进行实时压缩，保证声音与图像稳定同步运行。在每路实现独立全实时录像时，可进行单路回放检索、网络监视、录像查询下载等操作。

（3）多种录像模式并存，包括手动录像、定时录像、报警联动录像、动态检测录像等。其中，动态检测和报警联动录像可将报警前一段时间内的画面记录下来，以便对报警情况进行调查。

（4）可进行动态侦测录像。可设置当画面发生异常时（如画面中出现人或物理走动）开始录像。

（5）所有录像文件进行集中统一管理，可以通过各种方式检索待查找的录像，例如，可按监控点名称、录像时间、报警触发、动态侦测触发等要求进行检索。

（6）可内置 8 个不限容量的硬盘，硬盘文件采用自动覆盖模式进行循环记录。

（7）包括多种回放模式，如无级变速的快放、慢放、暂停以及逐帧进退播放功能。

（8）用户可在网络上播放视频处理单元中记录的录像文件，也可将录像文件下载到本地。

（9）当回放录像时，可显示录像发生的时间，回放画面可自由地拉伸和紧缩。

图 10 - 24 所示为变电站电容器回放录像画面。

3. 图像管理功能

（1）可对摄像机拍摄的历史图像进行显示、抓拍、存储、检索、回放等功能。

（2）监控中心可对变电站站端摄像机拍摄的历史图像进行远程回放，回放方式包括逐帧、慢放、常速、快速等。

（3）可实现手动录像、定时录像、报警触发录像、画面异动检测等多种录像模式。

（4）在进行图像回放时，可将任意一幅回放图像以 JPEG 或 BMP 格式进行储存，供数据交换使用。

图 10 - 24　变电站电容器回放录像

（5）能明确给出被监视设备的信息，包括设备名称、设备具体部位等，并将提示信息在状态栏上实时输出。

4. 报警功能

（1）可与各种报警控制设备，包括红外对射报警器、温湿度传感器、红外探测器等相互连接，也可与各种开关量设备连接起来，当发生警报时，执行预设置的动作。

图 10 - 25 所示为红外探测器拍摄的变电站母线连接点热像图，通过图像的色谱分析，可以检测出发热异常部位，自动向调度中心发送温度过高越限的告警遥信信息，并启动摄像仪对该点进行摄像并传送到调度中心。

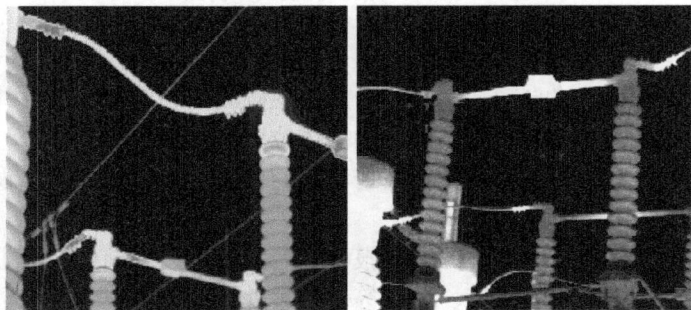

图 10 - 25　红外探测器拍摄的变电站母线连接点热像图

（2）可与多种门禁系统、消防系统和综合自动化系统实现联动。当某报警单元产生报警信号后，可联动其他设备采取预设置措施。

图 10 - 26 所示为门禁系统视频分析图，通过在变电站内外的出入口安装自动识别系统，能够对人（或物）的进出实施放行、拒绝、记录等操作，以保证变电站的安全性。

（3）当发生报警后，可自动控制摄像机的上下前后旋转，摄像头对准待监视对象，并自动开启录像。可对摄像机的预录功能进行设置，以保证系统发生警报时，摄像机可监视到现

定向运动检测	安全门尾随	人数统计
人尾随车辆	夜间隧道监控	安全门尾随
敏感区域逗留	安全门尾随物件排除	双安全门尾随监测

图 10-26　门禁系统视频分析图

场情况。

（4）系统发生报警时，将自动弹出报警场景的视频画面和电子地图，并且对报警设备进行标记，显示该报警设备在整个监控场景中的具体位置。

（5）可在电子地图中添加报警设备，报警设备的位置也可任意摆放。设置完成后需对报警设备图标进行位置锁定。

（6）视频处理单元不但可以处理开关量报警，而且也可以处理模拟量报警。通过对模拟量进行数据采集，如现场环境的温度、湿度等，视频处理单元将视频图像数据保存下来，并提供数据记录查询及打印报表输出等操作。

（7）系统会记录每一条报警事件，值班人员可通过报警器控制面板查看报警内容。

（8）能够进行本地或远程布防、撤防控制，也可以事先设置布防、撤防策略，由系统按照制定的策略自动进行布防、撤防。

思　考　题

1. 简述视频监控技术在电力系统中的应用情况。

2. 视频监控技术的发展经过了哪三个阶段？各有何特点？

3. 典型的视频监控系统由哪几个部分组成？简述各个部分的作用。

4. 视频监控系统中常用的图像采集设备有哪些？各有何特点？

5. 视频监控系统中进行数据传输时采用哪些常用的数据传输介质？

6. 变电站视频监控系统中站端处理单元（RPU）的作用是什么？

7. 变电站视频监控系统中视频监控对象有哪些？

8. 变电站视频监控系统与变电站综合自动化系统实现联动的目的是什么？

第十一章　电力二次系统安全防护

第一节　二次安全防护的目的和作用

一、二次安全防护的由来

随着通信技术和网络技术的发展，数据网在电力系统中的应用也日益广泛，电网调度自动化系统越来越多地采用网络方式传输数据，接入电力调度数据网的电网自动化控制系统的设备越来越多，在调度中心、电厂、用户等之间进行的数据交换也越来越频繁。网络的应用一方面满足了各种电力数据业务传输的需求，提高了数据传输的效率，拓展了自动化系统的应用；而另一方面，网络中计算机病毒和黑客日益猖獗，存在自动化系统感染计算机病毒而停运以及黑客在调度数据网中采用"搭接"的手段对传输的电力控制信息进行"窃听"和"篡改"，进而对电力一次设备进行非法破坏性操作的风险。根据风险类别的不同，电力二次系统安全风险分为 0～10 级，见表 11 - 1。

表 11 - 1　　　　　　　　电力二次系统面临的主要安全风险

优先级	风　　　险	说明/举例
0	旁路控制 （Bypassing Controls）	入侵者对发电厂、变电站发送非法控制命令，导致电力系统事故，甚至系统瓦解
1	完整性破坏 （Integrity Violation）	非授权修改电力控制系统配置或程序，非授权修改电力交易中的敏感数据
2	违反授权 （Authorization Violation）	电力控制系统工作人员利用授权身份执行非授权的操作
3	工作人员的随意行为 （Indiscretion）	电力控制系统工作人员无意识地泄露口令等敏感信息，或不谨慎地配置访问控制规则等
4	拦截/篡改 （Intercept/Alter）	拦截或篡改调度数据广域网传输中的控制命令、参数设置、交易报价等敏感数据
5	非法使用 （Illegitimate Use）	非授权使用计算机或网络资源
6	信息泄漏 （Information leakage）	口令、证书等敏感信息泄密
7	欺骗（Spoof）	Web 服务欺骗攻击，IP 欺骗攻击
8	伪装（Masquerade）	入侵者伪装合法身份、进入电力监控系统
9	拒绝服务 （Availability, e.g. Denial of service）	向电力调度数据网络或通信网关发送大量雪崩数据，造成网络或监控系统瘫痪
10	窃听 （Eavesdropping, e.g. Data Confidentiality）	黑客在调度数据网或专线通道上搭线窃听明文传输的敏感信息，为后续攻击准备数据

以下几个案例是近几年发生的比较严重的事故。

2000 年四川一个水电站无故全厂停机造成川西电网瞬间缺电 80 万 kW，引起大面积停电。其根源估计是厂内 MIS 系统与电站的控制系统无任何防护措施的互联，引起有意或无意的控制操作导致停电。

2001 年 9 月和 10 月间，安装在全国 147 座变电站的银山公司生产的故障录波器频频发生故障，出现不录波或死机现象，严重影响高压电网的安全运行。事后分析结论是该录波器中人为设置了"时间限制"或"时间逻辑炸弹"。

2003 年 8 月 14 日，美国、加拿大的停电事故震惊了世界，导致事故扩大的直接原因是两个控制中心的自动化系统故障。若黑客攻击将会引起同样的灾难性后果。这次"8·14"美国、加拿大大停电造成 300 亿美元的损失，并导致社会不安定。

2003 年 12 月 30 日，龙泉、政平、鹅城、荆州等换流站控制系统发现病毒，事后发现原因是外国技术人员在调试设备时使用笔记本电脑上网所致。

造成以上事故的原因是有一些调度中心、发电厂、变电站在规划、设计、建设控制系统和数据网络时，对网络安全问题重视不够，使得具有实时远方控制功能的监控系统，在没有进行有效安全隔离的情况下与当地的 MIS 系统或其他数据网络互联，构成了对电网安全运行的严重隐患。因此必须加强对自动化系统和和数据网络系统的安全防护，建立调度系统的安全防护体系，确实提高系统的安全性、可靠性、实时性。

二、二次安全防护的目标和重点

全国电力二次系统安全防护总体方案是依据中华人民共和国国家经济贸易委员会第 30 号令《电网和电厂计算机监控系统及调度数据网络安全防护的规定》的要求，并根据我国电力调度系统的具体情况编制的，目的是防范对电网和电厂计算机监控系统及调度数据网络的攻击侵害及由此引起的电力系统事故，规范和统一我国电网和电厂计算机监控系统及调度数据网络安全防护的规划、实施和监管，以保障我国电力系统的安全、稳定、经济运行，保护国家重要基础设施的安全。

电网调度系统安全防护的重点是抵御病毒、黑客等通过各种形式发起的恶意破坏和攻击，尤其是集团式攻击，重点保护电力实时闭环监控系统及调度数据网络的安全，防止由此引起电力系统事故，从而保障电力系统的安全稳定运行，保证国家重要基础设施的安全，要从国家安全战略的高度充分认识电力安全防护的重大意义。

三、电力二次系统安全防护的特点

电力二次系统安全防护具有系统性和动态性的特点。

系统性要求在电力二次系统安全防护实施中严格遵循电力二次系统的整体安全防护策略，兼顾各个业务系统的完整性，在采取有效措施的同时强化安全管理。

动态性是指以安全策略为核心的动态安全防护模型。设计思想是将安全防护工程看作一个动态的过程，安全策略应适应网络的动态性和提高对威胁的认识。动态过程是由安全分析与配置、实时监测、报警响应、审计评估等组成的循环过程。

电力二次系统安全防护关系到国计和民生，因此要从国家安全战略的高度充分认识电力安全防护的重大意义。

第二节　总体原则和策略

一、国家有关调度监控系统网络安全问题的规定

为防范对电网和电厂监控系统及调度数据网络的攻击侵害及由此引起的电力系统事故，保障电力系统的安全稳定运行，建立和完善电网和电厂监控系统及调度数据网络的安全防护体系，根据全国人大常委会《关于维护网络安全和信息安全的决议》、《中华人民共和国计算机信息系统安全保护条例》、国家关于计算机信息与网络系统安全防护的有关规定以及国家经贸委第 30 号令（简称《规定》），对相关调度监控系统网络安全问题进行了明确要求。

《规定》所称电力监控系统，包括各级电网调度自动化系统、变电站自动化系统、换流站计算机监控系统、发电厂计算机监控系统、配电网自动化系统、微机保护和安全自动装置、水库调度自动化系统和水电梯级调度自动化系统、电能量计量计费系统、实时电力市场的辅助控制系统等；调度数据网络包括各级电力调度专用广域数据网络、用于远程维护及电能量计费等的调度专用拨号网络、各计算机监控系统内部的本地局域网络等。

二、电力二次系统安全防护总体方案

1. 总体方案

全国电力二次系统安全防护总体方案是依据《规定》要求，并根据我国电力调度系统的具体情况编制的，目的是防范对电网和电厂计算机监控系统及调度数据网络的攻击侵害及由此引起的电力系统事故，规范和统一我国电网和电厂计算机监控系统及调度数据网络安全防护的规划、实施和监管，以保障我国电力系统的安全、稳定、经济运行，保护国家重要基础设施的安全。电力系统各层次之间的关系结构示意图如图 11-1 所示。

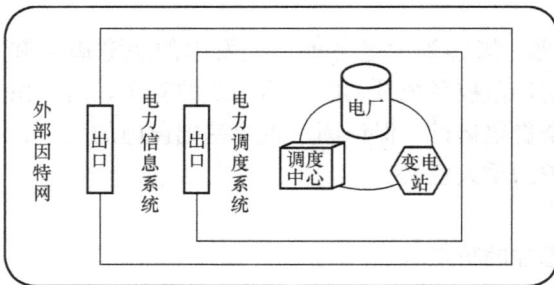

图 11-1　电力系统各层次之间的关系结构示意图

2. 总体策略

电力二次系统安全防护的总体策略为"安全分区、网络专用、横向隔离、纵向认证"。

（1）安全分区。安全分区是电力二次系统安全防护体系的结构基础。发电企业、电网企业和供电企业内部基于计算机和网络技术的应用系统，原则上划分为生产控制大区和管理信息大区，生产控制大区又可以分为控制区（又称安全区Ⅰ）和非控制区（又称安全区Ⅱ）。

在满足安全防护总体原则的前提下，可以根据应用系统的实际情况，简化安全区的设置，但是应当避免通过广域网形成不同安全区的纵向交叉连接。

（2）网络专用。电力调度数据网是为生产控制大区服务的专用数据网络，承载电力实时控制、在线生产交易等业务。安全区的外部边界网络之间的安全防护隔离强度应该与所连接的安全区之间的安全防护隔离强度相匹配。

电力调度数据网应当在专用通道上使用独立的网络设备组网，采用基于 SDH/PDH 上

的不同通道、不同光波长、不同纤芯等方式，在物理层面上实现与电力企业其他数据网及外部公共信息网的安全隔离。

电力调度数据网划分为逻辑隔离的实时子网和非实时子网，分别连接控制区和非控制区。子网之间可采用 MPLS-VPN 技术、安全隧道技术、PVC 技术或路由独立技术等来构造子网。电力调度数据网是电力二次安全防护体系的重要网络基础。

（3）横向隔离。横向隔离是电力二次系统安全防护体系的横向防线。采用不同强度的安全设备隔离各安全区，在生产控制大区与信息管理大区之间必须设置经国家指定部门检测认证的电力专用横向单向隔离装置，隔离强度应该接近或达到物理隔离。电力专用横向单向隔离装置作为生产控制大区管理信息大区之间的必备边界防护措施，是横向防护的关键设备。生产控制大区内部的安全区之间应当采用具有访问控制功能的网络设备、防火墙或者相当功能的设施，实现逻辑隔离。

（4）纵向认证。纵向认证是采用认证、加密、访问控制等手段来实现数据的远方安全传输以及纵向边界的安全防护。

纵向加密认证是电力二次系统安全防护体系的纵向防线。采用认证、加密、访问控制等技术措施实现数据的远方安全传输以及纵向边界的安全防护。对于重点防护的调度中心、发电厂、变电站，在生产控制大区与广域网的纵向连接处应当设置经过国家指定部门检测认证的电力专用纵向加密认证装置或者加密认证网关及相应设施，实现双向身份认证、数据加密和访问控制。暂时不具备条件的可以采用硬件防火墙或网络设备的访问控制技术来临时代替。

电力系统安全防护体系示意图如图 11-2 所示。

3. 电力二次系统安全区划分原则

电网二次系统安全防护体系分为四个安全工作区：即实时控制区、非控制生产区、生产管理区和管理信息区。

四个安全区的划分反映了各安全区中业务系统的不同重要性，确定了各安全区的安全等级，从而决定了各安全区的防护水平。四个安全区的划分示意图如图 11-3 所示。

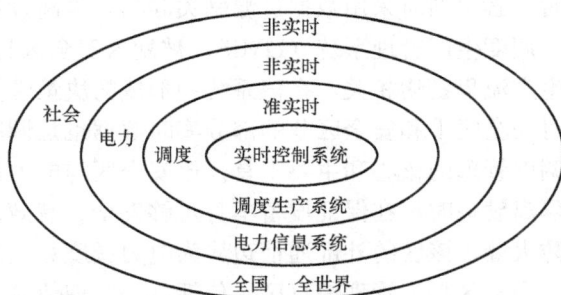

图 11-2　电力系统安全防护体系示意图

安全区 I 是实时控制区，凡是具有实时控制功能的系统或其中的监控功能部分均应属于该安全区。实时控制系统是电力二次系统中安全等级最高的系统，也是二次系统安全防护的重点与核心，在这类系统发生异常或被接管后，容易造成电网安全事故。实时控制系统主要包括各级电网调度自动化系统、变电站自动化系统、监控系统、发电厂自动化系统、配电网自动化系统、微机保护和安全自动装置等。外部边界的通信均经由电力调度数据网。

安全区 II 是非控制生产区。原则上，不具备控制功能的生产业务系统和批发交易业务系统或系统中不进行控制的部分均属于安全区 II。非控制生产系统的安全等级仅次于实时控制系统，它与电网控制有较直接的关系。非控制生产系统的特点是重要性程度较高，但用户数量较少、且用户相对固定。非控制生产系统的故障虽然不会直接导致电网安全事故，但容易

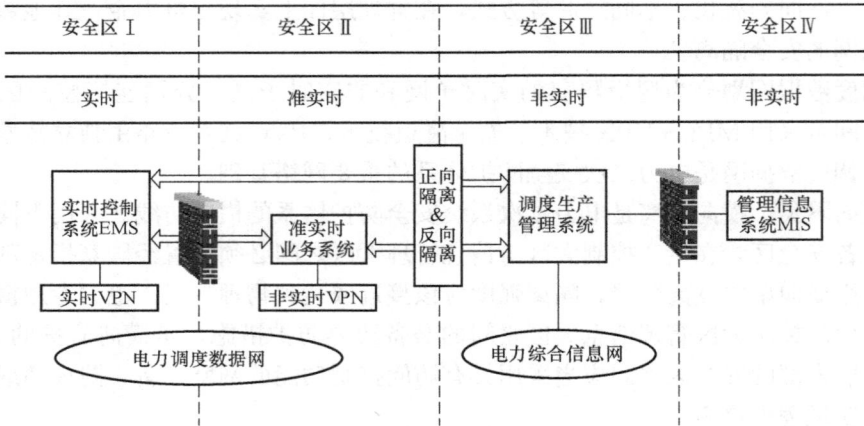

图 11-3　四个安全区的划分示意图

造成电网生产秩序的混乱，它主要包括扩充的 EMS 功能、电能量采集系统、继电保护及故障录波信息系统等。该区的外部通信边界为电力调度数据网。

鉴于实时控制系统和非控制生产系统在电网调度生产中的重要性，这两类系统在广域网上传输时，必须经由全程可控的电力调度数据网络（SPDnet），它们与其他安全等级较低的系统进行互联时，必须采用专用安全隔离装置。由安全区 I/II 向安全区 III 传输数据时，可以单独使用物理隔离设备，但必须设置为单向传输数据；由安全区 III 向安全区 I/II 传输数据时，必须同时采用数据过滤网关和物理隔离设备，保证安全区 I/II 的安全。

调度生产管理系统（DMIS）被划入安全区 III 生产管理区。调度生产管理系统与电网调度生产流程密切相关，在该系统中形成的决策性数据将被传送至安全区 I 和安全区 II 执行，同时安全区 I 和安全区 II 的部分实时数据也是调度生产管理系统的重要数据源，该系统是电网调度管理的核心和主要工具。该安全区与电力信息系统之间应该有较清晰的界面，部署安全隔离设备时，在保证设备本身足够安全、有效的前提下，可采用较通用的安全隔离设备，如防火墙。该区的外部通信边界为电力调度数据网。

安全区 IV 为管理信息区，包括办公管理信息系统、客户服务等，该区的外部通信边界为 SPTnet 及因特网。

在各安全区之间均需选择适当的隔离装置，越是在内层的安全区，其累计的安全强度越高。具体的隔离装置的选择不仅需要考虑网络安全，还需要考虑带宽的要求、实时性的要求。

各地的电力二次系统在纵向上会产生互联，但不容许跨安全区交叉的"纵"向互联。处于安全区 I/II 的应用系统在纵向互联时，必须采用 IP 认证加密装置。

电力二次系统安全防护总体示意图如图 11-4 所示。

三、二次系统安全防护的实施细则

二次系统应严格按照四个安全区的要求调整网络结构，将现有的自动化系统按其功能进行安全等级分类，纳入相应的安全区。

安全区 I 与安全区 II 之间可采用防火墙隔离，该防火墙必须是经国家有关部门认证的国产硬件防火墙。

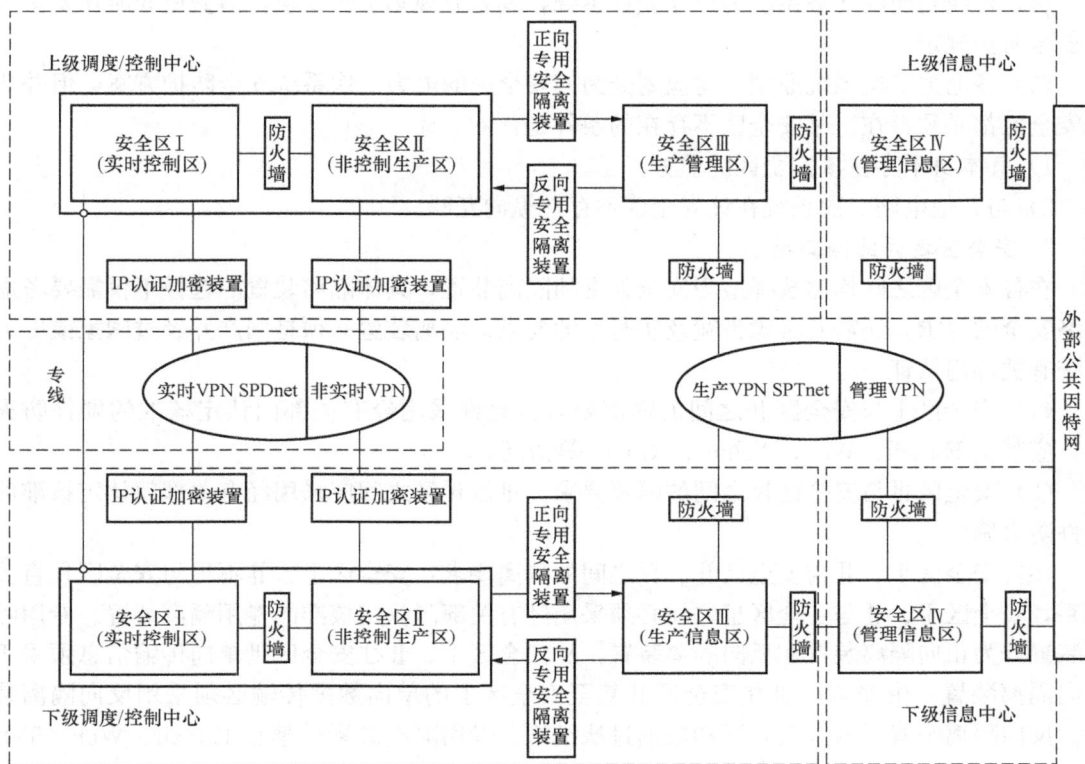

图 11-4 电力二次系统安全防护总体示意图

安全区Ⅱ与安全区Ⅲ之间必须部署物理隔离设备，物理隔离设备必须设置为单向传输数据，由安全区Ⅲ向安全区Ⅰ/Ⅱ传输数据时，必须同时采用数据过滤网关和物理隔离设备，以保证安全区Ⅰ/Ⅱ的安全。

安全区Ⅲ与电力综合信息网之间可采用防火墙隔离，该防火墙必须是经国家有关部门认证的国产硬件防火墙。

为了保证安全区Ⅰ与安全区Ⅱ中数据传输的安全，调度数据网应采用基于 MPLS 的 VPN 技术划分为实时 VPN 和非实时 VPN，分别传输安全Ⅰ区和Ⅱ区的数据。

上下级实时系统之间互联时采用 IP 认证加密装置或防火墙。

1. 业务系统置于安全区的规则

根据系统的实时性、使用者、功能、场所、各业务系统的相互关系、广域网通信的方式以及受到攻击之后所产生的影响，将其分置于四个安全区之中。

（1）实时控制系统或未来可能有实时控制功能的系统需置于安全区Ⅰ。

（2）电力二次系统中不允许把本属于高安全区的业务系统迁移到低安全区。允许把属于低安全区的业务系统的终端设备放置于高安全区，由属于高安全区的人员使用。

（3）某些业务系统的次要功能与根据主要功能所选定的安全区不一致时，可将业务系统根据不同的功能模块分为若干子系统分置于各安全区中，各子系统经过安全区之间的通信来构成整个业务系统。

（4）自我封闭的业务系统为孤立业务系统，其划分规则不作要求，但需遵守所在安全区的安全防护规定。

（5）各电力二次系统原则上均应划分为四安全区的电力二次系统安全防护方案，但并非四安全区都必须存在。某安全区不存在的条件是：

1）其本身不存在该安全区的业务。

2）与其他电网二次系统在该安全区不存在纵向互联。

2. 安全区之间的隔离要求

在各安全区之间均需选择适当安全强度的隔离装置。具体隔离装置的选择不仅需要考虑网络安全的要求，还需要考虑带宽及实时性的要求。隔离装置必须是国产并经过国家或电力系统有关部门认证。

（1）安全区Ⅰ与安全区Ⅱ之间的隔离要求：允许采用经有关部门认定核准的硬件防火墙，应禁止 E-mail、Web、Telnet、Rlogin 等访问。

（2）安全区Ⅲ与安全区Ⅳ之间的隔离要求：Ⅲ、Ⅳ区之间应采用经有关部门认定核准的硬件防火墙。

（3）安全区Ⅰ、Ⅱ与安全区Ⅱ、Ⅳ之间的隔离要求：安全区Ⅰ、Ⅱ不得与安全区Ⅳ直接联系，安全区Ⅰ、Ⅱ与安全区Ⅲ之间必须采用经有关部门认定核准的专用隔离装置。专用隔离装置分为正向隔离装置和反向隔离装置，从安全区Ⅰ、Ⅱ往安全区Ⅲ单向传输信息须采用正向隔离装置，由安全区Ⅲ往安全区Ⅱ甚至安全区Ⅰ的单向数据传输必须采用反向隔离装置。反向隔离装置采取签名认证和数据过滤措施。专用隔离装置应禁止 E-mail、Web、Telnet、Rlogin 等访问。

3. 安全区与远方通信的安全防护要求

（1）外部边界网络。

1）安全区Ⅰ、Ⅱ所连接的广域网为国家电力调度数据网 SPDnet。采用 MPLS-VPN 技术构造的 SPDnet 为安全区Ⅰ、Ⅱ分别提供两个逻辑隔离的 MPLS-VPN。对不具备 MPLS-VPN 的某些省、地区调度数据网络，可通过 IPSec 构造 VPN 子网，VPN 子网可提供两个逻辑隔离的子网。

2）安全区Ⅲ所连接的广域网为国家电力数据通信网（SPTnet）。

（2）安全区与外部边界网络的隔离要求。

1）安全区Ⅰ、Ⅱ接入 SPDnet 时，应配置 IP 认证加密装置，实现网络层双向身份认证、数据加密和访问控制。如暂时不具备条件或业务无此项要求，可以用硬件防火墙代替。

2）安全区Ⅲ接入 SPTnet 应配置硬件防火墙。

3）处于外部网络边界的通信网关的操作系统应进行安全加固，对Ⅰ、Ⅱ区的外部通信网关建议配置数字证书。

4）传统的远动通道的通信目前暂不考虑网络安全问题。个别关键厂站的远动通道的通信可采用线路加密器。

5）经 SPDnet 的 RTU 网络通道原则上不考虑传输中的认证加密。个别关键厂站的RTU 网络通信可采用认证加密。

4. 各安全区内部安全防护的基本要求

（1）对安全区Ⅰ及安全区Ⅱ的要求如下：

1）禁止安全区Ⅰ/Ⅱ内部的 E-mail 服务。安全区Ⅰ不允许存在 Web 服务器及客户端。

2）允许安全区Ⅱ内部及纵向（即上下级间）Web 服务。但 Web 浏览工作站与Ⅱ区业务系统工作站不得共用，而且必须是业务系统向 Web 服务器单向主动传送数据。

3）安全区Ⅰ/Ⅱ的重要业务（如 SCADA、电力交易）应该采用认证加密机制。

4）安全区Ⅰ/Ⅱ内的相关系统间必须采取访问控制等安全措施。

5）对安全区Ⅰ/Ⅱ进行拨号访问服务，必须采取认证、加密、访问控制等安全防护措施。

6）安全区Ⅰ/Ⅱ应该部署安全审计措施，如 IDS 等。

7）安全区Ⅰ/Ⅱ必须采取防恶意代码措施。

（2）对安全区Ⅲ的要求：

1）安全区Ⅲ允许开通 E-Mail、Web 服务。

2）对安全区Ⅲ拨号访问服务必须采取访问控制等安全防护措施。

3）安全区Ⅲ应该部署安全审计措施，如 IDS 等。

4）安全区Ⅲ必须采取防恶意代码措施。

（3）对安全区Ⅳ不做详细要求。

采用安全分区后的省级 EMS 结构示意图如图 11-5 所示。

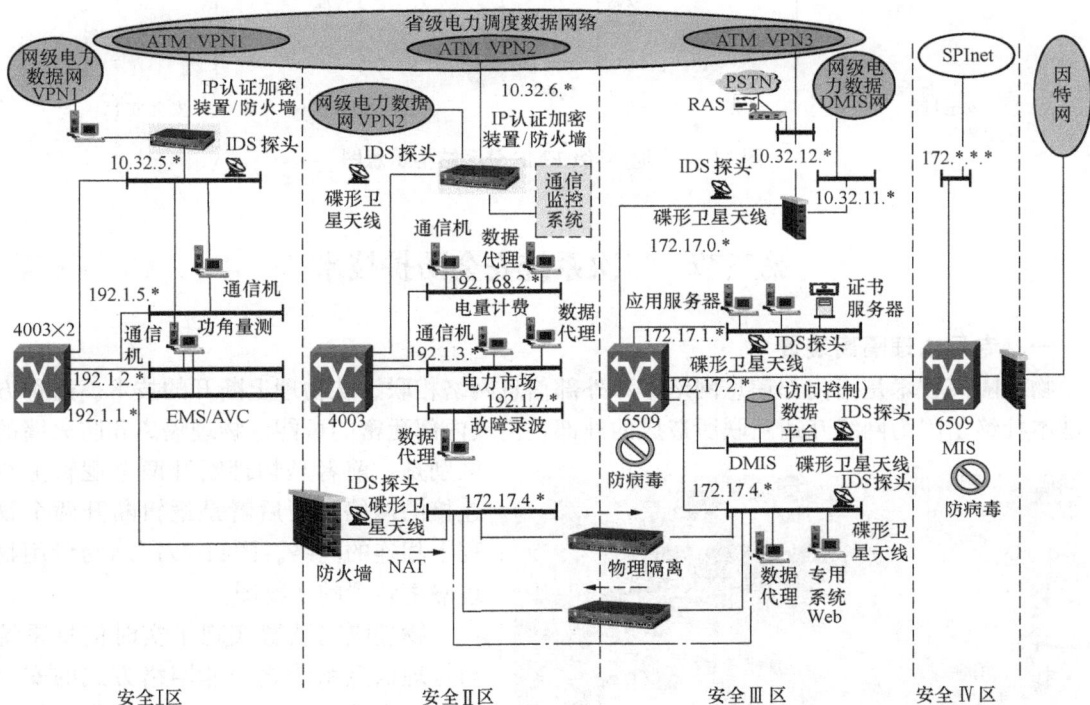

图 11-5　省级 EMS 分区结构示意图

采用安全分区后的地/县级 EMS 结构示意图如图 11-6 所示。

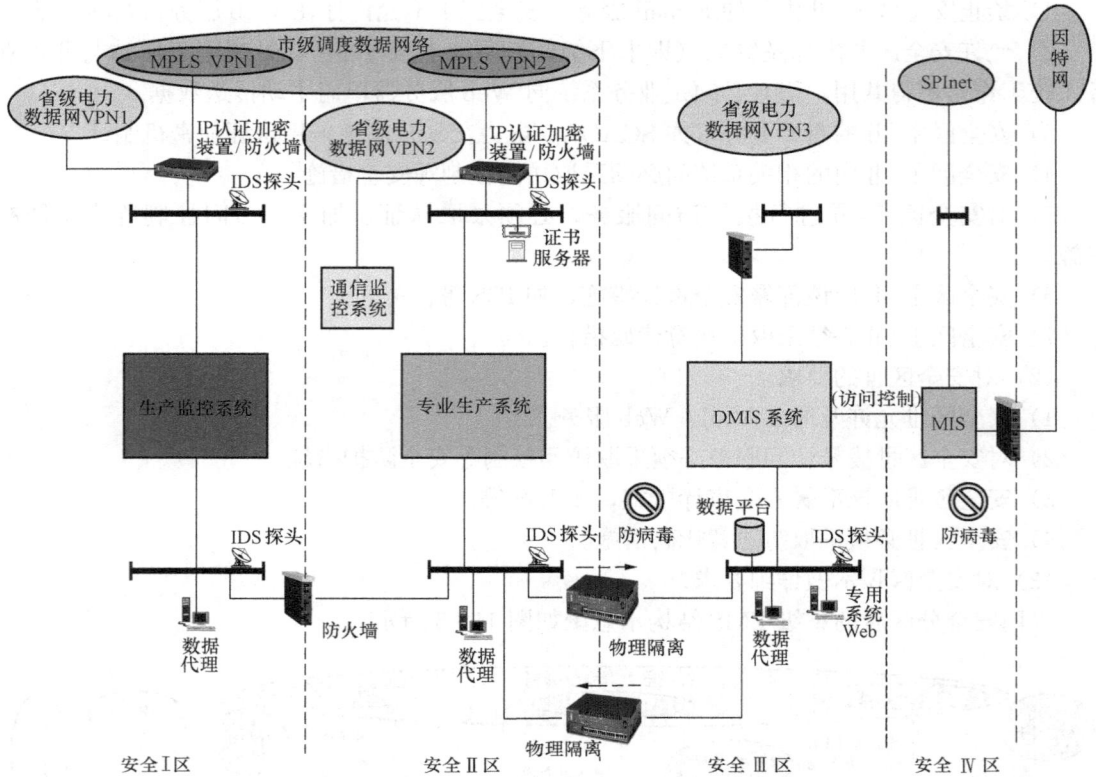

图 11-6　地/县级 EMS 分区结构示意图

第三节　二次系统安全防护技术

一、专用物理隔离装置

物理隔离技术是指内部信息网络不和外部信息网络相联、从物理上断开的技术。这种方法基本杜绝了因为网络互通互联所造成的外部攻击或内部泄密的可能。物理隔离和防火墙的区别是：前者是物理断开两个逻辑上相连接的网络，而后者是逻辑断开两个物理上相连的网络。图11-7所示为专用物理隔离装置的实物图。

物理隔离装置实现了实时信息系统与管理信息系统之间非网络方式的安全的数据交换。安全隔离装置部署图如图11-8所示，它可以有效地控制安全范围，保证有效业务数据流的通过，阻止无用的数据侵袭和干扰，从而保障调度网路业务的安全运行。

图 11-7　专用物理隔离装置实物图

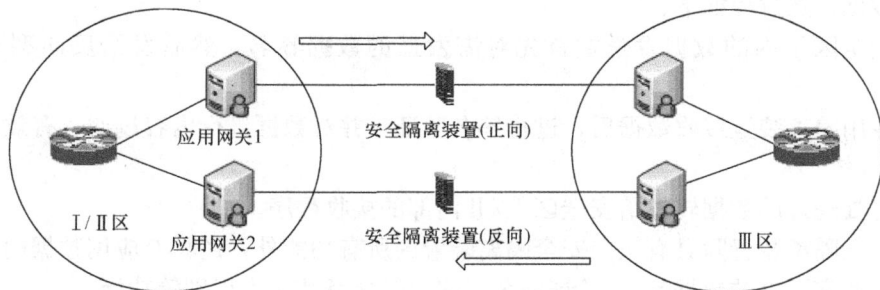

图 11-8　安全隔离装置部署图

1. 正向型专用安全隔离装置

正向型专用安全隔离装置用于从生产控制大区到管理信息大区的单向数据传输，实现两个安全区之间的非网络方式的安全的数据交换。

正向型专用安全隔离装置的结构示意图如图 11-9 所示。

正向型专用安全隔离装置的功能为：

（1）采用非 INTEL 指令系统的（及兼容）双微处理器。

（2）特别配置 LINUX 内核，取消所有网络功能，具有安全、固化的操作系统。抵御除 DoS 以外的已知的网络攻击。

（3）非网络方式的内部通信，支

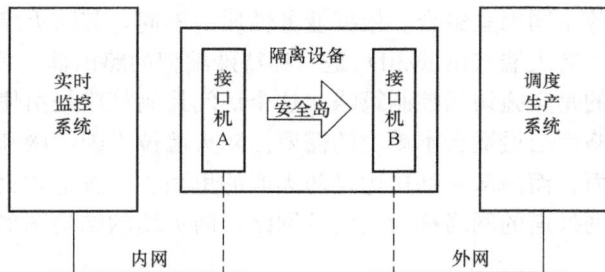

图 11-9　正向型专用安全隔离装置结构图

持安全岛，保证装置内外两个处理系统不同时连通。

（4）透明监听方式，虚拟主机 IP 地址、隐藏 MAC 地址，支持 NAT。

（5）内设 MAC/IP/PORT/PROTOCOL/DIRECTION 等综合过滤与访问控制。

（6）防止穿透性 TCP 连接。内外应用网关间的 TCP 连接分解成两个应用网关，分别到装置内外两个网卡的两个 TCP 虚拟连接，两个网卡在装置内部是非网络连接。

（7）单向连接控制。应用层数据完全单向传输，TCP 应答禁止携带应用数据。

（8）应用层解析，支持应用层特殊标记识别。

（9）支持身份认证。

（10）具有灵活方便的维护管理界面。

2. 反向型专用安全隔离装置

反向型专用安全隔离装置用于从管理信息大区到生产控制大区单向传递数据，是管理信息大区到生产控制大区的唯一数据传递途径。它集中接收管理信息大区发向生产控制大区的数据，进行签名验证、内容过滤、有效性检查等处理后，转发给生产控制大区内部的接收程序。

反向型专用隔离装置，其本质是堡垒机形式的安全应用网关与正向型专用安全隔离装置的串联。

具体数据传送过程如下：

（1）安全区Ⅲ内的数据发送端首先对需发送的数据签名，然后发给反向型专用隔离装置。

（2）专用隔离装置接收数据后，进行签名验证，并对数据进行内容过滤、有效性检查等处理。

（3）将处理过的数据转发给安全区Ⅰ/Ⅱ内部的接收程序。

反向安全隔离装置除具有正向安全隔离装置的所有功能外，还具有应用数据内容有效性检查、基于数字证书的数据签名/验证签名、编码转换及纯文本识别等功能。

二、防火墙

防火墙是电力二次系统安全防护体系中重要的安全设备，它可以限制外部对系统资源的非授权访问，也可以限制内部对外部的非授权访问，同时还限制内部系统之间，特别是安全级别低的系统对安全级别高的系统的非授权访问。

防火墙可以部署在控制区与非控制区之间，实现两个区域的逻辑隔离、报文过滤、访问控制等功能。防火墙安全策略支持报文的 IP 地址、协议、应用端口号、应用协议、报文方向等不同因素组合。根据业务性质的不同，其防火墙安全策略的设置也有所区别。

防火墙（firewall）是一种特殊编程的路由器，安装在一个网点和网络的其余部分之间，目的是实施访问控制策略。这个访问控制策略是由使用防火墙的单位自行制定的。这种安全策略应当最适合本单位的需要。防火墙位于因特网和内部网络之间，因特网这边是防火墙的外面，而内部网络这边是防火墙的里面。一般把防火墙里面的网络称为可信的网络，而把防护网外面的网络称为不信的网络。防火墙的结构图如图 11 - 10 所示。

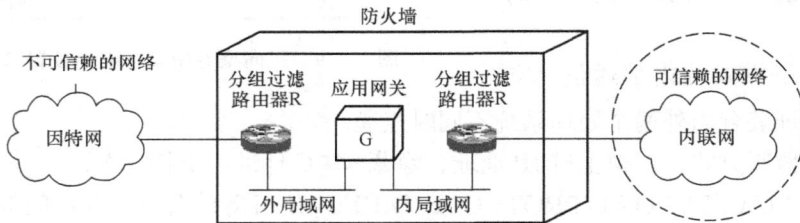

图 11 - 10　防火墙的结构图

防火墙的功能有两个：一个是阻止，另一个是允许。就是阻止某种类型的流量通过防火墙（从外部网络到内部网络，或从内部网络到外部网络）。允许的功能与阻止恰好相反。可见防火墙必须能够识别流量的各种类型。不过在大多数情况下防火墙的主要功能是阻止。

防火墙技术一般分为两类，即网络级防火墙和应用级防火墙。

1. 网络级防火墙

网络级防火墙用来防止整个网络出现外来非法的入侵。属于这类的有分组过滤和授权服务器：前者检查所有流入本网络的信息，然后拒绝不符合事先制定好的一套准则的数据；而后者则是检查用户的登录是否合法。

2. 应用级防火墙

应用级防火墙从应用程序来进行接入控制。通常使用应用网关或代理服务器来区分各种应用。例如，可以只允许通过访问万维网的应用，而阻止 FTP 应用的通过。

图 11 - 10 所示防火墙同时具有这两种技术。它包括两个分组过滤路由器和一个应用网关，它们通过两个局域网连接在一起。

这两个分组过滤路由器均是标准的路由器，但增加了一些功能，这就是对每一个通过的分组进行检查。这两个路由器中的一个专门检查进入内联网的分组，而另一个则检查出去的。符合条件的分组就能通过，否则就丢弃。使用两个局域网的原因就是使穿过防火墙的各种分组必须经过分组过滤路由器和应用网关的检查，而没有任何其他的路径。

分组过滤是通过查找系统管理员设置的表格来实现的。表格列出了可接受的或必须进行阻挡的目的站和源站以及其他一些通过防火墙的规则。

应用网关是从应用的角度来检查每一个分组。例如，一个邮件网关在检查每一个邮件时，要根据邮件的首部或报文的大小，甚至是报文的内容（例如，有没有某些像"导弹"、"核弹头"等关键词）来确定该邮件能否通过防火墙。

三、VPN 技术

电力调度 MPLS-VPN 网络，将电力调度数据网划分出实时 VPN 与非实时 VPN，实现各种不同的电力业务在纵向传输时的安全隔离，满足国家调度二次安全防护对调度数据网的要求。

VPN 为电量系统、保护系统及故障录波系统提供纵向的传输通道，使各电力业务在进行纵向互联时，不再需要申请通信通道或额外增加网络设备，仅需要在建成的数据网中再划分出一个 VPN 即可，保证各电力调度业务在网络中传输的安全性、可靠性及稳定性的同时，大大降低网络的整体投资。电力通信网络业务关系如图 11 - 11 所示。

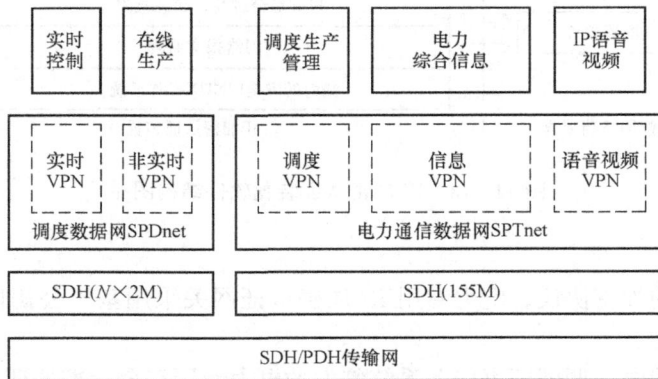

图 11 - 11　电力通信网络业务关系

VPN 技术的原理在本书第八章第六节中已进行了详细阐述，这里就不再赘述了。

四、IP 加密认证装置

IP 加密认证装置可以抵御黑客、病毒、恶意代码等各种形式的恶意攻击和破坏，特别是抵御集团式攻击，防止电力二次系统的崩溃或瘫痪，以及由此造成的电力系统大面积停电事故。IP 加密认证装置是保障调度自动化系统及变电站监控系统等生产控制大区安全的重要手段。

1. 功能

（1）IP 加密认证装置之间支持基于数字证书的认证，支持定向认证加密。

（2）对传输的数据通过数据签名与加密进行数据机密性、完整性保护。

（3）支持透明工作方式与网关工作方式。

（4）具有基于 IP、传输协议、应用端口号的综合报文过滤与访问控制功能。

（5）实现装置之间智能协调，动态调整安全策略。

（6）具有 NAT 功能。

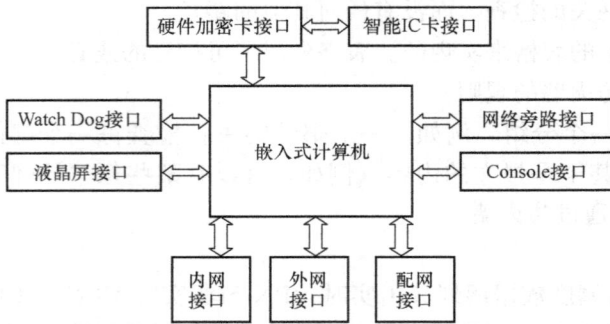

图 11-12　IP 加密认证装置硬件结构图

（7）可实现 10M/100M 线速转发，支持 100 个并发会话。

2．硬件结构

IP 加密认证装置硬件由 CPU（CPU 类型为 PowerPC 处理器）、内存、网口、加密卡接口、液晶屏接口等部分组成。硬件结构图如图 11-12 所示。

3．软件结构

IP 加密认证装置软件组成分为两部分：第一部分是配置软件，即用来配置管理终端装置的；第二部分是装置的内部软件，包括操作系统、加密装置程序等。软件结构图如图 11-13 所示。

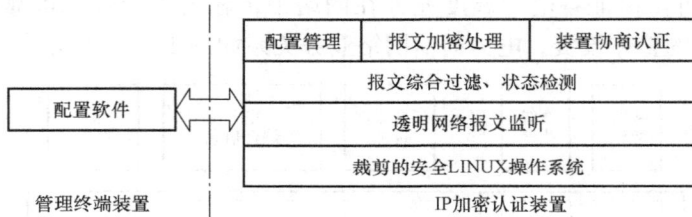

图 11-13　IP 加密认证装置软件结构图

4．技术原理

（1）采用专有的加密协议。电力专用 IP 加密认证网关采用基于公钥体制的工作密钥的自动协商和交换机制。

（2）证书。采用电力调度证书服务系统签发的电力专用符合标准的证书文件。

（3）抽密算法。电力专用 IP 加密认证网关的密钥生成、数据加密都是由专用高速数据加密卡完成，该加密卡为国家调度、国家保密局共同指定的厂家研制开发。对称加密基于专用加密算法芯片，非对称加密遵循国际标准，加密速度快，抗攻击能力强。

（4）安全隧道。彼此通信的加密装置之间建立了连接隧道。

（5）安全策略。在基于安全隧道的彼此通信的主机之间建立了安全规则，即安全策略。

5．接入位置

加密认证装置位于电力控制系统的内部局域网与电力调度数据网络的路由器之间，用于安全区Ⅰ/Ⅱ的广域网边界保护，可为本地安全区Ⅰ/Ⅱ提供一个网络屏障，同时为上下级控制系统之间的广域网通信提供认证与加密服务，实现数据传输的机密性、完整性保护。

加密认证网关除具有加密认证装置的全部功能外，还应实现应用层协议及报文内容识别的功能。

加密认证装置在网络中的位置如图 11 - 14 所示。

五、调度数字证书与认证

全国电力调度系统统一建设基于公钥技术的分布式的调度证书服务系统，由相关主管部门统一颁布调度系统数字证书，为电力监控系统、调度生产系统及调度数据网上的关键应用、关键用户和关键设备提供数字证书服务。在数字证书基础上可以实现调度系统与网络关键环节的高强度的身份认证、安全的数据传输以及可靠的行为审计。

1. 证书类型

调度系统数字证书类型包括：

（1）人员证书。关键业务的用户、系统管理人员以及必要的应用维护与开发人员，在访问系统、进行操作时需要持有的证书。

（2）程序证书。某些关键应用模块、进程、服务器程序运行时需要持有的证书。

（3）设备证书。网络设备、服务器主机，在接入本地网络系统与其他实体通信过程中需要持有的证书。

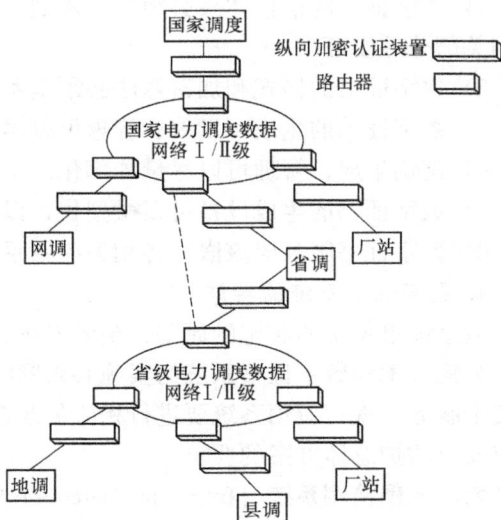

图 11 - 14　加密认证装置在网络中的位置

2. 证书的应用

电力调度证书服务系统示意图如图 11 - 15 所示。

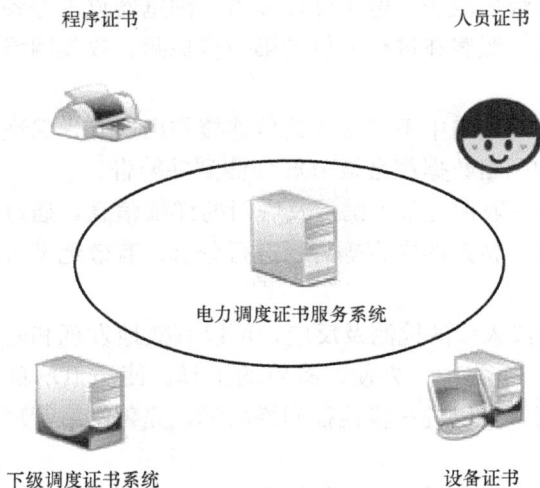

图 11 - 15　电力调度证书服务系统示意图

（1）人员证书。主要用于用户登录网络与操作系统、登录应用程序，以及访问应用资源、执行应用操作命令时对用户的身份进行认证，与其他实体通信过程中的认证、加密与签名，行为审计。

（2）程序证书。主要用于应用程序与远程程序进行安全的数据通信，提供双方之间的认证、数据的加密与签名功能。

（3）设备证书。主要用于本地设备接入认证、远程通信实体之间的认证，以及实体之间通信过程的数据加密与签名。

3. 数字证书的发放与管理

（1）二次系统中业务环境具有以下特点：

1）在生产控制大区中，调度数据网是确定的，人员和设备也是确定的。

2）电力监控系统对实时性和可靠性要求很高。

3）五级调度体系采用半军事化管理模式，具有分层分级负责安全生产管理制度。

4）在生产控制大区中证书的总体数量不多。

（2）对电力调度系统数字证书的发放及管理模式可以进行简化，简化原则为：

1）数字证书的信任体系必须统一规划，上级调度机构为所属下级调度机构和直调厂站的相关部分签发证书。

2）数字证书的格式和加密算法必须全系统统一。

3）数字证书的生成、发放、管理可以尽量局部简化。

4）密钥生成、管理可以尽量局部化。

5）数字证书的生成设备可以微型化，以节约成本。

6）数字证书服务应该嵌入各相关应用系统中，以提高实时性和可靠性。

4．数字证书系统的实施

数字证书系统的实施的原则：统筹安排、先期试点、结合应用、分步实施。

公钥技术和数字证书系统的实施必须紧密结合具体应用系统，为应用系统提供实用的基础安全服务。现有应用系统要进行相应的改造，才能达到预定的安全强度。新系统的开发要适应安全防护总体方案的要求。

六、入侵检测系统（Intrusion Detection System，IDS）

入侵检测系统是一种主动发现网络隐患的安全技术。作为防火墙的合理补充，入侵检测系统能够帮助协调对付网络攻击，扩展了系统管理员的安全管理能力（包括安全审计、监视、攻击识别和响应），提高了信息安全基础结构的完整性。它从计算机网络系统中的若干关键点收集信息，并分析这些信息。入侵检测被认为是防火墙之后的第二道安全闸门，在不影响网络性能的情况下能对网络进行监测。它可以防止或减轻对网络的威胁。

1．入侵检测系统的主要功能

（1）识别黑客常用入侵与攻击手段。入侵检测系统通过分析各种攻击的特征，可以全面快速地识别探测攻击、拒绝服务攻击、缓冲区溢出攻击、电子邮件攻击、浏览器攻击等各种常用攻击手段，并进行相应的防范。一般来说，黑客在进行入侵的第一步探测、收集网络及系统信息时，就会被 IDS 捕获。

（2）监控网络异常通信。入侵检测系统会对网络中不正常的通信连接作出反应，保证网络通信的合法性。任何不符合网络安全策略的网络数据都会被 IDS 侦测到并警告。

（3）鉴别对系统漏洞及后门的利用。IDS 一般带有系统漏洞及后门的详细信息，通过对网络数据包连接的方式，对连接端口以及连接中特定的内容等特征进行分析，有效地发现网络通信中针对系统漏洞进行的非法行为。

（4）完善网络安全管理。IDS 通过对攻击或入侵的检测及反应，可以有效地发现和防止大部分网络犯罪行为，给网络安全管理提供一个集中、方便、有效的工具。使用 IDS 的数据监测、主动扫描、网络审计、统计分析功能，可以进一步监控网络故障，完善网络管理。

2．入侵检测系统与其他技术的比较

入侵检测系统与防火墙、VPN、防病毒等技术相比，IDS 的特点主要表现在：

（1）对系统的影响程度非常小。因为 IDS 最常用的部署方式为旁路部署，所以对网络系统的影响非常小。

（2）系统更新频度较高。因为 IDS 进行入侵攻击行为检测的一项重要技术是基于特征的模式匹配，这些特征是对入侵和攻击行为的描述，其检测准确性较高，为了保证能够检测最新的攻击和入侵，必须及时进行特征库的升级。

（3）产生信息量较多。因为 IDS 对网络中的任何攻击企图都会产生告警日志，它不会去主动判断这个攻击企图是否最终生效。

（4）管理人员介入的技术性要求较高，时间较多。因为负责 IDS 的技术人员需要定期分析 IDS 的告警日志，需要人员在安全漏洞、入侵攻击技术方面有一定的技术背景，同时需要花费一定的工作时间来验证告警的真实性。

思　考　题

1. 电力系统二次安全防护的目标和重点是什么？
2. 电力系统二次安全防护的总体策略是什么？
3. 简述电力二次系统的安全防护原则。
4. 电力二次系统如何进行安全分区？
5. 生产控制大区中安全区 I（控制区）的典型系统是什么？
6. 生产控制大区中安全区 II（非控制区）的典型系统是什么？
7. 业务系统分区规则是什么？
8. 生产控制大区与管理信息大区之间的安全要求是什么？
9. 生产控制大区内部的安全区之间的安全防护要求是什么？
10. 防火墙的特点是什么？
11. 专用单向安全隔离装置分为几种？简述其工作原理。
12. 简述 IP 加密认证装置工作原理。
13. 调度数字证书与认证的作用是什么？
14. 入侵检测系统 IDS 的主要功能是什么？
15. 为保证电力系统数据网络的安全应采取哪些措施？
16. 如何构建安全隔离的电力调度数据网？

第十二章 电网调度自动化系统高级应用软件

电网调度自动化系统高级应用软件（Power Application Software，PAS）属于能量管理系统（Energy Management System，EMS）这一范畴，EMS 从原来只有简单的监控功能（SCADA），发展到功能齐全的实时管理系统。PAS 是建立在 SCADA 系统基础之上的电力系统高级应用软件，其功能主要是利用电力系统的各种信息，在实时态和研究态模式下，对电力系统的运行状态进行分析，帮助调度员了解和掌握电力系统的运行状态，并提供分析决策，保证电网运行的安全性并提高其经济性。

电网调度自动化系统高级应用软件（PAS）的基本功能模块有网络建模、网络拓扑、状态估计、外部网络等值、调度员潮流、负荷预报、最优潮流、静态安全分析等。调度员培训仿真系统（DTS）、自动发电控制（AGC）、自动电压控制（AVC）是能量管理系统（EMS）的组成部分。图 12-1 所示是某地调的 PAS 应用功能模块的结构及其与系统的关系图。

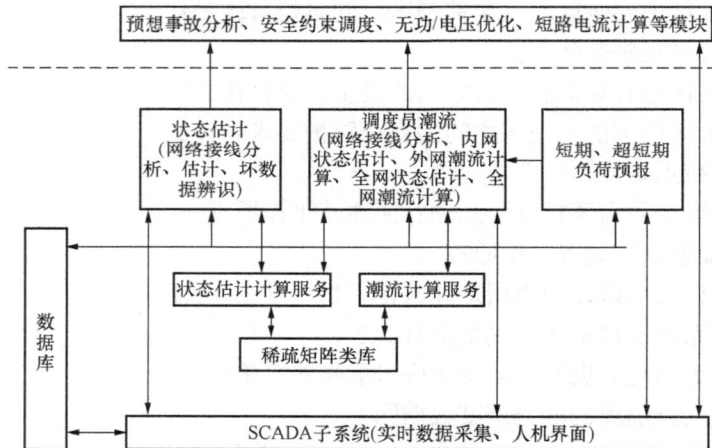

图 12-1 某地调 PAS 应用功能模块的
结构及其与系统的关系图

第一节 网络建模和网络拓扑

一、利用 PAS 对电网进行网络建模的必要性

SCADA 提供的是断路器、隔离开关位置信息和功率、电压、电流等量测数据，是网络分析数据的总来源，是整个网络分析应用软件的基础。电网元件的电气连接关系是应用PAS 进行网络分析计算的基础，必须使所建模型和实际运行方式相一致，才能保证应用软件结果的正确性。通过网络建模，将电网各元件的电气连接关系填入 PAS 网络数据库。因此网络建模是 PAS 的基础模块。

对于庞大而复杂的电网，仅仅由 SCADA 提供的开关信息和量测数据已不能满足当前电网调度监控及辅助决策的实际需要。而 PAS 的网络建模与拓扑这个基础功能模块，可以提供更多的有助于电网调度监控及辅助决策的信息，也是 PAS 其他高级应用模块的基础。

二、网络建模

网络建模就是通过将电网各元件的参数和连接关系填入 PAS 数据库，形成完整的 EMS 网络数据库和正确的电网网络拓扑结构。网络建模工作分两部分进行。

1. 网络参数的录库

新增加任意一种元件（厂站、发电机、变压器、线路、负荷、断路器、隔离开关、母线等），都要把相关信息录入数据库中，并根据 SCADA、PAS 等不同应用所需的网络结构而入库。SCADA 数据库中有些网络参数是不需录入的，例如线路的类型，线路长度，线路的正序电阻、电抗、电纳，变压器的高、中、低正序阻抗，变压器的有载调压标志等，但是对于 PAS 的网络数据库，这些网络参数都是必须录入的。填入有关的参数，可以通过 PAS 的计算功能进行有关设备的电阻、电抗、电纳计算，必要时也可以人工修改相关的参数。

（1）PAS 必须输入的参数。

1）线路表：电压等级、电流限值、电阻、电抗和充电电容标幺值（或有名值）。输入线路长度及型号，按该型号线路的单位长度理论参数可自动计算有关的电阻、电抗、充电电容的有名值，也可以直接输入线路的实测参数。

2）变压器表：变压器类型（三绕组变压器或双绕组变压器），变压器绕组类型，各侧电压等级，铭牌电压，额定容量（MVA），短路损耗（kW），短路电压百分数，高、中压侧抽头类型，高、中压侧正常运行方式下抽头位置，中性点接地标志等。

3）电容电抗器表：电压等级、额定无功容量（Mvar）。

4）发电机：电压等级、有功最大及最小出力（MW）、无功最大及最小出力（Mvar）。

5）断路器、隔离开关：属性（断路器，非接地隔离开关，接地开关）。

（2）PAS 可增加输入参数。

1）负荷表：正常有功值（MW）或无功值（Mvar）。

2）线路表：线路有功限值（安全校正）。

3）电压限值。

2. 网络设备连接关系的填库

网络设备连接关系的填库，即图形入库。新增加一个厂站或改动一个厂站，或线路改接入新变电站，只要电网网络结构有变化，都要将这些厂站的接线图在作图软件包中按 SCADA、PAS 应用分别填库，在库中形成电气连接关系。

三、网络拓扑

拓扑分析的任务是实时处理开关信息的变化，自动划分变电站的计算用节点数，形成新的网络接线，随之分配量测量和注入量等数据，给有关的应用程序提供新接线方式下的信息与数据。

网络拓扑是高级应用功能中最基本的功能，它根据电网描述数据库和遥信信息确定该地区电网的电气连接状态，并利用电网各类设备的特征参数，将电网的物理模型转换为计算模型。网络拓扑分析是各种应用软件的前提，用于各种网络分析中，为状态估计、调度员潮流计算、负荷预报、电压无功优化、故障分析和调度员模拟培训等应用功能提供网络分析功能。

　　网络拓扑分析主要有树搜索法和矩阵法两种方式。树搜索法分为深度优先搜索和广度优先搜索，矩阵法分为邻接矩阵法和关联矩阵法。下面对树搜索法进行简要介绍。

　　拓扑分析主要由厂站组态分析和网络组态分析两大部分组成，厂站组态分析是根据厂站内断路器的状态，将由闭合断路器（或隔离开关）相连的所有母线段集合成一个计算用节点；网络组态分析是根据网络中串联支路（线路和变压器）的连接关系，将有电气联系的计算用节点归结为一个子系统。上述两个过程实际上是按连通关系对各顶点的搜索问题。

　　在厂站组态分析中，顶点为各电气连接点（包括母线段等），闭合的断路器（或隔离开关）则表示连接各顶点的边。厂站组态分析中母线段、断路器（或隔离开关）与顶点、边的关系如图 12 - 2 所示。

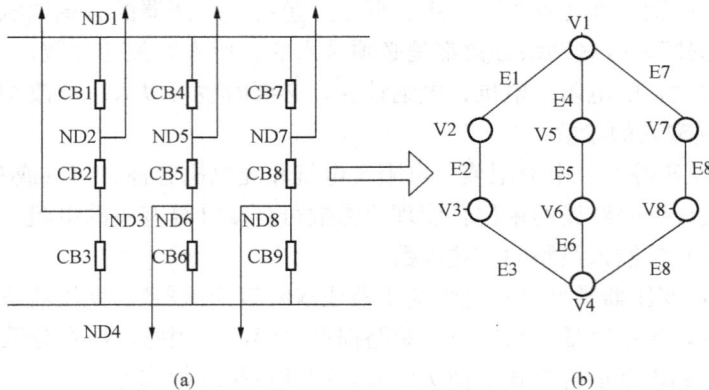

图 12 - 2　厂站组态分析中母线段、断路器（或隔离开关）与顶点、边的关系
（a）节点；（b）顶点和边

　　在网络组态分析中，顶点为各计算用节点，支路（包括线路和变压器）表示连接这些顶点的边。网络组态分析中节点、支路与顶点、边的关系如图 12 - 3 所示。

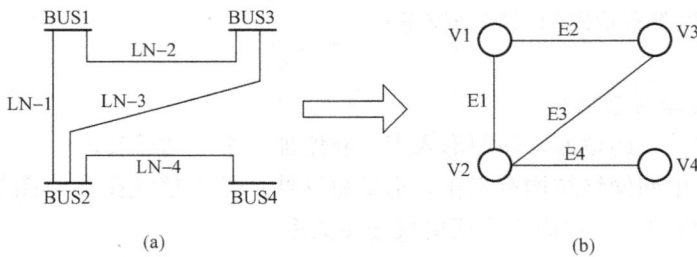

图 12 - 3　网络组态分析中节点、支路与顶点、边的关系
（a）子系统；（b）顶点和边

　　网络拓扑分析就是对图 12 - 2（b）和图 12 - 3（b）中各顶点沿其所连边进行搜索，从而划分出图 12 - 2（a）的节点和图 12 - 3（a）所示的子系统。

　　1. 深度优先搜索算法

　　基于深度优先搜索算法是常规的拓扑分析方法，是利用堆栈技术进行搜索的方法。它从一个顶点出发搜索，利用一个"先进后出"的堆栈存放中间分支点，沿一条路径走到尽头，再通过出栈操作，按原路逐步退回，直至找到一条新的未访问过的分支路径，再沿此路径走到尽头，依此类推。对于图 12-2（b），它对顶点的访问序列为：

$$V1 \longrightarrow V2 \longrightarrow V3 \longrightarrow V4 \longrightarrow V6 \longrightarrow V5$$
$$\quad\quad\quad\quad\quad\quad\quad\quad \longmapsto V8 \longrightarrow V7$$

对于网络绝大多数顶点（除 V5、V7 这样的搜索路径末梢），搜索它们邻边以寻找其相邻顶点的次数至少需要两次，有的甚至更多（如路径上的分叉点 V4 等），这就造成大量不必要的重复搜索。究其原因，是由于用堆栈进行深度优先搜索时，需要通过堆栈保存原路径，才能从原路径折回，从而导致反复搜索。在顶点和分支数目很多的情况下，尤其是在电力系统中，一段母线段往往连有多个元件，且出线也有 3～4 条，因此重复搜索的次数是相当惊人的。

深度优先搜索法原理清晰、实现方便，但是需要对节点进行回溯，拓扑所用时间较长。

2. 广度优先搜索方法

广度优先搜索法相对于深度优先搜索法来说，它先读取一个节点 N，进行搜索的时候，首先将这个节点通过一条边连接的所有节点进行归总，将这些通过一条边与节点 N 相连的节点视为第一层，对这些节点进行访问标记；然后分别从第一层节点依次以自身节点继续进行搜索，并将搜索到的通过一条边连接到的节点进行归总，视为第二层节点，对第二层节点依次进行访问标记，再继续进行搜索，直到该层节点没有边连接出去。此时如果网络中还有未访问的节点，则继续选取这些没有访问的节点为顶点，重新开始搜索，如果网络中没有未访问的节点和边，则搜索结束。

基于广度优先搜索的方法，其步骤是一种按层次遍历、逐步推进的过程。

广度优先搜索的过程就是从起始点出发，由近及远，依层访问与起始点有路径相通的顶点，从而可以推断出计算用的节点和网络子系统。

同样，对于图 10-2（b）按广度优先访问顶点的次序为：

$$V1 \longrightarrow V2 \longrightarrow V5 \longrightarrow V7 \longrightarrow V3 \longrightarrow V6 \longrightarrow V8 \longrightarrow V4$$

由于上述搜索过程是按层搜索、逐层向前推进，不存在返回重找新路径的问题，对每层而言，所有可能的新路径均被一层顶点所体现，对于网络中每一个顶点，通过其邻边搜索其相邻顶点的次数有且仅有一次，而不像常规搜索方法，一般要重复搜索很多次。因此，其搜索效率可大大提高，而且搜索过程中，也可将具体的网络接线抽象为顶点和边的关系，不受网络接线型式的约束，保持了常规方法通用性强的特点。

第二节　电力系统状态估计

SCADA/EMS 是集数据采集、数据通信、实时监控和数据处理为一体的计算机实时信息系统，用于实时监控和确定电网状态，其中实时数据是整个系统的核心，因此必须依靠电力系统状态估计向 SCADA/EMS 中的分析软件提供实时运行方式的有关数据（网络模型和状态），它是整个网络分析应用软件的核心和基础，在整个系统中占有重要的地位。

实时网络状态估计和 SCADA/EMS 中的分析软件之间的关系如图 12-4 所示。

SCADA 系统采集的全网实时数据汇成的实时数据库存在下列明显的缺点：

（1）数据不齐全。远动装置只测量电力系统的一部分参数和电气量，而不是整个系统的网络参数和电气量。而如果安装全部的量测装置，虽然可以获得很多的量测数据，但是成本

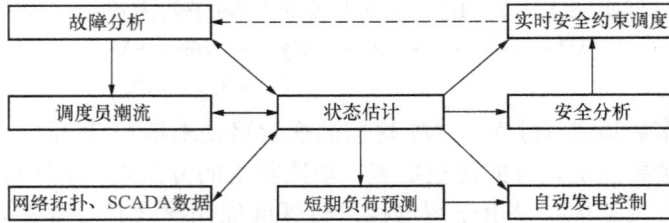

图 12-4　实时网络状态估计和 SCADA/EMS 中的分析软件之间的关系

很高，缺乏经济性。

（2）数据不精确。电力系统的信息通过远动装置传送到调度中心，远动数据存在不同程度的误差，在测量、传送、转换的过程中，受到设备的限制，调度中心接收的数据或多或少地带有误差数据，这些误差有时使相关的数据变得相互矛盾。

（3）受干扰时会出现错误数据。有些甚至是和测量值差别很大的坏数据，即使采用硬件滤波和改良编码的方法，也只能起到很小的作用。如果将远动装置传来的生数据直接使用，则对于 EMS 的决策结果会产生难以预料的后果。

为解决上述问题，除了不断改进测量和传输系统外，有必要在远动装置和数据库之间加入状态估计这一环节。

电力系统状态估计也被称为滤波，它是利用实时量测系统的冗余度来提高数据精度，自动排除随机干扰所引起的错误信息，估计或预报系统的运行状态。电力系统状态估计将低精度、不完整、偶尔有不良数据的生数据转化为高精度、完整而可靠的熟数据。它从系统取得实时量测数据，从发电计划、负荷预测等取得伪量测数据，经过在线分析和估计，再向 SCADA 送量测质量信息，向母线负荷预测传送预测误差信息，向实时发电计划提供实时网络修正参数，向故障分析、安全约束调度和潮流计算提供实时运行方式数据。简言之，状态估计的目的就是获得有关电力系统状况全面、可靠和精确的信息，建立一个完善而可靠的实时数据库。

一、状态估计的基本原理

状态估计是利用实时量测系统的冗余度来提高精度和自动排除随机干扰所引起的错误数据，估计出系统运行状态的。

为消除测量数据的误差，常用的方法是多次重复测量（对那些不随时间变化的量）。测量的次数越多，它们的平均值就越接近真值。

但在电力系统当中，不能采用上述方法，这是因为电力系统的运行是时变的。消除或减小时变参数测量误差的方法是利用一次采样得到的一组数量有多余的测量值，这里的关键是"多余"，多余得越多，估计得越准，但会受到测点设备及通道的限制。

系统中能够表征系统特性所需的最小数目的变量称为状态变量。系统中独立测量量的数目与系统状态变量数目之比，称为测量系统的冗余度。

一般要求测量系统的冗余度在 1.5～3.0。

1. 状态估计的量测方程

给定电力系统网络结构，支路参数和状态量后，量测矢量 z 可用下式表示

$$z = h(x) + v \tag{12-1}$$

式中　　z——量测矢量 z，包括对支路有功功率和无功功率、节点注入有功功率和无功功率
　　　　　　　及节点电压的量测，是 m 维矢量；

　　　　x——n 维系统状态向量，即节点电压幅值和相角；

　$h(x)$——量测量 z 和状态量 x 之间的关系式；

　　　　v——量测误差，是均值为 0、量测方差为 σ^2 的正态分布的随机矢量，它是 m 维的
　　　　　　　矢量。

　　式（12 - 1）中，状态估计的量测量 z 主要来自于：①SCADA 系统中的实时数据；②测量不便时使用的预报和计划型伪量测；③第 1 类基尔霍夫型伪量测，即无源母线上的零注入量测；④第 2 类基尔霍夫型伪量测，即零阻抗支路上的零电压差量测。

　　状态估计的最常用方法是最小二乘估计法。最小二乘估计就是要求所得出的状态变量的估计值 $\hat{x}$，尽可能使其对应的估计值 $\hat{z}=h(\hat{x})$ 与量测值 z 之间的误差平方最小，如果误差 v 是白噪声分布，那么这种估计精度很高，因为白噪声分布的 v 均值为 0。目标函数用公式表达为

$$J(\hat{x}) = \min\sum_{i=1}^{k}(z-\hat{z})^2 = \min\sum_{i=1}^{k}[z-h(\hat{x})]^2 \qquad (12 - 2)$$

2. 简单直流电路的状态估计举例

　　已知：图 12 - 5 中直流电源电动势 $E=10\text{V}$，内阻忽略，支路电阻 $R=2\Omega$，负载电阻 $R=8\Omega$。用欧姆定律可求得电流精确值为 $I=1.0\text{A}$，而电流的两个量测量分别为 $I_1=1.05\text{A}$，$I_2=0.98\text{A}$，均有一定误差，用最小二乘法确定哪个量测电流值正确？求电流量测的状态估计值。

　　解　$x_1=1.05$，$x_2=0.98$，将两个量测值用最小二乘法平均，得到电流状态估计值

$$J(x) = (x_1-x)^2 + (x_2-x)^2 = (1.05-x)^2 + (0.98-x)^2$$

$$\frac{\partial J(x)}{\partial x} = -2(1.05-x) - 2(0.98-x) = 0$$

即
$$(1.05-x) + (0.98-x) = 0$$

$$\hat{x} = x = \frac{1.05+0.98}{2} = 1.015$$

当 $x_1=1.05$ 电流误差 $r_1(\Delta I)=1.05-1.0=0.05$

当 $x_2=0.98$ 电流误差 $r_2(\Delta I)=0.98-1.0=-0.02$

$\hat{x}=1.015$ 电流状态估计值误差 $r(\Delta I)=1.015-1.0=0.015$，误差比前两个量测均小。

　　实际上各种测量仪表的准确度是不同的，应当让准确度较高的仪表对计算结果有较大的影响，而准确度较低的仪表影响较小，这才比较合理，这就是加权最小二乘法。

　　在实际的电力系统中，等值电路与图 12 - 5 不同，而是图 12 - 6 的形式：电源电动势变成发电机的注入功率 P_G+jQ_G，负载电阻变成负荷功率 P_L+jQ_L，电流变成支路功率 $P_{Gij}+jQ_{Gij}$，状态变量还有电压。这些功率（有功、无功）与电压（幅值、相角）的精确值不可能像本例题那样用欧姆定律求得。但是当量测足够准确而且有足够的冗余度的条件下，通过加权最小二乘法，求得的所有变量状态估计值就认为是精确值。

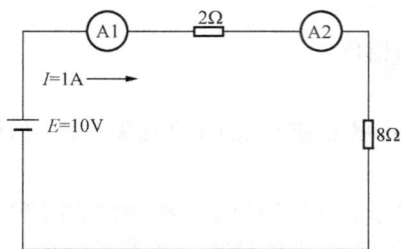

图 12-5 直流电路图

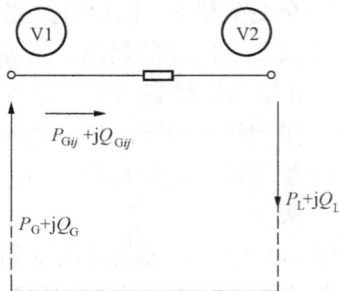

图 12-6 交流电路单线潮流

二、电力系统状态估计算法综述

目前，基于最小二乘（LS）法的状态估计在电力系统状态估计中使用最为广泛。加权最小二乘（WLS）算法是其中应用较多的算法之一。

1. $h(x)$ 为线性函数情况下的状态估计求解

先假定 $h(x)$ 为线性函数，则

$$h_i(x) = \sum_{j=1}^{n} h_{ij}x_j \quad (i = 1, 2, \cdots, m) \tag{12-3}$$

则状态量的值 x 与测量值 z 间的关系为

$$z = Hx + v$$

式中 H——$m \times n$ 阶矩阵，其元素为 h_{ij}。

按最小二乘准则建立目标函数

$$J(x) = (z - Hx)^{\mathrm{T}}(z - Hx) \tag{12-4}$$

对目标函数求导数并取为零，即

$$\frac{\partial J(x)}{\partial x} = 0$$

就可求解出估计量 $\hat{x}$。

按照加权最小二乘准则，建立目标函数为

$$J(x) = (z - Hx)^{\mathrm{T}}W(z - Hx) \tag{12-5}$$

$$W = R^{-1}$$

$$R = \begin{bmatrix} \sigma_1^2 & & & \\ & \sigma_2^2 & & \\ & & \ddots & \\ & & & \sigma_m^2 \end{bmatrix}$$

式中 W——一个适当选择的加权正定阵；

R^{-1}——量测权重；

R——量测误差方差阵。

于是目标函数写成

$$J(x) = (z - Hx)^{\mathrm{T}}R^{-1}(z - Hx) \tag{12-6}$$

或

$$J(\boldsymbol{x}) = \sum_{i=1}^{m} \Big[z_i - \sum_{j=1}^{n} h_{ij} x_j \Big]^2 / \sigma_i^2 \qquad (12-7)$$

使目标函数最小的条件是

$$\frac{\partial J(\boldsymbol{x})}{\partial x_k} = -2 \sum_{i=1}^{m} \frac{\Big[z_i - \sum\limits_{j=1}^{n} h_{ij} x_j \Big] h_{ik}}{\sigma_i^2} = 0 \quad (k=1,2,\cdots,n)$$

即

$$\sum_{i=1}^{m} \sum_{j=1}^{n} \frac{h_{ik} h_{ij}}{\sigma_i^2} \cdot x_j = \sum_{i=1}^{m} \frac{z_i h_{ik}}{\sigma_i^2} \quad (k=1,2,\cdots,n)$$

求解上列方程组，得出 x_j 的值。写成矩阵方程式的形式，即

$$(\boldsymbol{H}^{\mathrm{T}} \boldsymbol{R}^{-1} \boldsymbol{H}) \hat{\boldsymbol{x}} = \boldsymbol{H}^{\mathrm{T}} \boldsymbol{R}^{-1} \boldsymbol{z}$$

$$\hat{\boldsymbol{x}} = (\boldsymbol{H}^{\mathrm{T}} \boldsymbol{R}^{-1} \boldsymbol{H})^{-1} \boldsymbol{H}^{\mathrm{T}} \boldsymbol{R}^{-1} \boldsymbol{z} \qquad (12-8)$$

估计值得估计误差为

$$\boldsymbol{x} - \hat{\boldsymbol{x}} = (\boldsymbol{H}^{\mathrm{T}} R^{-1} \boldsymbol{H})^{-1} \boldsymbol{H}^{\mathrm{T}} \boldsymbol{R}^{-1} (\boldsymbol{H}\boldsymbol{x} - \boldsymbol{z})$$

测量量的测量值与估计值的差，称为残差 $\boldsymbol{r}$，表达式为

$$\boldsymbol{r} = \boldsymbol{z} - \hat{\boldsymbol{z}} = \boldsymbol{H}\boldsymbol{x} + \boldsymbol{v} - \boldsymbol{H}\hat{\boldsymbol{x}}$$

2. 电力系统状态估计的数学描述

状态估计的量测量主要来自于 SCADA 的实时数据，在量测不足之处可以使用预测及计划型数据做伪量测。另外，根据基尔霍夫定律可得到部分必须满足的伪量测。

量测量为

$$\boldsymbol{z} = [P_{ij}, Q_{ij}, P_i, Q_i, U_i]^{\mathrm{T}} \qquad (12-9)$$

式中　$\boldsymbol{z}$——量测向量，假设维数为 m；

P_{ij}——支路 ij 有功潮流量测量；

Q_{ij}——支路 ij 无功潮流量测量；

P_i——母线 i 有功注入功率量测量；

Q_i——母线 i 无功注入功率量测量；

U_i——母线 i 的电压幅值量测量。

这里 ij 表示所有量测的支路，既表示线路又表示变压器，而且还表示起端和终端；i 则表示有量测的母线，指的是与此母线连接的机组和负荷均有量测。

待求的状态量是母线电压

$$\boldsymbol{x} = [\theta_i, U_i]^{\mathrm{T}} \qquad (12-10)$$

式中　$\boldsymbol{x}$——状态向量，用 n 表示母线数，状态量 $\boldsymbol{x}$ 为 $2n$ 维，一般假设参考母线电压已知，$\boldsymbol{x}$ 的待求量为（$2n-2$）维；

　　　θ_i——母线 i 的电压相角（$i=1, 2, \cdots, n$）；

　　　U_i——母线 i 的电压幅值（$i=1, 2, \cdots, n$）。

量测方程是用状态量表达的量测量为

$$\boldsymbol{h}(x) = [P_{ij}(\theta_{ij}, U_{ij}), Q_{ij}(\theta_{ij}, U_{ij}), P_i(\theta_{ij}, U_{ij}), Q_i(\theta_{ij}, U_{ij}), U_i(\theta_{ij}, U_{ij})]^{\mathrm{T}} \qquad (12-11)$$

式中　$\boldsymbol{h}$——量测方程向量，m 维。

式（12-11）中 P_i（θ_{ij}, U_{ij}），Q_{ij}（θ_{ij}, U_{ij}），$\cdots$，U_i（U_i）均是网络方程，根据电力

系统稳态分析介绍的知识，可知

$$P_{ij} = U_i^2 g - U_i U_j g \cos\theta_{ij} - U_i U_j b \sin\theta_{ij} \tag{12-12}$$

$$Q_{ij} = -U_i^2(b + y_c) - U_i U_j g \sin\theta_{ij} + U_i U_j b \cos\theta_{ij} \tag{12-13}$$

$$\theta_{ij} = \theta_i - \theta_j \tag{12-14}$$

$$P_i = \sum_{j \in i} U_i U_j (G_{ij} \cos\theta_{ij} + B_{ij} \sin\theta_{ij}) \tag{12-15}$$

$$Q_i = \sum_{j \in i} U_i U_j (G_{ij} \sin\theta_{ij} + B_{ij} \cos\theta_{ij}) \tag{12-16}$$

式中　g——线路 ij 的电导；

　　　b——线路 ij 的电纳；

　　　y_c——线路对地电纳；

　　　G_{ij}——导纳矩阵中元素 ij 的实部；

　　　B_{ij}——导纳矩阵中元素 ij 的虚部。

实际上 P_i 和 Q_i 就是所连支路潮流 P_{ij} 和 Q_{ij} 的代数和（包括电容器和电抗器），上述量测方程属非线性方程。

状态估计的目标函数可写为

$$J(\boldsymbol{x}) = [\boldsymbol{z} - \boldsymbol{h}(\boldsymbol{x})]^{\mathrm{T}} \boldsymbol{R}^{-1} [\boldsymbol{z} - \boldsymbol{h}(\boldsymbol{x})] \tag{12-17}$$

即在给定量测向量 $\boldsymbol{z}$ 之后，状态估计向量 $\boldsymbol{x}$ 是使目标函数 $J(\boldsymbol{x})$ 达到最小的 $\boldsymbol{x}$ 值。

预测型和计划型伪量测数据取自母线负荷预测和发电计划，也属于注入型量测量（P_i，Q_i），只不过伪量测数据精度低，权重小。

对于网络上的无源母线（既无电源又无负荷），其注入量为零，这就是第 1 类基尔霍夫型伪量测量，采用注入型量测方程式（12-15）和式（12-16），但权重比一般量测量大一个数量级以上。

对于零阻抗支路（ZBR），其两端电压差为零，这是第 2 类基尔霍夫型伪量测量，即

$$\theta_i - \theta_j = 0 \quad (i,j \in \mathrm{ZBR}) \tag{12-18}$$

$$V_i - V_j = 0 \quad (i,j \in \mathrm{ZBR}) \tag{12-19}$$

但这时需补充状态向量

$$\boldsymbol{x} = [P_{ij}, Q_{ij}]^{\mathrm{T}} \quad (i,j \in \mathrm{ZBR}) \tag{12-20}$$

对这一类伪量测量也应给以大权重。

3. 电力系统加权最小二乘法状态估计的求解

上面讨论是在 $\boldsymbol{h}(\boldsymbol{x})$ 为线性函数的前提下展开讨论的，那时估计值的解形式是能够明确给出的。但在电力系统中，$\boldsymbol{h}(\boldsymbol{x})$ 为非线性函数，这就需要用迭代的方法求解。先假定状态量初值为 $\boldsymbol{x}^{(0)}$，采用泰勒级数展开的方法，经过推导可得，基本加权最小二乘法状态估计的迭代修正公式为

$$\Delta \hat{\boldsymbol{x}}^{(l)} = [\boldsymbol{H}^{\mathrm{T}}(\hat{\boldsymbol{x}}^{(l)}) \boldsymbol{R}^{-1} \boldsymbol{H}(\hat{\boldsymbol{x}}^{(l)})]^{-1} \boldsymbol{H}^{\mathrm{T}} \hat{\boldsymbol{x}}^{(l)} \boldsymbol{R}^{-1} [\boldsymbol{z} - \boldsymbol{h}(\hat{\boldsymbol{x}}^{(l)})] \tag{12-21}$$

$$\hat{\boldsymbol{x}}^{(l+1)} = \hat{\boldsymbol{x}}^{(l)} + \Delta \hat{\boldsymbol{x}}^{(l)} \tag{12-22}$$

式中　$\Delta \hat{\boldsymbol{x}}^{(l)}$——第 1 次迭代状态修正向量；

　　　$\boldsymbol{H}$——量测方程的雅克比矩阵。

$[m \times 2(n-1)]$ 维量测方程的雅克比矩阵为

$$\boldsymbol{H}(\boldsymbol{x}) = \frac{\partial \boldsymbol{h}(\boldsymbol{x})}{\partial \boldsymbol{x}} \tag{12-23}$$

按式（12-21）和式（12-22）进行迭代修正，知道目标函数 $J(\hat{x}^{(l)})$ 接近于最小为止。所采用的迭代收敛判据可按下三项中的任一项，即

$$(1)\max_i |\Delta\hat{x}_i^{(l)}| \leqslant \varepsilon_x \tag{12-24}$$

$$(2)|J(\hat{x}^{(l)}) - J(\hat{x}^{(l-1)})| < \varepsilon_J \tag{12-25}$$

$$(3)||\Delta\hat{x}^{(l)}|| \leqslant \varepsilon_a \tag{12-26}$$

式中　　i——向量 x 中分量的序号；

ε_x、ε_J、ε_a——三种收敛标准，第一种标准最为常用，ε_x 可取基准电压的 $10^{-6} \sim 10^{-4}$。

电力系统加权最小二乘法状态估计框图如图 12-7 所示。

4. 电力系统状态估计的步骤

状态估计的过程一般可以分为以下四个步骤，如图 12-8 所示。

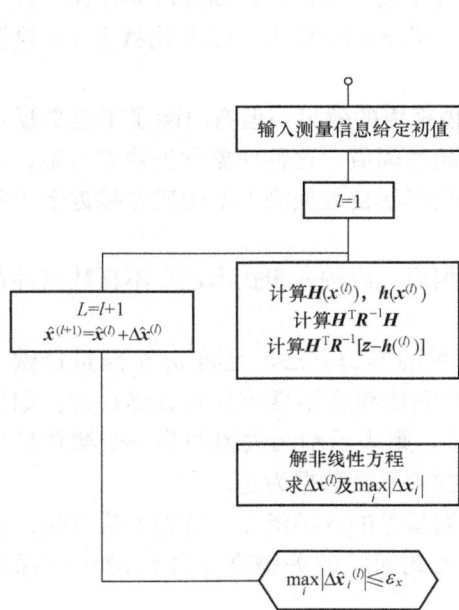

图 12-7　电力系统加权最小二乘法状态估计框图

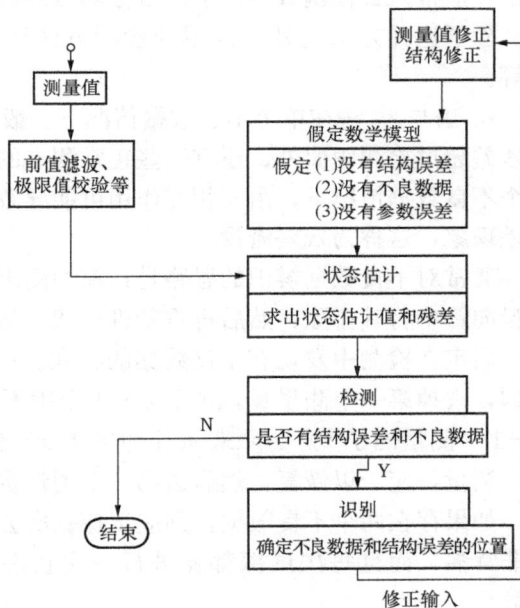

图 12-8　状态估计的过程

（1）假定数学模型。在假定没有结构误差、参数误差和不良数据的条件下，确定计算所用的数学方法。常用的计算方法有加权最小二乘法、快速分解法、正交变换法、支路潮流法等。

（2）状态估计。根据选定的数学方法，计算出使残差最小的状态变量估计值。

（3）检测。检测是否有结构误差和不良数据信息。如果没有，状态估计即告结束；如果有，则转入第4步。

（4）识别。也叫辨识，是确定具体的不良数据和网络结构错误信息的过程。在修正或除去已识别出来的不良数据和结构信息后，再进行第二次状态估计计算，这样反复迭代估计，直至没有不良数据和结构错误为止。

从图 12-8 中可以看出，测量值在输入前还要经过前值滤波。这是因为一些很大的测量误差，只要采用一些简单的方法和很少的加工就可以很容易地排除。例如，对输入的节点功

率可以进行极限值校验和功率平衡校验，这样就可以提高状态估计的速度和精度。

从上面的讨论中可以看出，不良数据的检测和辨识是电力系统状态估计的重要功能之一，其目的在于排除量测采样数据中偶然出现的少数不良数据，以提高状态估计的可靠性。

电力系统中测量系统的标准误差 σ 大约为正常测量范围的 $0.5\%\sim2\%$，因此误差大于 $\pm3\sigma$ 的测量值就可称为不良数据，但在实际应用中由于达不到这个标准，所以通常把误差达到 $\pm(6\sim7)\sigma$ 以上的数据称为不良数据。

对 SCADA 原始量测数据的状态估计结果进行检查，判断是否存在不良数据并指出具体可疑量测数据的过程称之为不良数据检测。对检测出的可疑数据验证真正不良数据的过程称为不良数据的辨识。

不良数据的出现，会在目标函数 $J(\hat{x})$ 中得到反映，使它大大偏离正常值。为此可把状态估计值带入目标函数中，求出目标函数的值，如果大于某个门槛值，则可认为存在不良数据。除了这种方法之外，常用的检测方法还有加权残差 r_W 检测法、标准化残差 r_N 检测法等。

r_W 法与 r_N 法在单个不良数据情况下一般可以取得理想的效果，但有时除了不良数据点的残差超过检测阈值外，还有一些正常测点的残差也超过阈值，这种现象称为残差污染。在多个不良数据情况下，由于相互作用可能导致部分或全部不良数据测点上的残差接近于正常残差现象，这称为残差淹没。

通常对不良数据辨识的思路是：在检测出不良数据后，应进一步找出这个不良数据并在测量向量中将其排除，然后再重新进行状态估计。

假定在检测中发现有不良数据的存在。一个最简单的辨识方法，是将 m 个测量量做一排列，去掉第一个测量量，余下 $m-1$ 个用不良数据检测法检查不良数据是否仍存在。如果 $m-1$ 个测量的 $J(\hat{x})$ 与原来 m 个时的 $J(\hat{x})$ 值差不多，则表示刚刚去掉的第一个测量量是正常测量，应予以恢复；然后试第二个测量量，直到找到不良数据为止。

如果存在两个不良数据，则应试探每次去掉两个测量量的各种组合。这种方法试探的次数非常多，而且每次试探都要进行一次状态估计，因此问题的关键在于如何减少试探的次数。

实际中应用较多的辨识方法有残差搜索辨识法、非二次准则法、零残差法、总体型估计辨识法、逐次型估计辨识法等。

三、变压器抽头估计

变压器抽头对状态估计结果有着很大的影响，特别是联络变压器抽头量测错误会造成环网无功潮流的严重变形，因此希望能在线估计重要变压器抽头，以弥补没有抽头量测或辨识抽头量测的错误。

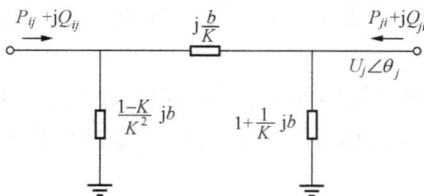

图 12-9　变压器模型

变压器抽头估计实际就是变比估计，只要将变比扩展进状态量中即可进行变比估计。变压器模型如图 12-9 所示，量测量为

$$z = [P_{ij}, Q_{ij}, P_{ji}, Q_{ji}, U_i, U_j]^{\mathrm{T}}$$

即变压器两侧的功率量测和电压量测。

如果选择母线 i 为电压参考点，则

$$\theta_i = 0$$

此时 U_i 也可以从量测量 z 中取出，待求的状态量为

$$x^{\mathrm{T}} = [U_j, \theta_j, K]$$

这时量测方程 $h(x)$ 为

$$P_{ij} = \frac{1}{K} U_i U_j b \sin\theta_j$$

$$Q_{ij} = -\frac{1}{K^2} U_i^2 b + \frac{1}{K} U_i U_j b \cos\theta_j$$

$$P_{ji} = -\frac{1}{K} U_i U_j b \sin\theta_j$$

$$Q_{ji} = -U_j^2 b + \frac{1}{K} U_i U_j b \cos\theta_j$$

$$U_j = U_j$$

$$b = -\frac{1}{X_{\mathrm{T}}}$$

式中　b——变压器导纳值；

　　　X_{T}——变压器电抗值。

按照前面状态估计的解法，先列写雅克比矩阵 H，然后迭代求解状态量 $\hat{x}$，其中包括变压器变比 K。变比 K 的初值可以是已知值，也可以取 1 计算出变比之后再归算到抽头。

变压器抽头估计不扩展到全系统的状态估计之中，每台变压器可以单独进行，必要时可以连续估计。

我国大型联络变压器大多是三绕组变压器，网络分析中有时简化为两台两绕组变压器，有时简化为三台两绕组变压器，这时需要联合估计变比。对变压器抽头估计有以下要求：

（1）对两绕组变压器和三绕组变压器应尽量满量程量测（即各边的有功功率、无功功率和电压），否则无法估计。

（2）变压器抽头估计应该单独进行，可以人工指定要进行抽头估计的变压器；软件要区分是双绕组变压器还是三绕组变压器；三绕组变压器还需要区分是用两台两绕组变压器还是三台两绕组变压器等值。对两绕组变压器单台估计变比，而对三绕组变压器则要联合估计变比。

1. 快速分解算法

快速分解算法是在最小二乘估计算法的基础上，通过简化假设得出。快速是将雅克比矩阵常数化，不用在迭代中再次分解，节省了因子分解的时间（它大于 5 倍前推和回代的时间）。分解或解耦是忽略掉有功和无功之间的联系，对 $P-\theta$ 和 $Q-\upsilon$ 分别计算。快速分解法利用上述两项简化进行推导，得出迭代修正公式

$$[H^{\mathrm{T}}(x^{(1)}) R^{-1} H(x^{(1)})] \Delta x^{(1)} = H^{\mathrm{T}}(x^{(1)}) R^{-1}(z - h(x^{(1)})) \tag{12-27}$$

将状态量分解为电压相角 θ 和幅值 υ 两类，同时将雅克比矩阵分解并简化 θ、υ 的函数，只要给出状态量初始值，就可以得到状态量估计值。

快速分解法的估计质量和收敛性能在实用精度范围内与最小二乘法相近，而在计算速度和使用内存方面优于最小二乘法。该算法既能处理支路上的量测量，又能处理节点注入型量测量，计算速度快且节省内存，可适用于大型电力系统中，是工程上一种公认的优良状态估计实用算法。但由于它无法处理实际运行的电网自动化系统中存在的少量粗差，从而使状态

估计的结果严重偏离真值。目前，针对该问题，基于抗差理论的快速分解状态算法得到了进一步研究。该方法不但具有良好的抗粗差能力和可靠的收敛性，同时也继承了快速分解算法计算速度快，估计精度高，节省内存等优点，并能够将抗粗差和状态估计在计算过程中同时完成，不需要进行多次计算。

2. 正交变换算法

最小二乘状态估计计算过程，首先先计算增益矩阵（即信息矩阵），然后再进行因子分解。此时增益矩阵的条件数因为是雅克比矩阵中 H 条件数的平方，所以大大增加了原问题的病态性质，且节点越多，病态问题越严重。为解决这个问题，逐渐出现了正交变换法、带等式约束算法和 Hachtel 算法等。

近年来公认的提高状态估计数值稳定性的途径是采用正交变换算法。由于对某一矩阵进行正交变换后其范数不变，故不影响方程解的稳定性。但是正交变换过程中每行因子表的元素值和个数一直在变化，不得不开辟新数据区不断补充因子表出现的新元素，同时还要以链的形式将其合为一体，内存使用较大。为了进一步减小内存占用，实际中，软件设计采用的是一种最小二乘算法与正交变换相结合的混合算法，只需保存稀疏的雅克比矩阵 H 和与最小二乘算法结构相同的因子表，仅对右端项产生较小的计算量。

3. 量测变换状态估计算法

在进行基于最小二乘法的状态估计中，迭代方程组的雅克比矩阵每次迭代都须重新建立并重新因子化，因此算法的效率较低，无法满足电力系统实时在线的要求。量测变换状态估计算法所需的原始信息仅包含支路潮流量，在进行状态估计计算时，将支路功率转化为支路两端电压差的函数，并假设运行电压变化不大，最后得到与最小二乘算法相类似的迭代修正公式。其优点是信息矩阵为常实数、对称的稀疏矩阵。

量测变换状态估计算法计算速度快、节省内存，但难以处理注入型量的测量。对此，提出了等效电流量测的思想，其基本思路是：将各种量测等效变换为节点注入电流量测或支路电流量测，从而使状态估计迭代方程组的雅克比矩阵成为常数矩阵，在迭代过程中雅克比矩阵只需要一次因子化。对该算法进行进一步的分析和研究后，又提出一种基于支路功率量测变换的不断修正量测量和状态量的快速分解状态估计和不良数据检测和辨识的方法。该方法对于处理 R/X 比值较大和存在单个或多个不良数据的情况非常有效。

4. 分区协调算法

随着电力系统的规模越来越大，对大系统提出了监控数值稳定性和计算速度更高的要求，因此，在传统状态估计的基础上产生了分区协调算法，即两级状态估计法。Kron 提出了分块算法理论，网络分块方法主要有两种：一种是支路切割法，即在子网络之间的联络线处加入电流源代替各子网络之间状态变量的耦合影响，电压源矢量作为该计算方法的协调变量；另一种是节点撕裂法，即将原网络分割为子网络后加入电压源代替各子网络之间状态变量的耦合影响，电压源矢量作为该计算方法的协调变量。将分解协调算法应用于联合电网的潮流计算，按上述第一种方法分割为多个子网络，计算证明，该方法有效地节约了计算机内存。

电力系统状态估计的目的是对数据进行实时处理，建立可靠而完整的实时数据库。随着电力系统网络接线的日益复杂，监控规模的不断扩大，电力系统状态估计领域仍存在很多问题，由此可见，对状态估计算法作进一步深入的研究显得尤为重要。在此，根据状态估计算法的研究，以下几个方面将会成为以后的发展趋势：

（1）基于 GPS 相位角量测的 PMU 技术应用于实时状态估计算法的研究。

（2）考虑到 WAMS 系统逐步建成，在 SCADA 系统量测和 PMU 量测组成的混合量测的基础上，估计算法的研究。

（3）对于多个区域相互互联形成的广域电力系统，分区协调估计算法的进一步研究。

（4）抗差估计理论应用于状态估计计算法的进一步研究，特别是多算法的相互融合。

（5）量测误差相关情况下状态估计算法的进一步研究。

（6）多种类型和多个相关坏数据条件下，状态估计算法的研究。

（7）新理论应用于电力系统状态估计算法的理论探讨和使用化的可行性研究。

第三节　PAS 电力系统外网静态等值

一般来说，一个互联的电力系统可以分为研究系统和外部系统两部分。所谓研究系统，是指感兴趣区，就是要给予详尽模拟的电网部分（即给予了解其运行细节的电网部分）；为了考虑外部网络对电网操作和各种计算的影响，并提高计算进度，有必要对研究范围外的网络进行合理简化，这就是外部系统。它是拟采用某种等值方法来取代的电网部分，能为其他应用软件提供统一的外网模型。外部网络包括所有的主要电源、主要母线、联络线、联络变压器。

电力系统静态网络等值也称为网络化简，是利用较小规模的网络代替较大规模的网络进行分析的方法。它可以保证整个网络计算的完整性，以降低网络分析的计算量和对内存的需求量；回避量测不全或无量测的部分，降低量测信息需求量；删除不关心的网络部分，避免分析者分散注意力。网络等值主要用在地区调度中心的分析中，对相邻地区网或者省网进行等值处理。

网络等值主要功能：

（1）可对指定的外部网络进行静态等值。

（2）对状态估计将处理的每个分离岛，将其自动定为"内部"，其余自动定为"外部"，并自动确定边界节点，作静态等值。

一、WARD 外网等值法

一般来说，等值前系统 PS（未化简网络）可以沿边界母线 B 划分内部系统 I 和拟等值系统 E（如图 12-10 所示）。等值后系统 PE（化解后网络）保留内部系统 I 和边界母线 B 不变，等值掉的网络 RE（化解部分）化为边界母线 B 相互间的等值支路、母线 B 对地支路和母线 B 注入功率（如图 12-11 所示）。

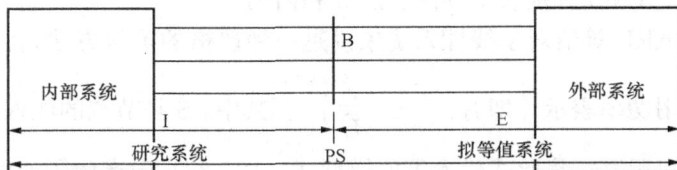

图 12-10　等值前系统（未化简网络）

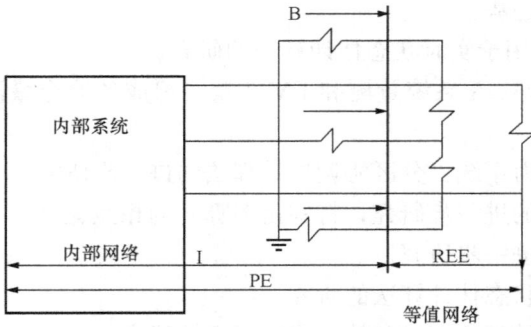

图 12-11 等值后系统（化简后网络）

静态等值问题可以描述如下：

（1）给出等值前系统 PS 结构模型，并标出内部系统 I 和边界母线 B。

（2）给出等值前系统 PS 的潮流解。

要找到一个新的等值模型（或称等值网络）PE，使得内部系统 I 运行条件发生变化时，由等值系统计算的结果和由等值前系统计算的结果相接近。

对于整个网络，即互联系统 PS 可以用一组线性方程式描述，并且不失为一般性，这些方程式可以是节点导纳方程式

$$Y\dot{U} = I \tag{12-28}$$

可以把电网的节点分为三类：子集{I}为内部系统的节点集合；子集{B}为边界系统的节点集合；子集{E}为外部系统的节点集合。前两者也就是 PS 中拟予保留的节点集合，而后者则是拟予消去的节点集合。因此，式（12-28）可以分割成

$$\begin{pmatrix} Y_{EE} & Y_{EB} & 0 \\ Y_{BE} & Y_{BB} & Y_{BI} \\ 0 & Y_{IB} & Y_{II} \end{pmatrix} \begin{bmatrix} \dot{U}_E \\ \dot{U}_B \\ \dot{U}_I \end{bmatrix} = \begin{bmatrix} I_E \\ I_B \\ I_I \end{bmatrix} \tag{12-29}$$

或写成

$$[Y_{EE}][\dot{U}_E] + [Y_{EE}][\dot{U}_E] = [I_E] \tag{12-30}$$

$$[Y_{BE}][\dot{U}_E] + [Y_{BB}][\dot{U}_B] + [Y_{BI}][\dot{U}_I] = [I_B] \tag{12-31}$$

$$[Y_{IB}][\dot{U}_B] + [Y_{II}][\dot{U}_I] = [I_I] \tag{12-32}$$

要消去外部系统的节点子集，就等价于消去式（12-30）中的变量 $\dot{U}_E$，从式（12-30）得到

$$\dot{U}_E = Y_{EE}^{-1}\dot{I}E - Y_{EE}^{-1}Y_{EB}\dot{U}_B \tag{12-33}$$

将式（12-33）代入式（12-31）得

$$(Y_{BB} - Y_{BE}Y_{EE}^{-1}Y_{EB})\dot{U}_B + Y_{BE}\dot{U}I = \dot{I}_B - Y_{BE}Y_{EE}^{-1}\dot{I}_E \tag{12-34}$$

合并式（12-34）与式（12-32），得到等值模型 PE 的节点导纳方程式

$$\widetilde{Y}_{BB} = \begin{bmatrix} Y_{BB} - Y_{BE}Y_{EE}^{-1}Y_{EB} & Y_{BI} \\ Y_{IB} & Y_{II} \end{bmatrix} \begin{bmatrix} \dot{U}_B \\ \dot{U}_I \end{bmatrix} = \begin{bmatrix} \dot{I}_B - Y_{BE}Y_{EE}^{-1}\dot{I}_E \\ \dot{I}_I \end{bmatrix} \tag{12-35}$$

其中，下标 E、B 和 I 分别表示外网、边界和内网。

显然，常规 WARD 等值对于线性系统来说是一种严格的等值方法，但由于在实际的电网中，节点注入都用功率表示，即有：$\dot{I} = \left(\dfrac{\dot{S}}{\dot{U}}\right)^*$。其中，$\dot{S}$ 是节点的注入复功率；$\dot{U}$ 是节点的复电压；＊为共轭运算。将此式代入等值模型式（12-35）中产生了非线性方程。也就是说通过变换，引进了非线性元素，这也给网络的化简带来了非线性误差。

为了克服常规 WARD 等值的缺陷，近年来已提出了多种新型的 WARD 等值方法。这

些方法考虑了在线应用的要求，但也完全能适用于电力系统规划研究。扩展 WARD 等值方法是将常规 WARD 等值的简单性和解耦 WARD 法的无功响应结合在一起。几乎所有的 WARD 等值都能提供较好的有功潮流，而为了给出合适的无功功率增量支援，用解耦 WARD 法来扩展所得到的外部等值。

二、扩展 WARD 外网等值法

扩展 WARD 等值法作为近年来新兴的一种方法，目前正得到越来越广泛的应用。

扩展 WARD 等值方法的一般步骤为：

（1）在不计外部系统的对地支路下，求外部系统的常规 WARD 等值，随后求出边界等值注入。

（2）再从原外部网导纳阵 $[Y]$ 开始，将所有外部 PU 节点接地，利用 Gauss 消去法消去 $[Y]$ 阵的所有外部节点。

（3）将各边界节点的对角元和非对角元相加，取其负虚部，即得到各扩展支路的电纳值 jB_K。

（4）在每一边界节点处接入 $jB_i/2$ 的对地支路。

所谓改进型，就是考虑了常规 WARD 等值中的非线性误差，合理地修正了这两类误差，大大提高了等值的精度。

作为一种新型的 WARD 法，扩展 WARD 等值法由于其简单且精度高而被广泛应用于在线环境中。扩展 WARD 等值法的简单和高精度就是由于它仅仅依靠简单的网络化简，即对常规 WARD 等值的由无功变化而引起的非线性误差进行了比较有效的处理。

第四节　调 度 员 潮 流

一、调度员潮流概述

调度员潮流是 EMS 最基本的网络分析软件之一，潮流计算是在电力系统稳态运行条件下的研究，潮流计算提供了在给定条件下网络内功率流动和节点电压的有关信息，这样的研究是电力系统扩展、规划运行计划、实际运行和控制等工作所必需的。调度员可以用它研究当前电力系统可能出现的运行状态，计划工程师可以用它校核调度计划的安全性，分析工程师可以用它分析近期运行方式的变化。

通过在线潮流计算，可以随时进行方式的调整，使有功分配更合理。通过使用估计数据进行潮流计算，可使调度人员对未来进行的方式安排有理论依据，它比离线的潮流计算更准确、更可靠，更能真实地反映电网状态。

潮流计算的研究重点是计算的收敛性和使用的方便性。

对于潮流这样的大型非线性方程组问题，采用牛顿法是最有效的解法，其优点是在解的某一临域内，迭代过程具有二次收敛特性，可使潮流计算不随网络规模而增加其迭代次数。

牛顿法潮流的研究沿着两个方向进展：一是将无功和有功解耦分别计算，以求降低解题的维数；二是能否将雅克比矩阵常数化，即将一次分解的因子表用于多次迭代中，由于因子分解的计算量远远大于前推和回代的计算量，所以在迭代次数增加不多的条件下，雅克比矩阵的常数化可以大大降低计算量。单独的解耦和单独的雅克比矩阵常数化均增加了较多的迭代次数而未收到预期的效果，将这两者结合起来试验却得到了意外的好效果，迭代次数增加得不多而节约计算时间很多，这就是快速分解潮流算法。

数据来源的多样化（实时、预测和历史），灵活变化与修改运行方式的能力，良好的收敛性及辅助分析功能，形象而方便的检查、监视与调整结果的能力，所有这些技术综合起来组成调度员潮流。

二、潮流基本模型与算法

原始的网络节点模型（物理模型）经过接线分析化为母线模型（数学模型），潮流计算是在母线模型的基础上进行的。

（一）潮流基本模型

由于电力系统通常是对称的，因而对潮流用单相等值图是合适的，电力系统每个点都与4个变量相联系，即电压幅值 U、电压相位 θ、净注入有功功率 P_i、净注入无功功率 Q_i。

1. 节点类型

节点类型见表12-1。

表 12-1   潮流不同节点类型表

节点类型	已知量	未知量	节点类型	已知量	未知量
$P-Q$	P Q	U θ	$U-\theta$	U θ	P Q
$P-U$	P U	Q θ			

（1）$P-Q$ 节点。这类节点的有功功率 P 和无功功率 Q 是给定的，节点电压和相位 (U,θ) 是待求量。通常变电站都是这一类型的节点。由于没有发电设备，故其发电功率为零。在一些情况下，系统中某些发电厂送出的功率在一定时间内为固定时，该发电厂也作为 $P-Q$ 节点，因此，电力系统中绝大多数节点属于这一类型。

（2）$P-U$ 节点。这类节点的有功功率 P 和电压幅值 U 是给定的，节点的无功功率 Q 和电压相位 θ 是待求量，这类节点必须有足够的可调无功容量，用以维持给定的电压幅值，因而又称之为电压控制节点，一般是选择有一定无功储备的发电厂和安装有可调无功电源设备的变电站作为 $P-U$ 节点。在电力系统中，这一类节点的数目很少。

（3）平衡点。在潮流分布算出以前，网络中的功率损失是未知的，因此网络中至少有一个节点的有功功率 P 不能给定，这个节点承担了系统的有功功率平衡，称之为平衡点。

2. 约束条件

约束条件为：①节点电压；②大多数电源节点的有功无功；③某些节点之间电压的相位差。

潮流方程即母线注入方程，即

$$\Delta P_i = \sum_{j\in i} U_i U_j (G_{ij}\cos\theta_{ij} + B_{ij}\sin\theta_{ij}) - P_i^s = P_i - (P_{Gi} - P_{Di}) \tag{12-36}$$

$$\Delta Q_i = \sum_{j\in i} U_i U_j (G_{ij}\sin\theta_{ij} + B_{ij}\cos\theta_{ij}) - Q_i^s = Q_i - (Q_{Gi} - Q_{Di}) \tag{12-37}$$

式中 ΔP_i——母线 i 有功残差；

ΔQ_i——母线 i 无功残差；

P_{Gi}——母线 i 有功出力；

P_{Di}——母线 i 有功负荷；

Q_{Gi}——母线 i 无功出力；

Q_{Di}——母线 i 无功负荷；

　　U_i——母线 i 电压；

　　G_{ij}——母线导纳阵元素的电导值；

　　B_{ij}——母线导纳阵元素的电纳值。

$$\theta_{ij} = \theta_i - \theta_j \tag{12-38}$$

基本潮流就是求出各母线的状态量，即满足两个潮流方程的 U_i 和 θ_i。

（二）潮流计算的算法

潮流方程是非线性方程，不能直接求解，只能用迭代法，只能用牛顿法、P—Q 分解法和最优乘子法。牛顿法收敛速度较慢，收敛性好，适合于低压网；P—Q 分解法收敛速度较快，但收敛性较差，适合于高压网；最优乘子法收敛性较好，适合于负荷较重的病态网。这三种算法各有优缺点。

1. 牛顿法

牛顿法的优点是收敛性能好，尤其适合 R 值比较大的系统。但牛顿法也有缺点，占用内存多，计算慢，可利用矩阵的稀疏性加以处理即可扬长避短。

牛顿法原理是在解的某一临域内的某一初始点出发，沿着该点的一次偏导数——雅克比矩阵朝减小方程残差的方向前进一步，在新的点上再计算残差和雅克比矩阵继续前进，重复这一过程直到残差达到收敛标准即得到非线性方程组的解。越靠近解，偏导数的方向越准，收敛速度越快，所以牛顿法具有二次收敛特性。

功率偏差型牛顿法的修正方程组为

$$-\begin{bmatrix} \Delta P \\ \Delta Q \end{bmatrix} = \begin{pmatrix} H & N \\ M & L \end{pmatrix} \begin{bmatrix} \Delta\theta \\ \Delta U/U \end{bmatrix} \tag{12-39}$$

$$\Delta P_i = \sum_{j\in i} U_i U_j (G_{ij}\cos\theta_{ij} + B_{ij}\sin\theta_{ij}) - P_i^s = P_i - P_i^s \tag{12-40}$$

$$\Delta Q_i = \sum_{j\in i} U_i U_j (G_{ij}\sin\theta_{ij} + B_{ij}\cos\theta_{ij}) - Q_i^s = Q_i - Q_i^s \tag{12-41}$$

$$P_i = \sum_{j\in i} U_i U_j (G_{ij}\cos\theta_{ij} + B_{ij}\sin\theta\, ij) \tag{12-42}$$

$$Q_i = \sum_{j\in i} U_i U_j (G_{ij}\sin\theta_{ij} + B_{ij}\cos\theta_{ij}) \tag{12-43}$$

$$H_{ij}^p = U_i U_j (-B_{ij}\cos\theta_{ij} + G_{ij}\sin\theta_{ij}) \tag{12-44}$$

$$N_{ij}^p = U_i U_j (B_{ij}\sin\theta_{ij} + G_{ij}\cos\theta_{ij}) \tag{12-45}$$

$$M_{ij}^p = -U_i U_j (B_{ij}\sin\theta_{ij} + G_{ij}\cos\theta_{ij}) \tag{12-46}$$

$$L_{ij}^p = U_i U_j (-B_{ij}\cos\theta_{ij} + G_{ij}\sin\theta_{ij}) \tag{12-47}$$

$$H_{ii}^P = -Q_i - B_{ii}U_i U_I \tag{12-48}$$

$$N_{ii}^P = -P_i - G_{ii} - U_i U_I \tag{12-49}$$

$$M_{ii}^P = P_i - G_{ii}U_i U_I \tag{12-50}$$

$$L_{ii}^P = Q_i - B_{ii}U_i U_I \tag{12-51}$$

牛顿法潮流计算流程图如图 12-12 所示。

2. P—Q 分解法

P—Q 分解法的依据：电力系统有功功率与节点电压相角有很强的关系，无功功率与节点电压值有很强的关系，而 P—θ 和 Q—U 间联系弱。求解方程时将有功功率方程和无功功率方程分开求解，这样可以降低求解方程的阶数，提高计算速度节省计算机内存。

形成导纳矩阵

对节点重新标号

将导纳矩阵换成新标号

赋电压初值
$P-Q$节点：$U_i(k)=1.0$，$\theta_i(k)=0.0$
$P-U$节点：$U_p(k)=v$，$\theta_p(k)=0.0$

迭式次数：$k=0$

计算各节点的功率偏差量
$P-Q$节点 由式(12-35)、式(12-36)
计算$\Delta P_i(k)$，$\Delta Q_i(k)$
$P-U$节点 由式(12-35)计算$\Delta P(k)$

求各节点的最大偏差量
$\max|\Delta P^{(k)}, \Delta Q^{(k)}|$

$|\Delta P^{(k)}, \Delta Q^{(k)}|\leqslant\varepsilon$ Y / N

计算平衡节点的
有功无功功率

计算支路潮流

按老标号打印结果
停机

$k=k+1$

$i=1$

$i=s$ N / Y

根据式(12-40),式(12-41),
式(12-44),式(12-45)
计算H^p, N^p

按行形成因子表

i是否为PU节点   N / Y

修正节点电压：
$\theta_i^{(k+1)}=\theta_i^{(k)}+\Delta\theta_i^{(k)}$ $(i<>s)$
$U_i^{(k+1)}=U_i^{(k)}+\Delta U_i^{(k)}$ $(i<>s,p)$

根据式(12-42)、式(12-43)、
式(12-46)、式(12-47)计算H^p, N^p

通过前代，回代求出
$\Delta\theta_i^{(k)}$ $(i<>s)$
$\Delta V_i^{(k)}$ $(i<>s,p)$

按行形成因子表

$i=i+1$

$i\leqslant n$ N / Y

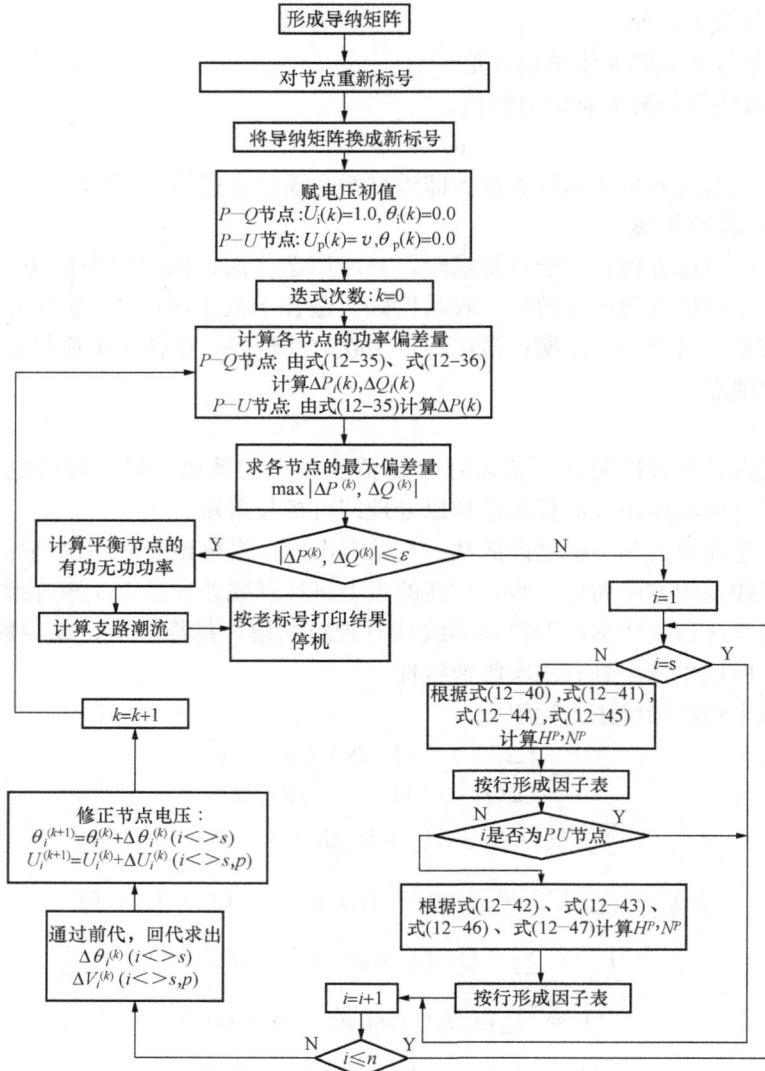

图 12-12　牛顿法潮流计算流程图

$P-Q$分解法必须满足下列假设条件：

（1）略去$P-U$，$Q-\theta$之间的联系，即$M=0$，$N=0$，则

$$\Delta P = -H\Delta\theta \tag{12-52}$$

$$\Delta Q = -LU\Delta U \tag{12-53}$$

（2）式（12-39）中，因矩阵$\boldsymbol{H}$、$\boldsymbol{L}$的元素是U、$\boldsymbol{\theta}$的函数，在迭代过程中是不断变化的，目的是把$\boldsymbol{H}$、$\boldsymbol{L}$简化成常数矩阵，作如下假设

$$\cos\theta_{ij} = 1 \tag{12-54}$$

$$G_{ij}\sin\theta_{ij} \ll B_{ij} \tag{12-55}$$

则

$$H_{ij}^v = \boldsymbol{U}_i\boldsymbol{U}_j B_{ij} \tag{12-56}$$

（3）

$$R/X \ll 1/3 \tag{12-57}$$

$P-Q$分解法所作的种种简化只涉及解题方法，而收敛条件的检验仍然是以精确的模型

为依据，所以计算结果的精确度不受影响。

3. 最优乘子法

最优乘子法是在牛顿法的基础上，改善迭代步长使之最优，这样可以减少迭代次数，收敛更快，而且不易发散。增加求解最优步长的程序所需计算时间很少，但收敛性能却得到很大改善。这是一个简单而实用的潮流算法，把潮流计算作为非线性规划问题来处理，适用于电力系统病态运行条件的求解。

三、调度员潮流的软件设计要求

调度员潮流软件的总体要求是可靠和方便。

(1) 调度员潮流软件可以取实时、历史和未来的各种运行方式。

(2) 数据显示直观，修改方便。

(3) 可以在电网单线图上直接操作潮流计算。

(4) 能进行不收敛分析。

四、潮流计算的数据流向

潮流计算的数据流向如图 12-13 所示。

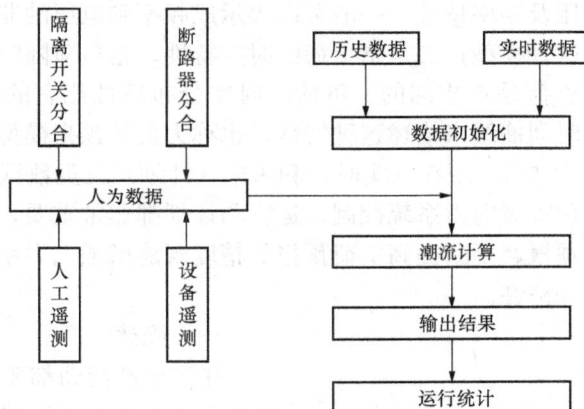

图 12-13　潮流计算的数据流向

五、潮流计算程序的主体结构

根据调度员潮流计算实际需要情况，程序的体系结构如图 12-14 所示。

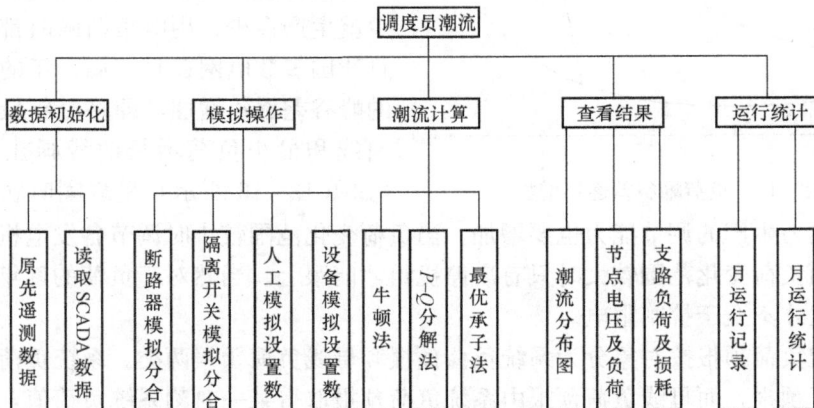

图 12-14　潮流计算程序功能结构

六、子模块功能描述

（1）数据初始化。在一次接线图上显示历史 PAS 数据，从 SCADA 系统读取实时数据，为以下计算做准备。

（2）模拟操作。通过对断路器及隔离开关的分合模拟，实现人工对遥信状态的置分置合；通过人工模拟置数及设备的模拟置数来改变遥测值。遥信状态及遥测数据的改变不存入 SCADA 数据库，不对整个系统信息造成影响。

（3）潮流计算。调用潮流计算子程序，进行潮流的自动计算。根据电网的复杂程度，计算需要的时间不同，一般要 10s 左右。

（4）查看结果。可查看到潮流计算后的潮流分布情况、节点电压及负荷等结果。

（5）运行统计。通过对日期的选择，查询潮流计算的月运行记录和月运行统计。

第五节　负　荷　预　报

负荷是在电力系统中与用户有极大关系的部分，其影响也是直接的。负荷模型有两方面含义：一是指负荷的电压及频率特性，一般可以表示成频率和电压的非线性函数，在潮流计算分析软件中大多考虑这种模型；二是指负荷的时空特性，指负荷随时间和空间的分布，即在不同时刻不同地点，负荷是不相同的。负荷的时空分布特性比它的电压频率特性更为复杂，常常需要用负荷的时间曲线来描述这种特性，也称为负荷预报模型。

EMS 中需要过去（历史）、现在（实时）和未来（计划）三类数据，而负荷预报是未来数据的主要来源。负荷预报对电力系统控制、运行和计划都非常重要，尤其在电力市场运行模式下，提前做好负荷预报，不断提高负荷预报的精度既能增强电力系统运行的安全性，又能改善电力系统运行的经济性。

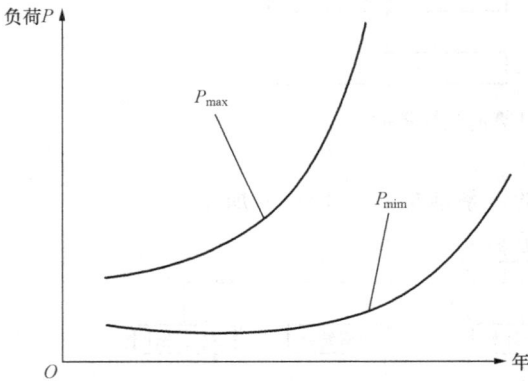

图 12-15　负荷峰谷差逐年增加

一、概述

任何生产活动都要首先做好计划，而且要在实际中不断进行调整计划，这些计划都是基于对未来的了解，提前做好预测工作。电力生产也不例外，由于电力不可储存，或者说储存能力极小而代价高昂，应该是用多少就生产多少，用电负荷随时都在变化，而且我国多数电网在日、周、年的周期内负荷的峰谷差逐年增加，即将每年最大负荷增长曲线和最小负荷增长曲线画在一张图上时（如图 12-15 所示）呈现喇叭状。针对这种负荷变化，电力生产的调节能力也要增加，当负荷变化范围较小时调节各发电机组的发电率就可以了；而负荷变化范围较大时只有启停机组才能跟上。当然对于负荷的逐年增长要适时投产新的机组才不至于拉闸限电。

电力系统负荷预报按对象分为系统负荷预报和母线负荷预报两类。系统负荷预报针对系统总负荷进行预报，而母线负荷预报由系统负荷预报取得某一时刻系统负荷值，并将其分配到每一母线之上，母线负荷分配系数是由状态估计在线维护的。系统/母线负荷预报与其他应用软件的关系如图 12-16 所示。

系统负荷预报按周期又有超短期、短期、中期和长期之分。超短期负荷预报用于质量控制需 5~10s 的负荷值，用于安全监视需 1~5min 负荷值，用于预防控制和紧急状态处理需 10~60min 负荷值，使用对象是调度员；短期负荷预报主要用于火电分配、水火电协调、机组经济和交换功率计划，需要 1 日~1 周的负荷值，使用对象是编制调度计划的工程师；中期负荷预报主要用于水库调度、机组检修、交换计划和燃料计划，需要 1 月~1 年的负荷值，使用对象是编制中长期运行计划的工程师；长期负荷预报用于电源和网络发展，需要数年至数十年的负荷值，使用对象是规划工程师。

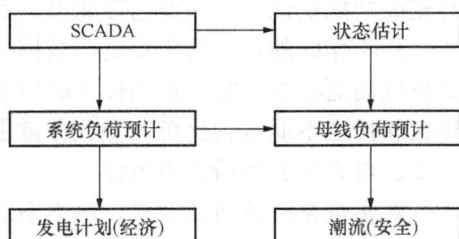

图 12-16 系统/母线负荷预报与其他应用软件的关系

负荷变化模型中主要影响负荷变化的因素有负荷构成、负荷随时间的变化规律、气象变化的影响及负荷的随机波动。

按照系统负荷构成可以将其划分为城市民用负荷、商业负荷、工业负荷、农业负荷及其他负荷等类型。不同类型的负荷有着不同的变化规律。例如随着家用电器的普及，城市居民负荷年增长率提高、季节波动增大，尤其是空调设备在南方迅速扩展，使系统负荷受天气温度的影响越来越大；商业负荷主要影响晚尖峰，而且随季节而变化；工业负荷受气象影响较小，但若大企业成分下降，会使夜间低谷增长缓慢；农业负荷季节变化强，而且与降水情况关系密切，一个地区负荷往往含有几种类型的负荷，比例不同。

各类用电负荷的时间变化规律是不同的，因此由它们构成的系统负荷具有不同的变化规律。分析一段时间的负荷历史记录，一般可看出两种变化规律：一是逐渐增长的趋势，二是日、周、月、年的周期性变化。气象对负荷有明显的影响，气温、阴晴、降水和大风都会引起负荷的变化，但每个电网负荷对各种气象因素的敏感程度是不相同的，这是研究负荷预报的重要内容。负荷的随机波动是指某些未知的不确定因素引起的负荷变化，对每一电网随机波动负荷大小是不相同的。

负荷预报模型确定了之后，进一步应确定采取什么样的负荷预报算法，几十年来各种可能的算法均在负荷预报课题上试验过了，目前实用的算法主要有线性外推法、线性回归法、时间序列法、卡尔曼滤波法、人工神经元网络法、灰色系统法和专家系统方法等。各种算法均有一定的适用场合，可以说没有一个算法适用于各种负荷预报模型而精度比其他算法都高，实际可以采取试验比较法，利用某一电网的历史数据确定该电网最有效的算法；而在精度一致的条件下，选择较简单的算法。

显然，负荷预报的最重要的指标是精度，然而精度首先决定于对具体电力系统负荷变化规律的掌握，其次才是模型与算法的选择，一个电力公司不能事先向负荷预报软件供应商提出绝对的精度指标，更不能按供应商承诺的精度来选购软件。提高预测精度的钥匙掌握在用户手上。应该指出，既然是预测未来，就避免不了误差，尤其是一些不符合统计规律的不确定因素，例如不可预料的事故停电，会在负荷曲线上造成一个突变的区段。因此对于这种不确定因素对预报的影响，应该进行人工干预，也就是说，不能完全依赖于概率预测模型的结果，应由有经验的调度工程师对预测结果提出修正。但是另一方面，不能因为存在不服从概率的不确定因素，就否定了负荷变化所遵循的统计规律，绝大多数情况下负荷预报模型的结果有较高的准确性，这一点已被北美、西欧等国的运行实践所证明。另外，各个电网负荷变化特性是不相同的，有的历史负荷数据一致性较差，其预测精度必然低一些，在这一点上用户比供应商更心中有数。正如优秀的射手的射击精度不能超过步枪本身的精度一样，任何负荷预报软件也不能达到比负荷变化分散度更高的精度。

二、电力系统负荷预报模型

针对影响系统负荷的因素，电力系统总负荷预报模型一般可以按四个分量模型描述为

$$Y_t = B_t + W_t + S_t + V_t \tag{12 - 58}$$

式中　　Y_t——t 时刻的系统总负荷；

　　　　B_t——t 时刻的基本正常负荷分量；

　　　　W_t——t 时刻的天气敏感负荷分量；

　　　　S_t——t 时刻的特别事件负荷分量；

　　　　V_t——t 时刻的随机负荷分量。

1. 基本正常负荷分量模型

不同的预测周期，B_t 分量具有不同的内涵。对于超短期负荷预报，B_t 近似线性变化，甚至是常数；对于短期负荷预报，B_t 一般呈周期性变化；而在中长期负荷预报中，B_t 呈明显增长趋势的周期性变化。

所以，对于基本正常负荷分量，可用线性变化模型和周期变化模型描述，或用二者的合成共同描述，即

$$B_t = X_t \cdot Z_t \tag{12 - 59}$$

式中　　X_t——线性变化模型负荷分量；

　　　　Z_t——周期变化模型负荷分量。

线性变化模型可以表示为

$$X_t = a + b \cdot t + \varepsilon \tag{12 - 60}$$

式中　　a、b——线性方程的截距和斜率；

　　　　ε——误差。

（1）线性变化模型。超短期负荷变化可以直接采用线性变化模型，将前面时刻的负荷描成一条直线，其延长线即可预测下一时刻的负荷。短期负荷日均值接近于常数，长期负荷年均值增长较大，甚至需要用非线性模型（二次或指数函数）描述。

（2）周期变化模型。周期变化模型用来反映负荷按日、按月、按年的周期变化的特性，其周期变化规律可以用日负荷变化系数 Zi_t 表示

$$Zi_t = Yi_t / Xi \tag{12 - 61}$$

式中　　Yi_t——一天中各小时的负荷；

　　　　Xi——当天的日平均负荷。

图 12 - 17 给出连续几天的日负荷变化系数 Zi 曲线，表现出明显的周期性，即以 24h 为周期循环变化，顺序观察每天同一时刻的负荷变化系数值，可以看出它们接近于一条水平线，这样便可以用前几天的同一时刻的负荷变化系数值的平均值预测以后的值。逐小时作出日负荷变化系数的平均值，连接起来就是一天总的周期变化曲线。把这种反映一天 24h 负荷循环变化规律的模型称为日周期变化模型，即

$$Z_t = \frac{1}{n} \sum_{i=1}^{n} Zi_t \qquad (12-62)$$

式中　　n——过去日负荷的天数；

Zi_t——过去第 i 天第 t（小时）负荷变化系数。

这样，按线性模型预测 B_t 的负荷均值 X_t，按周期变化模型预测 B_t 的周期负荷变化系数 Z_t，用式（12-58）就可得到基本负荷分量 B_t。

2. 天气敏感负荷分量模型

影响负荷的天气因素有温度、湿度、风力、阴晴等，这里以温度为例说明天气敏感负荷分量模型，如图 12-18 所示。

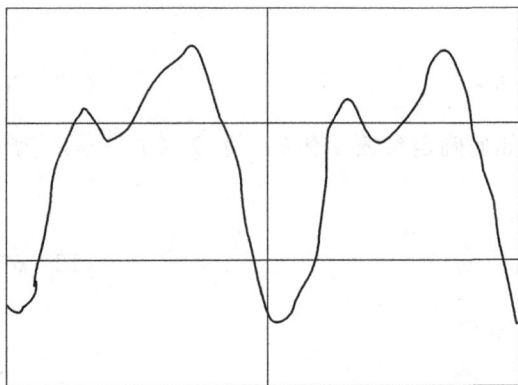

图 12-17　日负荷周期变化模型　　　　　　图 12-18　天气敏感负荷分量模型

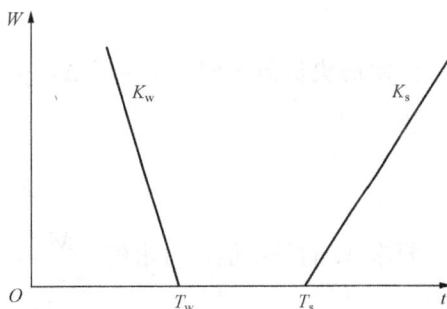

以日负荷预报为例，给定过去若干天负荷记录、温度记录，利用线性回归或曲线拟合方法，可以用三段直线来描述天气敏感负荷模型，即

$$Wt = \begin{cases} K_s(t-T_s) & t > T_s \\ -K_w(t-T_w) & t < T_w \\ 0 & T_w \leqslant t \leqslant T_s \end{cases} \qquad (12-63)$$

式中　　t——预测温度，可以是一日最高温度、最低温度、平均温度或是某时点温度（例如上午 8 时）；

T_w、K_w——电热临界温度和斜率，$t < T_w$ 时电热负荷增加，其斜率为 K_w；

T_s、K_s——冷气临界温度和斜率，$t > T_s$ 时冷气负荷增加，其斜率为 K_s。

在 $T_w \leqslant t \leqslant T_s$ 之间一段温度上，电热和冷气均不开放，负荷与温度没什么关系。

3. 特别事件负荷分量模型

特别事件负荷分量指特别电视节目、重大政治活动等对负荷造成的影响，其特点是只有积累大量的事件记录，才能从中分析出某些事件的出现对负荷的影响程度，从而作出特别事件对负荷的修正规则。这种分析可以用专家系统方法来实现，也可以简单地用人工修正来实现。

人工修正方法通常用因子模型来描述。因子模型又可以分为乘子模型和叠加模型两种。

乘子模型，是用一乘子 k 来表示特别事件对负荷的影响程度，k 一般接近于 1，那么，特别事件负荷分量为

$$S_t = (B_t + W_t)k \qquad (12-64)$$

叠加模型，是直接把特别事件引起的负荷变化值 ΔY_t 当成特别事件负荷分量 S_t，即

$$S_t = B_t + W_t + \Delta Y_t \qquad (12-65)$$

三、电力系统负荷预报基本算法

在确定了电力系统负荷预报的模型后，就要寻求有效的算法进行模型辨识和参数估计。用于电力系统负荷预报的算法很多，这里仅介绍常用的几种。

1. 最小二乘拟合方法

负荷发展趋势的预测可以用最小二乘法，就是把负荷序列的发展趋势用方程式表示出来，进而利用趋势方程式来预测未来趋势的变化。用最小二乘法来确定发展趋势曲线，要求负荷序列实际值对趋势的偏差平方和为最小。

设负荷趋势曲线为

$$\hat{y}t = a + b \cdot t \qquad (12-66)$$

给定历史负荷序列 y_1，y_2，Λ，y_n，问题是如何确定参数 a 和 b，使 $\sum\limits_{t=1}^{n} (y_t - \hat{y}_t)^2$ 为最小。设

$$M = \sum_{t=1}^{n} (y_t - \hat{y}_t)^2 \qquad (12-67)$$

要求 M 的最小值，可求解 $\dfrac{\partial M}{\partial a} = 0$，$\dfrac{\partial M}{\partial b} = 0$ 得

$$a = \sum_{t=1}^{n} (t \cdot y_t) - b \sum_{t=1}^{n} t \qquad (12-68)$$

$$b = \frac{n \cdot \sum\limits_{t=1}^{n} (t \cdot y_t) - \sum\limits_{t=1}^{n} y_t \sum\limits_{t=1}^{n} t}{n \cdot \sum\limits_{t=1}^{n} t^2 \left(\sum\limits_{t=1}^{n} t\right)^2} \qquad (12-69)$$

这样就可以预测下一时刻的负荷，即

$$\hat{y}_{t+1} = a + b \cdot (t+1) \qquad (12-70)$$

上面介绍的是拟合函数为一次代数多项式时的最小二乘问题，适用于负荷序列呈现线性变化的情况，拟合过去负荷序列，并预测下一时刻负荷。更一般的情况是，拟合函数为任意次的代数多项式，可以用上述类似的方程求解，适用于负荷序列呈现高次代数多项式变化的情况，一般应用一次和二次多项式拟合情况居多。

2. 回归分析方法

回归分析方法是研究变量和变量之间依存关系的一种数学方法。根据回归分析涉及变量的多少，可以分为单元回归分析和多元回归分析。在回归分析中，自变量是随机变量，因变量是非随机变量，由给定的多组自变量和因变量资料，研究各自变量和因变量之间的关系，形成回归方程。回归方程根据自变量和因变量之间的函数形式，又可分为线性回归方程和非线性回归方程两种。回归方程求得后，如给定各自变量数值，即能求出因变量值。

下面主要介绍多元线性回归分析法，而单元线性回归分析法可看成是其特例。对于非线性回归问题，通常应用变换把其转化为线性回归问题。因此，在回归分析中，只要掌握线性回归方程的解法，非线性回归问题也迎刃而解。

在负荷预报问题中，回归方程的因变量一般是电力系统负荷，自变量是影响电力系统负荷的各种因素，如社会经济、人口、气候等，设它们之间的内在关系是线性的，回归方程为

$$y_i = b_0 + b_1 \cdot x_{i1} + \Lambda + b_n x_{in} \tag{12-71}$$

给定 m 组观察值 $(y_i，x_{i1}，x_{i2}，\Lambda，x_{in})(i=1，2，\Lambda，m)$ 代入式（12-71），有 m 个方程，写成矩阵形式为

$$\hat{y} = X \cdot b \tag{12-72}$$

式中

$$\hat{y} = \begin{bmatrix} \hat{y_1} \\ \hat{y_2} \\ M \\ \hat{y_m} \end{bmatrix}, X = \begin{bmatrix} x_{11} & x_{12} & \Lambda & x_{1n} \\ x_{21} & x_{22} & \Lambda & x_{2n} \\ M & M & M & M \\ x_{m1} & x_{m2} & \Lambda & x_{mn} \end{bmatrix}, b = \begin{bmatrix} b_0 \\ b_1 \\ M \\ b_n \end{bmatrix} \tag{12-73}$$

b 为待求的 $n+1$ 个回归系数。利用最小二乘法，使观察值 y 和估计值 $\hat{y}$ 的残差平方和最小，可得正规方程，解正规方程可求出回归系数，从而确定回归方程，即可用来进行预测了。

3. 其他基本算法

除了上述两种算法外，还有时间序列方法、人工神经元网络方法等。

第六节　调度员培训仿真系统

调度员培训仿真系统（Dispatcher Training Simulator，DTS）是现代计算机软硬件技术和电力系统分析技术相结合的产物。随着电网规模的不断壮大，电网接线越来越复杂，运行方式也更加多样化。提高调度员的专业水平，预防不安全运行方式的出现，杜绝一般事故演变成灾难性大面积事故，已被调度部门认为是最积极的反事故措施之一。特别是当今电力系统的商业化运营要求培训具有电网运行的安全性和经济性分析能力的电网调度人员，从而完成调度员从经验型向分析型的转变。在这种环境下，DTS 将成为培训调度员的强有力的工具，在调度日常工作中越来越起到举足轻重的作用。

DTS 是一套计算机系统，它按被仿真的实际电力系统的数学模型，模拟各种调度操作和故障后的系统工况，并将这些信息送到电力系统控制中心的模型内，为调度员提供一个逼真的培训环境，以达到既不影响实际电力系统的运行而又培训调度员的目的。

一、DTS 系统原理

电网调度自动化系统中，SCADA 为数据采集和监控系统，为调度员提供电网潮流的实时数据；EMS 为能量管理系统，提供分析决策电网的各项功能；DTS 为调度员培训仿真系统，根据 EMS 的历史断面或实时断面所形成的初始教案供调度员分析和研究。调度自动化流程图如图 12-19 所示。

DTS 系统的原理，一边表示实际的电网和调度系统，它通过远动设备采集电力系统中各电力设备的运行状态（如频率、潮流、电压、开关状态、继电保护信号和事故信号等）通过通信通道送到调度中心的主站上，调度员坐在调度室中，面对数据采集监控（SCADA）系统和高级应用软件组成的 EMS，完成对实际电力系统的实时监控和分析决策。另一边表示 DTS 系统，它好似实际电网及调度系统的镜像系统，学员坐在学员室中充当调度员，接

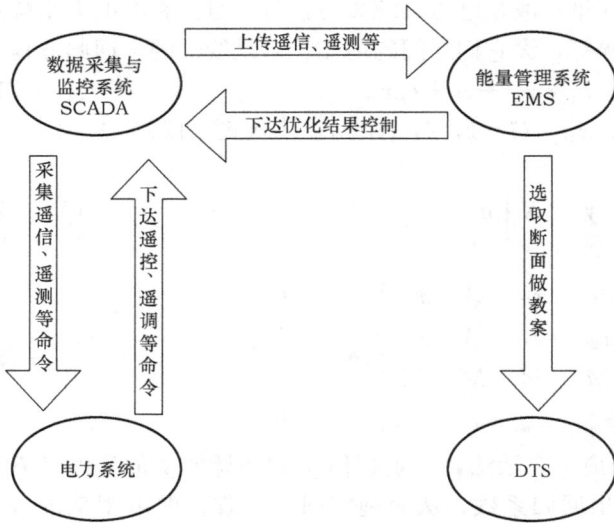

图 12-19　调度自动化流程图

受培训，学员室中配备与实际调度室一致的 EMS 软硬件系统（即学员台），让学员有一种身临其境的感觉；而教员一般由经验丰富的资深调度员充当，他坐在教员室里，利用教员台，在培训前准备教案，在培训中控制培训过程、设置电网事故，并充当厂站值班员，执行由学员下达的调度命令，在培训结束后评价学员的调度能力。在培训进行过程中，学员与教员之间的通信采用电话进行，来模拟调度中心调度员和厂站值班员之间的通信方式。

二、总体结构

调度员培训模拟系统通过模拟电力系统和调度中心为调度员提供了一个逼真的环境，以便培训在系统正常、故障和恢复情况下的操作情况。系统示意图如图 12-20 所示。

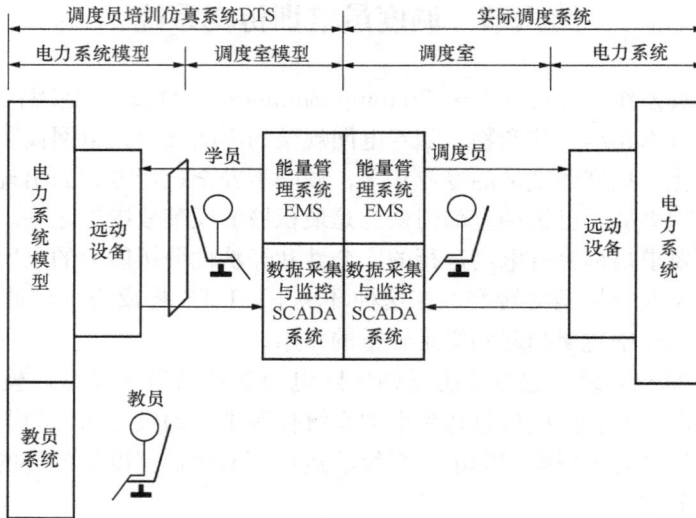

图 12-20　调度员培训模拟系统示意图

控制中心模型应与实际控制中心的环境一致，并且具有 EMS 的各种功能。控制中心模型是培训仿真器中学员所面对的环境，包括网络分析、数据采集和监控、自动发电控制等功能。学员系统逼真模拟在线调度自动化系统的各种功能。学员在与实际调度中心相似的屏幕显示、相似的人机界面的环境下，处理教员所设置的各种事件。

电力系统模型能逼真地模拟学员所在的电网内的各发、输、变电设备元件，DTS 为电网建立了一个详细的数学模型，它含有电网内的发电机、调速器、负荷、线路、变压器、电抗器、电容器、断路器、隔离开关、母线、继电保护、自动装置等，可模拟各种运行方式，可模拟电力系统的稳态运行状况。

教员系统提供了监视和控制培训过程的功能，包括教案生成、初始化和调整控制参数、设置事件序列、与学员通信及干预培训进程等。还可以直接采集电力系统模型的状态真值进行电网的安全经济运行评估，实现培训评估，以供教员在评估学员水平时参考；可进行培训评估打分，并给出评估报告，以实现学员自我培训。

1. 控制中心模型

控制中心模型与实际控制中心的环境一致，是能量管理系统的完整复制，包括数据采集和监控（SCADA）、网络分析（NA）、自动发电控制（AGC）等，即包含有调度员工作站的人机操作的所有功能。

2. 电力系统模型

（1）电力系统稳态模型。包括母线、线路、变压器、电抗器、电容器、断路器、隔离开关、负荷、继电保护、安全自动装置等模型，网络拓扑及稳态潮流。

（2）电力系统动态模型。动态模拟是通过求解微分方程来模拟发电机组及有关控制系统的动态响应，得到机组的输出功率和频率，动态模拟的步长一般为1s。动态模拟中需要以下模型：

1）电源模型。包括发电机、励磁系统、原动机、调试系统、锅炉、核电站、抽水蓄能电站等。

2）负荷模型。能反应频率和电压变化时负荷的动态特性。

3）交流、直流输电系统模型。

3. 教员台系统

DTS教员台系统由培训前初始条件准备、培训中操作控制和培训后处理三部分组成。

（1）培训前初始条件准备。初始条件可取用实时数据断面或状态估计结果并辅助以外网相关数据，也可以根据需要人工调出一个离线潮流。

（2）培训过程中的操作和控制。

1）对电力系统模型的操作。教员在教员台设置事件以充当厂站值班员执行学员下达的调度命令。事件的设置方法有多种，并具有设置多重故障的功能。

2）对培训过程的控制。包括培训暂停、暂停恢复与存储快照。

3）对学员操作的监视。教员台有与学员台相同的全部厂站接线图和网络单线图，可监视学员操作结果及显示学员下达的遥控、遥调命令。

（3）培训后的处理。

1）快照重放。对培训过程中的快照可按指定的时间段和周期逐一予以播放。

2）培训重演。可以从培训的全部快照中，选择感兴趣的某一快照作为重演的起始断面，逐一重演该时间段内的全部事件。

3）复现动态曲线。进入培训评估后，可以复现培训阶段存储的任一动态曲线。

4）培训评估。培训结束后自动生成评估报表。

三、系统基本功能

1. 电网仿真功能

DTS提供了两套电力系统运行特性的仿真模型，即电力系统稳态仿真模型和电力系统动态仿真模型。电力系统动态仿真包括暂态、中期、长期全过程动态仿真。DTS既可以提供电网静态仿真又可以提供全过程动态仿真，静、动态仿真可以有机地结合为一整体。DTS支持多电气岛（多区域）动态和静态过程的仿真。

　　在系统由于事故或操作发生系统解列的情况下，DTS对每个电气岛都进行拓扑分析，自动判别电气岛是否是活岛，死岛将不参与计算。对系统解列过程进行频率和潮流的动态和静态仿真，能真实模拟子系统的崩溃过程。某个子系统的崩溃并不影响其余健全子系统的仿真运行。

　　2. 培训功能

　　（1）基本调度指令的模拟。

　　1）断路器分/合操作。

　　2）隔离开关投/切操作。

　　3）发电机的并网/退出操作。

　　4）发电机增/减出力操作。

　　5）负荷调节。

　　6）发电机无功（或电压）调节。

　　7）电容器、电抗器的投切。

　　8）变压器分接头转换。

　　9）AGC控制。

　　10）保护定值、时限的修改及投切操作。

　　11）自动装置的定值修改、投切、复位操作。

　　12）各种故障处理。

　　13）故障后的复原操作。

　　（2）故障的设置。故障的设置用于进行故障培训时模拟各种故障时间的输入。教员可以根据需要选择下列故障要素：

　　1）故障起始时间：以培训时钟为参考，选定故障时刻（时、分、秒）。

　　2）故障点：在任何网络元件（如发电机、线路、变压器、电抗器、母线等）的某一位置处（如线路距始端处的百分比值）。

　　3）故障的持续时间：瞬时，故障可自动重合成功；延时，故障后自动重合不成功，但一次手动强送能成功；延时，故障后自动重合一次强送不成功，二次强送可成功；永久故障，未经检修消除，重合永不成功。

　　4）故障类型：单相接地，两相短路，两相短路接地，三相短路，一相断线，二相断线，三相断线，发电机励磁系统故障以及电力系统其他常见故障。

　　5）故障点接地阻抗：可零阻抗直接接地，也可输入某一阻抗值接地。

　　（3）误操作的模拟。对于带负荷拉隔离开关、带负荷合隔离开关、用隔离开关充空载线路或变压器、带空载线路或变压器拉隔离开关、带电压合接地开关、带接地开关合断路器、强送至永久故障上等基本操作均可自动生成相应的故障事件。

　　（4）继电保护及自动装置动作行为的模拟。故障时继电保护及自动装置模型将自动显示其动作情况，并伴有音响和闪光信号，同时通过跳开相应的元件开关去影响PSM。故障应跳开的断路器在继电保护模拟时，可选用逻辑判断法和定值比较法两种方法。

　　（5）断路器或保护误、拒动模拟。可模拟任一断路器或保护的拒动、误动。断路器的拒动，可以模拟一级及多级的拒动行为。

（6）查询、监视功能。可查询所在电网全网、公司（省）、地区、厂站、线路、发电机、负荷、开关等元件中的有关信息；具备 SCADA 所具有的各种监视画面，可监视相关的各种监视画面，可监视相关的各电气量及越限信息。

（7）培训过程控制。可进行暂停、恢复、快照、恢复初态、恢复事故前的状态、重放等。

（8）教案制作。可把具有教育或培训价值的连续事件过程（包括初始状态的建立、故障事件的设置、复原操作或一些典型的标准操作等）存作教案供反复调用。

（9）培训评估。可根据学员在培训过程中的操作行为给出评估，同时对误操作、继电保护、自动装置的动作信息、学员操作行为造成越限的情况给出相应的记录，并打印出评估报表。

3. 调度员研究功能

调度员研究功能与教员台类似，但无需与学员台通信，即是教员机的单机研究模式。调度员可以在研究台上进行潮流计算、事故预想和操作票校验。调度员研究台系统由研究前准备、研究中操作控制和研究后处理三部分组成。

4. 区域联合反事故演习

采用 Web 方式实现省、地调联合反事故演习的方案示意图如图 12 - 21 所示。在安全Ⅱ区和安全Ⅲ区都可以访问 DTS 主站（每一个登录到 DTS 主站的客户端和远程工作站成为 DTS 子站）。为了最大限度地实现资源共享和最广泛地实现演习信息的发布，提供了在Ⅲ区通过电力数据通信网访问 DTS 的方式。在Ⅲ区也设立一台 Web 服务器，功能和Ⅱ区的完全相同。Ⅱ区和Ⅲ区间采用可靠的数据同步的技术保证两边数据的一致性。这样 DTS 主站、拨号终端、远程登录终端和 DMIS 上均可观察到 DTS 演习的电网信息的变化全过程。

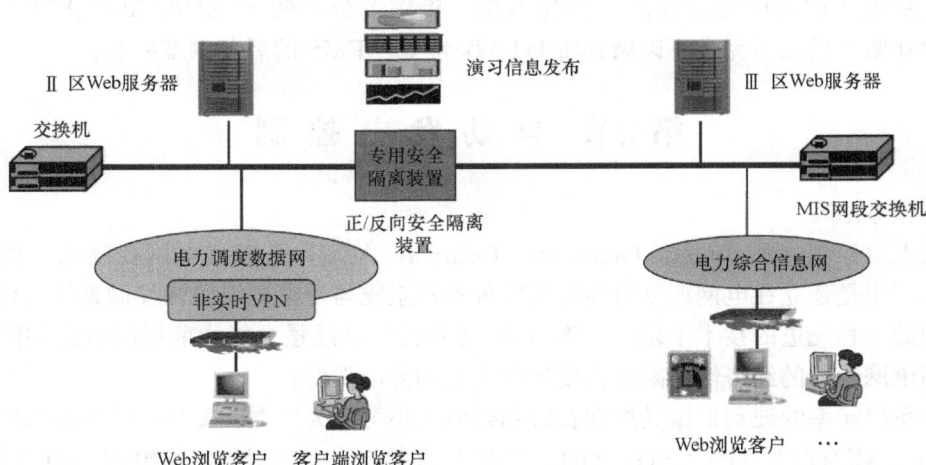

图 12 - 21　联合反事故演习的方案示意图

联网方式采用 Web 方式。在省调 DTS 内设置一台 Web 浏览服务器，省调用户可通过安全区Ⅱ专用网段访问，各地调、直属发电厂、变电站等各参演和观摩单位或个人均可以通过电力数据网或电话拨号方式（不具备连接电力数据网的地点）访问。客户端在登录时，由服务器提供权限及登录管理，并提供相应的客户端程序/数据下装/更新服务。各登录用户通过客户端程序只能浏览区域内的厂站接线图、潮流情况及相关保护动作信息等，只能对本区域的元件进行操作。各登录用户的浏览和操作范围由 DTS 主站管理员授权和设定。电网实时工况信息、操作信息、告警信息、保护及安全自动装置动作信息等信息发布也按照事先设定好的各登录用户的权限和职责范围进行。可以支持数百个并发用户而不造成拥塞，提供自动防止拥塞控制机制，以保证 Web 的速度，网页响应刷新时间不大于 6s。为了可靠性和快速性，Ⅱ区的 Web 服务器采用主备机制，既可保证 Web 服务的可靠，又可实现双机负载分流均衡。

电网仿真方案可采用分散电网仿真方案。这种方案的特点是分散建模、各自仿真、就地操作。DTS 主站（省调）和各 DTS 子站（各地调等）分别建立自己所管辖的网络模型，利用自己的 DTS 进行仿真，所有操作在本 DTS 进行，操作后的潮流变化用数据接口实现，DTS 子站的计算结果可以提供给 DTS 主站使用，DTS 主站的计算结果为 DTS 子站提供外网数据。这种方式充分利用现有资源，网络维护分散，工作量较小，DTS 主站和各 DTS 子站既可以单独仿真，又可以联网仿真。另一个优点是 DTS 子站速度响应比统一电网仿真方案快。DTS 主站和各 DTS 子站的数据传输接口和仿真计算接口是本方案成功实现的关键。DTS 主站与各 DTS 子站的接口如下：DTS 子站的计算结果（主要指变压器 110kV 侧的负荷值）可以提供给 DTS 主站使用，DTS 主站的计算结果为 DTS 子站提供外网数据。各级 DTS 的互联基于 IEC 61970 的 CIM 信息模型与 API 接口标准，数据库基于 CIM 模型，数据传输上采用 CIS 接口协议。

5. 后备调度中心

DTS 位于具有统一支撑平台的能量管理系统的基础上，实现了集电网监控、仿真、培训和分析研究功能于一体的 SCADA/EMS/DTS 综合仿真培训系统，它是一个支撑平台、应用功能、数据结构和应用程序的一体化系统，提供了全面的 SCADA/AGC/EMS/DTS 功能。因此在紧急情况下完全可以做到将 DTS 作为实时 EMS 的后备调度中心。

第七节　自动发电控制

一、基本原理

自动发电控制（Automatic Generation Control，AGC）是现代电网控制的一项基本和重要功能，也是建立在电网调度自动化的能量管理系统与发电机组协调控制系统（CCS）间闭环控制的一种先进的技术手段。实施 AGC 可获得以高质量电能为前提的电力供需实时平衡，提高电网运行的经济性，减少调度运行人员的劳动强度。

电力系统频率的波动根据其周期长短和幅值大小可分为三类。A 类：频率波动的周期在 10s～3min，幅值在 0.05～0.5Hz 之间，主要由冲击负荷变动引起，是电网 AGC 的主要调节对象。B 类：频率波动的周期在 2～20min，幅值较大，主要由生产、生活及气候变化引起。对这类频率波动的控制，现在主要由 EMS 的超短期负荷预报软件进行控制。C 类：频率波动的周期在 10s 之内，幅值在 0.025Hz 以下，由于幅值小、周期短，EMS 不对其进行控制，而由机组的一次调频进行调节。

自动发电控制的基本目标包括：

（1）发电功率与负荷平衡。

（2）保持系统频率为额定值。

（3）使净区域联络线潮流与计划相等。

（4）最小化区域运行成本。

第一个目标与频率一次调整有关；第二个和第三个目标与频率的二次调整有关，也称负荷频率控制（LFC）；第四个目标也与频率的二次调整有关，又称为经济调度控制（Economic Dispatching Control，EDC）。通常所说的 AGC 仅指前三项目标，包含第四项时写为 AGC/EDC。

二、AGC 主要功能模块

自动发电控制 AGC 主要功能模块包括：

（1）负荷频率控制（Load Frequency Control，LFC）。

（2）在线经济调度（On-line Economic Dispatch，ED）。

（3）性能监视（LFC Performance Monitor，PM）。

（4）备用监视（Reserve Monitor，RVMON）。

（5）机组计划（Unit Scheduling，UNSC）。

（6）交易功率计划（Transaction Scheduling，TRSC）。

（7）系统负荷预报（Load Forecasting，LF）。

（8）机组响应测试（Unit Test and Sampling，UTEST）。

三、AGC 控制过程

AGC 是建立在以计算机为核心的数据采集与监控系统 SCADA、发电机组协调控制系统以及高可靠信息传输系统基础之上的高层控制技术手段，通过遥测输入环节、计算机处理环节和遥控输出环节构成电力生产过程的远程闭环控制系统。涉及调度中心计算机系统、通道、RTU、厂站计算机、调功装置和电力系统等。

首先，AGC 从 SCADA 获取电网实时量测数据，并进行必要的处理。然后，根据实时量测数据和当时的各种计划值，在考虑机组各项约束的同时计算出对机组的控制命令。最后，通过 SCADA 将控制命令送到各电厂的电厂控制器（Programmable Logic Controller，PLC），由 PLC 调节机组的有功出力。对于调度端来说，PLC 是 AGC 的一个控制对象；对于电厂端来说，PLC 是一个物理的控制装置。

值得强调的是，AGC 的控制对象是 PLC 而非机组，也就是说，AGC 计算和下发控制命令给 PLC。PLC 的下层记录是机组，因此在建立 AGC 数据库时，可根据实际需要在一个 PLC 下插入一个或多个机组记录，从而方便实现对单机控制、全厂集中控制，甚至通过梯调中心监控系统实现对梯级水电厂的集中控制。与机组有关的静态参数和实时数据仍然存放在机组记录中，AGC 在每个运行周期将各机组参数聚集得到 PLC 参数，从这个意义上说 PLC 是这些机组的一个等值机。例如：PLC 的发电出力是各机组之和；只要有一台机组 AGC 远方可控，则 PLC 就可投入 AGC；所有机组都停运，则 PLC 就停运；PLC 的 LFC 上（下）限等于可控机组的 LFC 上（下）限与不可控机组的实际出力之和。也有一些参数是专门为 PLC 设置的，例如控制模式等，但习惯上仍称之为机组控制模式（严格地说应该是 PLC 控制模式）。

AGC 的总体结构如图 12 - 22 所示。这里主要有三个控制环：计划跟踪控制环、区域调

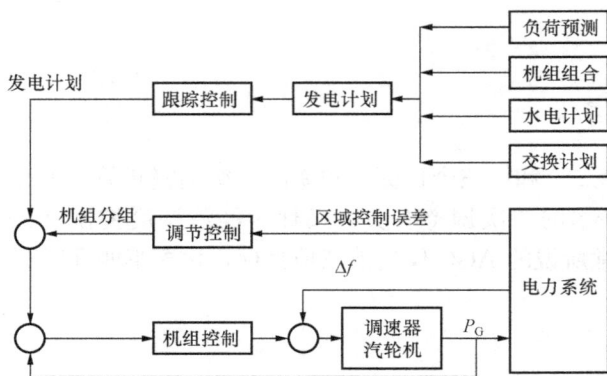

图 12-22　AGC 总体结构

节控制环和机组控制环。计划跟踪控制的目的是按计划提供发电基点功率，它与负荷预测、机组经济组合、发电计划和交换功率计划有关，担负主要调峰任务。如果没有上述计划软件，全部应由人工填写。区域调节控制的目的是使区域控制偏差调到零，这是 AGC 的核心功能，AGC 计算出各机组为消除区域控制偏差所需增减的调节功率，将这一调节分量加到机组跟踪计划的基点功率之上，得到控制目标值送到电厂控制器 PLC。机组控制是由基本控制回路去调节机组控制偏差到零。

第八节　自动电压控制

一、基本概念

自动电压控制（Automatic Voltage Control，AVC）主要功能是对全网无功电压状态进行集中监视和分析计算，从全局的角度对广域分散的电网无功装置进行协调优化控制。在安全稳定前提下，对发动机无功出力、变压器抽头、无功补偿装置进行在线闭环控制，调整无功潮流，使得全系统电压合格且有功损耗最小，以保证电力系统运行安全、稳定、优质、经济。AVC 基本控制原理是采取分级分层控制模式，从空间、时间等不同角度对大规模分布式电力系统控制过程进行分解与协调，AVC 是保证系统电压稳定、提升电网电压品质、提高无功电压管理水平以及整个系统经济运行水平的重要技术手段。

二、系统功能

（一）建模与数据源

AVC 作为 EMS 的一个应用，与平台一体化设计及数据流无缝衔接。AVC 数据源直接采用 SCADA 数据中的电网所有的遥测值和遥信值，并进行生数据处理。

（1）网络模型。AVC 从 PAS 网络建模获取静态电气网络模型，并能由建模软件自动生成控制模型和进行严格验证，该控制模型定义厂站、母线电压监测点、功率因数监控点、控制设备（有载调压变压器及电容器等）等记录并形成静态的连接关系。

（2）量测数据。AVC 从 SCADA 获取电网所有实时遥测、遥信等动态量测数据，并能进行生数据处理。生数据处理采取的策略包括：

1）数据质量检验。当下列情况之一出现时，应视为无效量测：①SCADA 量测值带有不良质量标志；②量测值超出指定的正常范围；③调度员指定不能使用的值。

2）数字滤波。对量测多次采样和联合判断、滤除噪声和随机量，避免量测瞬间波动引起误动或频繁调节。

3）电压量测误差校正。现场电压监测仪与电压量测存在稳定误差时，能进行修正。

4）遥测和遥信值联判进行误遥信检测。当下列情况之一发生时，应视为主变压器挡位或电容器开关误遥信：①主变压器挡位有变位信号而相连的母线电压无相应变化；②电容器开关有变位信号而电容器无功及相连母线电压无相应变化。

（二）控制功能

1. 实时拓扑分区

（1）根据无功平衡的局域性和分散性，AVC 对地区电网分层分区控制。在网络模型基础上，AVC 运行时根据 SCADA 遥信信息进行网络拓扑，自动识别电网任意运行方式。

1）根据网络拓扑识别变压器是否并列运行，如两台三绕组变压器中、低压侧只要任意一侧并联即可判断变压器并列运行。

2）根据网络拓扑实时跟踪电网运行方式变化进行动态分区，不仅能识别变电站的上下级供电关系，而且支持自适应区域嵌套划分，即可以识别任意厂站之间连接关系。

（2）分区具备容错功能，即动态分区通过遥信预处理自我校验，防止因隔离开关位置错误或其他因素造成的分区和连接关系错误。

（3）多个分区并行处理，计算时间对电网规模不敏感，保证大规模电网分析计算实时性。

2. 全网电压优化调节

AVC 根据电网电压无功分布空间分布状态自动选择控制模式并使各种控制模式自适应协调配合，实现全网优化电压调节。

（1）区域电压控制。区域群体电压水平受区域枢纽厂站无功设备控制影响，是区域整体无功平衡的结果。结合实时灵敏度分析和自适应区域嵌套划分确定区域枢纽厂站。当区域内无功分布合理，但区域内电压普遍偏高（低）时，调节枢纽厂站无功设备，以尽可能少地控制设备调节次数，在最大范围内保证电压合格或提高群体电压水平，同时避免区域内多主变压器同时调节引起振荡，实现区域电压控制的优化。

（2）电压校正控制。由实时灵敏度分析可知，就地无功设备控制能够最快、最有效地校正当地电压，消除电压越限。当某厂站电压越限时，启动该厂站内无功设备调节。该厂站内变压器和电容器按九区图基本规则分时段协调配合，实现电压和无功综合优化：电压偏低时，优先投入电容器，然后上调有载主变压器分接头；电压偏高时，首先降低有载主变压器分接头，如达不到要求，再切除电容器。在负荷爬坡阶段优先投切电容器。

（3）电压协调控制。根据电网电压无功空间分布状态自动选择控制模式，控制模式优先顺序为区域电压控制→电压校正控制。区域电压偏低（高）时采用区域电压控制，仅个别厂站母线越限时采用电压校正控制，自适应给出合理的全网电压优化调节措施。

（4）逆调压。电压限值根据逆调压规则和历史负荷统计、当前负荷大小动态确定，高峰时段电压下限偏高，低谷时段电压上限偏低，实现逆调压。

3. 全网无功优化控制

（1）区域无功控制。AVC 控制仅仅使电网无功在关口满足功率因数要求和达到平衡是远远不够的。为实现全网无功优化控制，必须在尽可能小区域范围内使无功就地平衡。当电网电压合格并处于较高运行水平时，按照无功分层分区就地平衡的优化原则检查线路无功传输是否合理，通过实时潮流灵敏度分析计算决定投切无功补偿装置，尽量减少线路上无功流动，降低线损并调节有关电压目标值，使各电压等级网络之间无功分层达到平衡，以提高受电功率因数。

（2）区域无功不足（欠补）时，根据实时灵敏度分析从补偿降损效益最佳厂站开始寻找可投入的无功设备，即不但可以决定同电压等级厂站电容器谁优先投入，而且可以决定同一厂站内电容器组谁优先投入。

（3）区域无功过补（富裕）使区域无功倒流时，如果该区域不允许无功倒流，根据实时潮流灵敏度分析，从该区域校正无功越限最灵敏厂站开始寻找可切除无功设备，消除无功越限。

（4）同一厂站无功设备循环投切，均匀分配动作次数。

（5）电容器等无功补偿装置的无功出力是非连续变化的，由于无功负荷变化及电容器容量配置等原因，实际运行中无功不可能完全满足就地或分层分区平衡，在保证区域关口无功不倒流的前提下，区域内电网各厂站之间无功可以倒送，使无功在尽可能小区域内平衡，优化网损。

（6）投入或切除无功设备可能使电压越限时，考虑控制组合动作，如投入电容器时预先调整主变压器分接头，使控制后电压仍然在合格范围内，但减少了线路无功传输。

4. 全网关口功率因数控制

（1）AVC 保证地区电网关口功率因数合格，按分时段功率因数考核标准进行控制，功率因数考核标准可根据要求自行设置。参考标准：0～7 点、11～13 点和 22～24 点低谷负荷功率因数控制在 0.9～0.95，7～11 点和 13～22 点高峰负荷功率因数控制在 0.95 以上。目前可以细化到每 15min 一个负荷特性点，全天 96 点规划负荷曲线。

（2）地调 AVC 建模时根据 SCADA 关口功率总加公式自定义关口，运行时关口功率总加和 SCADA 保持一致，严格控制不向关口倒送无功。

（3）省地调联调以后，可以根据省网指令，控制关口无功的流向和数值，实现倒送无功，支撑主网电压。

5. 全网自动协调控制

（1）空间协调。AVC 根据电网电压无功空间分布状态自动选择控制模式，优先顺序是区域电压控制→电压校正控制→区域无功控制。区域电压偏低（高）时采用区域电压控制，快速校正或优化群体电压水平；越限状态下采用电压校正控制，保证节点电压合格；全网电压合格时考虑经济运行，采用区域无功控制。

（2）时间协调。AVC 使闭环控制随时间跟踪电压无功状态自动协调有序进行。例如，若 AVC 检测到电压越限，则形成离散事件并驱动控制，从而形成控制指令交给遥控接口执行，遥控命令作用于连续运行的电网，电网执行命令形成新的稳态潮流分布后可消除越限。此时全网电压合格，启动区域无功控制，无功设备调节采用序列投切，即每周期内只允许一次投切动作，保证离散控制指令作用于电网后，电网有时间来形成新的稳态分布潮流。在下一周期，AVC 根据新的潮流状态自动判断选择控制模式，从而逐步逼近优化运行状态并且能够避免控制过调。

6. 优化动作次数

每天调压设备（主变压器分接头和电容器开关）动作次数是有限制的，根据历史负荷曲线优化分配各时段动作次数，并且考虑负荷动态特性，在负荷上坡段、下坡段采取动态控制策略，使 AVC 控制具有一定预见性，尽量减少设备动作次数。

7. 全网无功普查，根据分析及统计确定无功补偿点

根据实时分析计算，确定厂站合理无功补偿容量，根据自动统计，筛选最优无功补偿点

并排序输出，为改造或新增电容器的数量和容量提供理论依据。

（三）安全策略

AVC 安全策略滤除输入输出环节误差或"噪声"的诸多干扰，保证控制安全可靠性并减轻运行人员处理异常事件的工作量。

1. 支撑主网电压

在 220kV 主网电压过低的情况下，AVC 不但闭锁调节 220kV 主变压器分接头，而且对于 110kV 及 35kV 变电站尽量投入电容器，禁止上调分接头，不从主网吸收无功，防止造成主网电压崩溃。

2. 设备控制属性

考虑被控设备当前状态电气控制属性：

（1）检修。自动读取 SCADA 中厂站一次接线图中设备检修标志牌，对检修设备自动闭锁，等待人工复位。

（2）备用。根据设备相关联的断路器和隔离开关状态进行网络拓扑，或者读取 SCADA 应用下热/冷备用标志牌，自动判断设备热/冷备用状态，热备用设备可在线控制，冷备用设备自动闭锁。

（3）控制周期。根据控制命令周期和设备控制周期综合决定命令是否下发，防止控制过调或过于频繁。控制命令周期根据控制命令执行状态自适应可变，最大不超过 5min。设备控制周期按照安全工作规程/运行规程设计，并可自行设定：

1）主变压器挡位设备控制周期至少为 2min。

2）电容器切除后投入设备控制周期为 5min。

（4）动作次数。按照安全工作规程/运行规程设计，当电容器和变压器控制次数达到日动作次数限值时，自动闭锁该设备并报警，防止控制次数频繁对设备造成损坏。日动作次数可人工设置并按时段分配。

（5）变压器挡位调节。

1）为防止环流，应对并列变压器进行交替调节，使并列变压器处于同一变比，操作先后顺序可根据变压器容量和操作内容设定。

2）挡位类型不一致主变压器并列运行（如一台主变压器为 7 挡，另一台主变压器为 17 挡）时，人工设定并列挡位对应状态和操作先后顺序，自动调整使两台主变压器并列挡位一致（即并列变比一致）。

3）主变压器并列运行，当一台主变压器非有载调压或者闭锁时，不进行并列调整，避免造成并列挡位不一致。

4）考虑极限挡位限制，当挡位升到最高挡仍需要升挡或降到最低挡仍需要降挡时，自动闭锁挡位而改为投切电容器。

（6）电容器调节。

1）按照运行规程，未安装限流电抗器的并列电容器组不允许同时投切。

2）并列电容器循环投切。

3. 异常及保护事件

建立异常事件和保护事件库，采用事件触发—闭锁机制，方便事件库扩充。至少应考虑下列事件：

（1）主变压器挡位。

1）定义变压器保护事件库（变压器内部故障、过负荷、轻重瓦斯动作、主变压器油温过高、差动保护动作），并可自行修改和扩充，当保护动作时触发事件，从而闭锁相应主变压器分接开关。

2）在调节变压器分接开关时，当电压调节一次变化超过 2×step（step 指变压器高端挡位调节一次引起的低端电压变化量）或调节一次挡位变化超过 2 挡时（该挡位可根据现场实际情况设定，具有分头死区的变压器挡位特殊处理），则认为主变压器滑挡，自动闭锁并发变压器急停命令。

3）挡位命令下发但在控制命令周期内挡位无变化或相应母线电压无变化，则可判断主变压器挡位拒动。连续两次拒动即连续两次遥控不成功，自动闭锁主变压器挡位。

4）并列主变压器联调时，一台主变压器分接开关调压操作失败，使并列挡位不一致时，可以按顺序选择如下三种处理措施：①对操作不成功的主变压器分接开关发出挡位不一致、调整挡位控制命令，自动对挡位进行同步操作；②如果①失败，将操作成功的分接开关调回先前状态，自动闭锁两台主变压器，并发信息和语音告警；③如果①、②都失败，提示运行人员人工处理。

（2）电容器。

1）电容器保护动作，将实行双重闭锁，即自动闭锁该电容器并对电容器开关置故障标志。当电容器检修完毕、清除故障标志后才可以解锁。双重闭锁可以最大限度保证电容器运行安全。

2）电容器遥控不成动，连续两次拒动则闭锁电容器。

3）处于自控状态时，手工操作电容器将自动闭锁，即手动优先。

（3）母线。

1）低压侧母线单相接地时，发命令切除电容器并自动闭锁母线。

2）并列母线电压量测相差过大时，自动闭锁母线。

3）母线电压量测不变化或超出指定范围（坏数据）时，自动闭锁母线。

（4）厂站。

1）整个厂站电网数据不刷新或电网数据异常波动，将自动闭锁。

2）遥信预处理对可疑断路器和隔离开关遥信状态提出告警，若断路器和隔离开关属于厂站内设备（非线路断路器、隔离开关），则自动闭锁厂站。

（5）系统。AVC 可以设置"挂起"状态，此时正常采集数据和处理异常事件告警，但不发出命令。挂起条件是：如某断路器或隔离开关属于联络线设备，其状态错误可能导致全网网络拓扑及分区错误，则 AVC 转入挂起状态并发出告警（信息和声音告警），保证整个AVC 系统安全性。

4. 平台故障

厂站工况退出，遥控、遥调通道出现故障，或平台出现其他故障时自动闭锁。

5. 使用安全

配置用户 AVC 应用权限，控制用户是否能进行 AVC 操作，自动记录参数修改操作信息，保证软件使用安全性。

6. 控制方式组态

被控对象控制方式分为建议、可控和不可控，并可对系统、厂站、监控母线、调压设备分级设置，其优先级是系统→厂站→监控母线→调压设备（主变压器分接头或电容器）。

建议：表示 AVC 对被控对象进行分析计算，但不会对其进行直接发命令控制，只是提示值班员对其进行操作。

可控：表示 AVC 对被控对象进行分析计算，并对其进行直接发命令控制，不需要值班员手动遥控。

不可控：表示 AVC 不考虑被控对象的电压无功控制，即该被控对象在系统中被排除。

AVC 控制方式可灵活组态，在厂站接入方式上具有很强的灵活性和适应性，对每一设备可以采取开环或闭环控制方式并服从分级设置规则。

（1）对于新接入厂站，首先应置于开环方式运行，由值班员人工干预来优化或确认控制方案，待该厂站运行稳定、正确、可靠后再接入闭环运行。

（2）对于闭环运行的厂站，其所属调压设备可以由值班员根据实际状态决定开环/闭环控制方式。

7. 遥控接口

AVC 和 SCADA/EMS 平台一体化设计，数据无缝衔接，以减少遥控命令传输环节和系统网络不安全因素，遥控接口程序既要保证自动控制的可靠性性，又要兼顾自动控制的流畅性。

（1）遥控接口为保证遥控安全可靠，采用严格筛选、验证机制，只有电容器开关或变压器分接头才能进行远方自动调节，其他节点全部闭锁。

（2）变压器分接开关和电容器连续两次（可调为三次）遥控不成功，则认为该设备遥控下行通道故障，操作失败自动闭锁该设备，并发信息和语音告警。

（3）电容器开关，如果仅遥控预置不成功，则立即重新预置。

（4）采用多进程并发机制，兼顾自动控制流畅性，从而保证了大规模电网闭环控制实时性。

（四）人机界面

（1）可共享 SCADA/EMS 数据库，用户无需另外进行大量数据录入、编辑工作，只需维护一套数据库，并且数据录入、编辑接口即 EMS 数据库工具，用户无需重新熟悉。打印接口和 EMS 也可共享。

（2）可共享电网接线图，用户无需另外进行大量图形编辑和连接数据库工作，只需维护一套电网接线图，并且图形编辑接口即 EMS 图形编辑工具，用户无需重新熟悉。

（3）共享 EMS 用户管理，只需对原有用户配置 AVC 应用权限，即可以控制用户是否具有 AVC 应用操作、置数等权限。

（4）具有良好的可扩展性，当新建厂站 SCADA 运行稳定后，用户只需进行网络建模、填写 AVC 相关参数并通过验证，该厂站即可接入 AVC 自动控制。

（5）各种设备参数和控制参数易于在线修改，画面按调度员要求分厂站组织，用户可自定义 AVC 界面上显示的厂站及数量。

（6）对于系统的所有控制操作及提示，均有报警窗口及语音提示。AVC 相关进程退出能自动重启、诊断并报警。

（五）历史查询

AVC 和 SCADA/EMS 平台一体化设计，共享 EMS 平台支撑软件，具备丰富完善的历史报表功能，能完整记录历史控制命令及控制前后电压无功相关信息，并提供方便的查询手段，可分类、分时段统计和查询系统、厂站、设备动作次数、正确动作次数、拒动次数等。

（六）软件配置

AVC 软件配置灵活，方便扩展：

（1）AVC 软件作为 EMS 的一个应用，可配置在任何一台非服务器节点上，配置主备节点互为热备用，其他节点作为客户端具备浏览功能，只用作监视管理和观摩演示。

（2）AVC 可实现多集控中心统一控制，即 EMS 只需运行一套软件，而不受限制于物理上的多个集控中心。一个集控中心可视为一个物理分区，但该集控中心所负责的厂站群往往和 AVC 系统按 220kV 或 110kV 厂站为中心进行电气分区的厂站群不一致，即物理分区和电气分区不一致。在这种情况下，配置于调度中心主站端的 AVC 系统，可先对电网进行"软"的电气分区并分析计算，然后再将调节措施发送给各物理分区的集控中心，即可解决以上问题。

思　考　题

1. 典型地调的 PAS 应用功能模块有哪些？
2. PAS 网络建模的工作有哪些？
3. 试查阅资料了解 PAS 网络拓扑分析中的邻接矩阵法和关联矩阵法。
4. 为什么需要状态估计模块？
5. PAS 状态估计模块的输入信息有什么？输出内容有什么用处？
6. 试查阅资料了解 PAS 状态估计最新采用的算法。
7. PAS 为什么需要电力系统外网静态等值？
8. PAS 调度员潮流的作用是什么？
9. 系统负荷预报按周期又有超短期、短期、中期和长期，分别是什么时间概念？
10. 简述 DTS 系统基本功能。
11. AGC 的基本目标是什么？
12. AVC 控制功能有哪些？

第十三章　电网调度自动化典型系统介绍和发展趋势

前面对电网调度自动化系统作了较为全面的论述，为了使读者对各章节部分内容能够融会贯通，本章将选择一个典型的电网调度自动化系统进行全面介绍，使读者对系统能有全面的认识，了解系统的新技术，为更好的应用打好基础。

随着电网调度自动化技术在我国的广泛采用，国内有很多电网调度自动化系统的生产厂商，主要产品有南瑞的 OPEN-3000 电网调度自动化系统、许继的 PANS-2000 电网调度自动化系统、四方的 CSD-2100 电网调配管一体化主站系统、东方电子的 DF8900 电网应用一体化系统和中国电力科学研究院的 CC 2000 调度自动化系统等。其中南瑞的 OPEN-3000 电网调度自动化系统在当前的国内市场中占据了主导地位，代表了当前国内的电网调度自动化系统的发展方向。本章以 OPEN-3000 电网调度自动化系统作为实例介绍。

第一节　OPEN-3000 系统简介

一、系统功能概述

OPEN-3000 系统采用当前最新计算机技术和电力系统新标准，与各级各类调度，特别是网、省调以及地调密切配合开发研制的新一代 EMS。

OPEN-3000 系统的设计遵循 IEC 61970 等国际标准，统一支持调度中心的各种应用，可以在支撑平台之上构架各种应用从而构成不同的应用系统。如在平台上构架 SCADA、AGC、PAS、DTS 等应用组成一个网省级的 EMS，或在其上构架 SCADA、DA、GIS、FM/AM 等应用构成一个 DMS；同时，平台还可以支持广域测量系统与公共信息平台系统。OPEN-3000 支撑平台为各应用子系统提供统一的运行管理、数据访问、模块间通信、图形工具、报表工具、权限管理、告警处理、Web 信息发布等公共服务，使各应用子系统只需专注于各自业务逻辑的实现。

二、系统技术特点

1. 标准化

OPEN-3000 系统遵循最新的国际、国内标准，尤其是备受瞩目的 IEC 61970 CIM/CIS（公用信息模型/组件接口规范）和 IEC 61968 等标准，以及有关的国际标准通信规约，如 IEC 60870-5-101、IEC 60870-5-104、IEC 60870-6（TASE.Ⅱ）等，实现功能接口标准化，具有高度开放性和可扩充性。

2. 构件化

各应用子系统具有相对独立性，即插即用，能分能合。分开时，自成体系，能够集成新的应用系统（SCADA、AGC、PAS 和 DTS 等），用户可分期建设，也可与第三方软件系统异构，如与电能量计量系统、电力市场技术支持系统、水调系统、MIS 和 DMS 等系统互联互通；合并时，各应用子系统在统一平台上运行，不仅能共享数据，而且能共享画面资源和硬件资源，降低成本，增强可维护性，实现交钥匙的应用软件工程。

3. 一体化

OPEN-3000 系统将支撑平台与各应用子系统进行了合理划分，层次结构清晰明确。支撑平台向应用子系统提供服务，各子系统只专注于应用功能，实现了资源共享，体现了应用与平台一体化。

4. 可视化

OPEN-3000 系统提供了丰富直观的可视化人机界面及其定制工具，并突破性地运用可视化技术表现 EMS 高级功能，改变了传统单调的数字表格方式。系统利用最新的图形技术和三维技术，将电力采集、状态估计、潮流、电压稳定域、不稳定域和暂态稳定域等各种电力系统数据与状态用形象直观的可视图形表达，并可直接在图形界面上进行操作，满足运行人员监控直观、快捷的需要。

5. 跨平台

OPEN-3000 系统实现了全面的跨平台支持功能，屏蔽了硬件和操作系统的差异，具有硬件和操作系统无关性、编程语言无关性、位置无关性、访问无关性、故障无关性、升级和扩展无关性以及移植无关性。系统可以稳定地运行在 ALPHA、SUN、IBM 等各种机型上，支持 UNIX 操作系统与 Windows 操作系统的同时使用。

6. 开放性

应用功能的标准化、构件化使 OPEN-3000 系统具备良好的开放性基础，能方便接入第三方功能，并实现第三方功能即插即用，同时支持多种接入方式。

7. 安全性

由于调度自动化系统既要在本地与其他应用系统相连，又要通过广域网同远方调度中心的 EMS 系统及直调厂站系统互联，因此系统安全性是极为关注的重要问题。OPEN-3000 充分利用包括操作系统在内的各种软、硬件安全机制，包括防火墙和正、反向物理隔离装置等各种安全防护设备，提供符合二次系统安全防护总体方案要求的安全解决方案。

8. 可靠性

OPEN-3000 系统率先采用了"1＋N"工作模式，即在只有单机工作正常时（其余网络节点计算机全部故障）也能够实现系统的主要功能，从而具有完全的分布计算处理的能力。系统具体分析电力系统调度自动化的实际要求，主要从可能出现的致命故障考虑，提出了可行的解决方案，大大提高了系统的可靠性。

9. 可维护性

OPEN-3000 系统的所有应用功能使用统一模型方法，任何一个电力系统设备只需维护一次，即实现了数据共享，不需要针对不同应用进行相应的维护。

10. 可扩展性

由于电力行业的快速发展及体制改革的进行，自动化系统需求中的不定因素较多，因此 OPEN-3000 系统在容量和功能上充分考虑了可扩展性要求，以适应电力系统的不断发展，并满足面向电力市场应用的发展需求。OPEN-3000 系统可以为已经安装了电力市场技术支持系统的用户提供 AGC 扩展功能、网络安全分析功能（包括调度员潮流、静态安全分析、安全约束调度等）和辅助服务计算功能，也可以为未安装电力市场技术支持系统的用户提供面向电力市场的强大平台支持，以及市场交易管理功能和信息支持功能。

第二节　OPEN-3000 系统主要技术指标

一、系统可用性

（1）系统年可用率 100％。

（2）冗余热备用节点之间实现无扰动切换，热备用节点接替值班节点的切换时间小于 5s。

（3）冷备用节点接替值班节点的切换时间小于 5min。

（4）任何时刻冗余配置的节点之间可相互切换，切换方式包括手动和自动两种方式。

（5）任何时刻保证热备用节点之间数据的一致性，各节点可随时接替值班节点投入运行。

（6）设备电源故障切换无间断，对双电源设备无干扰。

二、系统可靠性和运行寿命指标

（1）系统中关键设备平均故障间隔时间（MTBF）大于 20 000h。

（2）系统能长期稳定运行，在值班设备无硬件故障和非人工干预的情况下，主、备设备不发生自动切换。

（3）由于偶发性故障而发生自动热启动的平均次数小于 1 次/3600h。

（4）所有设备的寿命在正常使用情况下不小于 15 年。

（5）所有设备（包括电源设备）在给定的条件下运行，连续 4000h 内不需要人工调整和维护。

三、信息处理指标

（1）主站对遥信量、遥测量、遥调量和遥控量处理的正确率为 100％。

（2）遥信动作准确率 100％。

（3）遥控准确率 100％。

（4）遥调准确率 100％。

（5）主站设备与系统 GPS 对时精度小于 100ms。

四、系统实时性

系统对事件提供快速响应，满足以下指标：

（1）"四遥"信息从前置机接收至后台画面推出的时间间隔不超过 1s。

（2）实时数据扫描时间周期为 1～10s 间可调。

（3）外部网络通信的实时数据传送和接收采集周期为 2～10s 间可调。

（4）画面实时数据更新周期 1～10s 可调。

（5）模拟屏数据量刷新周期不大于 3s。

（6）系统时间与标准时间的误差小于 1ms。

（7）频率采集周期为 1s，外部频率采集设备同时满足这一要求。

五、网络及通信指标

（1）系统网络通信速率：100Mbit/s、1000Mbit/s。

（2）远程网络通信速率：64kbit/s～2Mbit/s、10Mbit/s、100Mbit/s、1000Mbit/s。

（3）模拟远动传输通道。

1）传输速率：300bit/s、600bit/s、1200bit/s。

2）工作方式：双工，有主备用通道时，可由主站自动或手动切换。

3）比特差错率：应不大于 10^{-5}。

4）接收电平：0～40dB。

5）发送电平：0～−20dB。

（4）数字远动传输通道。

1）传输速率：2400bit/s、4800bit/s、9600bit/s、19.2kbit/s、64kbit/s、384kbit/s、2Mbit/s 等。

2）通道接口：符合 ITU-T 及 ISO 接口标准。

3）工作方式：双工，点对点传输时应有备用通道，可由主站控制自动切换；网络传输时应能自动封闭环形结构的故障段。

（5）比特差错率：数字微波应不大于 1×10^{-6}，光纤通道应不大于 10^{-9}。

（6）通道传输时延：应不大于 250ms。

六、PAS 性能指标

（1）状态估计可达到以下性能指标：

1）遥测估计合格率＞95％。

2）月可用率＞95％。

3）单次状态估计计算时间＜10s。

（2）调度员潮流可达到以下性能指标：

1）调度员潮流计算结果误差＜2.5％。

2）月合格率＞95％

3）单次潮流计算时间＜10s。

（3）短期负荷预测可达到以下性能指标：

1）月负荷预报准确率≥95％。

2）月最高（低）负荷预报准确率≥95％。

3）日负荷预报准确率≥95％。

4）月（年）度累计最高（低）负荷预报准确率（连续 6 个月）≥95％。

5）短期负荷预报平均误差＜3％。

6）取实时数据后仿真计算潮流与所取数据比较，电压幅值差＜0.015（标幺值），相角差＜2°。

7）操作响应时间＜3s，故障响应时间＜3s。

七、系统负载率指标

（1）电网正常情况下主要节点（服务器和前置机）CPU 负载≤30％（10s 平均值）。

（2）电网事故情况下主要节点（服务器和前置机）CPU 负载≤50％（10s 平均值）。

（3）任何情况下，在任意 5min 内，系统主局域网的平均负荷率不超过 20％，主局域网双网以分流方式运行时，每一网络的负载率小于 12％。当一网故障时，单网负载率不超过 24％。

（4）电网正常运行状态下系统负载率的测试条件为采集和处理厂站的正常数据及各种正常的系统操作，电网事故状态下系统负载率的测试条件为采集及处理事故厂站的雪崩数据、非事故厂站的正常数据以及各种正常的系统操作。

（5）电网正常情况下主要节点（服务器和前置机）的磁盘剩余空间不低于总容量的40%。

（6）磁盘剩余空间不足20%、CPU负载持续较高（大于85%、持续时间超过3min）、双机切换等事件发生时，立即告警。

八、系统存储容量指标

（1）历史数据存储时间不少于3年。

（2）电网正常情况下主要节点（后台服务器和前置数据采集服务器）的磁盘剩余空间不低于总容量的40%。

（3）当存储容量余额低于系统运行要求容量的80%时，立即发出告警信息。

（4）磁盘（数据库）满时，可保证系统正常运行功能。

第三节　电网调度自动化系统的发展趋势

一、电网调度自动化系统的现状

随着智能电网概念的提出和电力体制改革的不断深化，传统的电网调度运行方式面临巨大挑战。虽然目前能量管理系统已经得到广泛应用，但仍停留在分布式独立计算阶段，还需要调度员的人工干预才能进行计算分析，然后根据调度员的经验进行决策处理，这在调度操作的实时性和合理性上存在很大的缺陷。当前，电网的规模不断扩大、电力市场改革日益深化和智能电网建设的实际需求，致使电力系统的结构和运行方式日趋复杂，对电网频繁调整的工作量也越来越繁重，同时对于调度人员心理素质和运行经验的要求也越来越高。在电网发生故障时，大量的报警信息显示给调度员，调度员不可能在极短的时间内对这些信息进行分析处理，作出正确的故障处理决策，调度员的反应速度越来越不能满足电网运行的需求。因此，电网运行迫切需要功能更为强大和智能化的调度自动化系统，帮助调度人员完成调度任务，提高电网运行的安全性和经济性。

在新的形势下，传统的电网调度自动化系统面临一系列的问题，主要表现在：

（1）电力市场的逐步实施和不断深化给调度人员造成巨大压力。在电力市场条件下，虽然保障电网的安全稳定运行仍然是调度运营部门最重要的目标，但是与传统的电网调度方式相比，电力市场条件下的电网调度更具有特点。为了充分挖掘现有电力系统的潜力，提高企业整体的运营效益，系统中的许多输变电设备都需要运行在极限或接近极限的状态，因此如何保证系统安全运行的任务将变得更为艰巨，系统运行的经济性变得更为复杂，不仅要充分考虑发电的经济性，还要考虑输电服务和辅助服务的经济性。

（2）大规模间歇性电源的接入使电网调度控制更加困难。为了应对能源危机和环境的压力，实施可持续发展战略，风电、太阳能等可再生能源发电得到快速发展，中国计划建成若干个千万级的风电基地和多个光伏发电基地。这些分布式发电资源具有间歇性和不可预测性，常被学术界称之为"负的负荷"，这些大容量、间歇性的绿色电源接入后，对整个电力系统的稳定运行带来安全隐患，对电网的调度和控制同样是一项重大挑战。

（3）建设坚强智能电网需要功能强大、更加智能化的调度系统。智能电网是以物理电网为基础，将现代先进的传感测量技术、通信技术、信息技术、计算机技术和控制技术与物理电网高度集成而形成的新型电网。未来的智能电网首先应该具有坚强的网架结构，同时具备信息化、自动化、互动化的特征和自愈能力，方便加强与用户的实时交互沟通，支持分布式电源和双向潮流等特点。这些功能特点对电网控制中心都提出了新的、更高的要求。调度中心作为电网监控的中枢，迫切需要建设具备实时分析、智能决策、适应市场化要求的安全可靠的智能型调度自动化系统，以提高对电网的驾驭能力。

在这样巨大的挑战面前，传统的系统就显得有些难以应对，必须对其结构和功能进行扩充和完善，以满足智能电网调度监控的要求。而且随着电力市场的发展，调度中心已经不再是一个纯粹的电网运行监控中心，它不但要负责电网的安全运行和稳定，而且还要负责电量的交易和市场的经营，是代表整个电力企业对电力系统实现调度、管理和运营的一个高度信息化、自动化和智能化的指挥决策中心。

二、电网调度自动化系统的新需求

中国电网将形成跨区域、远距离传输的超/特高压交直流混合输电系统，如何保证该系统的安全稳定运行是一个重大而迫切的研究课题。具体表现在以下四个方面：①西电东送、全国联网。电力市场化对电力系统的安全稳定运行和基础研究提出了新的挑战；②世界上大电力系统相继发生的大面积停电事故已暴露出电力系统安全防御问题的严重隐患；③大电网的大面积停电不仅造成巨大经济损失，同时造成严重的社会混乱；④电力系统的安全性已纳入国家的安全防御体系。

从调度自动化监控和分析的角度来看，现代电网是多层次、多尺度、多对象的复杂统一体，对调度自动化系统提出了以下需求：

1. 大容量

调度自动化需要从全局的角度来考虑，需要处理海量的信息。如系统需要监控的数据量最大已达几十万个点；分析算法的数据处理量最大已达到 3000 条母线的处理需求。具体表现在以下四个方面：

（1）随着电网规模的快速扩充和电网互联的增强，对电网大模型的统一分析越来越成为必要。

（2）传统 EMS 中只需要处理一次系统的信息，但未来调度自动化系统需要实现一、二次系统的同步建模、采集与分析。

（3）传统 EMS 是电网稳态水平上的监控分析，未来需要扩展到静态、动态、暂态三位一体的信息处理与分析。

（4）未来调度自动化系统需要综合处理电网、市场和电量信息。

2. 高实时性

为了实现闭环控制，高密度采集的相量测量单元（PMU）对高速实时通信提出了更高的要求，对分析和决策软件的实时性要求也更为苛刻。

3. 统一性

未来的电力系统需要加强监控和分析的统一性。在时间尺度上，需要静态、动态、暂态相结合；在空间尺度上，需要各级调度的统一协调；从对象上讲，既要考虑输电网与配电网相结合，又要考虑经济稳定性（电力市场的影响）与物理稳定性的交织作用。

4. 综合性

随着电网规模的扩大，电力系统的动态行为更加复杂，掌握系统各种运行动态、实施先进的保护和控制，对确保电力系统的安全稳定运行越来越重要。作为承担电网静态监测、分析和控制功能的传统 EMS 已经不能完全满足电网发展和安全运行的要求。例如，在电力系统受到扰动的动态过程中，特别是发生低频振荡等长周期动态过程时，EMS 通常无法作出反应。因此，需要将功能从传统的监视、分析和控制进一步延伸到广域保护和安全协调防御。此外，综合性还包括信息的综合和应用的综合。

因此，未来调度自动化系统将不再是 EMS、WAMS 等具备单一功能的系统，而是综合型平台化的复合大系统。

三、电网调度自动化系统的发展趋势

电力系统向超大规模发展和电力市场化改革对调度运行部门提出了巨大的挑战，传统调度的不足和电力系统的实际需求呼唤新一代调度自动化系统的出现。新系统应具备数字化、集成化、网格化、标准化、智能化和市场化等特征。

1. 数字化

随着信息化的普及和深入，越来越多的目光投向了数字化变电站和数字化电网的研究开发。电网的数字化包括信息数字化、通信数字化、决策数字化和管理数字化四个方面。

（1）信息数字化。信息数字化是指电网信息源的数字化，实现所有信息（包括测量信息、管理信息、控制信息和市场信息等）从模拟信号到数字信号的转换，以及对所有电网设备（包括一次设备、二次保护及自动装置以及采集、监视、控制及自动化设备）的智能化和数字化。电网具有很强的时空特性，需要采集、监视和控制设备的二维及三维时变信息。信息数字化的目标是数据集成、信息共享，主要以数字化变电站为主体。

（2）通信数字化。通信数字化是指数字化变电站与调度自动化主站或集控中心之间通信的数字化。畅通、快速、安全的网络环境和实时、准确、有效运行信息的无阻塞传递是数字化电网监控分析决策的重要前提。

（3）决策数字化。电网安全、稳定、经济、优质运行是电网数字化的根本目的，必须具备强大的分析和决策功能，实施经济调度、稳定控制和紧急控制的在线闭环，达到安全、稳定、经济、优质运行的目的。

（4）管理数字化。管理数字化包括设备生产、运行等大量基础数据在内的各种应用系统的建设，实现从电网规划、勘测、设计、管理、运行、维护等各个环节的全流程的信息化。

数字化的目标是利用电网运行数据采集、处理、通信和信息综合利用的框架建立分区、分层和分类的数字化电网调度体系，实现电网监控分析的数据统一和规范化管理以及信息挖掘和信息增值利用，实现电力信息化和可视化、智能化调度，提高决策效率和电力系统的安全、稳定、经济运行水平。

2. 集成化

集成化是指要形成互联大电网调度和大二次系统，这种系统需要综合利用多角度、多尺度、广域大范围的电网信息以及目前分离的各系统内存在的各种数据。调度数据集成化就是要实现调度数据的整合，实现数据和应用的标准化，实现相关应用系统的资源整合和数据共享，实现电网调度信息化和管理现代化，从而为实现调度智能化服务。

调度自动化系统应统筹考虑电力调度中心各自动化系统的数据及应用需求，以面向服务的体系结构，按照应用和数据集成的理念，构造统一支撑的数据平台和应用服务总线，实现数据整合和应用功能整合，达到数据一致、数据共享、应用功能增值的目的，并为调度自动

化的运行和开发提供功能强大、方便易用的集成支撑环境。

具体说来，支撑平台需要研究面向服务的体系架构、数字化电网建模技术、广义数据集成、信息共享技术、面向主题的数据挖掘与展现技术、大信息量和高速数字实时通信以及实时数据处理技术。从应用的角度，需要研究传统应用的集成和增值、交叉型和边缘型的新应用功能创新以及大规模电网分布式建模和静态、动态在线一体化协同仿真分析与计算等，从而达到在集成的基础上进一步创新。

3. 网格化

网格化是实现调度中心之间广域资源共享和协作，是一种在物理网络互联基础上的应用和功能意义上的系统级联网，包括数据网格和计算网格。

长期以来，中国电网形成了分级分布的调度管理体系。电网是互联的，但却按照分级分块调度运行。虽然电力系统是一个瞬息万变的整体，每级电网实时分析时都需要涉及互联的相邻电网和上级电网的影响，但由于资源的专用，在进行本电网的分析计算时只能对其他电网的影响采用假设条件或者等值方式，这显然是不准确的。因此互联大电网对传统的分析仿真方法带来了挑战。

网格技术是近年来国际上兴起的一种重要信息技术。网格技术对于网络上各种资源具有巨大的整合能力，如果将其应用到电力系统中，可以为不同调度系统之间信息和资源的共享带来方便，并最终成为支撑广域电网分布式电力系统计算和仿真的支撑平台。将网格技术作为技术支撑平台，并在此基础上构建未来互联大电网监控系统——广域分布式 EMS，实现各级电网调度自动化系统和调度员培训仿真（DTS）系统动态形成虚拟的大 EMS，共享资源和协同分析，保证电网的安全稳定运行和控制。引入网格技术作为解决电力系统分析问题的工具，对于解决中国电力系统超大规模电网的数据共享和计算分析问题具有非常重要的意义。

调度数据综合平台、电网运行动态数据交换和分布式建模及模型拼接是目前所采取的信息共享方案，虽然取得了很好的效果，但是在系统平台底层缺乏有效的支撑，对维护的工作要求很高，是一种"需则共享"的方式。利用网格技术可以动态地建立包括计算、数据、存储等在内的广泛的资源共享，而无需事先定义和维护需要共享的数据，将会使目前的信息"需则共享"的模式转变为"需则可知"的模式，大大加强电力信息化的程度，从而使信息共享的紧密耦合走向松散耦合。

4. 标准化

标准化包括遵循标准和制定新标准两方面的含义。遵循标准并不是目的，而是一种技术手段，只有标准化才能实现真正意义上的开放。目前与调度自动化系统相关的最重要的国际标准包括 IEC 61970，IEC 61968 和 IEC 61850 等，在国调中心的领导与组织下，国内相关厂家均对这些标准给予了高度重视。随着对这些标准的研究理解、互操作实验及实际应用的不断深入，标准化的目标已经渐行渐近了。

然而实现标准化也不是一件简单的事情，目前的应用还主要以接口标准为主，主要是为了解决异构系统之间的互操作问题。国内主要相关厂家的自动化产品都已经不同程度地支持这样的接口标准。基于标准化平台的电网调度自动化集成系统 OPEN-3000 则是率先将 IEC 61970 标准作为系统内标准来实施，从而达到不仅系统接口遵循标准，而且系统内部也遵循标准。从标准化的发展进程来看，这种从内到外的标准化是大势所趋。

　　标准化的终极目标是实现应用软件的即插即用，从而实现完全的开放。对于这一目标的探索已经取得了一些进展，在 OPEN-3000 系统上已经成功地实现了对于第三方应用模块的接入，相关厂家在应用软件的即插即用上也积累了不少经验。虽然从实际应用的程度来看，实现即插即用这一目标还有一段很长的路要走，但未来随着组件技术和相关计算机技术的成熟，对于应用软件能够像硬件那样"即插即用"将不是梦想。

　　标准化的另一个方面就是要制定新的标准，例如针对数字化所带来的各种信息的采集、处理要制定新的规范和标准，针对厂站端和主站端的电网模型共享也需要制定新标准等。

　　5. 智能化

　　智能调度是未来电网发展的必然趋势。智能调度技术采用调度数据集成技术，有效整合并综合利用电力系统的稳态、动态和暂态运行信息，实现电力系统正常运行的监测与优化、预警和动态预防控制、事故的智能辨识、事故后的故障分析处理和系统恢复，紧急状态下的协调控制，实现调度、运行和管理的智能化及电网调度可视化等高级应用功能，并兼备正常运行操作指导和事故状态的控制恢复，包括电力市场运营和电能质量在内的电网调整的优化和协调。

　　调度智能化的最终目标是建立一个基于广域同步信息的网络保护和紧急控制一体化的新理论与新技术，协调电力系统元件保护和控制、区域稳定控制系统、紧急控制系统、解列控制系统和恢复控制系统等具有多道安全防线的综合防御体系。

　　智能化的关键技术包括智能预警技术、优化调度技术、预防控制技术、事故处理和事故恢复技术（如电网故障智能化辨识及其恢复）、智能数据挖掘技术以及调度决策可视化技术等。智能化调度的核心是在线实时决策指挥，目标是灾变防治，实现大面积联锁故障的预防。智能化调度是对现有调度控制中心功能的重大扩展，对于有效地提高电网调度运行人员驾驭现代化大电网的能力，保障电网的安全、稳定、经济、优质运行，具有十分广阔的应用前景。

　　6. 市场化

　　电力市场化改革也给电力系统运行和控制带来一系列新问题。例如，电网的传输容量逐步逼近极限容量；电网堵塞现象日趋严重；负荷和网络潮流的不可预知性增加；大区电网运行相对保密，相关电网信息和数据不足；厂网分开后的调度权受到限制，以安全性为唯一目标的调度方法转向以安全性和经济性为综合目标的调度方法；市场机制不合理可能降低系统的安全性等。因此需要未来的调度自动化系统和电力市场的运营系统更加紧密地结合在一起，在传统的 EMS 和 WAMS 应用中更多地融入市场的因素，包括研究电力市场环境下电网安全风险分析理论，以及研究市场环境下的传统 EMS 分析功能，如面向电力市场的发电计划的安全校核功能、概率性的潮流及安全稳定计算分析、在线可用输电能力（ATC）的分析计算等。

　　电力一次系统的迅速发展是调度自动化系统发展的推动力，调度自动化系统正在朝着数字化、集成化、网格化、标准化、智能化、市场化的方向发展。数字化是自动化系统的基础，集成化、网格化和标准化是要采取的手段，智能化是最终要实现的目标，市场化是未来市场发展的需要。计算机、通信和人工智能等领域的新技术和新思想为电网调度自动化系统的发展提供了技术保障，特高压、电力体制改革等新形势对电网调度自动化系统既提出了新的挑战，也提供了前所未有的机遇。未来调度自动化技术及系统将会有更快更大的发展。

思 考 题

1. 简述 OPEN-3000 电网调度自动化系统的技术特点。
2. 简述电网调度自动化系统的发展趋势。

附录　电力自动化系统常见名词术语

AGC：Automatic Generation Control，自动发电控制

AM：Asset Management，资产管理

AM：Automatic Mapping，自动绘图

AMR：Automatic Message Recording，自动抄表

AP：Alarm Processing，警报处理

AS：Accounting Settlement，会计结算

AVC：Automatic Voltage Control ，自动电压控制

BPS：Bidding Process System，报价处理系统

CIS：Consumer Information System，用户信息系统

CMS：Contract Management System，合同管理系统

CRMS：Control Room Management System，控制室管理系统

DA：Distribution Automation，配电自动化

DIS：Distribution Information System，配电信息管理系统

DMIS：Dispatch Management Information System，调度管理信息系统

DMS：Distribution Management System，配电管理系统

DS：Dynamic Simulation，动态仿真

DSM：Demand Side Management，需求侧管理

DTS：Dispatcher Training System，调度员仿真培训系统

ED：On-line Economic Dispatch，在线经济调度

EDC：Economic Dispatch Control，经济调度控制

EDD：Equipment Data Definition，设备数据定义

EMS：Energy Management System，能量管理系统

ERP：Enterprise Resource Planning，企业资源规划系统

ES：External System，外部系统

E/TS：Energy/ Transmission Scheduling，能量/输电计划

FA：Feeder Automation，馈线自动化

FES：Front End System，前置子系统

FM：Facility Management，设备管理

FTU：Feeder Terminal Unit，线路分段开关馈线终端

GC：Generation Control，发电控制

GIS：Geographic Information System，地理信息系统

GPS：Global Position System，全球定位系统

GUI：Generic User Interface，通用用户接口

LF：Load Forecast，负荷预报

LFC：Load Frequency Control，负荷频率控制

LM：Load Management，负荷管理

MIS：Management Information System，管理信息系统

MS：Maintenance Scheduling，设备检修计划

NA：Network Applications，网络分析应用

NAS：Network Analysis Software，电网分析软件

NT：Network Topology，网络拓扑

OMS：Outage Management System，停电管理系统

OLF：Online Flow，在线潮流

OPF：Optimal Power Flow，最佳潮流

PAS：Power Application Software，电力系统高级应用软件

PDR：Post Disturbance Review，事故追忆

PLC：Programmable Logic Controller，可编程式逻辑控制器

PM：Performance Monitor，性能监视

PMOS：Power Market Operation System，电力市场运营系统

PMS：Production Management System，生产管理系统

PMU：Phasor Measurement Unit，向量测量单元

PTS：Producer Training System，交易员培训仿真系统

RDS：Reservoir Dispatching System，水库调度自动化系统

RTU：Remote Terminal Unit，远方终端单元

RVMON：Reserve Monitor，备用监视

SA：Security Analysis，安全分析

SA：Substation Automation，变电站自动化

SAS：Substation Automation System，变电站自动化系统

SBS：Settlement & Billing System，结算系统

SCADA：Supervisory Control And Data Acquisition，数据采集和监视控制

SE：State Estimate，电力系统状态估计

SOE：Sequence of Events，事件顺序记录

STLF：Short Time Load Forecasting，短期负荷预报

TMRS：Tele Meter Reading System，电能量计量系统

TMS：Tele Meter System，电能量系统

TMS：Trade Management System，交易管理系统

TP：Topology Processing，拓扑分析

TRM：Transmission Resource Management，输电资源管理

TRSC：Transaction Scheduling，交易功率计划

TTU：Transformer Terminal Unit，配电变压器数据终端

WAMS：Wide Area Measurement System，广域网动态测量系统

WMS：Work Management System，工作管理系统

UNSC：Unit Scheduling，机组计划

UTEST：Unit Test and Sampling，机组响应测试

参 考 文 献

[1] 腾福生．电力系统调度自动化与能量管理系统［M］.成都：四川大学出版社，2004.

[2] 孟祥平．电力系统远动与调度自动化［M］.北京：中国电力出版社，2007.

[3] 张惠刚．变电站综合自动化原理与系统［M］.北京：中国电力出版社，2004.

[4] 王士政．电网调度自动化与配网自动化技术［M］.北京：中国水利水电出版社，2006.

[5] 柳永智．电力系统远动［M］.2 版.北京：中国电力出版社，2006.

[6] 张永健．电网监控与调度自动化［M］.3 版.北京：中国电力出版社，2009.

[7] 王振明．监控与数据采集软件系统的设计与开发［M］.北京：机械工业出版社，2009.

[8] 许建安．电力系统通信技术［M］.北京：中国水利水电出版社，2007.

[9] 曹宁．电网通信技术［M］.北京：中国水利水电出版社，2003.

[10] 张淑娥．电力系统通信技术［M］.2 版.北京：中国电力出版社，2009.

[11] 钟西炎．电力系统通信与网络技术［M］.2 版.北京：中国电力出版社，2011.

[12] 课题组．国家电力调度数据网组网研究［M］.北京：中国电力出版社，1999.

[13] 谢希仁．计算机网络［M］.5 版.北京：电子工业出版社，2008.

[14] 特南鲍姆．计算机网络［M］.4 版.北京：清华大学出版社，2005.

[15] 王文斌．计算机网络安全［M］.北京：清华大学出版社，2010.

[16] 刘远生．计算机网络安全［M］.2 版.北京：清华大学出版社，2009.

[17] 国家电网公司人力资源部．电网调度自动化主站维护（上、下册）［M］.北京：中国电力出版社，2010.

[18] 李俊山．数据库原理及应用［M］.北京：清华大学出版社，2009.

[19] 奥佩尔．数据库基础教程［M］.北京：清华大学出版社，2010.

[20] 肖迎元．分布式实时数据库技术［M］.北京：科学出版社，2009.

[21] 刘云生．实时数据库系统［M］.北京：科学出版社，2012.

[22] 史兴华．供电企业实时/历史数据库 PI 典型应用案例［M］.北京：中国电力出版社，2009.

[23] 王宏炜．大屏幕投影与智能系统集成技术［M］.北京：国防工业出版社，2010.

[24] 梁华．音视频会议系统与大屏幕显示技术［M］.北京：中国建筑工业出版社，2012.

[25] 雷玉堂．安防视频监控实用技术［M］.北京：电子工业出版社，2012.

[26] 梁笃国．网络视频监控技术及应用［M］.北京：人民邮电出版社，2009.

[27] 张慎明．基于 IEC 61970 标准的电网调度自动化体系结构［J］.电力系统自动化，2002，26（10）：45-47.

[28] 王为国．基于数据仓库的一体化电力调度自动化系统［J］.电力系统自动化，2003，27（12）：67-70.

[29] 焦群．建设电力通信网络管理系统［J］.电力系统自动化，2002，7（12）：34-37.

[30] 吴文传．基于 IEC61970 标准的心一体化系统的设计与开发［J］.电力系统自动化，2005，29（4）：53-57.

[31] 张慎明．IEC61970 标准系列简介［J］.电力系统自动化，2002，26（14）：1-6.

[32] 丁世勇．调度自动化及数据网络的系统设计［J］.继电器，2008，36（4）：45-46.

[33] 姚建国．电网调度自动化系统发展趋势展望［J］.电力系统自动化，2007，31（13）：7-11.

[34] 王益民．调度自动化系统及数据网络的安全防护［J］.电力系统自动化，2001，25（21）：5-8.

[35] 洪宪平．走向网络化的远动系统［J］.电力系统自动化，2001，25（6）：1-3.

［36］谭文恕. 远动信息的网络化访问［J］. 电力系统自动化，2001，25（12）：51-52.

［37］张喜林. 地区电力调度 EMS 应用功能需求及算法［J］. 电力系统自动化，2002，26（16）：71-74.

［38］陈玮. 动态监视下电力系统状态的可视化［J］. 电力系统自动化，2004，28（8）：68-71.

［39］马韬韬. 电网智能调度自动化系统研究现状及发展趋势［J］. 电力系统自动化，2010，34（9）：7-10.

［40］张慎明. 遵循 IEC61970 标准的实时数据库管理系统［J］. 电力系统自动化，2002，26（24）：26-30.

［41］张智. 电网调度自动化系统发展趋势［J］. 电网与清洁能源，2009，25（11）：58-62.

［42］洪成. 基于 IEC61970 标准的实时数据库原型系统［J］. 电力系统自动化，2009，33（14）：51-55.

［43］孙凤杰. 远程数字视频监控与图像识别技术在电力系统中的应用［J］. 电网技术，2005（5）：81-84.

［44］刘东. 主站系统集成测试技术研究［J］. 电网技术，2005（2）：62-67.

［45］王为国. 调度自动化系统数据共享模式的探讨［J］. 电力系统自动化，2005（4）：88-91.

［46］张洁. 电网调度大屏幕投影系统设计与应用［J］. 江苏电机工程，2006，25（6）：47-48.

［47］龚超. 计算机视觉技术及其在电力系统自动化中的应用［J］. 电力系统自动化，2003，27（1）：76-79.

［48］任萱. 变电站远程网络视频监控系统统一平台［J］. 江苏电机工程，2006，25（5）：30-32.

［49］苏永春. 数字化变电站保护与视频系统联动控制方案［J］. 中国电力，2010，43（4）：33-37.

［50］娄源利. 与 GOOSE 通信联动的数字化变电站遥视系统的研究［J］. 江苏电机工程，2006，27（6）：69-71.

［51］辛耀中. 新世纪电网调度自动化技术发展趋势［J］. 电网技术，2001，24（12）：8-9.

［52］刘烧. 电力系统运行状态可视化技术综述［J］. 电力系统自动化，2004，28（8）：92-99.